21世纪生物科学与工程系列教材

现代生物科学与生物工程导论

主编 杨汝德

编者 杨汝德 罗立新 潘 力
王菊芳 周世水 王亚琴

华南理工大学出版社
·广州·

内 容 简 介

本书简要介绍了生物科学的基础知识及近半个世纪以来主要研究进展与成就，着重论述生物工程四大技术体系的基本原理、基本技术和应用领域。

全书分为生物科学篇和生物工程篇。生物科学篇内容包括：生物科学概论，生物多样性与分类，生物细胞的结构与化学组成，生物的能量与代谢，生物的繁殖与遗传，生物的基因及其表达；生物工程篇内容包括：生物工程概论，基因工程，酶工程，细胞工程，发酵工程，新型生物工程技术等。

本书的编写特色是简单明了、多用图示、论述精练、通俗易懂、语言生动、激发兴趣、基础与前沿并重。本书适合高校理工科院校非生物类专业的学生作为教科书使用，也适合相关专业人士和管理人员作为了解和掌握现代生物工程技术的参考书。

图书在版编目（CIP）数据

现代生物科学与生物工程导论/杨汝德主编. —广州：华南理工大学出版社，2006.3（2020.8 重印）
（21 世纪生物科学与工程系列教材）
ISBN 978-7-5623-2380-8

Ⅰ. 现…　Ⅱ. 杨…　Ⅲ. ①生物学-教材　②生物工程-教材　Ⅳ. Q

中国版本图书馆 CIP 数据核字（2006）第 004896 号

总 发 行：华南理工大学出版社（广州五山华南理工大学 17 号楼，邮编 510640）
发行部电话：020-87113487　87111048（传真）
E-mail：**scutc13@scut.edu.cn**　　**http://www.scutpress.com.cn**
责任编辑：张　颖
印 刷 者：广东虎彩云印刷有限公司
开　　本：787×1092　1/16　**印张**：18.5　**字数**：462 千
版　　次：2006 年 3 月第 1 版　2020 年 8 月第 5 次印刷
定　　价：28.00 元

前　　言

21世纪是生物科学与技术的世纪，是多学科交叉的时代，是知识经济的时代。生物学科与其他学科的相互交叉、相互渗透、相互促进，必将对解决目前困扰人类生存和发展的许多重大问题产生积极的作用。这意味着在新世纪，将会有更多各个学科领域杰出的人才加入到与生物学科交叉的边缘领域的研究开发中来。

作为一名新世纪的大学生，尤其是理工科专业的大学生，不能没有现代生物科学与技术的基础知识。这是因为当今知识经济的社会需要的大学毕业生应该是在掌握本专业技能的基础上，具有更为全面的知识结构、更为积极的应对挑战的能力、整体素质更高的人才。况且，学科交叉更有利于促进科技创新。在学习中，您将会发现生物学知识与所学专业知识的结合点，从而启发思维、开拓创新，为今后的发展奠定良好基础。这也将有利于涌现一批推动生物科学和生物工程向各个专业渗透、在边缘学科领域发展的优秀人才。

由于生物工程技术的飞速发展，与人们日常生活、经济和社会发展的关系越来越密切，与其他学科的交叉越来越普遍，因此，生物工程几乎已经渗透到所有的学科。结合理工科大学的学科特点，我们编写了本书，该书适合理工科大学非生物类专业一、二年级学生作为校级选修课程教材。本教材除了简要介绍生物科学的基础知识及在近半个世纪来的主要研究进展与成就外，我们把编写的重心放在生物工程的基本原理、基本技术和应用领域上，旨在使每一位大学生都能了解、掌握生物工程的基本理论、技术和方法，认识生物工程在未来世界中的重要地位。

本书由华南理工大学杨汝德主编。全书分为两篇共12章：第一、二、四章由罗立新编写；第三、十一章由潘力编写；第五、十二章由周世水编写；第六、十章由王亚琴编写；第七、八章由杨汝德编写；第九章由王菊芳编写。本书适合理工科大学非生物类专业学生作为教材使用，也适合相关专业人士和管理人员作为了解和掌握现代生物工程技术的参考书。本书获得华南理工大学2003年度出版基金项目资助。

由于编者的学识和水平所限，书中差错及不妥之处在所难免，恳切希望广大同行和读者多提出宝贵意见并予以指正，全体参编人员将十分感谢。

编　者

2005.11

目　　录

生物科学篇

第一章　生物科学概论

第一节　生物科学的概念及其研究内容

一、生物科学的基本概念

生物科学（bioscience）又称生命科学（life science），是研究生命的科学，是自然科学中的基础学科之一。它研究从最简单的生命（病毒）到最复杂的生物（如人类）在内的各种动物、植物和微生物等生命物质的结构和功能，它们各自发生和发展的规律，生物之间以及生物与环境之间的相互关系；目的是为了阐明生命的本质，探讨其发生和发展的规律，以有效地控制生命活动和能动地加以利用，使之更好地为人类服务。

既然生物科学是研究生命的科学，那么什么是生命呢？通常，人们不太费劲地就能区分出什么东西是有生命而什么东西是没有生命的，我们从生活经验中知道花草、树木、鱼虫、鸟兽是活的、有生命的生物。可真正用语言或文字去表达什么是生命时，事情就不那么简单了。事实上，要想给生命下一个科学的定义是极其困难的，不过，基于人类本身也是一种生命形态，我们便在现有基础上尝试着加以解决。

地球上生物体种类繁多，包括植物、动物、微生物和人类。虽然它们具有不同形态结构、生理功能、生活方式，但它们具有一些共同的特征，即都是由细胞作为统一的基本结构单位，通常具有新陈代谢、生长、繁殖、遗传、变异和对环境的适应等特性。因此，关于生命的科学定义就是：生命是一个具有能与环境进行物质和能量交换即新陈代谢、生长繁殖、遗传变异和对刺激作出反应的特性的物质系统。

新陈代谢（metabolism）是生物与外界环境之间物质交换并伴随能量转移的过程，是生物体生命活动过程中化学变化的总称。新陈代谢包括物质代谢（substance metabolism）和能量代谢（energy metabolism）。物质代谢又分为同化作用（assimilation）和异化作用（dissimilation）。同化作用是生物体从外界摄取简单的营养物质，将其转化为构成自身的复杂物质并储存能量的过程，也称合成代谢；异化作用是生物体把自身的复杂物质分解成简单物质排出体外，并伴随释放能量的过程，也称为分解代谢。这两个作用同时进行，相互依存。能量代谢又分为放能代谢和吸能代谢。物质代谢和能量代谢是密不可分的，在进行物质代谢的同时，必然伴随着能量代谢。生物体正是在这种不断建成和破坏中得到更新。一切生命活动都依靠新陈代谢的正常运转得以维持，新陈代谢是生物的主要特征之一，新陈代谢一旦停止，生物就会死亡。

生长（growth）、发育（development）和繁殖（reproduction）也是生物体的重要特征。生长，通常是指生物从小到大的过程，这是同化作用大于异化作用的结果。单细胞生物的生长，主要依靠细胞大小及其内含物质量的增加；多细胞生物的生长，主要依靠细胞的分裂来增加细胞的数目。发育，一般理解为个体发育（ontogeny），它是指生物体从受精卵（合子）到个体各部结构全部建成，直至衰老死亡的过程。另外，系统发育（phylogeny）是指生物种族发展史，亦即生物进化的历史。生物个体发育中的形态变化，虽是各式各样的，但都反映了系统发育的历程，生物系统发育从简单的原核生物，经一系列中间类型，直至发展到现代最高级生物——被子植物和哺乳动物，都是经过无数次个体发育逐步形成的。因此，高等生物的个体发育，总是印证着生物进化的历程。

当生物体生长发育到一定大小和一定程度的时候，就能产生后代，使个体数目增多，种族得以延续，这一现象叫做繁殖。繁殖保证了生物体种族的繁衍，使生物延绵不断，为生物界生生不息的延续提供了可能。

繁殖所产生的后代，通常都与亲代相似，这一现象叫做遗传（heredity）。“种瓜得瓜、种豆得豆”，这是因为亲代将自己的一套遗传信息传递给下一代，子代按照遗传信息生长发育，表现出与亲代相同或相似的性状。然而“一母九子，九子各异”，后代与亲代之间总有一定程度的差异，这一现象叫做变异（variation）。变异是生物体在某种内因或外因的作用下，其遗传物质发生了结构或数量上的变化。遗传使生物保持种族特性的相对稳定；变异则使生物产生新的性状，引起物种的发展变化，导致种族的不断更新。凡是生物都有它的个体发展史——生长和发育，个体生活到一定阶段，又都要进行繁殖和发生遗传、变异，从种族上不断更新自己。遗传变异在自然选择的长期作用下，导致了整个生物界向前发展，由低等到高等、由简单到复杂逐渐演变，这就是生物的进化。在进化过程中，形成了生物的适应性和多样性。

此外，生物还对外界刺激能发生一定反应。例如，某些高等植物的茎和叶对光产生趋光性，而根对地球引力产生向地性；高等动物因出现神经系统和不同分化程度的感受器或效应器而形成了有规律的反射活动，使动物能迅速、准确地摄取食物或躲避敌害。因此，生物对刺激的反应，使生物对环境的适应具有极为重要的意义。

根据上述生命特征，一般可以判定某种生物是否有生命。生命现象就是生物所做的事，就是生物的表现；反过来也可以说，表现出生命特征的物体就是生物。但是，当以这样的原则去判断病毒时，答案就不那么明确了。病毒没有细胞结构，也不含完整组织的原生质，在它侵入寄主细胞之前，它不能繁殖，连新陈代谢活动也没有，却可以像无机物一样结晶。由此看来，生命的许多基本特征它都不具有，它似乎应属于非生命的。但是，它的身体构成中有最基本的两类高分子有机化合物——核酸和蛋白质，一旦它侵入寄主细胞，它的核酸分子就能与寄主细胞的核酸分子整合，借助寄主细胞的一套生命物质系统复制自己，大量繁殖，这又明显表现出了生命的特点。后来，人们发现了没有蛋白质外壳的类病毒和没有核酸的朊病毒，很明显它们对上述生命的定义提出了巨大的挑战，同时也丰富了人们对生命现象的认识。生物学家通过研究病毒、类病毒和朊病毒知道，生命与非生命之间并没有绝对界限，除了“非此即彼”，还有“亦此亦彼”。

生物这些基本特征的物质基础源于两类高分子有机化合物——核酸（DNA，RNA）和蛋白质。DNA 的长短、排列顺序不同就会有不同的生命形式，RNA 也是这样。蛋白质由 20 余种氨基酸所组成，同样，不同长短、不同排列的蛋白质链也会形成不同的生命形式。正是由于组成核酸和蛋白质分子的多样性和复杂性，造就了生物界物种的多样性和生命现象的复杂性。直至现在，还有许多“生物之谜”有待人们进一步认识和探索。

二、生物科学研究的基本内容

生物科学是研究生命现象及其活动规律的科学，广义的生物科学还包括生物技术、生物与环境、生物学与其他学科交叉的领域。生物科学所研究的范围极其广泛而复杂，因此，在生物科学的发展过程中，涌现出了一些经典的分支学科。这些分支学科密切相关、相互渗透和交叉、相互促进。同时，由于其他自然科学，特别是物理学和化学的一些最新进展及时地渗入、交叉到生物科学的研究之中，为其发展提供了新的理论基础、思路和技术手段，许多新兴的交叉、边缘学科便应运而生，使生命现象的研究更为细致、深入。这种现象在近现代生物科学的发展中表现得尤为明显，并且越来越成为生物科学发展的一种趋势。

1. 按研究对象分类

（1）植物学（botany）或植物生物学（plant biology）　是研究植物的形态结构、分类、生理、生态、分布、发生、遗传和进化的科学，包括藻类学、真菌学、种子植物学等学科。随着植物学的发展，相继分化出了植物系统学、植物生理学、植物生态学、植物遗传学、植物基因工程等学科。

（2）动物学（zoology）或动物生物学（animal biology）　是研究动物的形态结构、分类、生理、生态、分布、发生、遗传和进化的科学，包括原生动物学、无脊椎动物学、昆虫学、脊椎动物学、鱼类学、两栖爬行动物学、鸟类学等学科。在动物学的基础上又产生了动物形态学、动物系统学、动物生理学、动物生态学、动物遗传学等学科。

（3）微生物学（microbiology）　是研究微生物的形态、构造、分类、生理生化、生态、分布、发生及遗传变异的科学，包括细菌学、病毒学、真菌学等学科。相继分化出了微生物分类学、微生物生态学、微生物遗传学等学科。

（4）人类学（anthropology）　是研究人类的体质特征、类型及其变化规律等的科学。又可细分为人体解剖学、人类遗传学等学科。

（5）古生物学（palaeobiology）　是研究保存在地层中各种古代生物遗体、遗迹和生物进化的科学。

2. 按研究生命现象的角度分类

（1）形态学（morphology）　是研究生物的形态结构的特点、形态形成的规律以及形态与周围环境条件的关系的一门学科。在形态学的发展过程中，以宏观形态学、比较解剖学为主的经典研究，随着细胞生物学和分子生物学的发展，逐步转变到发育与进化形态学和功能形态学、结构形态学、应用形态学、生态形态学等方面的研究，从而赋予了形态学崭新的内容。

（2）分类学（taxonomy）　是研究各类生物彼此之间的异同、亲缘关系和进化起源的科学，又称为系统学（systematics）。可分为植物系统学、动物系统学、分子系统学等学科。

（3）生理学（physiology） 是研究生物体的各种机能发生的原理、条件以及机体内外环境变化对这些生理机能影响的科学。可分为植物生理学、动物生理学和微生物生理学。动物生理学又可分为电生理学、器官生理学、器官系统生理学、细胞生理学、生态生理学等；在无脊椎动物方面，也出现了相应的生理学科，如腔肠动物生理学、吸虫生理学、蠕虫生理学等。

（4）生态学（ecology） 是研究生物体与其周围环境——包括生物环境和非生物环境相互关系的科学。可分为种群生态学、动物行为学、分子生态学等学科。

（5）遗传学（genetics） 是研究生物的遗传和变异的科学。可分为植物遗传学、动物遗传学、分子遗传学等学科。

（6）胚胎学（embryology） 是研究动、植物胚胎形成与发育规律的科学。在现代胚胎学的基础上，又出现了胚胎工程等学科。

3. 从生物的结构水平分类

（1）分子生物学（molecular biology） 是从分子水平上研究生命现象的物质基础，主要是蛋白质与核酸的结构与功能的一门科学。分子生物学的诞生使传统生物学研究转变为现代实验科学。今天它仍然是生命科学的主导力量。随着分子生物学的飞速发展，带动了生物科学各分支学科向分子水平研究的深入。一方面是在分子水平上对细胞活动、遗传、发育等各种生命现象进行解释，出现了分子发育生物学、分子神经生物学等新兴学科。另一方面是把分子生物学研究手段推广到生物科学各分支学科，尤其是一些宏观生物学学科，如进化论、分类学、生态学，形成了分子进化生物学、分子系统分类学和分子生态学等，用实验的方法研究传统的生物学问题，使微观研究和宏观研究得以紧密结合。

（2）细胞生物学（cell biology） 是研究细胞结构、功能及生活史的一门科学。细胞生物学由细胞学发展而来，是关于细胞形态（特别是染色体）的研究。现代细胞生物学从显微水平、超微水平和分子水平等不同层次研究细胞的结构、功能及生命活动，包括细胞生理学、生化细胞学等学科。

（3）组织学（histology） 是研究机体微细结构及其相关功能的科学，它是以显微镜观察组织切片为基本方法，故又称为显微解剖学（microanatomy）。主要包括组织化学、组织生理学等学科。

（4）器官生物学（organology） 是研究动、植物各种器官的类型、形成、构造、功能和发育过程的学科。主要包括神经生理学、骨学等学科。

（5）个体生物学（individual biology） 是从个体水平研究生物的形态、结构及其生理功能的学科。个体生物学是研究生命现象和活动规律的基本出发点，也是在分子水平和群体水平上研究生命现象和活动规律的交汇点。生命的不同层次所表现出的生命现象是不同的，尽管当今的生命科学研究在微观和宏观的不同领域获得了长足的进展，但对个体生物学基础知识和基本原理的理解仍是学习和掌握生命科学的基础。包括行为生物学、人体测量学等学科。

（6）群体生物学（population biology） 是从群体水平阐述生物的生长和行为以及物种间的相互关系的学科，即研究细胞整体和细胞群体中细胞间的社会行为（包括细胞间识别、通讯、集合和相互作用等），以及整体和细胞群对细胞的生长、分化和死亡等活动的调节控制。包括群体遗传学、植物群落学等学科。

（7）生态系统生物学（ecosystem biology）　综合研究在自然界一定空间范围内各种生物与无生命环境彼此之间关系的学科。生物群落与非生命环境之间的主要纽带是能量转化和物质循环，把生物与非生命环境紧密相连。

4. 根据与其他学科的交叉来分类

生物科学与医学结合产生了病理学（pathology）、药理学（pharmacology）、生理学（physiology）等；生物科学与农学结合产生了育种学（breeding science）、昆虫学（entomology）、植物病理学（phytopathology）、植物生理学（plant physiology）等；生物科学与数理化结合产生了生物物理学（biophysics）、生物化学（biochemistry）、生物数学（biomathematics）等；生物科学与工程学结合产生了生物信息学（bioinformatics）、生物工程学（bioengineering）、生物材料学（biomaterial science）等；生物科学与计算机科学结合产生了人工智能学（artificial intelligence）；生物科学与天文学结合产生了宇宙生物学（astrobiology）。这些新兴交叉生物学科的出现，大大促进了生物科学的发展和各学科之间的相互渗透和交叉，充分显示了现代生物科学的复杂性和多样性。另一方面，随着生物科学的高度发展，问题也愈集中，同样的问题也就需要许多分支学科在不同层次上从不同侧面用不同方法进行探索和研究。

第二节　为什么要学习生物科学

一、生物科学将成为21世纪的带头学科

在科学发展的历史上，各门学科并非均衡发展，总有一门或一组学科走在其他学科的前面，从理论观念、思维方式或科研方法上对其他学科发挥重要影响，人们称之为带头学科。19世纪是工业革命的世纪，20世纪是信息革命的世纪，21世纪便是人体革命的世纪；近代科学的带头学科是力学，现代科学的带头学科是物理学，21世纪的带头学科最有可能是生物科学。

自然界物质的运动形式有机械运动、物理运动、化学运动、生命运动。机械运动最简单，因而力学最早得以走向成熟，成为带头学科。现代科学对物理与化学运动的研究已有长足进展，进军最复杂的生命运动已是科学发展之必然。生命运动是自然界最高级的运动形式，自古至今，人类从未停止过对生命的探索，而近50年生物科学的发展超过了此前500年的总和。20世纪下半叶以来，生物科学文献在科学文献中所占的比重、从事生物科学研究的科学家人数在自然科学家中所占的比重都在迅速增长，就正是这种趋势的反映。从科学研究的投入来看，发达国家对生物科学研究的投入要远大于其他学科，例如在美国，1995年自然科学的总研究经费中，65%以上被用于生物科学研究。从科学研究的论文数来看，1995年度美国科技专利引文总数为47 059，其中生命科学为35 591，占75.6%；而物理科学和技术科学以及工程技术为11 439，占24.3%。这一数据充分说明了生物科学在整个自然科学领域中的地位，充分体现出生物科学是20世纪自然科学中发展最快、影响最大的学科之一。

近半个世纪以来，生物科学的理论成就为自然科学的发展作出了巨大的贡献。遗传物质DNA双螺旋结构的阐明被认为是20世纪自然科学的重大突破之一。20世纪后期，随着物理、化学、数学等相关学科的理论和技术的进步，有力地推动了生物科学的飞速发展，生物科学不再仅仅是宏观的描述学科，在DNA水平和蛋白质水平上探索生命的奥秘已经成为现实。现代生物科学不但在生长、发育、遗传、进化等基本生命现象的研究上已深入到分子水平，取得举世瞩目的成就，而且对脑功能、感觉和认知等高级复杂系统的活动与功能的研究方面也有了重大进展。特别是20世纪末21世纪初，生物科学领域发生了惊天动地的大事，克隆技术、人类基因组计划、生物芯片技术等的发展，已将生物科学推上科学技术发展历史的潮头，生物科学将成为21世纪自然科学的先导，成为现代科学营地的中心。

生物科学突破性的成就，使它在自然科学中的地位发生了革命性的变化。科学的发展也让公众对生物科学的兴趣空前高涨，生物科学的发展和进步也向数学、物理学、化学、信息、材料、工程科学以及社会科学提出了很多新问题、新思路和新挑战。当代许多新兴学科（如系统论、信息论、控制论、耗散结构理论和突变论等）都从生物科学知识中受到了启发，生命现象中未知问题的解决和生物科学的发展必将给其他学科的发展带来新启发。海洋科学、空间科学、能源科学、材料科学、信息技术等当代新兴科学技术，也无一不与生物科学相关。再者，人本身就是生命，每一个人首先应该认识和了解自己。我们都热爱生命、关注健康，热爱生物科学并学习生物科学是很自然的事。同时，生物科学全方位的发展呼唤着更多高水平的复合型科技人才。因此，当代大学生，包括非生物学专业大学本科生学习生物科学知识，才能跟上科学发展的时代步伐，也有利于促进本专业的学习和自身将来的发展。

二、生物科学与社会可持续发展

科学的进步、工业化的发展促进了世界社会和经济的发展，然而，人类的生产活动，尤其是20世纪60年代以来进行了空前规模的全球资源开发，加上工业废弃物的任意排放和人口的急剧增长，使人类又深深地陷入了历史上前所未有的全球资源生态环境问题的困境之中。当今人类社会面临人口膨胀、粮食短缺、疾病危害、环境污染、能源危机、资源匮乏、生态平衡破坏、生物物种大量消亡等主要问题和挑战，可持续发展已成为全球的呼声。要解决人类生存和发展面临的主要问题，实现可持续发展，在很大程度上要依靠生物科学和技术来解决。

（一）生物科学与农业可持续发展

农业生产的首要任务是解决粮食短缺问题。世界人口现已达64亿，21世纪中期很可能突破100亿大关，而耕地面积却不断减少。所以，在今后几十年内要满足世界人口对食品的需要，粮食、畜产品和水产资源等食品的生产至少要翻一番。因而必须依靠生物科学与技术培育优良品种，大幅度提高单产。科学家运用分子生物学技术可以将促进生物生长的基因转入某些动植物体内，从而缩短养殖动植物的生长周期，提高作物的产量；还可以将抗病毒基因转入烟草、将抗虫基因转入棉花，从而使它们不再受病毒感染和害虫危害，以保证应有的产量和质量。目前，无论在大田作物、蔬菜、果木等优良品种的选育上，还是在海洋资源的开发上，利用生物科学与技术都有很多成功的实例。我国袁隆平教授培育的“超级杂交水稻”平均亩产高达884公斤。

人不但要求吃饱，还要求吃好，食品要更加符合营养要求。应用基因工程技术可以改善粮食和畜牧产品品质，譬如增加谷物中蛋白质的含量，使家畜家禽的蛋白质成分与人更接近等。

要实现农业可持续发展，必须克服农业化学化带来的恶果。化肥与农药的大量使用虽然提高了农作物产量，但是消耗了大量能源与资源，还造成严重的环境污染。科学家通过基因工程技术把根瘤菌的固氮基因转移到其他作物根际周围的细胞体内，使它们也能固定氮素，供农作物生长。更进一步的研究是通过基因工程技术把固氮基因直接转移到禾本科作物（如稻、麦）的根上，使之能直接固氮，这样禾本科作物和豆科植物一样也能固定空气中的氮，从而不施氮肥或少施氮肥也能丰收。此外，利用生物科学与技术还可以培育抗病虫害的农作物新品种，实行生物防治，降低对农药的依赖性。

当今陆地资源日渐减少，人们为了获取更多的食品和蛋白质，着眼点已转向海洋。而开发海洋的金钥匙——海洋生物工程也正在兴起。当前，利用细胞工程、基因工程对海洋生物的优良品种进行培育和病害的防治，利用生化工程对海洋生物产品进行分离、加工，利用酶工程和发酵工程获取海洋食品，都在蓬勃发展。生物科学将为人类带来一场新的绿色革命。

（二）生命科学与能源、环境问题

1. 提供再生资源，克服能源危机

能源是人类赖以生存的物质基础之一，分为不可再生能源和可再生能源。不可再生能源主要包括地球上现有的三大化石原料，即煤、天然气和石油。可再生能源是指太阳能、风能、地热能、生物能、海洋能和水电能等。据专家预测，如按现有开采不可再生能源的技术和消耗这些化石燃料的速率来推算，煤、天然气和石油的可使用有效年限分别为100～120年、30～50年和18～30年。因为目前整个人类发展和工农业生产，几乎都以这些很有限的化石能源为基础，因此人类不得不转向其他途径获得能源。替代的潜在能源有太阳能、核能、风力、水力等，但这些能源的开发利用受到较多的限制，要在不远的将来取代化石原料有很大困难。在解决能源问题方面，人们对生物科学与技术寄予厚望；用农副产品发酵生产酒精，代替汽油作燃料，在巴西已进入实用；培育含油量高的植物生产燃料用油的研究也已有进展。更具吸引力的课题是：研究清楚植物光合作用中将水分子分解为氢气与氧气的机制及其催化剂酶的结构，人工模拟光合作用，利用太阳能分解水得到氢燃料，这样就有了用之不竭的可再生能源。

2. 治理环境污染，维持生态平衡

工业废物的随意排放和人口的急剧膨胀，使人类的生存环境恶化，破坏了大自然的和谐。工业废物造成环境污染，人类居住区及生活需求扩大导致森林面积缩小、动植物种类和数量减少，使全球生态系统遭到破坏，从而影响了人们的生活质量，甚至威胁到人类的生存。保护地球环境、维持地球生态系统平衡的口号现在已经叫响，这将是21世纪人类要共同努力解决的难题，生物科学将在其中发挥关键作用。科学家运用生态系统能量流动、物种共生、物资循环再生利用和能量多层次利用的基本原理，致力于谋求人类与大自

然和谐相处的工农业绿色生态生产模式，以保证社会和经济的可持续发展，已经取得了显著成效。

人类的生产活动和生活离不开水，水资源短缺是21世纪人类面临的最为严峻的资源问题之一。解决水资源短缺的方法之一是将海水淡化或污水净化。以色列在比较了海水淡化和城市污水净化回用的成本后，认为把城市污水作为非传统的水资源加以利用是唯一的出路。进行污水处理的方法很多，主要可以分为三大类：物理法，化学法和生物法。与前两种方法相比，生物法效果较好。

随着城市数量增多、规模扩大和人口增加，全球城市废弃物的产生量迅速增长，其中固体垃圾在现代城市产生的废弃物中所占比例越来越大。城市垃圾的组成较为复杂，一部分由玻璃、塑料和金属等组成，另一部分是可分解的固体有机物，如纸张、食物垃圾、污水垃圾、枯枝落叶、大规模畜牧场和养殖场产生的废物等。大量的垃圾在收集、运输过程中对水体造成污染，不但严重影响城市环境卫生质量，而且危害人们身体健康，成为社会公害之一。世界各国处理城市垃圾的方法主要有3种，即填埋、堆肥和焚烧等，其中填埋和堆肥主要是通过微生物的作用来完成垃圾处理的。

（三）生命科学与人类的健康

由病毒及先天基因缺陷所导致的疾病，至今仍是威胁人类健康的大敌。乙肝、艾滋病、“非典”和禽流感等疾病都是由病毒引起的；血友病、白化病及某些先天性心脏病等，则都与人类自身的基因有关。科学家目前正致力于各种抗病毒疫苗的开发研究，以提高人们的防病抗病能力，同时运用将病毒基因植入细菌或引入某种哺乳动物的方法，大量生产已经开发出的防病疫苗，使世界上更多的人获得对乙肝病毒等致病病毒的免疫能力。“人类基因组计划”是我国科学家参与的一项国际间协作的重大科研课题，其目的在于弄清人类全部基因的结构和功能，这无疑有助于在基因水平上诊断和治疗人类的疾病，可以对某些疾病达到“防患于未然”的效果。

生物科学与技术在医药制造上可以说是先行一步。医药工业在基因工程研究方面进行最早，进展也最快。自从1977年美国第一次用改造的大肠杆菌生产出有活性的人生长激素释放抑制因子以来，目前已有人生长激素、胰岛素、干扰素等30多种基因工程药品上市，用来治疗侏儒症、糖尿病、恶性肿瘤及心血管疾病等疑难症。用克隆动物、转基因动物、转基因植物作为生物反应器生产贵重药品的成功报道也很多。基因疗法和异体器官移植也为疾病的治疗开辟了新途径。

疾病的预防和诊断也离不开生物科学与技术，生物科学为医学带来一场革命性的变化。乙肝疫苗为抑制乙型肝炎在世界上的蔓延发挥着重要的作用。DNA疫苗的研制为恶性肿瘤的预防开辟了美好的前景。杂交瘤技术产生的单克隆抗体、DNA探针和聚合酶链式反应（PCR）技术的运用，使疾病的诊断步入快速、灵敏、准确的新阶段。

总之，生物科学对人类经济、科技、政治和社会发展的作用是全方位的。学习生物科学和相关学科的新理论和新技术，解决人类共同面临的各种问题和挑战是我们每一个人的义务和责任。

第三节　生物科学的研究进展

一、生物科学的历史沿革

生物科学的发展具有悠久的历史，大体起源于古代，形成于近代，高度发展于现代。作为一门重要的自然科学学科，生物科学的发展大致经历了三个主要的阶段：从古代到16世纪左右，这是生物科学的准备和奠基时期；从16世纪到20世纪中叶是系统生物科学创立和发展的时期，这一阶段以自然科学各领域分支学科迅速建立为主要特点，与其他学科共同归纳为历史上的“小科学”的发展时期；20世纪中叶以后，生物科学随着各学科纵横交错发展的大趋势，出现了不同分支学科和跨学科间的大交汇、大渗透、大综合的局面，由此进入“大科学”发展的历史阶段。

1. 生物科学建立的准备和奠基时期

远古时期，原始人以采集和狩猎为生，后来转向农牧业生产，人们对生命现象的认识常常是同疾病斗争、农业禽畜生产，以及宗教迷信活动联系在一起的，由此人们积累了动物、植物和人类自身的解剖、生长、发育和繁殖方面的知识。

16世纪以前，在生物科学形成和发展上，以我国和古希腊最为突出，产生和发展了以农学和医学为主体的实用生物学。中国古代有神农尝百草的传说。宋代贾思勰的《齐民要术》、明代李时珍的《本草纲目》，以及历代花、竹、茶栽培和桑蚕技术书籍等记录了大量对动物、植物的观察和分类研究。

西方古希腊在生物学方面贡献最突出的是亚里士多德（Aristotle，382～322B. C.）和希波克拉德（Hippocrates，460～377 B. C.）。亚里士多德在大量观察和解剖动物的基础上，对540种动物进行了分类；希波克拉德已认识到疾病是由环境和生活条件引起的，而不是灵魂所致。古罗马的卢克莱修（Lucretius，99～55 B. C.）明确提出生物是自然的产物，而非神造。

所以，从生命科学的重要成就来看，16世纪以前主要反映在医学（包括药物学）和农学方面，具有经验性和适用性特点，通常采用直观描述、分类、解剖等方法，使形态分类、解剖学知识得到迅速发展。但总体看，这些工作突出的是在生产和医疗中的应用，并没有形成真正的科学体系。

2. 现代生物科学创立和分支发展时期

目前，普遍认为现代生物科学系统的建立开始于16世纪。它的基本特征是人们对生命现象的研究牢固植根于观察和实验的基础上，各种生物分支学科相继建立，逐渐形成一个庞大的生物科学体系。

现代生物科学的建立是中世纪黑暗宗教统治后，文艺复兴和科学革命潮流的历史必然。文艺复兴时期，意大利著名画家达·芬奇（Leonardo Da Vinci，1452～1519）摆脱了神学偏见，提出人体运动是骨骼和肌肉的作用，抛弃了盖伦（Galen of Pergamon，约130～200）关于血管起始于肝脏的见解，认为一切血管均起始于心脏。1543年，比利时医生维萨里（Andreas Vesalius，1514～1564）的解剖学巨著《人体构造》出版，震惊了整个科学界和宗教界。维萨里的《人体构造》一书的出版不仅标志着解剖学的建立，而且直接推动了以血液循环研究为先导的生理分支学科的形成，其标志是1628年，英国医生哈维（William Harvey，1578～1657）发表了他的名著《心血循环论》。解剖学和生理学的建立为人们对生命现象的全面研究奠定了基础。

18世纪以后，随着自然科学全面蓬勃的发展，生物科学也进入了辉煌发展阶段。生物科学重要的分支学科相继建立，其中以细胞学、进化论和遗传学为主要代表，构成了现代生物科学的基石。

从细胞的发现到细胞学建立经过了近二百年的时间。生物细胞结构的发现是和显微镜的发明、应用密切联系在一起的。1665年，英国物理学家胡克（Robert Hooke，1636～1702）用自制的复合显微镜观察软木薄片，发现有许多蜂窝状小空室并称之为细胞（cell），这个名词一直沿用至今。1735年，瑞典植物学家林奈（Carl Linnaeus，1707～1778）出版了《自然系统》一书，把自然物分为植物、动物、矿物3大界，确定双名命名法，首先实现了植物和动物分类范畴的统一，增强了生物科学的整体性。18世纪后叶，德国人沃尔弗（Caspar Frederick Wolff，1733～1794）用显微镜研究细胞，指出一个原来性质纯一的胚胎是怎样逐渐分化而形成各种器官，创立胚胎发育的后成学说。1798年，英国医生詹纳（Edwar Jenner，1749～1823）公布了牛痘法，这是人类历史上第一次真正制服天花的伟大发明。

现在一般认为细胞学创立于19世纪30年代，是由施莱登（Matthias Jacob Schleiden，1804～1881）、施旺（Theodor Schwann，1810～1882）以及稍后的数位生物学家共同完成的。他们奠定了细胞是独立的生命单位，新细胞只能通过老细胞分裂繁殖产生，一切生物都是由细胞组成和由细胞发育而来的细胞学说的基本内容。细胞的发现和细胞学建立的意义在于：从此人们认识到，形形色色的大千生物世界，不论是单细胞生物还是多细胞生物，不论是植物还是动物，所有生物都有着共同的结构基础；各种生物学现象，无论是发育的、生理的，还是生化的，都获得了分析的依托和联络的纽带。细胞学的建立把人类对生命的认识带到了一个新的高度。

经过了一百多年的酝酿，在马耶（Benoit De Mailler，1656～1738）、布丰（Comte De Buffon，1707～1788）、拉马克（Clavalier De Lamarck，1744～1829）等人工作的基础上，1859年11月24日，达尔文（Charles Darwin，1809～1882）的《物种起源》出版，生物进化成为整个科学界讨论的中心话题和全社会共同关注的焦点，对生物科学及其他有关学科的发展产生了巨大影响，使宗教的基本信念发生了动摇。

从19世纪中期到20世纪中期大约100年的时间里，随着数学、物理学、化学等学科的发展及其与生物科学的交叉渗透，经典生物学逐渐步入实验生物学时期，相继取得一系列引人注目的成就。1865年，奥地利布隆修道院的神父孟德尔（Gregor Mendel，1822～1884）在经过连续8年的豌豆杂交试验之后，写出了一篇题为《植物杂交试验》的论文。他以精确的实验数据和严密的数理分析，揭示了遗传学的基本规律："遗传因子的分离和自由组合定律"，为遗传学成为独立的生物分支学科奠定了基础。法国生理学家C. 贝尔纳（Claude Bernard，1813～1878）发现了葡萄糖的异生作用，糖原、糖原的生成和分解作用等，这些研究导致了"内分泌"概念的产生。他还进一步提出内环境的恒定是自由和独立的生命赖以维持的条件，这是对生理学研究具有指导意义的原理。1869年，瑞士的米舍尔（F. Miescher，1844～1895）用胃蛋白酶水解脓细胞，得到一种不同于蛋白质的含磷物质，他称之为“核素”，因核素呈酸性，又称为“核酸”。科赫（Robert Koch，1843 ～ 1910）1876 年发现炭疽杆菌的孢子的抵抗性比杆菌本身更强，1882 年又发现了造成结核病的微生物。1878 ～ 1879 年，巴斯德（Louis Pasteur，1822 ～ 1895）发现，经连续培养可减低鸡霍乱病菌毒性，使鸡得病而不死亡，由此试制鸡霍乱疫苗获得成功。1881 ～ 1884 年，他采用病原菌毒素的接种法防治一些疾病，开创了医学免疫学。1888 年，俄国的梅契尼科夫（Elie Metchnikoff，1845 ～ 1916）发现吞噬细胞与吞噬过程，指出“血球具有保护机体防止感染性物质侵袭的作用”。他的工作引导人们对细胞因子和体液因子在免疫中的作用有了新的认识。1892 年，俄国微生物学家伊万诺夫斯基（Ivanovski）发现烟叶可被能通过滤器过滤的花叶病汁所感染。1897 年，德国细菌学家勒夫勒（Loeffer）证明引起牲畜口蹄疫的也是一种可通过滤器过滤的病毒。这是揭开非细胞微生物——病毒奥秘的开端。1894 年菲舍尔（Emil Fischer，1852 ～ 1919）证实酶的专一性，并用“锁钥原理”解释酶与底物之间的关系。

1900 年，奥地利的兰斯坦纳（Karl Landsteinor，1868 ～ 1943）发现人类的 A、B、O 血型，建立了血液分类学的基础。1909 年，丹麦学者提出了遗传因子是“基因”的概念。1910 年，美国的摩尔根（Thomas Hunt Morgen，1866 ～ 1945）首先发现了果蝇的伴性遗传，随后又提出了同源染色体间的基因连锁交换学说，进而总结出一套完整的“染色体遗传理论”，指出基因在染色体上呈直线排列，同一染色体上基因间的重组值就是基因间的距离，以此画出的基因在染色体上的图谱称为遗传学图。为揭示生物遗传与变异的奥秘开辟了一个划时代的研究领域。摩尔根遗传学在胚胎学和进化论之间架起了桥梁，直接推动了细胞学的发展，促使生物学研究从细胞水平向分子水平过渡，并为生物学实现新的大综合奠定了基础，并为分子生物学及分子遗传学的诞生打下了基础。1941 年比德尔（G. W. Beadle）和塔特姆（E. L. Tatum，1909 ～ 1975）提出“一个基因一个酶”的学说，把基因与蛋白质的功能结合起来。1944 年，艾弗里（Oswald Theodore Avery，1877 ～ 1955）等用细菌作材料进行实验，以及 1952 年赫尔希（Alfred Day Hershey，1908 ～ 1997）等进行的噬菌体感染实验，证明了 DNA 是遗传信息的载体。二战期间，德尔布吕克（Max Delbruck，1906 ～ 1981）创建的噬菌体研究小组对大肠杆菌和噬菌体结构与增殖特性的定量研究，从学术思想及组织上为分子生物学的诞生作了极其重要的准备。

3. 当今生物科学已全面进入了大科学的发展阶段

1953 年，沃森（James Watson）和克里克（Francis Crick，1916 ～ 2004）建立了 DNA 双螺旋分子结构模型，奠定了分子生物学的基础，以此为突破口，开创了从分子水平上阐明生命活动本质的新纪元。此后，生命界中分子运动规律的核心，即“中心法则”的提出，生命界统一的遗传密码的破译等，从分子水平上证实了生命界统一的发展联系，使生物科学的发展从此进入了一个崭新的、迅猛发展的分子生物学阶段。

分子生物学作为当代生物科学的生长点，已渗入到生物科学各个分支领域，并随之派生出一系列新兴学科，如分子细胞生物学、分子神经生物学、分子结构生物学、分子分类学、分子发育生物学、分子病毒学等等，把各个层次的生命活动有机联系起来，多学科综合性地从本质上去探讨生命活动的规律，从而开辟了现代生物科学的全新局面。另一方面，1973 年重组 DNA 获得成功，开创了基因工程。1975 年科勒（G. Kohler）和米尔斯坦（C. Milstein，1927 ～ 2002）成功开创了淋巴细胞杂交瘤技术，在生物医学领域树起了一座新的里程碑。此后以基因工程为核心的生物技术显现出强大的生命力，成为当今世界最令人瞩目的高新技术之一，是许多国家产业结构调整的战略重点。1997 年，多莉羊的克隆再一次震撼了人类社会。1990 年开始的现代生物科学中最宏伟的研究项目“人类基因组计划”，于2000 年宣告人类基因组工作框架已经测序完成，这部“生命天书”的破译及其随后的各种“组学”研究，使人类首次在分子水平上全面认识自我，无疑对生物科学的发展产生巨大的推动作用。在宏观生物学方面，现代生态学已发展成以人类为研究主体的、多层次的综合性学科，在解决影响人类发展的全球问题上，正发挥着越来越重要的作用。

二、生物科学发展前景展望

生物科学是在分子、细胞、整体以及系统等各个层次水平上探讨生物体生长、发育、遗传、进化以及脑、神经、认知活动等生命现象本质并探索其规律的科学，是自然科学中最具有挑战性的学科。20 世纪是生物科学迅猛发展的时代，尤其是最后 20 年，它的发展速度之快令人瞩目。利用基因技术培育的转基因食品已经摆上了普通百姓的餐桌；基因方法已经开始挽救患者的生命；克隆技术的重大突破，使动物的复制成为可能。人类数千年来的梦想正随着生物科学的发展逐一实现。随着物理学世纪让位于生物科学世纪，世界还将会有更多的奇迹出现。从现在起到今后的 10 ～ 15 年内，生物科学在其本身发展和其他学科的影响下，正经历着重大转变。一方面，在微观层次上对生物大分子的结构和功能，特别是基因组的研究取得重大突破后，正深入到后基因组学时代，通过功能基因组学和比较基因组学的研究，对基因、细胞、遗传、发育、进化和脑功能的探索正在形成一条主线，随之而来的转录组学、蛋白质组学、代谢组学、结构生物学、计算生物学、生物信息学、系统生物学等方面的研究也将在生物科学中成为重要角色。另一方面，在宏观层次上对生命的起源与进化、分类学、生态学、生物资源与可持续发展以及生物复杂性等的研究也将取得重要进展。特别是通过微观与宏观、分析与综合、单个基因与整体、个体与群体等多方面的结合，以及多种新技术的应用，生物科学的发展正面临一个新的高峰。可以预见，今后生物科学的重点发展领域将是基因组与蛋白质组研究；生物大分子的结构与功能研究；计算生物学与生物信息学；代谢组学与代谢工程；生物防御系统的细胞和分子基础；生命的起源与进化；系统生物学；可持续生物圈的生态学基础。建立在生物科学基础研究上的生物技术正在成为发展最快、应用最广、潜力最大、竞争最为激烈的领域之一，也是最有希望孕育关键性突破的学科之一。生物技术产业作为一个正在崛起的主导性产业，已成为产业结构调整的战略重点和新的经济增长点，将成为我国赶超世界发达国家生产力水平，实现后发优势和跨越式发展最有前途、最有希望的领域。

第二章　生物多样性与分类

生物多样性（biodiversity）是人类社会生存和发展的根本条件，也是全人类共同的财富。生物多样性一词从20世纪80年代以来频繁地出现在生物科学论文中，也出现在各种政府文件中。生物多样性的研究和保护已经成为世界各国普遍重视的一个问题，现在无论是联合国还是世界各国政府每年都投入大量的人力和资金开展生物多样性的研究与保护工作，一些非政府组织也积极支持和参与全球性的生物多样性的保护工作。1992年，联合国环境与发展大会在巴西的里约热内卢举行，在这次大会上，通过了《生物多样性公约》，标志着世界范围内的自然保护工作进入到了一个新的阶段，即从以往对珍稀濒危物种的保护转入到了对生物多样性的保护。中国是在国际上批准《生物多样性公约》较早的国家之一，并制定了《中国生物多样性保护行动计划》。公约的通过赋予了各国生物学家、生态学家、自然保护学家、每一位公民保护生物多样性的艰巨使命。

第一节　什么是生物多样性

生物多样性就是地球上所有生物以及由这些生物组成的系统的总体多样性和变异性。简单地说，生物多样性指的是地球上生物圈中所有的生物，即动物、植物、微生物，以及它们所拥有的基因和生存环境。地球上的生命多种多样，各个物种会产生各自的变种，同一物种个体之间也会有所差异。各种不同物种群集在一起形成群落；生物群落之间存在着相互作用并与所生存的环境相互影响，从而组成生态系统。在一定区域内会有多种多样的生态系统镶嵌分布，形成各种景观类型。因此，生物多样性应该包括4个层次，即遗传多样性（genetic diversity）、物种多样性（species diversity）、生态多样性（ecosystem diversity）和景观多样性（landscape diversity）。

一、遗传多样性

遗传多样性是生物多样性的重要组成部分。广义的遗传多样性是指地球上所有生物所携带的遗传信息的总和。这些遗传信息储存在生物个体的基因之中。因此，遗传多样性也就是生物的遗传基因的多样性。任何一个物种或一个生物个体都保存着大量的遗传基因，可被看作是一个基因库（gene pool）。一个物种所包含的基因越丰富，它对环境的适应能力就越强。基因的多样性是生命进化和物种分化的基础。

狭义的遗传多样性主要是指种内个体之间或一个群体内不同个体的遗传变异的总和。此外，遗传多样性可以表现在多个层次上，如分子、细胞、个体等。在自然界中，对于绝大多数有性生殖的物种而言，种群内的个体之间往往没有完全一致的基因型，而种群就是由这些具有不同遗传结构的多个个体组成的。

在生物的长期演化过程中，遗传物质的改变（或突变）是产生遗传多样性的根本原因。遗传物质的突变主要有两种类型，即染色体数目和结构的变化以及基因位点内部核苷酸的变化。前者称为染色体畸变，后者称为基因突变（或点突变）。此外，基因重组也可以导致生物产生遗传变异。

各种家养动物、农作物，其丰富的品种拥有丰富的遗传多样性。基因可通过亲代传递下来，它决定子代的表型特征。一个物种虽然大部分基因相同，但有些基因也会有变化，这种变化有的可在形态上、生理上表现出来，有的则觉察不出。至今，基因的潜在意义还不完全明了，人们往往忽视对遗传多样性的保护，这是非常值得反思的问题。

二、物种多样性

根据分类学的记载，地球上生活着的动物、植物、微生物的种类数量约有 200 万种。但是每年都有新物种被发现，生物的种数绝对不止此数。相对来讲，科学家对植物和脊椎动物的了解是比较清楚的，但对昆虫特别是热带森林中的昆虫知之甚少，有人估算，地球的物种可能多达 5 000 万种，其中大多数生活在热带森林中。1980 年对巴拿马热带森林中的昆虫进行研究，在 19 棵树上发现了 1 200 种，其中竟有 80% 未定名。现在认为至少有 600 万种节肢动物栖息在热带森林。海洋中也显示出不容置疑的生物多样性。1974 ~ 1977 年，美国科学家发现，在东太平洋加拉帕戈斯群岛东部，深度达 10 000m 的海底温泉中，有一个不依赖太阳能的独特生态系统：其中的生产者是硫细菌，含量达每毫升海水 100 万～100 亿个，它们既耐高温（100℃），又耐高压（1.15×10^5kPa）。因此有人相信深海底部可能有约 100 万个未描述的物种。在海底热泉出口发现的生物群落中，至今被定名的就有 20 个新科或亚科、50 个新属约 100 个新种。20 世纪 90 年代末，人们用地球物理火箭从 74km 的高空采集到处在同温层和大气层中的微生物，后来又在 85 km 高空找到了微生物。前苏联科学家在南极冰川进行钻探时，在 4.5 ～ 295 m 不同深度的岩心中多次发现有球菌、杆菌和微小的真菌。这就说明，地球上物种多样性远比我们已知的要多得多，生物界还有待人们继续发掘。

三、生态系统多样性

生态系统（ecosystem）是各种生物与其周围环境所构成的自然综合体。在一定的地理区域内，生活在同一环境中的各种动物、植物和微生物等种群相互作用组成一个具有独特的成分、结构和功能的集合体即群落。群落和它所栖息的非生物环境成分组成生态系统。所有的物种都是生态系统的组成部分。在生态系统之中，不仅各个物种之间相互依赖，彼此制约，而且生物与其周围的各种环境因子也是相互作用的。从结构上看，生态系统主要由生产者、消费者、分解者所构成。生态系统的功能是促进地球上的各种化学元素进行循环，维持能量在各组分之间的正常流动。生态系统的多样性主要是指地球上生态系统组成、功能的多样性以及各种生态过程的多样性，包括生境的多样性、生物群落和生态过程的多样化等多个方面。其中，生境的多样性是生态系统多样性形成的基础，生物群落的多样化可以反映生态系统类型的多样性。

地球上有无数大大小小的群落和生态系统。群落内部、群落之间以及与栖息环境之间存在着极其复杂的相互关系，其中主要的生态过程包括能量流动、水分循环、土壤形成、生物之间的相互关系如竞争、捕食、共生、寄生等。各种不同的生态系统为人类的生存与发展提供了支持系统。

四、景观多样性

景观是一种大尺度的空间，是指以一组重复出现的、具有相互影响的生态系统组成的异质性陆地区域。结构、功能和动态是景观的3个最主要的特征。而景观异质性是作为一个景观结构属性，而且结构对功能和过程将产生重要影响。地球表面的景观多样性是人类与自然相互作用的结果，如农业景观、森林景观、草地景观、荒漠景观、城市景观、果园景观等。

总之，物种多样性是构成生态系统多样性的基本单元，物种多样性是生物多样性最直观的体现，是生物多样性的中心；遗传多样性是物种多样性和生态系统多样性的基础，遗传多样性是生物多样性的内在形式，一个物种就是一个独特的基因库，可以说每一个物种就是基因多样性的载体；生态系统的多样性是生物多样性的外在形式，保护生物的多样性，最有效的形式是保护生态系统的多样性。

第二节 生物多样性的意义

一、生物多样性的价值

生物多样性的一个重要内涵就是生物资源，有的生物已被人们作为资源利用，另有更多的生物人们还未知其利用价值，是一种潜在的资源。另一方面，生态系统作为人类生存和发展的支持系统，其价值是多方面的，远比直接价值高。

生物多样性的价值往往不被人们所重视，一般人们在利用生物资源时，没有经过市场流通而直接被消费，只是取而用之而已。生物多样性具有很高的开发利用价值，在世界各国的经济活动中，生物多样性的开发与利用均占有十分重要的地位。因此，只有深入了解生物多样性对国民经济和环境所作的巨大贡献，才能引起人们对生物多样性保护的重视。

（一）生物多样性的直接价值

1. 为人类提供基本食品

全世界估计有8万余种陆生植物，而仅有150余种被大面积种植作为食品；藻类约8 000种，大规模培植的仅有海带、紫菜等数种。世界上90%的食物仅来源于20个物种。目前人类所需粮食的75%来自小麦、水稻、玉米、马铃薯、大麦、甘薯和木薯7种作物，前3种又占总产量的70%以上。脊椎动物被人们利用的不多，为我们提供蛋白质的家禽、家畜和鱼类仅数十种。家禽和家畜都来自野生的祖先，经过长期的选择，才形成大量的品种。各种蔬菜、水果、菌类为人类日常生活所必需。随着人口的增长、人民生活的改善，需要大力发展粮食作物和各类经济作物。开发新的食品和改良作物及家禽、家畜和水产类等品种，更是势在必行。无论是作物还是饲养动物等品种的改良，都需要与抗性强的野生种或野生亲缘种杂交，才能提高它们的抗逆性。

广泛地利用生物的遗传多样性，改良农作物、家禽和家畜，将具有重大潜力。如水稻的品种已超过数千种，品种之丰富，是其他物种不可比拟的。由于是品种间、亚种间杂交，产生的生产特性总有局限性，杂交技术难度也大。野生败育型的雄性不育系的出现，彻底改变了杂交水稻的育种技术；加之以优良品种作为恢复系，杂交水稻以前所未有的速度推广，成为绿色革命最丰硕的成果之一。

2. 为人类提供药物

药物也是与人类生存密切相关的物品，大部分来自植物、动物、微生物或它们的代谢产物，而且从古代一直延用到医药事业发达的今天。时至今日，科学家还在不断地从生物中筛选药物的有效成分。据世界卫生组织统计：发展中国家有80%的人口依靠传统的药物进行治疗，发达国家有40%的药物来源于自然资源，或依靠从大自然发现的化合物，或进行化学合成。在全世界25万种显花植物中，科学家仅对具有潜在药物属性的5 000种进行过分析，还有庞大数量的物种其潜在医疗价值仍属未知。中国有记载的药用植物约有5 000种，常用的约有1 000种。相当多的动物已经被人类作为主要的药物，如水蛭素是珍贵的抗凝剂，蜂毒治疗关节炎，某些蛇毒可控制高血压。动物对医药业发展的另一重要贡献是作为医药研究的实验动物，如猴类对脊髓灰质炎疫苗研究、犰狳对麻风病疫苗的研制都起过主要作用。已知和待开发的各种实验动物对人类医疗事业仍将起着不可估量的作用。

微生物与人类生活和健康关系极为密切，目前开发利用的微生物仅是其中很少的一部分，尚有更多的微生物种有待研究和开发。我国是栽培大型真菌的大国，早就应用茯苓、猴头菇、灵芝、冬虫夏草入药。绝大多数抗生素都是由微生物生产的，绝大多数疫苗都是从微生物制备的，它们在传染性疾病的防治中起着重大的作用，是人类平均寿命提高的功臣。此外，微生物还可以用来大规模生产酶制剂、有机溶剂、酒精、氨基酸、维生素等。

生物多样性还为人类提供各种工业原料，如木材、纤维、橡胶、造纸原料、天然淀粉、油脂等。现代工业生产还需要开发更多和更新的生物资源，以提供各种工业生产所必需的原材料和新型能源。

（二）生物多样性的间接价值

生物资源的间接价值与生态系统的功能有关，它并不表现在国家的核算体制上，但它们的间接价值可能大大超过直接价值。而且直接价值常常源于间接价值，因为收获的动、植物物种必须有其生存环境，它们是生态系统的组成成分。没有消费和生产使用价值的物种可能在生态系统中起着重要作用，并供养那些有使用和消费价值的物种。生物多样性的间接价值包括非消费性使用价值、选择价值、存在价值和科学价值四种价值。

1. 非消费性使用价值

保护生物资源可以为人类社会带来日益增长的利益，这种效益因地域和物种的不同而异。大致归纳为以下几个方面：

（1）能量固定　具有光合作用的植物、藻类固定太阳能，使一切生物赖以生存的最初能量来源——太阳能通过这些生物进入食物链，能量随食物链流动为所有物种包括人类的各种生命活动提供“动力”。

（2）调节气候　生态系统对大气候和局部气候均具有调节作用，包括对温度、水分和气流等的影响。

（3）稳定水文　在集水区内发育良好的植被具有调节径流的作用。植物根系深入土壤，使土壤对雨水更具有渗透性。有植被地段较裸地的径流要缓慢和均匀。一般在森林覆盖的地区雨季可减弱洪水，旱季在河流中仍有流水。例如马来西亚集水区内，每单位径流在高峰期大约相当于橡胶园、油棕园内径流量的50%。在径流的低谷期约为种植园的一倍。

（4）保护土壤　植被发育良好的地段，由于植被和枯枝落叶层的覆盖，可以减少雨水对土壤的直接冲刷，保护土壤，减少侵蚀，保持土地生产力，防止塌方；保护海岸和河岸，防止湖泊、河流和水库的淤积。

（5）贮存必需的营养元素，促进元素循环　生物从土壤、大气、水和食物中获得必需的营养元素构成生物体。生态系统的所有生物体内部都贮存着各种营养元素，并通过生命活动促使生物与非生物环境之间的元素交换，进行元素循环，维持生态过程。

（6）维持进化过程　生态系统的功能包括传粉、基因流动、异花受精的繁殖功能，以维持环境的效力，使竞争者之间保持永恒的张力。

（7）对污染物质的吸收和降解　某些生物由于自身的遗传特性而对污染物质有抗性，它们能够吸收和降解污染物。另一些生物对有机废物、农药以及空气和水中的污染物都有降解作用。有些生物对污染物敏感，因而对环境污染具有指示意义。

（8）娱乐和生态旅游（recreation and ecotourism）　指人们采用不同的方式利用生物资源开展娱乐活动。在不破坏自然环境的条件下进行旅游活动称为生态旅游。如野外观鸟、赏花、森林浴等。这些活动的价值就是休闲价值。在全世界，生态旅游可获取120亿美元的收入。例如，在加拿大，每年大约84%的人口要参与到与野生动物有关的娱乐活动中去（如狩猎、参观动物园、保护区旅游等），每年可为加拿大创造约8亿美元的收入。另外，生态旅游还有一定的生态教育功能。

2. 选择价值

保护野生动植物资源，以尽可能多的基因，为农作物或家禽、家畜的育种提供更多的选择的机会。例如，家猪与野猪杂交，培育形成了瘦肉型猪的新品种。家鸡目前已有上百个不同的品种，均来自于原鸡。从紫杉和红豆杉中提取抗癌药物。现在自然界的许多野生动植物，也许现在人类无法利用，但其价值是潜在的。也许我们的子孙后代能发现其价值，找到利用它们的途径。因此多保存一个物种，就会为我们的后代多留下一份宝贵的财富。

3. 存在价值

有些物种尽管其本身的直接价值很有限，但它的存在能为该地区人民带来某种荣誉感或心理上的满足。例如，大熊猫、金丝猴、褐马鸡等是我国特有的珍稀动物，全国人民都引以为荣，熊猫已成为中国的象征。

4. 科学价值

有些动植物物种在生物演化历史上处于十分重要的地位，对其开展研究有助于搞清生物演化的过程，如一些孑遗物种（银杏）。

二、保护生物多样性的意义

1. 保护生物多样性的迫切性

在人类出现以前，物种的灭绝与物种形成一样，是一个自然的过程，两者之间处于一种相对的平衡状态。有人估计，物种自然灭绝的速度大约为每100年仅有90个物种灭绝。

人类出现以后，尤其是近百年来，随着人口的增长和人类活动的加剧，物种灭绝的速度大大地加快了。以哺乳动物为例，在17世纪时，每5年有一种灭绝，到20世纪则平均每2年就有一种动物绝灭。就鸟类而言，在更新世的早期，平均每83.3年有一个物种绝灭，而现代则每2.6年就有一种鸟类从地球上消亡。在印度洋、大西洋中的一些岛屿上生活的特产鸟类绝灭的速度，1601～1699年为8种，1700～1799年为21种，1800～1899年为69种，1900～1978年为63种。目前，生物多样性正以前所未有的高速度在丧失。据国外的科学家估计，目前物种灭绝速度比人类干预以前的自然灭绝速度要快1 000倍。以鸟类为例，在世界上9 000多种鸟类中，1978年以前仅有290种鸟类不同程度也受到灭绝的威胁，而现在这个数字则上升到1 000多种，大约占鸟类总数的11%。据联合国环境计划署估计，在未来的20～30年之中，地球总生物多样性的25%将处于灭绝的危险之中。在1990～2020年之间，因砍伐森林而损失的物种，可能要占世界物种总数的5%～25%，即每年将损失15 000～50 000个物种，或每天损失40～140个物种。大量的物种从地球上消失已引起了国际社会的广泛关注。如何采取有效措施，以拯救这些逐渐走向灭亡的物种已经成为一个重要的研究内容。

野生动植物栖息地的丧失也是相当惊人的。例如，南撒哈拉非洲地区野生动物栖息地适宜生境丧失率达65%。在亚洲和拉丁美洲等许多地区也存在着相似的情形。栖息地的丧失、物种的灭绝而导致生物多样性的下降已引起世界各国的广泛关注。

2. 保护生物多样性的重要意义

生物多样性是人类社会赖以生存和发展的基础。我们的衣、食、住、行及物质文化生活等都与生物多样性的维持密切相关。

首先，生物多样性为我们提供了食物、纤维、木材、药材和多种工业原料。我们的食物全部来源于自然界，维持生物多样性，我们的食物品种会不断丰富，人民的生活质量会不断提高，从温饱型向小康型转变。

其次，生物多样性还在保持土壤肥力、保证水质以及调节气候等方面发挥重要作用。黄河流域曾是我们中华民族的摇篮，在几千年以前，那里还是一片十分富饶的土地，树木林立，百花芬芳，各种野生动物四处出没。但由于长期的战争及人类过度地开发利用，这里已变成生物多样性十分贫乏的地区，到处是黄土荒坡，遇到刮风的天气便是飞沙走石，沙漠化现象十分严重。近年来由于人工植树，大搞“三北防护林”工程，生物多样性得到了一定程度的恢复，沙漠化进程得到了抑制，森林覆盖率逐年上升，环境不断得到改善。

第三，生物多样性对大气层成分、地球表面温度、地表沉积层氧化还原电位以及pH值等的调控发挥着重要作用。例如，现在地球大气层中的氧气含量为21%，供给我们自由呼吸，这主要归功于植物的光合作用。在地球早期的历史中，大气中氧气的含量要低很多。据科学家估计，假如断绝了植物的光合作用，那么大气层中的氧气将会由于氧化反应在数千年内消耗殆尽。

最后，生物多样性的维持将有益于一些珍稀濒危物种的保存。我们都知道，任何一个物种一旦灭绝，便永远不可能再生。今天仍生存在我们地球上的物种，尤其是那些处于灭绝边缘的濒危物种，一旦消失了，那么人类将永远丧失这些宝贵的生物资源。而保护生物多样性，特别是保护濒危物种，对于人类后代，对科学事业都具有重大的战略意义。

第三节　生物分类的标准

一、生物分类的意义

地球上现生的物种数以百万计，千变万化，各不相同，如果不予分类，不立系统，便无从认识，难以研究利用。分类的对象是形形色色的种类，都是进化的产物，因而从理论意义上说，分类学是生物进化的历史总结。

生物分类学是研究生物分类理论和方法的学科。它包括分类、命名和鉴定三个领域。分类是根据生物的相似性和亲缘关系，将生物归入不同的类群（分类单元）；命名是根据国际生物命名法给生物分类单元以科学的名称；鉴定则是确定一种生物属于已经命名的分类单元的过程。因此，概括来说，生物分类学是对各类生物进行鉴定、分群归类，按分类学准则排列成分类系统，并对已确定的分类单元进行科学命名的学科。其目的是探索生物的系统发育及其进化历史，揭示生物的多样性及其亲缘关系，并以此为基础建立多层次的、能反映生物界亲缘关系和进化发展的“自然分类系统”。这样有利于人们认识生物、了解各个生物类群之间的亲缘关系，从而掌握生物的生存和发展规律，为更广泛、更有效地保护和利用自然界丰富的生物资源提供方便。因此，对众多生物进行命名和分类是生物科学研究的基础，也是人们认识、保护和利用生物多样性的基础。

二、生物分类和生物物种的命名

生物种类十分丰富，据估计，目前人们已命名的约有 200 万种，其中动物约有 150 万种，植物约有 50 万种。据科学家估计，世界上还有 2000 万～5000 万种生物有待于发现和命名。如果不将它们加以分类，人类就无从认识和研究利用。为了研究、保护和利用如此丰富多彩的生物世界，科学家对它们进行比较和梳理，分门别类，逐步建立了生物分类学。

在生物分类过程中，特征对比是分类的基本方法。所谓对比是异同的对比，即根据两种生物之间的“异”来加以区分，根据两种生物之间的“同”来加以合并。

生物系统分类学公认的奠基人是瑞典植物学家林奈（Karl VonLinne，1707～1778）。林奈于 1735 年出版《自然系统》一书，该书到 1768 年共出了 12 版，是生物系统分类领域的经典著作。林奈的突出贡献是提出了一个科学的、流传至今的生物命名法——双名法（binomial nomenclature）。按照双名法，每个物种的科学名称（即学名）由两部分组成，第一部分是属名，属名是名词性质，且第一个字母大写；第二部分是种名，种名是形容词，带有修饰限定属名的意思，毋须大写，种名后面还应有定名者的姓名，有时定名者姓名可以省略。双名法的生物学名均应为拉丁文，因为拉丁文是当时流行的书面文字，变化少，比英文、法文等正在流行的口语文字更易于为各国科学家接受。在书面格式上，生物物种的学名都应用斜体字，表明是拉丁文，不能用斜体字的情况下，则在学名下面划一道线，以示区别。例如，人的学名为 *Homo sapiens*。*Homo* 为属名，意思是人，*sapiens* 为种名，意思是智慧。对于亚种一般采用三名法（trinomial nomenclature），即在种名之后再加上一个亚种名，如尖音库蚊淡色亚种（淡色库蚊）为 *Culex pipieus pallens Coquillet*。

随着人们对种及其所在属认识的加深，若发现种的命名欠妥，按规定允许更正，重新命名。

种（species），又叫物种，是最基本的分类单位。种是形态结构和生理功能相似、生态分布基本相同的一群生物。在自然条件下，进行有性生殖的同种生物可以产生有生殖能力的后代，不同种生物之间一般不能交配。

在生物各类群之间，所处的共同分类单位越小，它们之间的相似程度越大，表明它们的亲缘关系越近；反之，则相似程度越小，表明它们的亲缘关系越远。例如，猫和虎，它们的共同分类单位为“猫属”，而猫和狗，它们的共同分类单位是“食肉目”。显然，前两者相似程度大，亲缘关系近；后两者相似程度小，亲缘关系远。

三、生物分类的标准和依据

人们在不同的历史时期，依据不同的分类标准对生物进行过分类。从历史发展上看，在分类方法上有人为分类法和自然分类法两种，这两种方法也代表了分类工作发展的两个阶段。

1．人为分类法

主要是凭借对生物的某些形态、结构、功能、习性、生态或经济用途的认识将生物进行分类，而不考虑生物亲缘关系的远近和演化发展的本质联系，因此所建立的分类体系属于人为分类体系。例如，将生物分为陆生生物、水生生物；草本植物、木本植物；粮食作物、油料作物等。另外，18 世纪瑞典植物学家林奈以生物能否运动为标准，将生物划分为动物界和植物界的两界系统。他还根据雄蕊的有无、数目，把植物界分为一雄蕊纲、二雄蕊纲等 24 个纲。16 世纪我国李时珍（1518 ～ 1593）在他的《本草纲目》一书中将植物分为五部，即草部、谷部、菜部、果部和木部；将动物也分为五部，即虫部、鳞部、介部、禽部和兽部；人另属一部，即人部。又如，亚里士多德根据血液的有无，把动物分为有血液的动物和无血液的动物两大类，等等。

但是，生物体的外部形态往往变化很大，难以捉摸。植物分类中，着重于依据变化较小的生殖器官——花和种子的特征；在动物分类中，通常结合内部构造和生理功能，确定可能的演化关系。例如，马、猫、鲸、蝙蝠和人的前肢（图 2-1），虽然演化成了不同形式的蹄、爪、鳍、翅和手，但是从骨骼构造仍能追溯它们的同源性（homologus）。这是把这些外形各不相同的物种都放在哺乳动物类的证据之一。

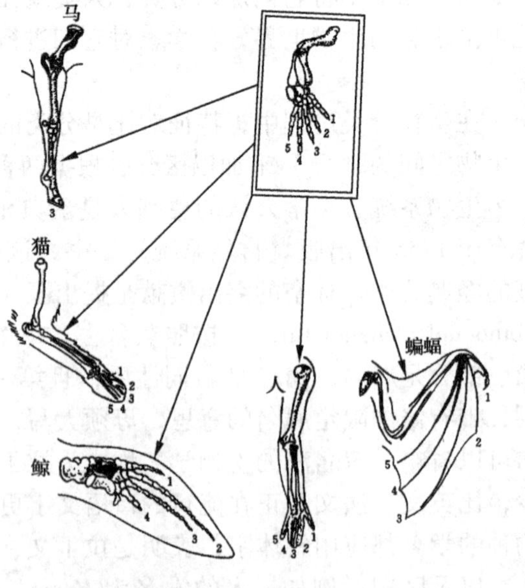

图 2-1　哺乳动物前肢的演变
（引自张惟杰《生命科学导论》，1999）

2．自然分类法

1859 年达尔文出版了《物种起源》一书。进化论的确立及生物科学的发展，使人们逐渐认识到现存的生物种类和类群的多样性乃是由古代的生物经过几十亿年的长期进化而形成的，各种生物之间存在着不同程度的亲缘关系。分类学应该反映这种亲缘关系，反映生物进化的脉络。按照进化上的亲缘关系来进行分类，通常称为自然分类法，这个原则已为大家所接受。

现代生物分类学研究生物的系统发育，特别强调分类和系统发育的关系。在研究分类的过程中，分类学家追求的是划分的分类单元应是“自然”的类群，提出的分类系统力求反映客观实际，也就是说要符合系统发育的原则。因为系统发育的亲缘关系是生物进化过程的实际反映，因此，研究各生物类群的分类学家，都要把组建该类群的系统发育作为主要目标，以便在此基础上按照生物系统发育的历史，编制生物的多层次分类系统，即自然分类系统。

植物的自然分类法是以植物的形态结构作为分类依据，以植物之间的亲缘关系作为分类标准的分类方法。从生物进化的理论得知，种类繁多的植物，实际上是大致同源的。物种之间相似程度的差别，能够显示出它们之间亲缘关系上的远近。判断植物之间亲缘关系的方法是根据植物之间相同点的多少。例如，菊花和向日葵在形态结构等方面有许多相同点，如它们都具有头状花序，花序下有总苞，雄蕊5枚，花药合生。于是就认为它们的亲缘关系比较接近；而菊花与大豆相同的地方就比较少，如大豆花是大小和形状都不相同的蝶形花瓣，二体雄蕊（花丝9枚合生，一枚离生），于是就认为它们的亲缘关系比较疏远。

近年来，随着科学的发展，植物的分类已经不仅以形态结构为依据，而且得到了生理学、生物化学、遗传学和古植物学等学科的密切配合。各国植物学家正在这方面继续展开深入的研究，以便使植物分类的方法更加完善。

动物的自然分类方法更加复杂，主要是根据同源性进行分类。分类学家必须考虑多种多样的特征，这些特征包括结构、功能、生物化学、行为、营养、胚胎发育、遗传、细胞和分子组成、进化历史及生态上的相互作用。特征越稳定，在确定分类时就越有价值。

目前生物分类已从形态学、比较胚胎学、比较解剖学和古生物学等方面的研究扩展到多个学科。近几十年来，特别是分子生物学的发展，现代分类学家在分类的过程中，广泛采用了生理、生化、免疫学、生态分布、遗传学及分子生物学的技术进行分类学研究，以便获得更为可靠、更为全面的分类学依据，来确定生物间的亲缘关系，使“自然分类”更符合自然的本来面貌。

例如，以染色体的形态和数目、减数分裂时染色体的行为方式可获得细胞学依据；以一些代谢的小分子化合物，如植物碱、酚、糖、糖苷等和一些大分子化合物，如DNA、RNA和蛋白质等，通过血清、电泳等方法获得的生化指标可获得生物化学依据；以一些较稳定的同源生物大分子，如血红蛋白、细胞色素等的氨基酸序列、相对应的核苷酸序列在结构上的差异程度可获得分子生物学依据（表2-1）。这些都可作为分类依据来确定生物类群之间的亲缘关系和演化规律。

表2－1中数据可以作为说明这些生物的同源性及亲缘关系的远近，如黑猩猩与人没有差别，说明两个物种之间的亲缘关系很近；酵母菌与人之间差45个氨基酸，可见两个物种之间十分疏远。

总之，一切具有种间差异的特征均可作为分类的依据。随着各学科的发展，对生物的认识越来越全面，生物学各学科的发展为生物分类的逐步完善提供了条件，人们才有可能综合各方面的资料，最终建立起一个反映亲缘关系的自然分类系统。

表 2-1　几种生物与人的细胞色素 c 中的氨基酸及相对应的核苷酸组成的差异比较

生物名称	氨基酸差别	核苷酸差别
黑猩猩	0	0
猕猴	1	1
狗	11	13
鸡	13	18
响尾蛇	14	20
金枪鱼	21	31
酵母菌	45	56

第四节　生物分类系统

一、生物分类的等级

生物分类系统是阶元系统，按等级高低顺序，生物分类单位依次是界（kingdom）、门（phylum）、纲（class）、目（order）、科（family）、属（genus）、种（species）。上述 7 个阶元是最基本的，必要时还可以在某一等级之前增设一个“超级”（super-）或在之后增加一个“亚级”（sub-）或一些辅助等级，如超纲（superclass）、亚目（suborder）、次目（infraorder）等。此外，还可增设新的单元，如股、群、族、组等等，其中最常设的是族，介于亚科和属之间。

每一种生物都可以通过分类系统，依不同的分类阶元，表示出它在生物界的分类地位，反映该种生物的分类属性以及与其他种生物之间的亲缘关系。如现代人（*Homo sapiens*, *L*）的分类位置是：

动物界（Animalia）
脊索动物门（Chordata）
脊椎动物亚门（Vertebrata）
哺乳动物纲（Mammalia）
真兽亚纲（Eutheria）
灵长目（Primates）
类人猿亚目（Anthropoidea）
人超科（Hominoidea）
人科（Hominidae）
人属（Homo）
人种（sapiens）

二、分类系统

1. 五界系统

历史上，人们曾先后提出过不少生物分类系统，古希腊亚里士多德首次把生物分成动物和植物两大界。1735 年，林奈也把生物界划分为动物界和植物界，这一二界分类系统广泛地应用。但随着生物学研究及技术的发展，发现很多生物既不属于动物，也不属于植物，因此，将生物只分为动物、植物是不合适的。德国生物学家海克尔（E. Haeckel）于 1886 年提出三界学说：植物界（Plantae）、动物界（Animalia）和原生生物界（Protista）。原生生物界包含单细胞的生物和一些简单多细胞动、植物。

1969 年，魏泰克（R. H. Whittaker，1924 ～ 1980）依据细胞结构和营养类型，提出了五界分类系统（图 2-2），即把生物分为原核生物界（Kingdom Monera）、原生生物界（Kingdom Protista）、真菌界（Kingdom Fungi）、植物界（Kingdom Plantae）和动物界（Kingdom Animalia）五界。五界分类系统首先区分原核细胞生物与真核细胞生物，并将原核生物归纳为原核生物界，主要包括细菌及蓝绿藻。在真核生物中则将单细胞生物与多细胞生物区分，将单细胞生物归纳为原生生物界，它是内涵最复杂的界。根据营养方式将真核多细胞生物分为植物、动物及真菌三界，植物是光合自养的，动物是吞噬营养的（表 2-2）。五界系统能反映生物间的亲缘关系和进化历程，因此目前被大家普遍接受。另外，病毒属于特殊的一类，1997 年，我国科学家陈世骧建议将非细胞形态的病毒单独称为病毒界，构成六界系统。

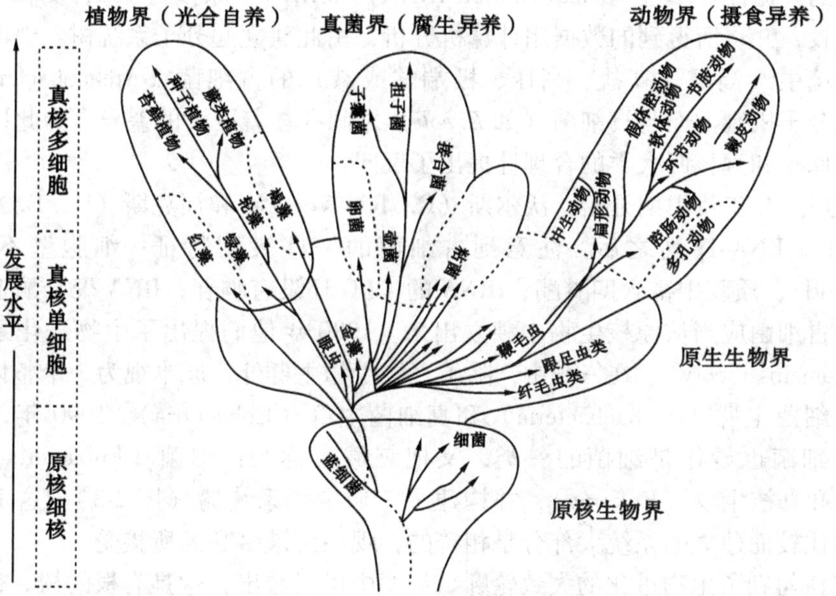

图 2-2　R. H. Whittaker 的五界系统（引自北京大学生命科学学院编写组《生命科学导论》，2000）

表 2-2　五界系统的主要特征

界	细胞类型	营养方式	细胞数目	运动特点	举例
原核生物界	原核细胞	自养或异养	单细胞或群体	多数不能运动，少数用鞭毛运动	细菌、蓝藻
原生生物界	真核细胞	自养或异养	单细胞或群体	用鞭毛、纤毛或伪足运动	草履虫、衣藻、变形虫
真菌界	真核细胞	异养，吸收养料	单细胞或多细胞	绝大多数不能运动	酵母菌、蘑菇
植物界	真核细胞	自养，进行光合作用	多细胞	不能自由运动	葫芦藓、松、杨、桃
动物界	真核细胞	异养，摄取食物	多细胞	绝大多数能够自由运动，海葵、珊瑚等少数种类营固着生活	蚯蚓、蝗虫、鲫鱼、马

2. 三域学说

在分子分类学研究中，常用不同生物的同源蛋白质分子（如细胞色素 c）的一级结构进行比较，然后根据这些分子中氨基酸差异状况再建立起生物进化系谱。但是由于这些蛋白质分子往往只存在于较高等生物中，而且实验操作也较麻烦，因此从 20 世纪 70 年代以来多用保守的核糖体亚单位（small subunit rRNA）ssrRNA（原核为 16S，真核为 18S）的序列进行比较，并将所得到的数据用计算机分析，由此建立起分子系统树。然而，许多生活在极端环境中（高温、高盐、高压、极端酸或碱）的古细菌（Archaebacteria），在生理、生化及分子机制方面与真细菌（如 *E. coli*）之间存在着巨大的差异，为此许多学者对把生物分为原核和真核两大类的合理性提出了疑问。

从 20 世纪 70 年代中期开始，沃尔斯（C. R. Woese）和福克斯（G. E. Fox）在分析了古细菌 ssrRNA 序列之后，注意到古细菌的一些表型特征：细胞壁不含胞壁酸（muramic acid）；质膜中富含四醚酯；rRNA 的 TΨC 环没有胸苷；RNA 聚合酶亚基特殊等之后，认为古细菌应当从原核生物中独立出来。1980 年他们提出了生物进化系的三域学说（three domains theory）。在三域中，除了真核生物主群外，原本视为一个整体的原核生物被分为古细菌主群（Archaebacteria）和真细菌主群（Eubacetria）。1990 年，沃尔斯为了避免把古细菌也看作是细菌的一类，又把三域改称为：细菌（Eubacteria）、古生菌（Archaea）和真核生物（Eukarya），并构建了三域生物系统树（图 2-3）。这个研究结果和根据表型比较而建立的系统大部分是相符的，现在已被多数人所接受。

该系统树勾勒了生物进化的大致轮廓。从图中可以看出，这是有根的树，根部的结代表地球上最先出现的生命，它是现有生物的共同祖先，生物最初的进化就从这里开始。rRNA 序列分析表明，它最初先分成两支：一支发展成为今天的细菌（真细菌）；另一支是古生菌——真核生物分支，它在进化过程中进一步分叉分别发展成古生菌和真核生物。因此，从该系统树所反映的进化关系，表明古生菌和真核生物属“姐妹群”，它们之间的关系比它们与真细菌之间的关系更密切。从该系统树还可以看出，古生菌分支的结点离根

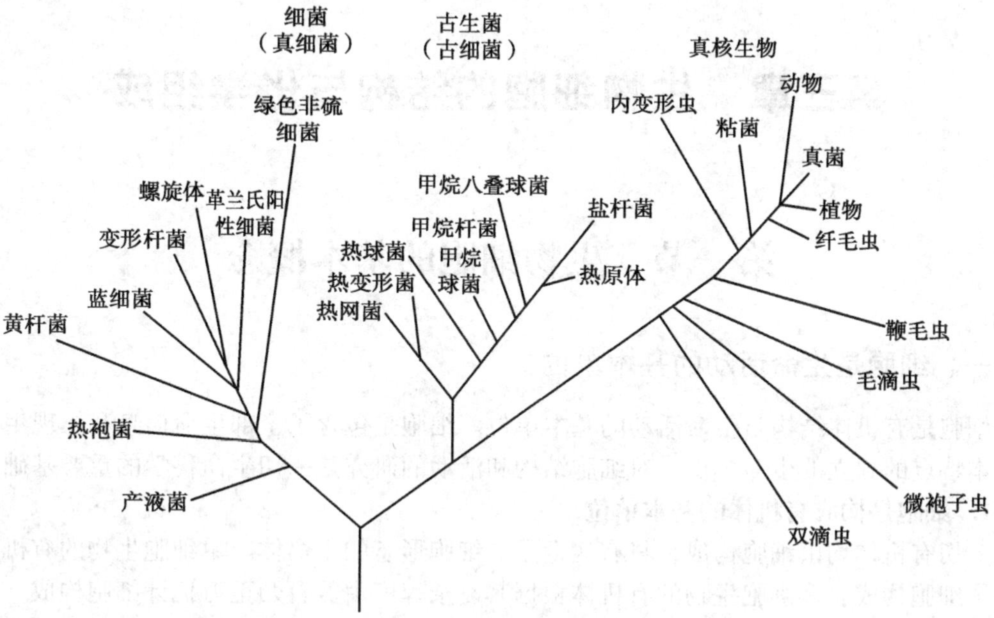

图 2-3　三域学说及其生物进化谱系树

部最近，其分支距离也最短，这表明它是现存生物中进化变化最少、最原始的一个类群。真核生物则离共同祖先最远，它们是进化程度最高的生物种类。

对古生菌的研究，无论是在基础理论上还是在实际应用上都有重要的意义。1996 年科学家首次测定出了产甲烷球菌（*Methanococcus jannaschii*）的全基因组序列，发现了在原核和真核细胞中所没有的大量的新基因序列。同时还发现，编码遗传信息传递过程（复制、转录、翻译）各要素的基因与真核细胞对应的基因有较高的同源性；编码参与代谢过程（包括能量产生和氮的固定）的蛋白的基因与原核细胞对应的基因有较高的同源性。

但是，随着新的微生物基因组测序并与其他真核生物基因组的比较，人们对沃尔斯的生命树也提出了怀疑，特别是对生命树中关于三域关系的论述。首先，并不是所有的基因进化都以相同的速度和方式进行，所以从某一个基因（如 rRNA）得到的进化树很可能与另一个基因的不同。以前人们倾向于将 rRNA 树等同于生命树，但从全基因组来看，很快会遇到来自其他基因与 rRNA 树不一致的生命树。另外，假如现在的系统发育树是正确的，那么无法解释在真核生物 34 个科中，当回溯到早期细胞进化时，有 17 个科的蛋白质似乎是来自细菌，而只有 8 个科与古细菌表现出更大的相似性。在酵母基因组中，与细菌匹配的基因是与古细菌匹配基因的两倍。随着更多基因组序列的完成及新软件的开发，将使人们追踪基因遗传性的能力得到提高，更多地发现三域间的联系，从而对进化能有一个更好的、更整体的理解。

第三章　生物细胞的结构与化学组成

第一节　生物细胞的基本概念

一、细胞是生命活动的基本单位

细胞是有机体结构与生命活动的基本单位。细胞是包含了全部生命信息和体现生命所有基本特点的独立的生命单位。对细胞结构和活动的研究是一切生命科学的重要基础。

1. 细胞是构成有机体的基本单位

一切有机体均由细胞构成，只有病毒是非细胞形态的生命体。单细胞生物的有机体仅由一个细胞构成。多细胞生物的有机体根据其复杂程度由数百乃至万亿计细胞构成。高等动植物有机体由无数功能与形态结构不同的细胞组成。人体内大约有200多种不同类型的细胞，但根据其分化程度又可分为600多种，它们的形态结构与功能差异很大，但都是由一个受精卵通过分裂与分化而来。在多细胞生物机体内，功能相同的细胞群体构成机体的组织。

2. 细胞是代谢与功能的基本单位

在有机体一切代谢活动与执行功能的过程中，细胞呈现为一个独立的、有序的、自动控制性很强的代谢体系。在细胞内一切生化过程表现为有严格程序的、自动控制的代谢体系，这是由细胞自身结构的装置及其协调性所决定的，是长达数十亿年的进化产物，细胞结构完整性的任何破坏，都会导致细胞代谢的有序性与自控性的失调。

3. 细胞是有机体生长与发育的基础

一切有机体的生长与发育是以细胞的增殖与分化为基础的。有机体的生长与发育是依靠细胞的分裂、细胞体积的增长、细胞的分化与凋亡来实现的，细胞是生长与发育的基本单位。

4. 细胞的全能性

细胞是遗传的基本单位，每一个细胞，不论低等生物或高等生物的细胞、单细胞生物或多细胞生物的细胞、结构简单或复杂的细胞、未分化或分化的细胞（除个别终末分化的细胞外）、性细胞或体细胞，都包含着全套的遗传信息，即全套的基因，也就是说它们具有遗传的全能性。由植物单个生殖细胞或单个体细胞，由未受精的两栖类动物卵细胞，经人工培养与诱导可发育为完整的个体；近年通过哺乳动物已分化的体细胞克隆而被诱导发育为动物个体。这些都是细胞全能性最有力的证据，概括地说，每一种细胞都有发育为个体的潜在能力。

5. 没有细胞就没有完整的生命

无数实验证明，对细胞结构完整性的任何破坏，都不能实现细胞完整的生命活动。众所周知，从细胞中分离出任何结构，甚至是保存完好的细胞核与含有遗传信息的线粒体和叶绿体，都不能在体外培养持续生存，更不用说作为生命活动的单位而存在。

病毒虽然是非细胞形态的生命体，但它们必须在细胞内才能表现出基本的生命特征（繁殖与遗传）。因此，就病毒而言，细胞是生命活动的基本单位这一概念也是完全合适的。

二、原核和真核细胞

在种类繁多、浩如烟海的细胞世界中，根据其进化地位、复杂的结构、遗传装置的类型与主要生命活动的形式，可以分为原核细胞（procaryotic cell）和真核细胞（eucaryotic cell）两大类。

1. 原核细胞

原核细胞的基本特点是：①没有细胞核，核区（类核）遗传信息量小，遗传信息载体多为一个环状 DNA 构成；②没有分化为以膜为基础的、具有专门结构与功能的细胞器。原核生物的特征是体积较小，直径 0.2 ～ 10μm；进化地位较原始，在 30 ～ 35 亿年前就出现；在地球上的分布广度与适应性比真核生物大得多。代表性的原核生物有细菌、蓝藻、支原体、螺旋藻（人类未来蛋白质食物新来源）等。

2. 真核细胞结构

真核生物是以生物膜的进一步分化为基础，在细胞内部构建许多更为精细的、具有专门功能的结构单位。真核细胞虽然结构复杂，但是可以在亚显微结构水平划分为 3 大基本结构体系：①以脂质及蛋白质成分为基础的膜系统结构；②以核酸-蛋白质为主要成分的遗传信息表达系统结构；③由特异蛋白质分子构成的细胞骨架体系。这三种基本结构体系构成了细胞内部结构紧密、分工明确、智能专一的各种细胞器，并以此为基础保证了细胞生命活动具有高度程序化与高度自控性。

3. 原核细胞和真核细胞的比较

真核细胞与原核细胞的区别如表 3-1 所示。

表 3-1 原核细胞与真核细胞的区别

	原核细胞	真核细胞
细胞大小	较小（1 ～ 10μm）	较大（10 ～ 100μm）
染色体	一条 DNA，不与蛋白质结合	几条染色体，与蛋白质结合在一起
细胞核	核区，无核膜核仁	有核膜和核仁
细胞器	无	有
内膜系统	简单	复杂
微梁系统	无	微管和微丝
细胞分裂	二分体，出芽分裂	有丝分裂
转录和转译	同一时间和地点	不同时间和地点

第二节 生物细胞的结构

一、原核细胞的结构

细菌是典型的原核生物，其细胞的结构可分为一般结构和特殊结构，如图 3-1 所示。一般结构是指一般细菌细胞共同具有的结构，包括细胞壁、细胞质膜、核质体和细胞质等；特殊结构是指仅在某些细菌细胞中才具有的或仅在特殊条件下才能形成的结构，包括糖被、鞭毛、菌毛和芽孢等。

1. 细胞壁

细胞壁（cell wall）位于细菌细胞最外面，是一层较坚韧、厚实、略有弹性的结构，占细胞干重的 10% ～ 25%。细胞壁的主要功能是：①维持细胞外形，保护细胞免受外力（机械性或渗透压）的损伤；②作为鞭毛运动的支点；③为细胞的正常分裂增殖所必需；④具有一定屏障作用，对大分子或有害物质起阻拦作用；⑤与细菌的抗原性、致病性及对噬菌体的敏感性密切相关。

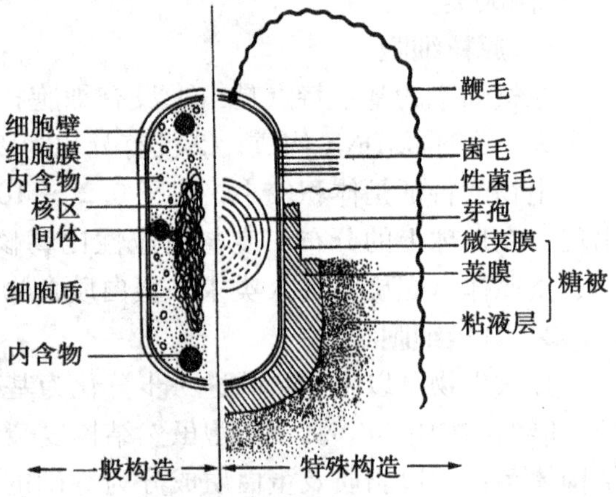

图 3-1 细菌细胞的结构

1884 年，丹麦医生革兰氏（Gram）发明了一种重要的细菌鉴别染色法，称革兰氏染色法（Gram stain）。因细菌细胞壁的结构和化学组成的显著差别所引起的对革兰氏染色法的不同反应而将细菌分为革兰氏阳性细菌和革兰氏阴性细菌。革兰氏阳性细菌细胞壁较厚（20 ～ 80nm），机械强度较高，化学组成较简单，主要含肽聚糖和磷壁酸；革兰氏阴性细菌细胞壁较薄，机械强度较低，但层次较多，成分较复杂，主要成分除蛋白质、肽聚糖和脂多糖外，还有磷脂质、脂蛋白等，如图 3-2 所示。

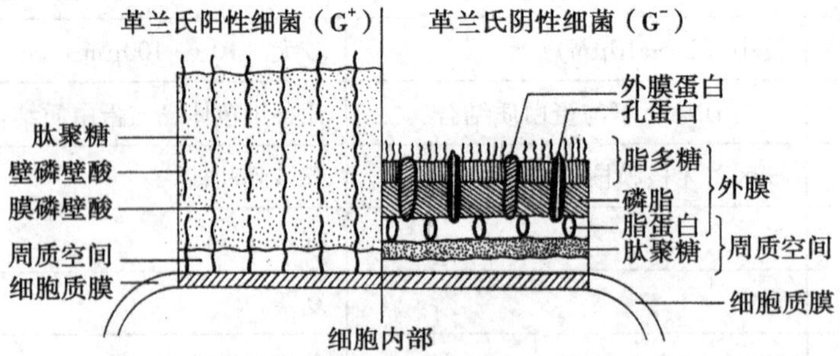

图 3-2 革兰氏阳性和阴性细菌细胞壁化学组成的比较

2. 细胞膜

细胞膜（cytoplasmic）是一层柔软而具有弹性的半透性薄膜，其外表面紧贴于细胞壁而内表面则包围着整个细菌的原生质。细胞质膜厚 7 ～ 8nm，约占细胞干重的 10%。其化学组成主要是蛋白质（占 50% ～ 70%）和脂类（占 20% ～ 30%），还有少量的核酸和糖类。

细胞质膜的结构可表述为液态镶嵌模型（fluid mosaic model），即细胞质膜由具有高度定向性的磷脂双分子层和其中镶嵌的可移动的膜蛋白构成。具体地说，细胞质膜由两层磷脂分子整齐地排列而成，亲水的极性头朝向膜的内外两个表面，疏水的两非极性尾相对朝向膜的内层中央。磷脂双分子层中间和内外表面镶嵌着各种可移动的膜蛋白质（如转运蛋白、电子传递蛋白、多种酶类），从而形成一种独特的液态磷脂双分子层镶嵌结构，如图 3-3 所示。

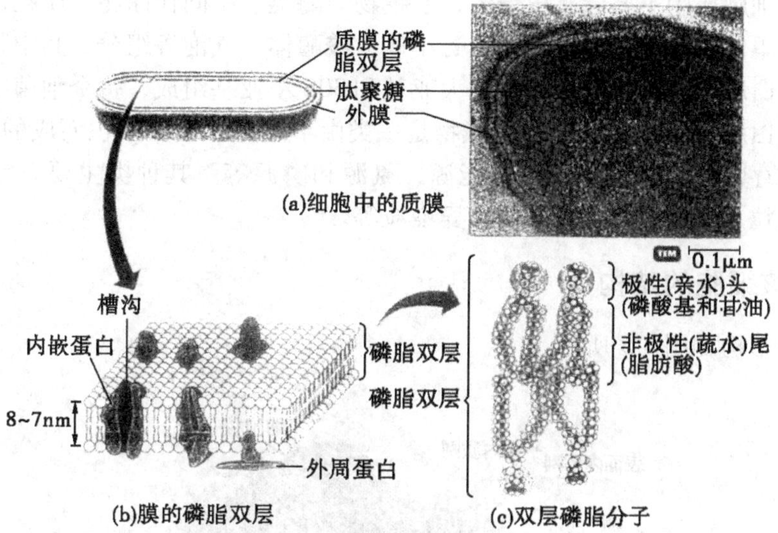

图 3-3　细胞膜的结构及成分

细胞质膜的生理功能主要是：① 具有高度的选择透性，控制营养物质的吸收及代谢产物的排除，是维持细胞内正常渗透压的结构屏障；② 含有各种呼吸酶系，是氧化磷酸化或光合磷酸化产生 ATP 的部位；③ 是细胞壁和糖被的各种组分生物合成的场所；④ 质膜上的间体与 DNA 复制分离及细胞间隔形成密切相关；⑤ 是鞭毛的着生点并为其运动提供能量。

3. 核质体

细菌属于原核生物，其核比较原始简单，没有核膜包围住，不具核仁和典型染色体，也没有固定形态，故称之为核质体（nuclear body），又称为核区、拟核、类核等。其功能是贮存遗传信息和传递遗传性状。在正常情况下，一个菌体细胞内只有一个核质体，但处于快速生长繁殖的细菌，一个菌体内往往有 2 ～ 4 个核质体。

核质体实际上是一条很长的环状双链 DNA 与少量组蛋白及 RNA 结合，经有组织地高度压缩缠绕而成的一团丝状结构，通常称之为细菌染色体，如图 3-4 所示。

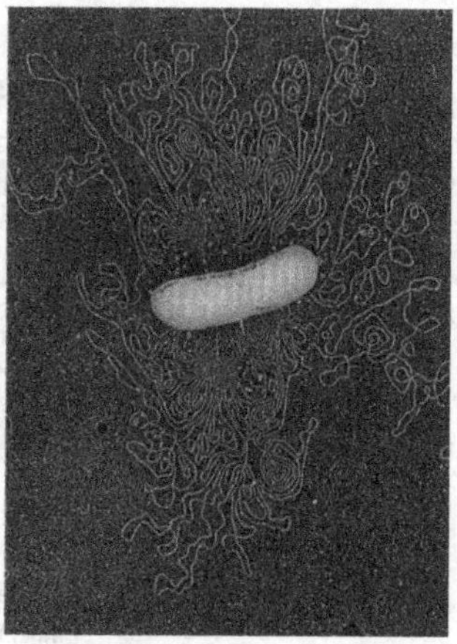

图 3-4　细菌的核质体

在很多细菌染色体外，存在一种共价闭合的环状双链小型 DNA 分子，称为质粒。质粒的分子质量较细菌染色体小得多，每个菌体内有一个或多个质粒，每个质粒上有几十个基因。质粒可以自主复制，也可与插入其中的外源 DNA 片段共同复制增殖，还可通过转化作用转移到受体细胞中。质粒已作为基因工程中的克隆载体。

4. 细胞质

除核质体外，被细胞膜包围着的所有半透明、胶体状和颗粒状的细胞物质，统称为细胞质（cytoplasm）。其主要化学成分是水（约占 80%）、蛋白质、核酸、脂类、少量糖类及无机盐类。

一般细菌细胞质中主要含有核糖体、贮藏物、酶类、中间代谢物、质粒、各种营养物质和大分子的单体等，少数细菌还含有磁小体、羧酶体、气泡等组分。其中，核糖体是由核糖核酸和蛋白质组成的微粒，由 50S 大亚基和 30S 小亚基组成，每个细菌细胞约含 1 万个，是合成蛋白质（酶）的场所。贮藏物是一类由不同化学成分累积而成的不溶性颗粒，主要功能是贮存营养物和提供碳源、能源、氮源和磷源等。其种类主要有糖原颗粒、聚 β-羟基丁酸颗粒、硫颗粒、藻青蛋白、异染粒等。

二、真核细胞的结构

真核细胞结构如图 3-5 所示。

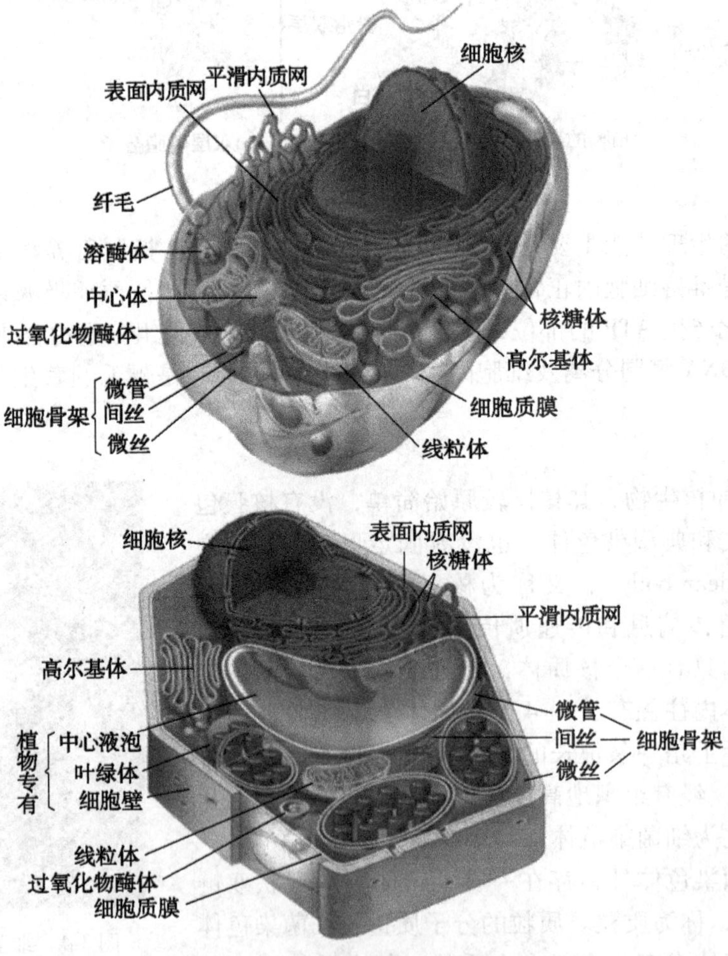

图 3-5　真核细胞结构

这里主要以高等动植物细胞为例，讲述真核细胞的结构。

1. 细胞质膜

真核细胞除具有细胞膜外，其许多细胞器都具有与细胞膜基本结构特征相同的内膜系统，故总称为生物膜。其生物膜的结构特征与原核细胞类似，为磷脂类双分子层、蛋白质分子以不同的方式镶嵌其中的液态镶嵌模型，如图 3-6 和图 3-7 所示。

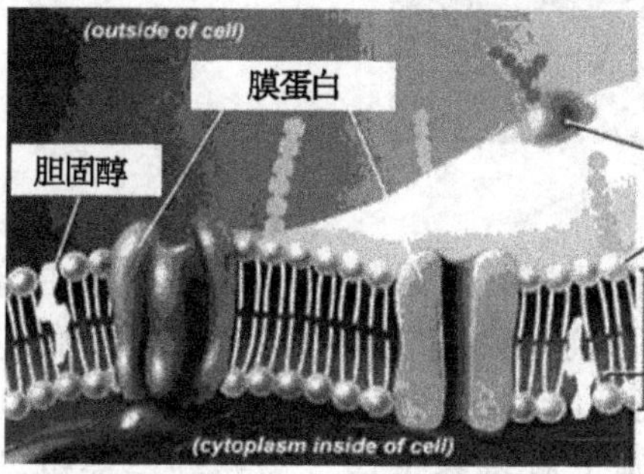

图 3-6　生物膜结构

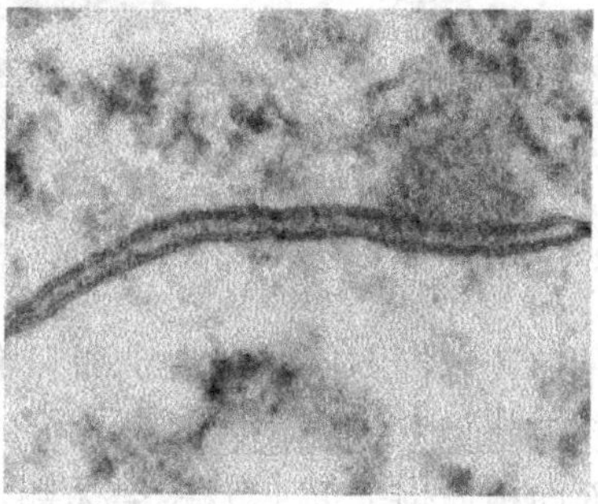

图 3-7　生物膜电镜照片

生物膜的主要组分蛋白质分子、脂类分子，随细胞不同，含量也不同。一般地说，蛋白质越多，细胞膜的生理功能越复杂、多样；相反，蛋白质越少，膜的功能越简单。膜中的蛋白质是可以运动的，磷脂分子也是可以运动的。

生物膜的物质交换的三种方式是自由扩散、协助扩散和主动运输。

生物膜分隔形成细胞和细胞器，为细胞的生命活动提供相对稳定的内环境，膜的面积增加，提高生物膜的功能；作为屏障，膜两侧的水溶性物质不能自由通过；选择性物质运输，伴随着能量的传递；还具有激素作用、酶促反应、细胞识别、电子传递等生物功能。

2. 细胞壁

除动物细胞和病毒外，绝大多数原核生物、真核原生生物、真菌界、植物界的细胞都有细胞壁，如图 3-8 所示。真核细胞壁主要由两类物质组成：一类是由微纤维组成的网状结构物，它使细胞壁具有一定的形状和硬度；另一类是填充在网状结构里面的基质成分，它对整个细胞壁起着粘联、加固的作用。微纤维的组成主要有纤维素、几丁质、葡聚糖、肽聚糖；基质的组成主要有半纤维素、果胶、木质素、异多糖、脂质、蛋白质、葡聚糖、脂多糖等。植物细胞膜外还包裹着细胞壁，停止生长的细胞壁包括初生壁和次生壁。初生壁是细胞生成时形成的，它是由多糖和蛋白质构成。次生壁位于初生壁和质膜之间，是细胞停止生长后细胞分泌物在初生壁上的沉积加厚。

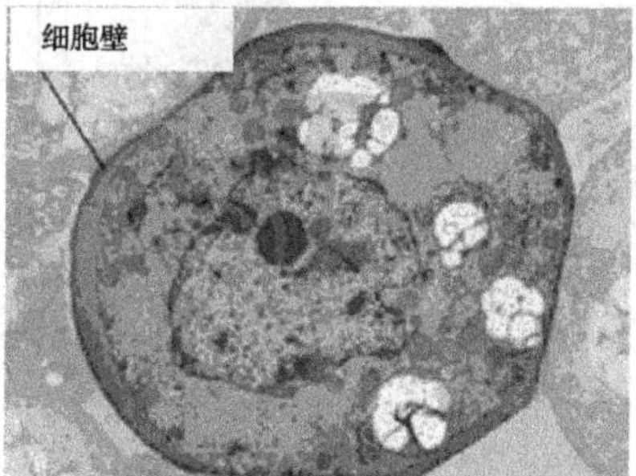

图 3-8　细胞壁

3. 细胞核

一切真核细胞都有完整的细胞核，它是细胞的控制中心，在细胞的代谢、生长、分化中起着重要作用，是遗传物质的主要存在部位。尽管细胞核的形状有多种多样，但其基本结构却大致相同，即主要由核被膜、染色质、核仁和核骨架构成，如图 3-9 所示。

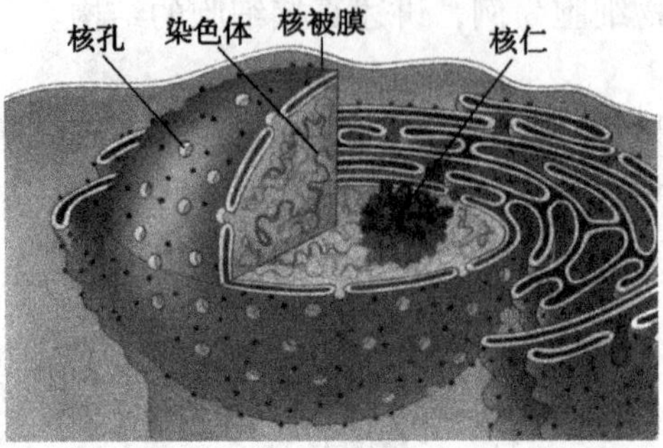

图 3-9　细胞核结构

（1）核被膜（nuclear envelope）　核被膜（包括核孔复合体）是真核细胞中普遍存在的结构，它们不仅是细胞质和细胞核的界限，而且还控制着核、质之间物质和信息的交流。核被膜是双层膜，可分为三个区域：面向胞质并附有核糖体颗粒的核外膜与内质网相连；面向核质但表面上无核糖体颗粒的核内膜，膜上有特异蛋白，为核纤层提供结合位点；在内外膜的融合处形成环状开口的核孔复合体，即核孔（nuclear pores），是选择性双向通道，可选择性地使大分子，如酶、组蛋白、mRNA、tRNA 出入（主动运输）；存在电位差，对离子的出入有一定的调节控制作用（图 3-10）。

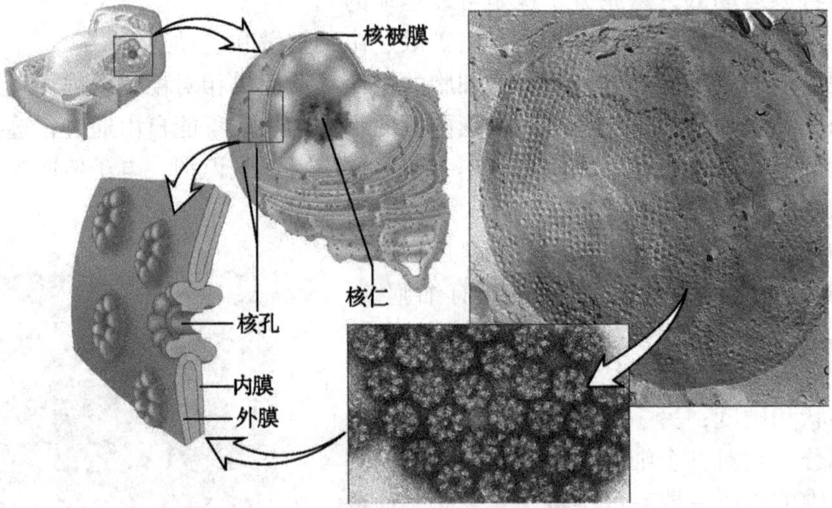

图 3-10　核被膜的结构

核纤层是紧贴核内膜的纤维蛋白片层或纤维网络，与细胞质骨架、核骨架连成一个整体，一般认为核纤层为核被膜和染色质提供了结构支架。

（2）染色体和染色质　染色质和染色体是细胞分裂处于不同阶段的不同的构型，化学成分是相同的。染色质是指间期细胞内由 DNA、组蛋白和非组蛋白及少量 RNA 组成的线形复合结构，是间期细胞遗传物质的存在形式。染色体是指细胞在有丝分裂或减数分裂过程中，由染色质缩聚而成的棒状结构。染色体结构模型如图 3-11 所示，至少存在三个层次的卷缩。第一个层次是 DNA 分子超螺旋化形成核小体，产生直径约为 10nm 的间期染色质线，在此过程中，组蛋白 H2A、H2B、H3 和 H4 参与作用。第二个层次是核小体的长链进一步螺旋化形成直径约为30nm的超微螺旋，称为螺线管（solenoid），此过程中组蛋白H1参与作用。最后是染色体螺旋管进一步卷缩，并附着于由非组蛋白形成的骨架（scaffold）或者称中心体（central core）上面成为一定形态的染色体。

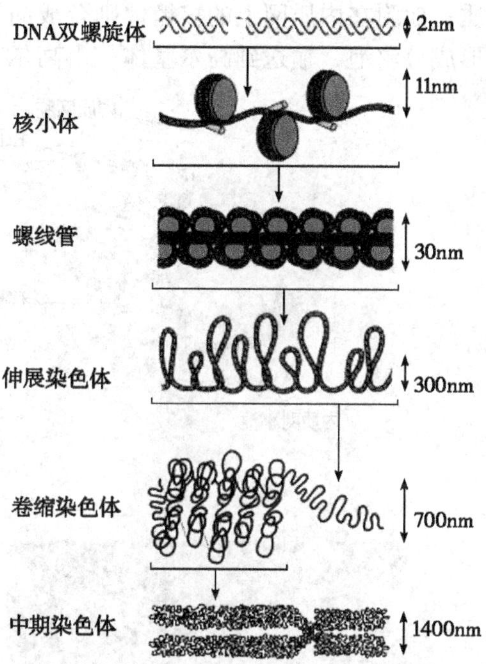

图3-11　染色体结构模型

染色质的主要成分为DNA、蛋白质（组蛋白、非组蛋白）、少量RNA。蛋白质有组蛋白和非组蛋白，组蛋白（histones）富含lys，Arg，碱性，能和带负电荷的DNA结合，分为H1，H2A，H2B，H3，H4五种；非组蛋白是参与DNA复制和转录的酶。

染色质的结构单体为核小体，如图3-12所示，其核心是由4组组蛋白（H2A，H2B，H3，H4）构成，DNA缠绕在核心的外周，核小体之间为连接DNA，上有H1，1个核小体上共有200个碱基对。

（3）核仁　核仁是细胞核中圆形或椭圆形的颗粒状结构，没有外膜，在蛋白质合成旺盛的细胞，常有较大或多个核仁，核仁富含蛋白质和RNA分子。核仁由颗粒组分、纤维中心和致密纤维组分三大部分组成。核仁组成成分包括rRNA、rDNA和核糖核蛋白。核仁是rRNA基因存储、rRNA合成加工以及核糖体亚单位的装配场所。

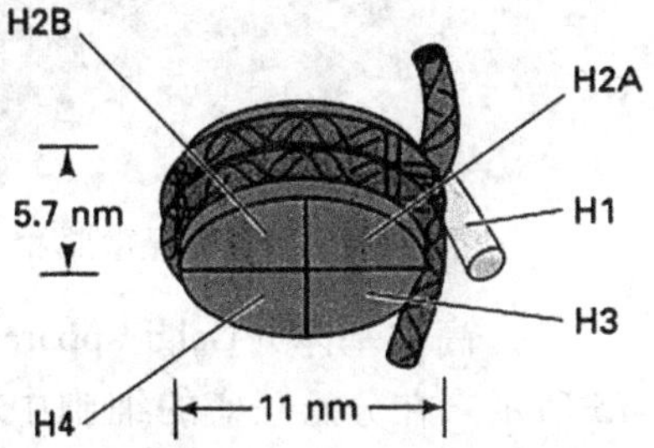

图3-12　核小体的结构

4. 细胞器

细胞质（cytoplasm）是指质膜以内细胞核以外的部分。细胞质中除了细胞器之外，还包含细胞质骨架和细胞质基质。细胞质基质为无色透明均一的胶体物质，其中含有与糖类、脂类代谢以及蛋白质合成等重要生命活动有关的反应物和产物。

主要的细胞器（Cytoplasm）有内质网、核糖体、高尔基体、溶酶体、线粒体、叶绿体等。

（1）内质网（endoplasmic reticulum）　一般真核细胞中都有内质网，它是由膜结构的腔所形成的互相沟通的网状物，在细胞质中分布广泛，有的内质网外连细胞膜，内接细胞核膜。内质网按功能分为糙面内质网（smooth ER）和光面内质网（rough ER）两类，如图3-13所示。粗面内质网上有颗粒状的核糖体，滑面内质网表面光滑。内质网上还有酶分布。其功能与蛋白质、脂类和糖类合成有关，也是蛋白质运输的通道。

（2）核糖体（ribosome）　核糖体是蛋白质合成的场所，它是由rRNA和蛋白质构成的，蛋白质在表面，rRNA在内部，并以共价键结合。核糖体呈颗粒状分布于粗面内质网上和细胞质基质中，如图3-14所示。细胞质内游离的核糖体合成留存在细胞质中的蛋白质；而附在内质网上的核糖体则合成向细胞外分泌的蛋白质，合成后向粗面内质网输送，形成分泌泡，输送到高尔基体，由高尔基体加工、排放。

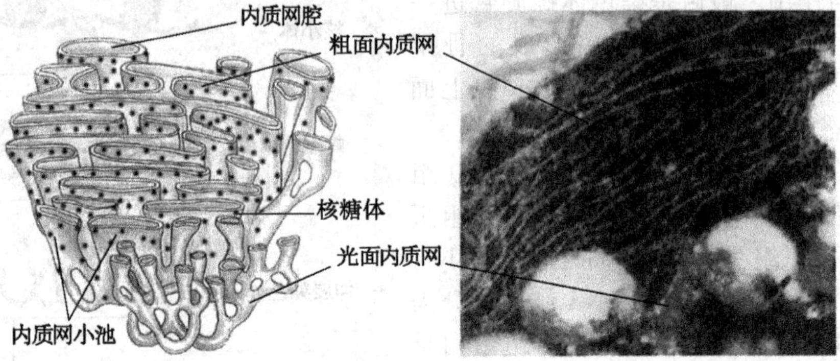

图 3-13　内质网

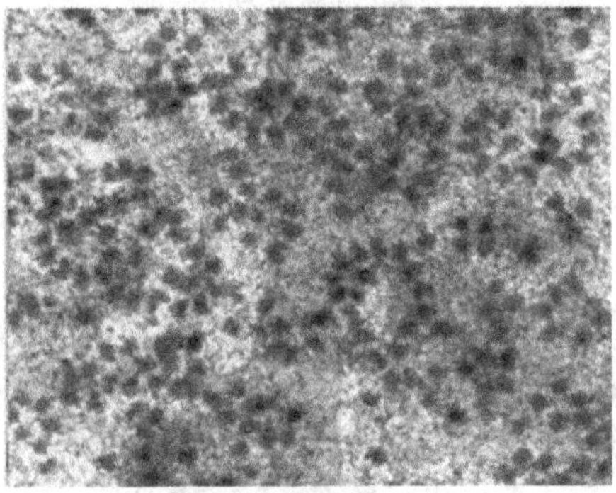

图 3-14　核糖体显微照片

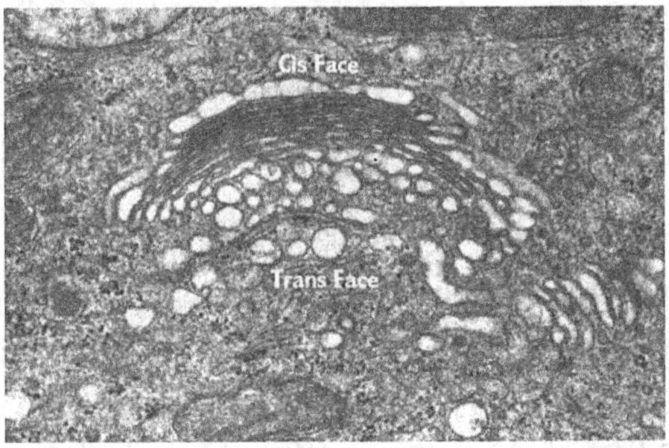

图 3-15　电镜下的高尔基体

（3）高尔基体（Golgi apparatus）　高尔基体是由单层膜围成的扁平囊和小泡，如图 3-15 所示。在分泌旺盛的细胞中较发达。高尔基体普遍存在于动植物细胞中。它是细胞分泌物如蛋白质的最后加工和包装场所，分泌泡通过外排作用排出细胞外。植物细胞的高尔基体与细胞壁的形成有关。

（4）溶酶体（lysosomes）　溶酶体是由高尔基体断裂产生的单层膜包裹的小泡，数目可多可少，大小也不等。溶酶体也是单层膜的囊状结构，含有 60 多种能够水解多糖、磷脂、核酸和蛋白质的酸性酶。这些酶能消化分解很多种物质，有的是水溶性的，有的则结合在膜上。

溶酶体的功能有二：一是与食物泡融合，将细胞吞噬进的食物或致病菌等大颗粒物质消化成生物大分子，残渣通过外排作用排出细胞；二是在细胞分化过程中，某些衰老细胞器和生物大分子等陷入溶酶体内并被消化掉，这是机体自身重新组织的需要，如图 3-16 所示。

（5）线粒体（mitochondria）　线粒体由内外两层膜构成。外膜将线粒体与细胞质基质隔开，内膜向内突起，形成嵴，如图 3-17 所示。在线粒体内有与呼吸作用有关的酶，所以线粒体是细胞进行有氧呼吸的场所，是细胞内产生 ATP 的重要部位，是细胞内动力工厂或能量转换器。线粒体具有半自主性，腔内有成环状的 DNA 分子和 70S 核糖体，它们都能自行分化，但是部分蛋白质还要在胞质内合成。线粒体的功能是：

①线粒体壁的膜结构能选择性地吸收物质，对线粒体功能有利。

②内膜向内突起成嵴，增大内膜的面积、增加酶的分布。

③线粒体内酶的功能与有氧呼吸有关。

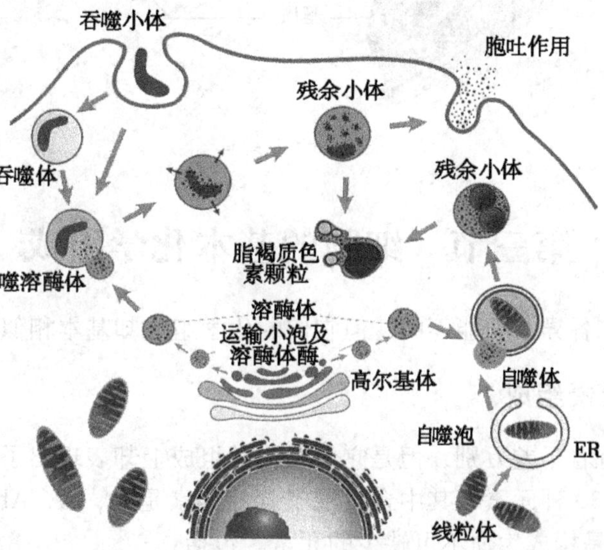

图 3-16　溶酶体

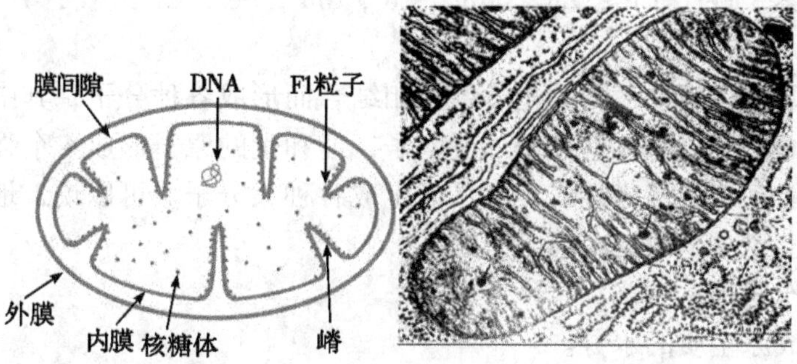

图 3-17　线粒体

（6）叶绿体（chloroplas）　叶绿体中的色素分为两大类：叶绿素，其含量约占总量的3/4；类胡萝卜素，其含量仅占1/4。叶绿素又分为两类：叶绿素a，呈蓝绿色；叶绿素b，呈黄绿色。类胡萝卜素也分为两类：胡萝卜素，呈橙黄色；叶黄素，呈黄色。

叶绿体是光合作用的场所，普遍存在于绿色植物的绿色部分（主要存在于叶肉细胞）和藻类中。其外观如凸透镜，由双层膜构成，叶绿体的膜将叶绿体与细胞质基质隔开。叶绿体内有数十个圆柱形的基粒，每个基粒又是由许多个囊状结构垛叠而成的，如图3-18所示。在囊状结构的薄膜上，有进行光合作用的色素，这些色素可以吸收、传递和转化光能。在叶绿体的基粒和基质中，含有许多进行光合作用所必需的酶。叶绿体有自己特有的双链环状DNA、核糖体和进行蛋白质生物合成的酶，能合成出一部分自己所必需的蛋白质。

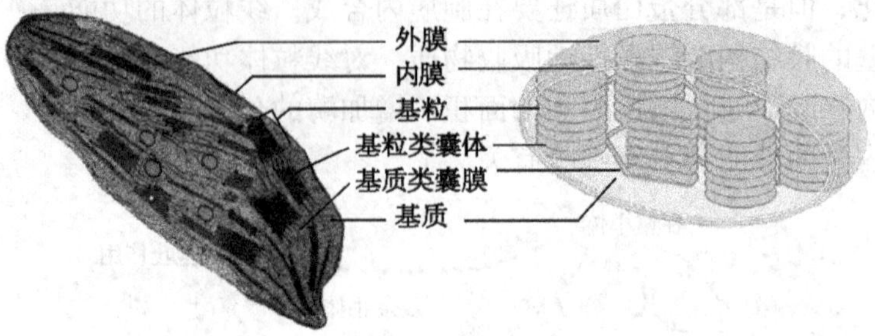

图 3-18　叶绿体

第三节　细胞的基本化学组成

各种细胞的形态各异、功能不同，但它们的化学组成却基本相似。

一、生命的元素组成

尽管生命形态有着千差万别，但是它们在化学组成上却表现出了高度的相似性。

自然界中存在 130 种元素，其中含量最丰富的元素是 O，Si，Al，Fe。而在生物体中大约只有 25 种元素是构成生命不可缺少的元素。包括：

（1）常量元素　C，H，O，N，S，P，Cl，Ca，K，Na，Mg 11 种元素。

（2）微量元素　Fe，Cu，Zn，Mn，Co，Mo，Se，Cr，Ni，V，Sn，Si，I，F 14 种元素。

这些元素的原子以各种不同的化学键互相结合而形成各种分子，其中碳原子具有特别重要的作用。碳原子比较小，有 4 个外层电子，能和别的原子形成 4 个强共价键。尤其重要的是，碳原子能互相连接成链或环，从而生成各种大分子。可以说，地球上的生命就是在碳元素的基础上建立起来的。

上述元素的作用是：

①氧和氢构成原生质的水分。

②碳、氢、氧、氮、磷和硫构成各种生物大分子，如糖类、脂类、蛋白质和核酸等，它们是细胞的基本构成元素。

③其余各种元素有的参与生物体内物质的组成，有的以离子状态调节机体的生理功能，也有兼具两种或更多功能的。例如，镁元素是叶绿素的构成成分，也是体液平衡的调节因素，又是多种酶的激活因子。

④一些微量元素在生物体大分子中处于关键地位，如铁在血红蛋白分子中、镁在叶绿素分子中、锌在胰岛素分子中、钼和铁在固氮酶分子中的作用。

细胞内由各种元素组成的化合物包括无机物和有机物两大类。无机物包括水和无机盐；有机物包括糖类、脂类、蛋白质、核酸和维生素等。在不同类型的细胞中，各类物质占总量的比例会有所不同，表 3-2 中列出了大肠杆菌的各类物质及其所占比例。除了一些特化的细胞或有特殊功能的细胞，如贮藏脂肪或淀粉的细胞外，表中所列细胞的分子组成可以粗略地反映一般细胞的分子组成状况。

表 3-2　大肠杆菌细胞中的主要分子组成

组分	占总重量的百分率/%	分子种类
水	70	1
蛋白质	15	3000
DNA	1	1
RNA	6	1000
糖类	3	50
脂类	2	40
各种生物小分子	2	500
无机离子	1	12

二、生命的分子组成

1. 水和无机盐

水在细胞中的含量最大，由于它特殊的理化性质，所以在生命起源和形成细胞有序结构中起着关键作用。水在细胞中以两种形式存在：一种是游离水，约占95%；另一种是结合水，通过氢键或其他键同蛋白质结合，占4%～5%。随着细胞的生长和衰老，细胞的含水量逐渐下降，但是活细胞的含水量不会低于75%。水在细胞中的主要作用是溶解无机物、调节温度、参加酶反应、参与物质代谢和形成细胞有序结构。

细胞中无机盐的含量很少，约占细胞总重的1%。无机盐在细胞中一般以离子状态存在，如 Na^+，K^+，Ca^{2+}，Mg^{2+}，Cl^-，PO_4^{3-}等。无机离子的作用是：①调节渗透压和维持酸碱平衡；②酶的活化因子和调节因子，如 Ca^{2+}，Mg^{2+}；③合成有机物的原料，如 PO_4^{3-} 可合成磷脂、核苷酸等。

2. 蛋白质

蛋白质是一类极为重要的大分子，几乎各种生命活动都与蛋白质的存在有关。蛋白质种类繁多，不同的蛋白质有着不同的生物学功能。几乎生物体内的每一生命过程都与蛋白质发生某种联系。因此，阐明蛋白质分子的结构与自身的生物学功能、活性的关系，是现代生物学研究的中心课题之一。

蛋白质的组成单体是氨基酸，组成蛋白质的常见氨基酸有20种，通式如图3-19所示，与羧基相连的C原子称为α-碳原子，侧链R基团与α-C相连的氨基酸称为α-氨基酸。按照侧链化学性质的不同，可以将19种氨基酸分为以下三组：

（1）疏水性氨基酸　Ala，Val，Leu，Ile，Phe，Pro 和 Met；

（2）带电氨基酸　Arg，Lys(+)，Asp 和 Glu(−)；

（3）极性氨基酸　Ser，Thr，Cys，Asn，Gln，His，Tyr 和 Trp。

甘氨酸（Gly）的侧链只有一个氢原子，是最简单的氨基酸，具有独特的性质。

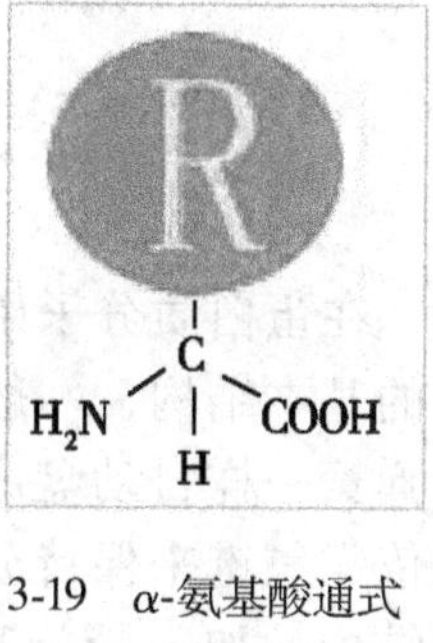

图3-19　α-氨基酸通式

一个氨基酸的羧基与另一个氨基酸的氨基缩合脱水形成的酰胺键，称肽键。不同数目的氨基酸以肽键顺序相连，形成链状分子，即是肽（peptide）或多肽（polypeptide）。

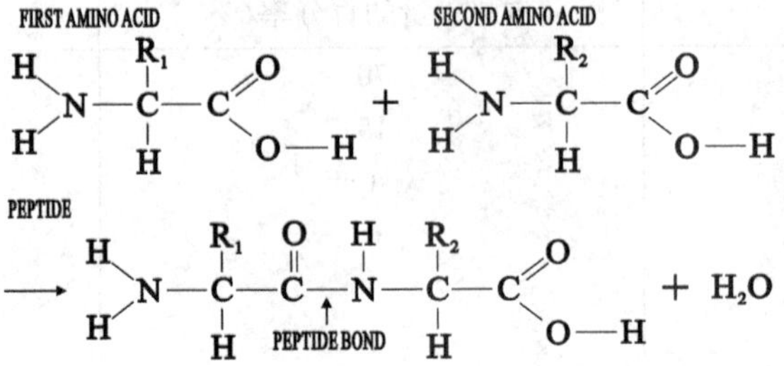

图 3-20　肽键

氨基酸通过肽键连接成多肽链，一个蛋白质分子通常由一到几条多肽链组成，包含近百个乃至几百个氨基酸。在这样大的蛋白质分子中，20 种氨基酸以不同数目和不同排列顺序形成不同的多肽链，又以不同的空间结构聚合起来，形成了许许多多特异性的蛋白质。天然蛋白质都具有特定的空间结构，即构象。

蛋白质的各种特异功能跟它的特定空间结构有关。根据构象的不同，可将蛋白质分为纤维状蛋白质和球状蛋白质两类，前者一般是结构蛋白质，后者则执行多种多样的生理功能。从不同层次上考察，可将蛋白质结构分为四级，如图 3-21 所示。

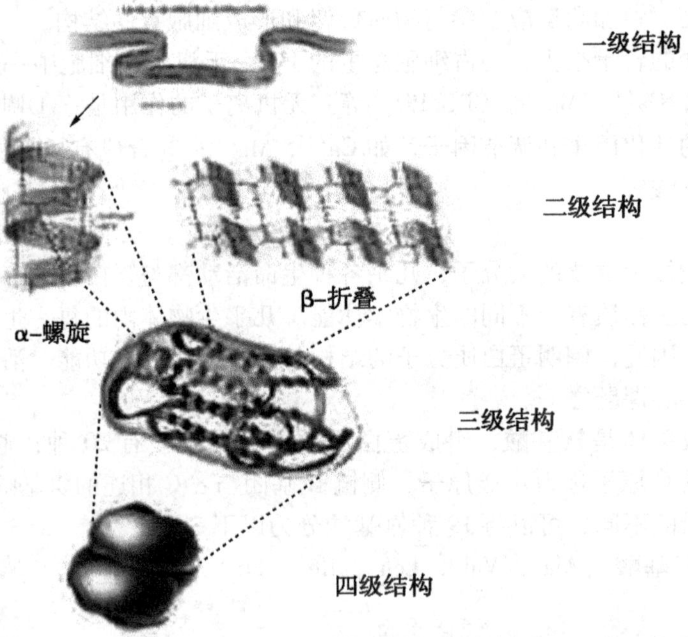

图 3-21　蛋白质结构图

在蛋白质分子中，不同氨基酸以一定的数目和排列顺序缩合形成的多肽链，是蛋白质的基本结构，一般叫做蛋白质分子的一级结构。蛋白质多肽链不是伸直展开的，而是像弹簧一样自动盘成螺旋状或在某些区段平行折叠，在邻近的螺旋圈之间或平行折叠链间依靠氢键来保持分子的稳定。这种多肽链的螺旋结构或折叠结构叫做蛋白质分子的二级结构，如 α-螺旋和 β-折叠。具有二级结构的多肽链依靠氢键、多肽链上的半胱氨酸所形成的二硫键等的作用，还会进一步弯曲、折叠或盘绕，变成更复杂的立体构象，叫做蛋白质分子的三级结构。有些蛋白质分子由一条多肽链构成，有些蛋白质分子由几条乃至多条多肽链构成，这里每一多肽链的三级结构都是蛋白质分子的亚基，它们相互之间依靠静电引力、分子引力、氨基酸侧链的相互作用等，还会聚合成更为复杂的空间构象，这就叫做蛋白质的四级结构。这种复杂的空间结构，归根结底是由蛋白质多肽链的一级结构决定的。如果构成蛋白质多肽链上的氨基酸数目、种类或排列顺序发生变化，必然会或多或少地改变它们的空间结构，蛋白质的特异性和生理功能也将随之发生改变。

3. 核酸

核酸是生物遗传信息的载体分子，所有生物均含有核酸。核酸是由核苷酸单体聚合而成的大分子。核酸可分为核糖核酸 RNA 和脱氧核糖核酸 DNA 两大类。脱氧核糖核酸 DNA 含 G，A，C，T 4 种碱基和脱氧核糖。核糖核酸 RNA 含 G，A，C，U 4 种碱基和核糖。核苷酸分子的碱基结构如图 3-22 所示。

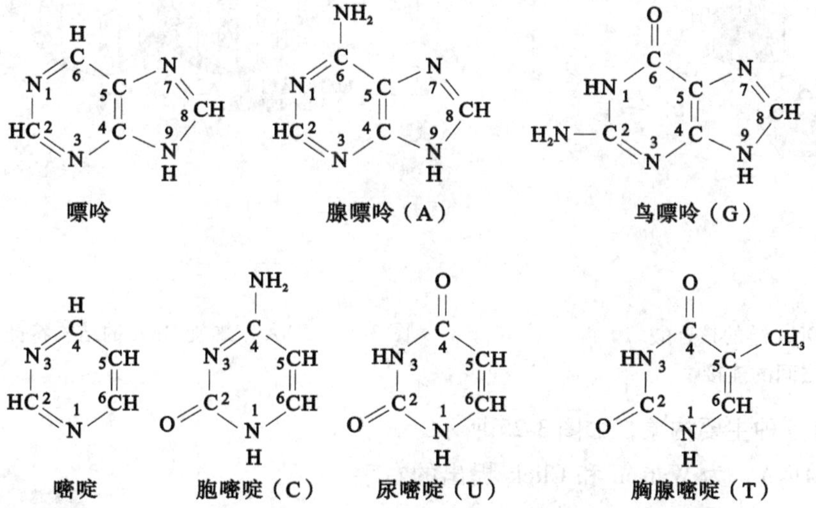

图 3-22　核苷酸分子的碱基结构

核酸链的骨架结构是由交替的戊糖和磷酸组成，一个嘌呤或嘧啶碱基与核糖相连接。两个核苷酸之间由 3′和 5′位的磷酸二酯键相连接，如图 3-23 所示。

DNA 的一级结构就是指 4 种核苷酸的连接及其排列顺序，表示了该 DNA 分子的化学构成。DNA 是巨大的生物高分子，生物世界的遗传信息都包含在组成 DNA 的 A，G，C，T 这 4 种核苷酸的排列顺序之中。Watson 和 Crick 于 1953 年提出了 DNA 的双螺旋结构（double helix）模型，在分子水平上阐述了 DNA 的二级结构，如图 3-24 所示。其基本特点是：

①DNA 分子是由两条互相平行的脱氧核苷酸长链盘绕而成的。

②DNA 分子中的脱氧核糖和磷酸交替连接，排在外侧，构成基本骨架，碱基排列在内侧。

③碱基是平面结构，在中间与螺旋的中轴垂直。每一个碱基对沿轴旋转 36°，所以 10

个碱基便旋转360°。两条链相互缠绕形成一个带有小沟（12Å）和大沟（22Å）的双螺旋。双螺旋是右手螺旋，即沿轴顺时针旋转。

④两条链上的碱基通过氢键相结合，形成碱基对，它的组成有一定的规律。这就是嘌呤与嘧啶配对，即腺嘌呤（A）与胸腺嘧啶（T）配对，鸟嘌呤（G）与胞嘧啶（C）配对。碱基之间的这种一一对应的关系叫碱基互补配对原则。互补碱基对A与T之间形成两对氢键，而C与G之间形成三对氢键。

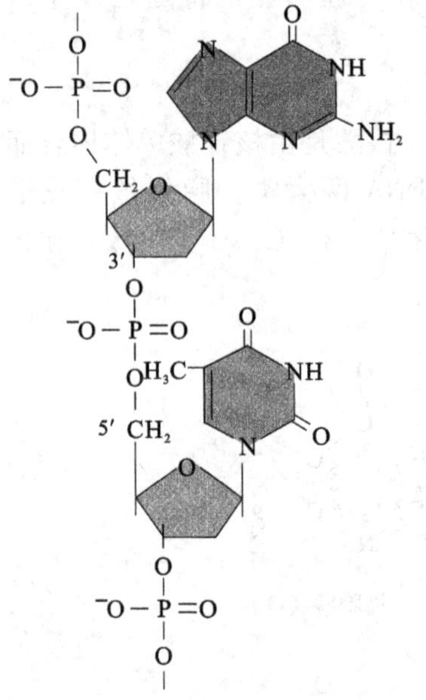

图3-23　DNA链的核苷酸之间的连接

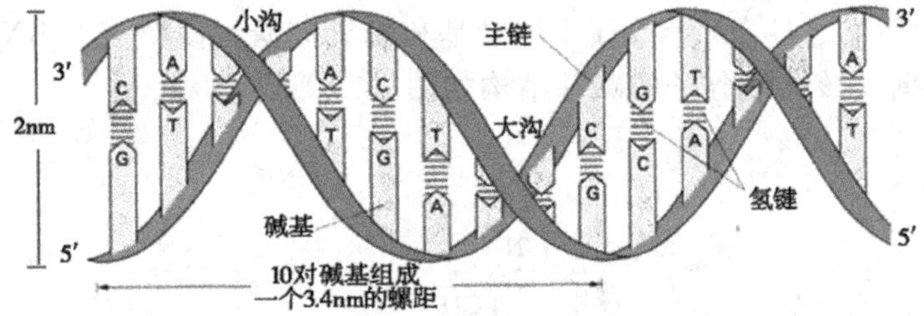

图3-24　DNA双螺旋DNA的结构特征

DNA有三种主要构象，如图3-25所示。

（1）B-DNA　为Watson和Click提出的右手螺旋模型。

（2）A-DNA　为右手螺旋，每圈螺旋10.9个碱基，螺旋扭角为33°，螺距32Å，每个碱基对的螺旋上升值为2.9Å，碱基倾角为13°。

（3）Z-DNA　为左手螺旋，每圈螺旋12个碱基，螺旋扭角为-51°（G—C）和-9°（C—G），螺距46Å，每个碱基对的螺旋上升值为3.5Å（G—C）和4.1Å（C—G），碱基倾角为9°。

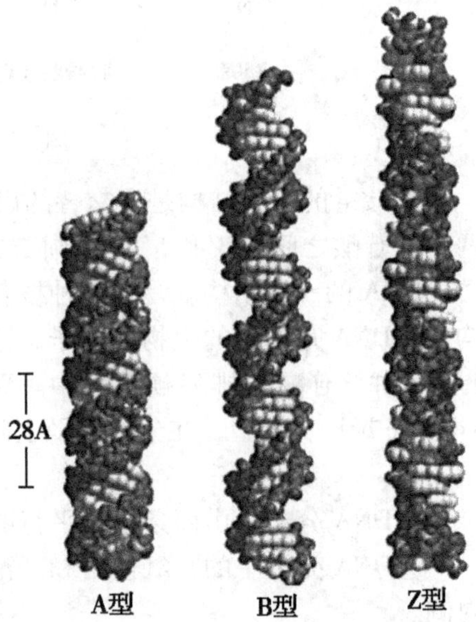

图3-25　DNA的三种主要构象

4．糖类

细胞中的糖类既有单糖，也有多糖。细胞中的单糖主要作为能源及与糖有关的化合物的原料而存在。重要的单糖为五碳糖（戊糖）和六碳糖

(己糖)，其中最主要的五碳糖为核糖，最重要的六碳糖为葡萄糖。葡萄糖不仅是能量代谢的关键单糖，而且是构成多糖的主要单体。多糖在细胞结构成分中占有主要的地位。细胞中的多糖基本上可分为两类：一类是营养储备多糖；另一类是结构多糖。作为食物储备的多糖主要有两种，在植物细胞中为淀粉（starch），在动物细胞中为糖原（glycogen）。在真核细胞中结构多糖主要有纤维素（cellulose）和几丁质（chitin）。

5. 脂类

脂类是生物体内一大类重要的有机化合物。这类物质在化学组成和分子结构上常有很大差异，但是它们都有一个共同的特性，即不溶于水，而易溶于乙醚、苯、氯仿和石油醚等有机溶剂中。

脂类具有多种重要的生物学功能：①脂类是构成生物膜的重要成分。生物膜的许多特性，如柔软性、对极性分子的不可通透性、高电阻性等都与膜上的脂类有关。②脂类是动植物的贮能物质。③在机体表面的脂类，有防止机械损伤和水分过度散失的作用。④脂类与其他物质相结合，构成了细胞之间的识别和细胞免疫的成分。⑤某些脂类具有很强的生物活性，如由脂类组成的某些激素等。

脂类分子常与其他化合物结合在一起形成复合物，如糖脂含有糖分子和脂类分子，脂蛋白含有脂类和蛋白质。在这些生物分子中兼有两种不同化合物的物理、化学性质，具有特殊的生物功能。

第四章　生物的能量与代谢

新陈代谢，简称代谢（metabolism），是生物的重要特征。细胞是进行代谢活动的基本单位，正常情况下，生物体内每时每刻都在进行着能量（energy）的转换。每一个活细胞或生物的生命活动都要从周围环境中汲取物质和能量，在内部进行各种化学变化，细胞内的各种化学变化都是在酶的催化下发生的。生物的生长、运动、自我修复、繁殖、对外界的应激反应等生命活动都有赖于生物的代谢活动。代谢也可定义为发生在生物体内全部的物质和能量的转化过程。

生命的存在要靠能量，但生物本身不能创造新的能量，它只能依赖于外部能量的输入。生物所利用的能量，或直接，或间接地来自于太阳光，极少有例外。直接利用太阳光的唯一过程是光合作用（photosynthesis），间接利用太阳光的最重要的过程是细胞呼吸（cellular respiration）。例如，植物通过光合作用捕获能量，食草动物通过摄取植物获得能量，食肉动物依靠捕猎食草动物来生存。在整个地球生态系统中，植物直接吸收利用太阳光，将无机物转变为有机物并获得能量，因而是自养生物（autotrophic organism），植物在生态系统中是生产者。人类和其他动物直接或间接以植物为生，获得能量，它们通常被称为消费者，是异养生物（heterotrophic organism）。绝大多数微生物也是异养生物，它们分解丧失了生存能力的动物和植物来获取营养和能量，被分解转化的物质又成了植物的营养，所以这些微生物又称为分解者或还原者。生态系统中能量的流动是由多样化的生命过程来完成的。

第一节　细胞呼吸与能量的产生

一、细胞呼吸产生能量

生物的一切活动都需要能量。绿色植物和光合细菌等自养生物通过光合作用，利用太阳能将 CO_2 和 H_2O 同化为糖类等有机化合物，使太阳能转变成化学能贮存于其中；动物和某些微生物等异养生物不能直接利用太阳能，只能利用植物光合作用形成的有机化合物在生物体内氧化产生有效化学能。生物主要通过细胞呼吸作用把有机化合物氧化成 CO_2 和 H_2O，同时产生 ATP。生物在物质代谢中伴随着能量代谢。

生物活动所需的能量主要来自有机物质——糖类、蛋白质或脂肪在生物体内的氧化。生物体内的有机物在细胞内经过一系列的氧化分解，最终生成 CO_2 或其他产物，释放出能量的总过程，叫做呼吸作用，又叫做广义的生物氧化（biological oxidation）。因此，细胞呼吸是指细胞在有氧条件下从食物（主要是葡萄糖）中取得能量的过程，生物氧化则包括细胞呼吸作用中的一系列氧化还原反应。高等动物通过肺部进行呼吸，吸入 O_2，排出 CO_2。吸入的 O_2 用来氧化摄入体内的营养物质以获得能量，微生物则以细胞直接进行呼吸作用。

糖、蛋白质、脂肪等有机物在生物体内彻底氧化之前，总是先进行分解代谢。它们的分解代谢途径是复杂而又不相同的，但它们在彻底氧化为 CO_2 和 H_2O 时，都经历一段相同的终端氧化过程，也就是狭义的生物氧化，即代谢中间物脱氢生成的还原型辅酶（NADH 和 $FADH_2$）经电子传递链（呼吸链）传递给分子氧生成水，电子传递过程伴随着 ADP 磷酸化生成 ATP。

我们每天都要走路、跑步，做各种运动，这些活动都需要消耗能量。能量从哪里来的呢？是肌肉细胞提供的。肌肉细胞中的线粒体利用 O_2 将糖氧化，产生能量。来自食物的糖通过血液运送到肌肉细胞，血液中的 O_2 在气体交换过程中由肺进入血液循环。肌肉细胞在氧化糖时产生 CO_2，CO_2 又随血流进入肺中，排出体外。

细胞呼吸必须有氧参加，没有氧就不能把糖分子氧化成 CO_2 和 H_2O，如下列方程式所示：

$$C_6H_{12}O_6 + 6O_2 \longrightarrow 6CO_2 + 6H_2O + \text{能量}$$

这个方程式不仅是细胞呼吸发生的反应，也是燃烧作用所发生的反应。细胞呼吸与有机物质在体外燃烧（或非生物氧化）的化学本质是相同的，都是加氧、去氢、失去电子，最终的产物都是 CO_2 和 H_2O，并且有机物质在生物体内彻底氧化伴随的能量释放与在体外完全燃烧释放的能量总量相等，但二者表现的形式和氧化条件不同。细胞呼吸有其自身特点：第一，细胞呼吸是在活细胞内，在体温、常压、近于中性 pH 值及有水环境介质中进行的，是在一系列酶的作用下逐步进行的；第二，细胞呼吸时，氧化还原过程逐步进行，能量逐步释放，这样不会因为氧化过程中能量骤然释放而损害机体，同时使释放的能量得到有效的利用；第三，细胞呼吸的主要方式是脱氢和电子转移，脱下的氢最后与氧形成水。细胞呼吸过程产生的能量通常都先贮存在一些特殊的高能化合物中，主要是腺苷三磷酸，即 ATP，然后通过 ATP 再供给机体的需能反应，因此 ATP 相当于生物体内的能量“转运站”，是能量的“流通货币”。而体外燃烧条件剧烈，有机物在体外燃烧需要高温及干燥条件；燃烧时，能量突然释放，产生大量的光和热，散失于环境中，引起高温。

葡萄糖中储存有很多能量，10g 葡萄糖中有约 167kJ 的能量，一个成年人剧烈运动 15min 大约就要消耗这么多能量。每个 ATP 分子中约含有一个葡萄糖分子中全部能量的 1%。那么，是不是细胞每氧化一个葡萄糖分子就会合成 100 个 ATP 分子呢？也就是说，是不是细胞将葡萄糖分子中的能量转化为可以利用的能量的效率是 100% 呢？不是的，细胞只能利用葡萄糖中约 35% 的能量，或者说，每氧化一个葡萄糖分子可以合成约 30 个 ATP 分子。与现有的转化能量的机械模式相比，这已是很高的效率。例如，老式的蒸汽机，能量转化效率只有 8% 左右。现代的汽车引擎，也只能把汽油中所贮存能量的 25% 转化为动能。细胞呼吸的效率与细胞中任何不利用氧气进行的过程相比，效率也特别高。例如，酵母菌在无氧环境下，只能利用葡萄糖中约 2% 的能量。

任何生物体的每一个细胞，无时无刻都需要源源不断的能量供应，才能维持生命。例如，人体内心脏的跳动、肺的呼吸、体温的保持、食物的消化等都需要消耗能量。一般情况下，为维持基本生命活动所消耗的能量约占一个人每天所进膳食中能量的 75%。所以，人体的细胞总是在不停地进行呼吸，不管是熟睡时还是剧烈运动时都是如此，都在不停地合成 ATP。据估计一个成年人在一般活动情况下每天平均所需要的能量约为9 000kJ。

生物体通过细胞呼吸所利用的是存在于呼吸底物（最常见的是葡萄糖）分子中的能量，这种能量的存在形式是电子的特定排列方式，即特定的化学键。

总体看来，细胞呼吸过程就是一个氧化还原反应，在图4-1所示的反应中，葡萄糖分子被氧化时，其中的碳形成了CO_2，氢形成了水，实际上就是葡萄糖分子失去了氢而氧分子获得了氢。

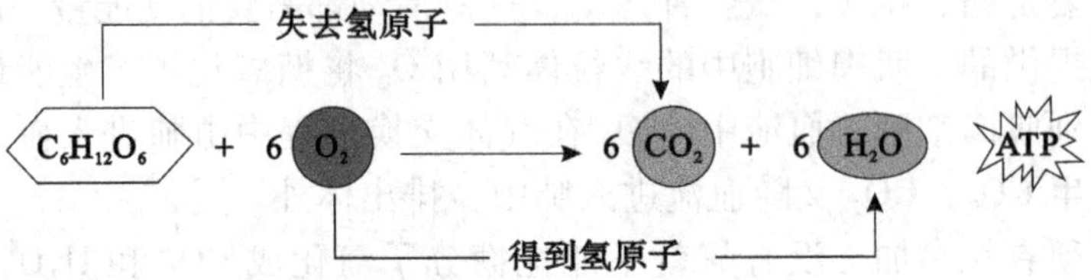

图4-1　细胞呼吸过程就是氧化还原反应（引自吴庆余《基础生命科学》，2002）

这种氢原子的得失就是氧化还原作用，葡萄糖分子被氧化，氧分子被还原。被氧化的分子失去氢，被还原的分子得到氢。它们都发生了化学键的变化，原来存在于葡萄糖分子中的能量释放出来。

二、细胞呼吸的化学过程

食物经过消化仅能把生物大分子变为小分子，而不能将这些小分子中储藏的大量能量释放出来。只有通过细胞呼吸使生物小分子发生氧化，才能把存储在小分子化学键中的能量全部释放出来，并将一部分能量存储在ATP分子中。

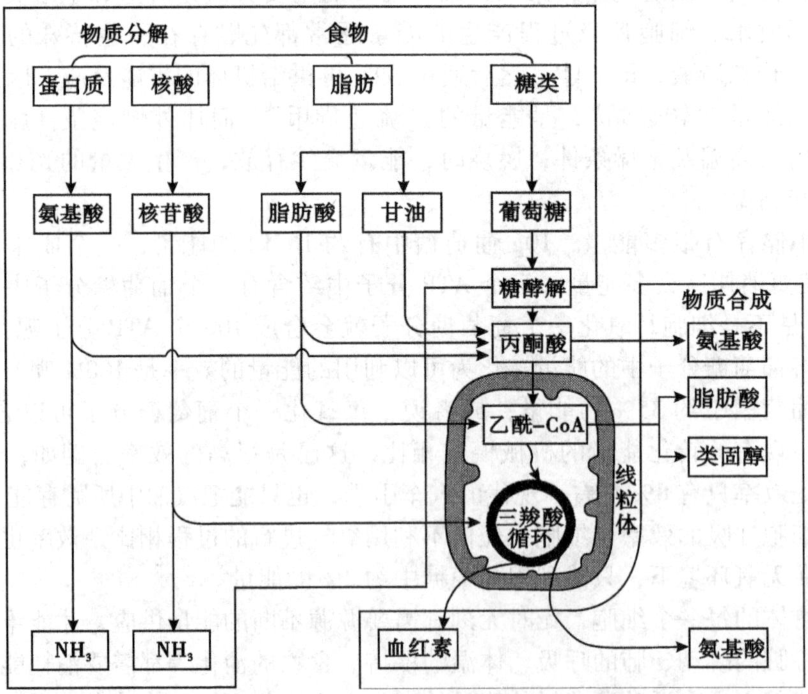

图4-2　葡萄糖生物氧化与其他生物分子代谢之间的关系
（引自北京大学生命科学学院编写组《生命科学导论》，2000）

葡萄糖是细胞呼吸最重要的能源物质，而葡萄糖生物氧化要经过很多个反应步骤，一般可人为地分为三个主要阶段：糖酵解（glycolysis）、柠檬酸循环（citric acid cycle）和电子传递链（electron transport chain）。柠檬酸循环又称为 Krebs 循环或三羧酸循环（tricarboxylic acid cycle，TCA cycle）。葡萄糖最终被氧化成 CO_2，O_2 则被还原成 H_2O。而蛋白质、核酸和脂肪消化的产物也要通过丙酮酸等进入三羧酸循环，继续进行生物氧化，最终分子中的碳骨架也都断裂生成 CO_2 并释放出能量，达到殊途同归。代谢产生的丙酮酸和乙酰 CoA 等有机分子也可用于重新合成氨基酸、脂肪酸和类固醇等生物大分子，如图 4-2 所示。

（一）糖酵解

糖酵解就是葡萄糖的无氧分解，其最终产物是丙酮酸（pyruvic acid），一种三碳酸。此途径的研究工作是 1930 年由德国生物化学家 G. Embden，O. Meyerhof 和 J. K. Parnas 完成的，因此，糖酵解这一过程又称为 EMP 途径。

葡萄糖转变为丙酮酸的过程中，会产生 2 分子 ATP 和 2 分子 NADH。NADH 是 NAD^+

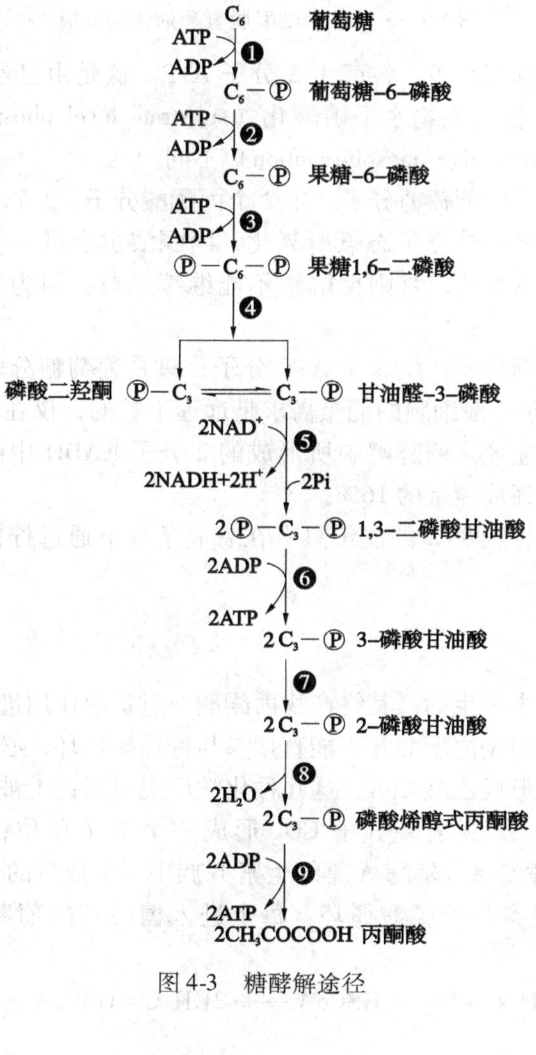

图 4-3　糖酵解途径

的还原形式，NAD 的全名是烟酰胺腺嘌呤二核苷酸（nicotinamide adenine dinucleotide），是许多种脱氢酶的辅酶。糖酵解的总反应可表示如下：

$$C_6H_{12}O_6 + 2ADP + 2Pi + 2NAD^+ \longrightarrow 2CH_3COCOOH + 2NADH + 2H^+ + 2H_2O + 2ATP$$

由葡萄糖到丙酮酸，中间要经过 9 个反应，如图 4-3 所示。

这 9 个反应中，前 4 个是将已糖转变为 2 个丙糖，要消耗 2 分子 ATP，后 5 个反应是由 2 分子丙糖形成 2 分子丙酮酸。这些反应中包括一个氧化还原反应（反应 5），并形成 4 分子 ATP。这个氧化还原反应是由磷酸丙糖脱氢酶催化的，它把醛基（—CHO）氧化成了羧基（—COOH），NAD^+ 被还原成 $NADH + H^+$，同时消耗 2 分子磷酸（Pi），产生一个有两个磷酸基的三碳酸——1,3-二磷酸甘油酸，如图 4-4 所示。

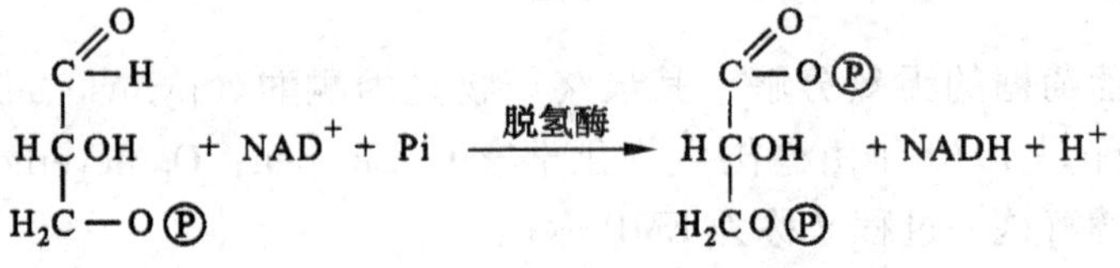

图 4-4　3-磷酸甘油醛脱氢酶催化的反应

糖酵解中的反应 6 和反应 9，各产生 2 分子 ATP。这是由已经形成的高能磷酸键与 ADP 合成 ATP 的反应，称为底物水平磷酸化（substrate level phosphorylation）。这种磷酸化作用与氧化磷酸化（oxidative phosphorylation）不同。

糖酵解的总结果是一个葡萄糖分子产生 2 个丙酮酸分子、2 个 NADH 和 2 个 ATP。在有氧条件下，NADH 最终会被分子态氧所氧化，丙酮酸也会进一步被氧化。在无氧条件下，NADH 也要转变成 NAD^+，否则糖酵解不能继续进行，因为细胞中 NAD^+ 的含量极低，必须循环使用。

糖酵解中每个葡萄糖分子产生 2 个 ATP 分子，只是葡萄糖分子在细胞中完全氧化所释放能量的 5%。这对于一般细胞的能量需求是远远不够的，仅在一些特殊情况下，如无氧条件下才进行糖酵解途径。糖酵解中所形成的 2 分子 NADH 中的能量是每个葡萄糖分子在细胞中完全氧化所释放能量的 16%。

葡萄糖分子中其余将近 80% 的能量只有在有氧条件下通过柠檬酸循环和电子传递链才能被细胞利用。

（二）柠檬酸循环

糖酵解是在细胞质中发生的，其终产物丙酮酸经过扩散作用进入线粒体。柠檬酸循环是在线粒体中发生的，但是丙酮酸并不能直接参与柠檬酸循环，必须在丙酮酸脱氢酶的作用下发生几种化学反应形成乙酰 CoA。这几种化学反应包括：①被 NAD^+ 氧化，脱掉两个氢，形成 $NADH + H^+$；②脱去一分子 CO_2 形成一个 2 碳单位；③2 碳单位与辅酶 A（CoA）结合，形成乙酰 CoA。辅酶 A 是维生素 B 族中一个成员的衍生物，乙酰 CoA 是一种高能化合物，它直接参与柠檬酸循环。每个进入糖酵解的葡萄糖分子产生 2 个乙酰 CoA。

$$CH_3COCOOH + NAD^+ + HSCoA \longrightarrow 2CH_3C{=}OSCoA + NADH + H^+$$

乙酰 CoA 在柠檬酸循环中被氧化，产生 2 分子 CO_2 和许多 NADH 和 $FADH_2$。这个循环又称 Krebs 循环，是英国科学家 Hans Krebs 于 20 世纪 30 年代发现的。

图 4-5 为柠檬酸循环的全部反应。柠檬酸循环的第一步是乙酰 CoA 与一个 C_4 酸——草酰乙酸（oxaloacetic acid）在酶的催化下合成为 C_6 酸——柠檬酸（citric acid）。C_6 酸经过一步脱羧反应和氧化还原反应产生一分子 CO_2 和一分子 NADH 并形成 C_5 酸——α-酮戊二酸；此酸再经过一步脱羧反应和氧化还原反应形成一个 C_4 酸——琥珀酸，同时还发生一次底物水平磷酸化，产生一分子 ATP。这时乙酰 CoA 中的 2 个碳已全部转变为 CO_2，同时其中的一部分能量已转变成了 NADH 和 ATP 中的能量。但琥珀酸中还有很多能量，在下两步氧化还原反应中又形成了 $FADH_2$ 和 NADH 各一分子。C_4 酸又变为草酰乙酸，下一轮的柠檬酸循环又可从头开始。FAD 是和 NAD^+ 类似的化合物，全名是黄素腺嘌呤二核苷酸（flavin adenine dinucleotide），其氧化型为 FAD，还原型为 $FADH_2$。

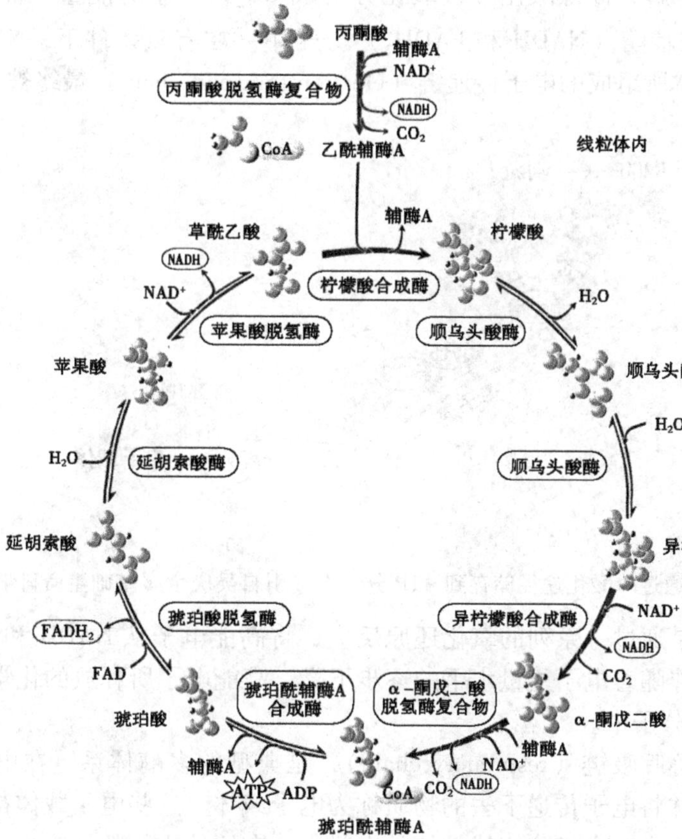

图 4-5　柠檬酸循环（引自吴庆余《基础生命科学》，2002）

柠檬酸循环的总反应式可用下式表示：

$$CH_3COSCoA + 3NAD^+ + FAD + ADP + Pi \longrightarrow HSCoA + 2CO_2 + 3NADH + 3H^+ + FADH_2 + ATP$$

每一轮柠檬酸循环产生一个 ATP、3 个 NADH 和一个 $FADH_2$。一个葡萄糖分子产生 2 个乙酰 CoA，所以一个葡萄糖在柠檬酸循环中要产生 2 个 ATP、6 个 NADH 和 2 个 $FADH_2$。与糖酵解相比，柠檬酸循环所产生的高能分子要多得多。

柠檬酸循环具有重要的生理意义，不但为生命活动提供大量的能量，而且是各类有机物相互转变的中心环节，柠檬酸循环不仅是糖代谢的重要途径，而且也是脂肪、蛋白质和核酸代谢最终氧化成 CO_2 和 H_2O 的重要途径。柠檬酸循环中的丙酮酸、α-酮戊二酸、草酰乙酸，既是糖代谢的中间产物，也可以是氨基酸的代谢产物，还可以是脂肪代谢产物，因此，通过柠檬酸循环，糖代谢可以与脂肪和蛋白质代谢相联系。如 GPT、GDT 的催化可以使丙酮酸和草酰乙酸接受 NH_3 生成氨基酸参与蛋白质的合成，同时，蛋白质的水解产物中丙氨酸、谷氨酸、天冬氨酸经脱氨后分别生成丙酮酸、α-酮戊二酸和草酰乙酸，又可以进入柠檬酸循环中，脂肪酸的水解产物主要是乙酰 CoA 也进入到柠檬酸循环中去。

（三）电子传递链和氧化磷酸化

葡萄糖经过糖酵解和柠檬酸循环被氧化分解成 CO_2，产生的能量一部分直接形成了 ATP，一部分保留在辅酶（NADH 和 $FADH_2$）分子中。在有氧条件下，NADH 和 $FADH_2$ 都是通过由电子载体所组成的电子传递链（electron transport chain）最终被 O_2 氧化，如图 4-6 所示。

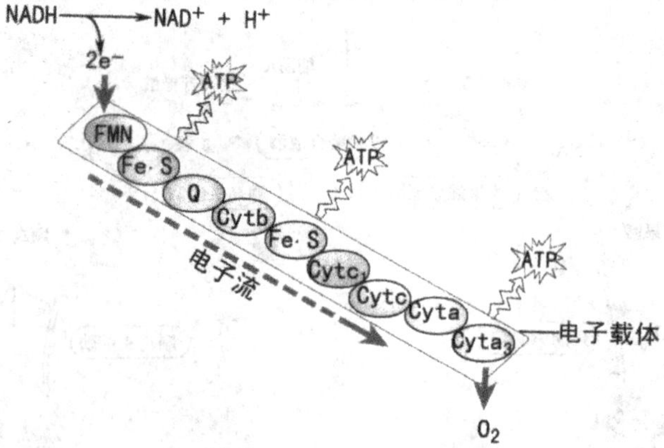

图 4-6　化学能通过磷酸化途径储存到 ATP 分子中（引自吴庆余《基础生命科学》，2002）

电子传递链就是通过一系列的氧化还原反应，将高能电子从 NADH 和 $FADH_2$ 最终传递给分子氧，同时伴随着电子能量水平的逐步下降，高能电子所释放的化学能就通过磷酸化途径储存到 ATP 分子中。

电子传递链又称呼吸链（respiratory chain），是典型的多酶体系。在电子传递过程中与释放的电子结合并将电子传递下去的物质称为电子载体。这些电子载体都是一些专一的蛋白质，在真核细胞中，它们位于线粒体的内膜中；在原核生物的细胞中，它们位于细胞质膜中。参与传递的电子载体有四种：黄素蛋白、细胞色素、铁硫蛋白和辅酶 Q，在这四类电子载体中，除了辅酶 Q 以外，接受和提供电子的氧化还原中心都是与蛋白相连的辅基，如图 4-7 所示。

这些电子载体传递电子是有严格顺序的，前一个载体将电子传递给后一个载体，就发生了氧化还原反应。每一个电子传递体从上游（较高能量水平）的相邻电子传递体接受电子后呈还原态，当它把电子再传递给下游相邻的电子传递体时，它又转变成氧化态。分子氧是电子传递链中最后的电子受体，当电子经上述电子传递体最终传到分子氧（1/2 O_2）时，它便结合周围溶液的2个H^+形成了细胞呼吸的最终产物H_2O分子。2个电子从最上游的NADH经呼吸链传递到分子氧，其总能量水平下降了222 kJ/mol，释放出的能量可形成3个ATP。2个电子从最上游的FADH，经呼吸链传递到分子氧可形成2个ATP。由于线粒体内膜或细胞质膜上发生的磷酸化作用与氧化作用密切偶联，所以这一过程又称为氧化磷酸化（oxidative phosphorylation）。

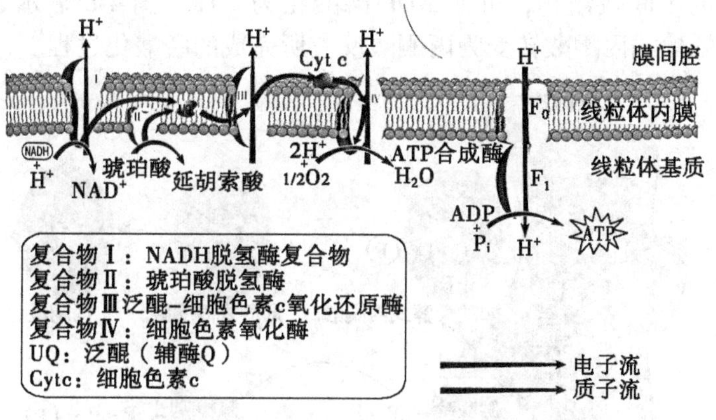

图4-7　呼吸链（引自吴庆余《基础生命科学》，2002）

第二节　ATP的形成机理

糖、蛋白质、脂肪等代谢物的分子结构中蕴藏着大量的化学能，在细胞代谢中，这些物质逐渐分解，经生物氧化逐步释放能量，一部分能量用以形成高能磷酸键，储存于高能磷酸化合物中，供机体直接利用；一部分能量以热的形式维持体温或散失于环境中。伴随着放能的氧化作用而进行的磷酸化称为氧化磷酸化作用。氧化磷酸化作用是将生物氧化过程中放出的能量转移到ATP中的过程。细胞内的ATP是由ADP磷酸化生成的，在这个过程中需要消耗化学能。

一、ATP的生成方式

体内ATP生成，即ADP的磷酸化主要有两种方式：一种为底物水平磷酸化（substrate-level phosphorylation）；另一种是电子传递链磷酸化（electron transport chain phosphorylation），也称氧化磷酸化。氧化磷酸化是机体产生ATP的主要形式。

（一）底物水平磷酸化

底物水平磷酸化机理较为简单，代谢底物在分解代谢中，有少数脱氢或脱水反应，引起代谢物分子内部能量重新分布，形成某些高能中间代谢物，这些高能中间代谢物中的高能键，可以通过酶促磷酸基团转移反应，直接使ADP磷酸化生成ATP，这种作用称为底物水平磷酸化。

$$X \sim P + ADP \longrightarrow XH + ATP$$

式中，X ～P 代表底物在氧化过程中所形成的高能磷酸化合物，这些高能磷酸化合物是葡萄糖分解为 CO_2 的细胞呼吸反应中形成的有关中间产物。这种转移过程的发生是由于这些带有磷酸基团的底物相当不稳定，磷酸基团与底物相连的化学键非常脆弱，在酶的作用下发生磷酸基团的转移形成了比原反应物更为稳定的新产物和 ATP 分子。这一磷酸化过程是在胞浆和线粒体中进行。例如，在糖分解代谢中，由糖酵解途径生成的1，3-二磷酸甘油酸和磷酸烯醇式丙酮酸、由柠檬酸循环中的 α-酮戊二酸氧化脱羧生成的琥珀酸-CoA 都是带有高能键的中间代谢物，可使 ADP 磷酸化为 ATP。图 4-8 显示了在酶的作用下，糖酵解后期磷酸烯醇式丙酮酸转变为丙酮酸反应所完成的磷酸化过程。

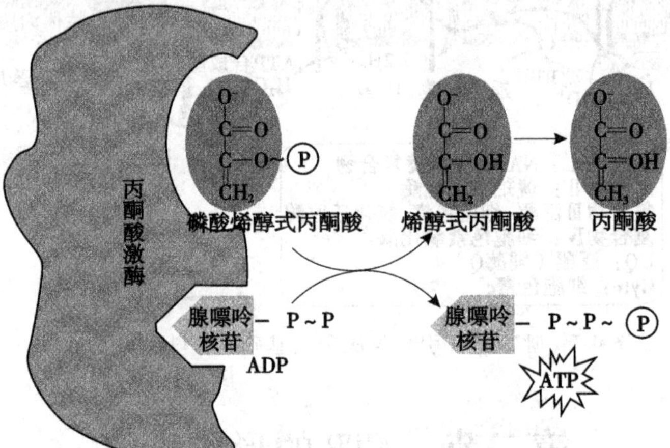

图 4-8　底物水平的磷酸化（引自吴庆余《基础生命科学》，2002）

底物水平磷酸化是捕获能量的一种方式，在发酵作用中是进行生物氧化取得能量的唯一方式。底物水平磷酸化和氧的存在无关，在 ATP 生成中没有氧分子参与，也不经过电子传递链传递电子。

（二）氧化磷酸化

电子传递链磷酸化是指利用代谢物脱下的 2H（$NADH + H^+$ 或 $FADH_2$）经过电子传递链（呼吸链）传递到分子氧形成水的过程中所释放出的能量，使 ADP 磷酸化生成 ATP 的作用。简言之，H 经呼吸链氧化与 ADP 磷酸化为 ATP 反应的偶联，就是电子传递链磷酸化，又称氧化磷酸化。

氧化和磷酸化是两个不同的概念。氧化是底物脱氢或失电子的过程，而磷酸化是指 ADP 与 Pi 合成 ATP 的过程。在结构完整的线粒体中，氧化与磷酸化这两个过程是紧密地偶联在一起的，即氧化释放的能量用于 ATP 合成，这个过程就是氧化磷酸化。氧化是磷酸化的基础，而磷酸化是氧化的结果。

机体代谢过程中能量的主要来源是线粒体，这里既有氧化磷酸化，也有底物水平磷酸化，以前者为主要来源。胞液中底物水平磷酸化也能获得部分能量，实际上这是酵解过程的能量来源。对于酵解组织、红细胞和组织相对缺氧时，底物水平磷酸化供能是十分重要的。

二、细胞呼吸的能量总账

1 个葡萄糖分子经过细胞呼吸氧化分解，生成了 CO_2 和 H_2O，经过糖酵解、柠檬酸循环和电子传递链 3 个连续阶段所产生的 ATP 统计，如图 4-10 所示。

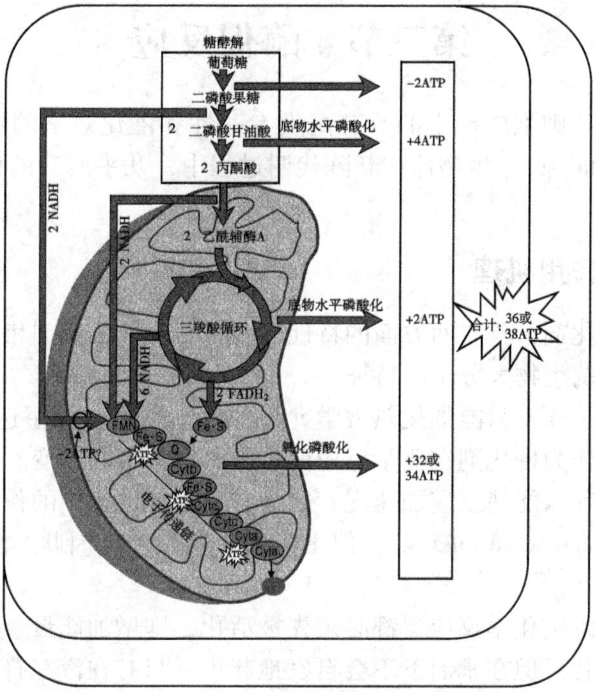

图 4-10 1 分子葡萄糖经过细胞呼吸氧化产生 ATP 的部位和数量

（引自吴庆余《基础生命科学》，2002）

在糖酵解阶段（发生在细胞质中），底物水平的磷酸化产生 4 分子 ATP，己糖分子活化消耗 2 分子 ATP，糖酵解阶段的脱氢反应产生 2 分子 NADH，经过电子传递链生成 4 或 6 个 ATP。因此糖酵解阶段净积累 6 或 8 个 ATP。

柠檬酸循环阶段（发生在线粒体中），底物水平的磷酸化产生 2 分子 ATP，脱氢反应（包括丙酮酸生成乙酰辅酶 A 的反应）产生 8 分子 NADH 和 2 分子 FADH，8 分子 NADH 经过电子传递链生成 24 个 ATP，2 分子 FADH 经过电子传递链生成 4 个 ATP，因此柠檬酸循环阶段净积累 30 个 ATP。

1 分子葡萄糖通过有氧呼吸共形成 36 或 38 个 ATP。即 1 mol 葡萄糖通过糖酵解、柠檬酸循环和电子传递链总共可产生 36 或 38mol ATP。若按 36 算，所存储能量为 1 099. 6kJ，而 1mol 葡萄糖完全燃烧时可放出 2 870. 2 kJ 能量，那么细胞呼吸效率就为 38%，即 2 870. 2 kJ 能量的 38% 变成细胞可利用的能量，余下的 62% 能量是以热的形式散失掉。

整个有氧呼吸过程净产生 36 还是 38 个 ATP 取决于糖酵解阶段产生于细胞质中的 NADH 穿过线粒体膜进入呼吸链时是否消耗能量。在酵解过程中所得到的 NADH 可通过甘油磷酸穿梭系统（glycerol phosphate shuttle system）和苹果酸穿梭系统（malate shuttle system）穿过线粒体膜进入其基质中。通过甘油磷酸穿梭系统穿过线粒体膜需要消耗2分子ATP（常见于肌肉和神经组织细胞），通过苹果酸穿梭系统则不需要消耗ATP（常见于肝脏和心肌组织细胞）。

图4-10总结了1分子葡萄糖经过细胞呼吸氧化产生ATP的部位和数量。

第三节　酶促反应

酶（enzyme）是活细胞内产生的具有高度专一性和催化效率的蛋白质，又称为生物催化剂（biological catalyst）。生物体在新陈代谢过程中，几乎所有的化学反应都是在酶的催化下进行的。

一、酶的催化作用机理

酶是一种生物催化剂，具有两方面的特性，既有与一般催化剂相同的催化性质，又具有一般催化剂所没有的生物大分子的特征。

酶与一般催化剂一样，只能催化热力学允许的化学反应，缩短达到化学平衡的时间，而不改变平衡点。酶作为催化剂在化学反应前后没有质和量的改变。微量的酶就能发挥较大的催化作用。酶为什么能使反应加速呢？因为它和一般催化剂的作用机理一样，都是降低了反应的活化能（activation energy）。但由于酶是蛋白质，因此，酶促反应又有其固有特点。

任何一个分子要发生化学反应，都必须先被活化，即增加能量。例如，汽油燃烧，就是被空气中的氧气氧化。但在常温下不会自发地起火，只有在汽车打火时才会燃烧。这是因为在高温下，少数汽油分子获得了一定的能量而被活化，才能发生氧化反应。再举一个例子，常温无菌状态下的一瓶葡萄糖溶液可以无限期地保存而不会分解成CO_2和H_2O，也不可能释放能量，而当受到高温、强酸或强碱处理时，葡萄糖分子则会分解。活细胞当然不具备高温、强酸或强碱等极端条件，但它却能在很短的时间内将葡萄糖分解，这是因为活细胞内有大量分解葡萄糖的酶。正是酶的催化剂作用，使得急需的生物化学反应在常温常压下得以迅速进行。绝大多数的酶都是蛋白质，近年来科学家发现核酸也具有生物催化作用，它们被称之为“核酶”（ribozyme）。

酶在常温、常压、中性pH值的温和条件下具有很高的催化效率。例如，单个过氧化氢酶分子在室温条件下每分钟可完成500万个过氧化氢分子的分解反应；又例如，

$$CO_2 + H_2O \longrightarrow H_2CO_3$$

这一反应在有碳酸酐酶（carbonic anhydrase）存在时，反应速度比没有碳酸酐酶参加时快1000倍。

正是由于分子发生化学反应需要活化能，生物体内许多化学性质活泼的物质才能保持稳定。比如ATP是很易被水解的，但由于水解需要ATP被活化，在水很丰富的环境（细胞）中，ATP仍能保持稳定，ATP的水解只有在专一的酶——ATP酶（ATPase）的催化下才易于发生。

酶之所以能加速化学反应的进行，是因为它能降低反应的活化能。即使是一个放能反应，在它放出能量之前，也存在着化学反应启动的能量障碍，因为新的化学键形成之前，

存在着必须首先断开的键，这就是“能障（energy barrier）”。用于克服能障、启动反应进行所需要的能量叫“活化能”，而酶恰好可以降低化学反应所需要的活化能。图4-11中，曲线A代表非酶促反应，曲线B代表酶促反应。酶促反应的活化能（E'_A）比非酶促反应的活化能（E_A）小，所以反应进行得较快。这就好比障碍物赛跑中有一个栏杆，运动员必须跳过栏杆才能继续跑。现在把栏杆的高度降下来，跑起来也就比较容易了。

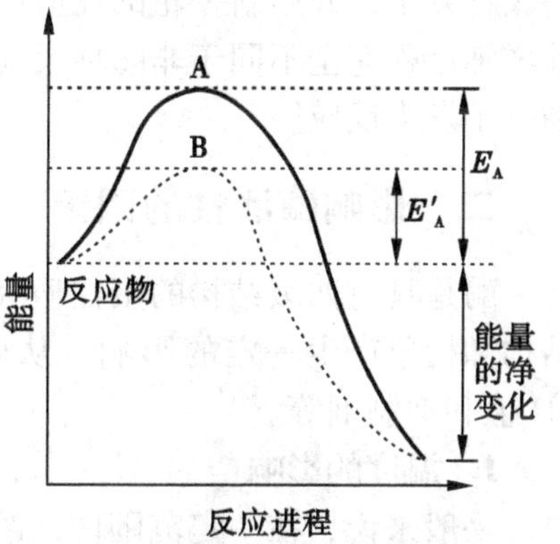

图4-11　酶降低反应的活化能
（引自吴相钰《陈阅增普通生物学》，2005）

酶分子怎样降低反应的活化能呢？原来任何一种酶，对于它所能催化的反应都有极强的选择性，这种选择性决定着每一个细胞在特定的时候发生特定的化学反应。酶分子是蛋白质，每种蛋白质都有特定的三维结构，而这种结构就决定了酶的选择性。酶所催化反应中的反应物称为底物（substrate），酶只能识别一类专一的底物并催化专一的化学反应。所以细胞中发生的所有反应需要许多种不同的酶催化。酶只催化特定底物的特定反应这种性质称为酶的底物专一性（substrate specificity）。

之所以有这种专一性，是因为酶会与其底物结合，只有当底物与酶分子结合以后，才会变成产物。酶分子中只有一个小的局部与底物分子结合，这一小的局部就称为酶的活性部位（active site）或酶的活性中心（active center）。酶的活性中心通常由少数氨基酸组成，酶分子的其他部分为活性中心提供骨架并保持其特定的空间构象。专家们提出，底物与酶就好比是钥匙和锁的关系，一把锁只能被一把钥匙打开，因此酶具有高度的特异性。酶的特异性在于酶的活性中心形状与底物分子的形状具有特殊的匹配合作关系，酶的活性中心部位不是刚性的，而是一种柔性的结构。当酶与底物结合时，底物分子能诱导酶分子的构象发生一定的变化，使活性中心部位与底物可以很好地结合，这种诱导契合关系就像是握手一样，促进了酶与底物的相互作用，使活性中心化学基团有最佳的定位，从而导致底物分子特定的化学键伸直或弯曲和化学键的断开，启动了化学反应的发生，即打破了“能障”，降低了化学反应所需要的活化能。

图4-12示意酶分子是如何起作用的。图中以蔗糖酶（sucrase）为例，其底物为蔗糖，所催化的反应是蔗糖水解为葡萄糖和果糖。①为酶分子，其活性部位是空的。②为已与底物分子结合的酶分子，这种结合是通过很弱的键实现的。底物分子与酶分子的相互作用使得酶分子的形状稍有改变，于是酶分子将底物分子“拥抱”得更为妥帖，底物分子所处的新位置使之更易发生反应。③为底物分子在酶分子上转变成了产物。然后酶将产物释放，自身又回到原来的状态，其活性部位又可以接纳一个新

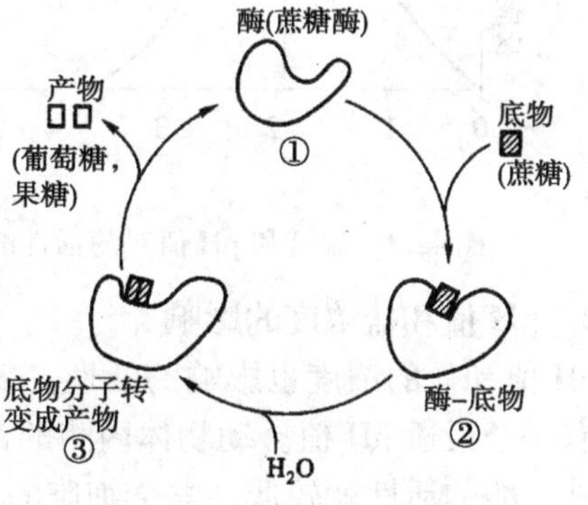

图4-12　酶作用示意图
（引自吴相钰《陈阅增普通生物学》，2005）

的底物分子，开始新一轮的反应。酶所以能降低反应的活化能，奥秘就在于发生酶促反应的详细过程完全不同于非酶促反应。一个酶分子在一秒钟内能使成千上万甚至数百万个底物分子发生反应。

二、影响酶活性的因素

酶是具有四级结构的蛋白质大分子，外界的许多物理和化学因素都会对蛋白质分子的结构和构象产生一定的影响，从而影响到酶的活性。影响酶活性的主要因素包括温度、pH 值和抑制剂等。

1. 温度的影响

一般来说，在一定范围内，酶的活性随温度升高而增高，超过一定的温度界限，活性即下降。酶活性最高时的温度即为酶的最适温度（optimal temperature）。因为适当地升温促进了分子的运动，提高了底物与酶活性位点的结合速度和频率；但如果超过一定的温度界限，由于酶蛋白肽链间氢键、离子键或其他更弱的作用力被破坏，导致蛋白质变性，从而很快地降低了酶的活性。人体内大多数酶的最适温度为 35 ～ 40℃，接近人的体温；某些生长在温泉中的细菌所含的酶的最适温度高达 70℃，如图 4-13 所示。

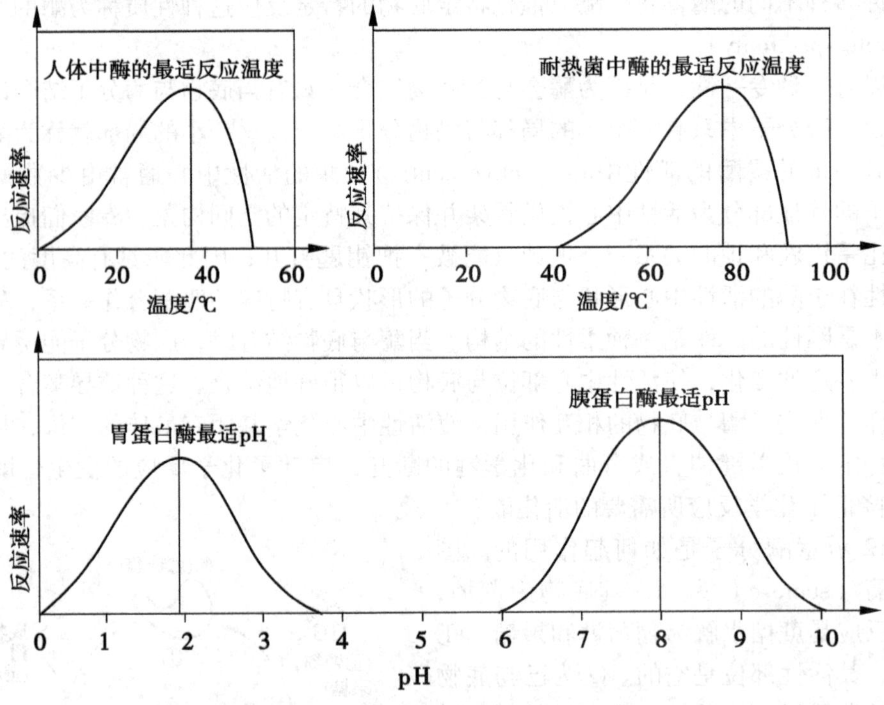

图 4-13　温度和 pH 值对酶活性的影响（引自吴庆余《基础生命科学》，2002）

2. pH 值和盐浓度的影响

pH 值和盐的浓度也影响酶活性。每一种酶只在一定的 pH 值范围内具有较高的活性，而且有一个最适 pH 值。动物体内酶的最适 pH 值多在 6 ～ 8 之间，接近于中性。在此范围之外，酶的活性就较低，整个细胞的正常功能也被破坏。但不同酶的最适 pH 值差别很大。例如，胃蛋白酶的最适 pH 值为 1.9，而胰蛋白酶的最适 pH 值为 8.1，如图 4-13 所示。pH 值对酶活性的影响主要是因为 pH 值会影响酶或底物的解离，也会影响底物的极性基团。酸雨会使整个湖泊的 pH 值变低，影响整个水体中的生物。盐浓度太高会干扰酶分子中的某些化学键，从而破坏其蛋白质结构，也就是使其活性降低。只有极少数种类的酶能耐受极高的盐浓度。

3. 辅助因子的作用

许多种酶的正常活动还需要非蛋白质成分的参与，这些成分称为辅助因子（cofactor）。酶的辅助因子可以是金属离子，也可以是小分子有机化合物。酶含有的金属离子有 K^+、Na^+、Mg^{2+}、Cu^{2+}（或 Cu^+）、Zn^{2+} 和 Fe^{2+}（或 Fe^{3+}）等。它们所起的作用是：①是酶活性的组成部分；②是连接底物和酶分子的桥梁；③在稳定酶蛋白分子构象方面所必需。小分子有机化合物是化学性质稳定的小分子物质，其主要作用是在反应中传递电子、质子或一些基团，常可按其与酶蛋白结合的紧密程度不同分成辅酶和辅基两大类。辅酶（coenzyme）与酶蛋白结合疏松，可以用透析或超滤方法除去；辅基（prosthetic group）与酶蛋白结合紧密，不易用透析或超滤方法除去，辅酶和辅基的差别仅仅是它们与酶蛋白结合的牢固程度不同，而无严格的界限。

大多数辅酶都是一些具有核苷酸结构的维生素（特别是 B 族维生素），辅酶的作用大多数为传递 H^+ 或传递电子。如烟酰胺腺嘌呤二核苷酸（NAD^+，辅酶Ⅰ）、烟酰胺腺嘌呤二核苷酸磷酸（$NADP^+$，辅酶Ⅱ）、黄素腺嘌呤二核苷酸（FAD）等等，这些酶同时具有传递 H^+ 和电子的作用。

4. 酶的抑制剂

另一大类影响酶活性的化学物质是酶的抑制剂（inhibitor）。抑制剂的作用是停止酶的作用或使之减慢。抑制剂有两种类型：竞争性抑制剂（competitive inhibitor）和非竞争性抑制剂（noncompetitive inhibitor）。

竞争性抑制剂是与酶的正常底物相似的化学物质，它与底物分子竞争酶的活性部位，“鸠占鹊巢”，使得底物分子不能发生反应。图 4-14（b）表示的就是竞争性抑制剂的作用。抑制剂占据了酶的活性部位，底物分子被排斥在外，不能发生作用。

非竞争性抑制剂并不占据活性部位，它与酶分子结合的部位不是活性部位。但它的结合却使酶分子的形状发生了变化，而使得活性部位不适于接纳底物分子，如图 4-14（c）所示。

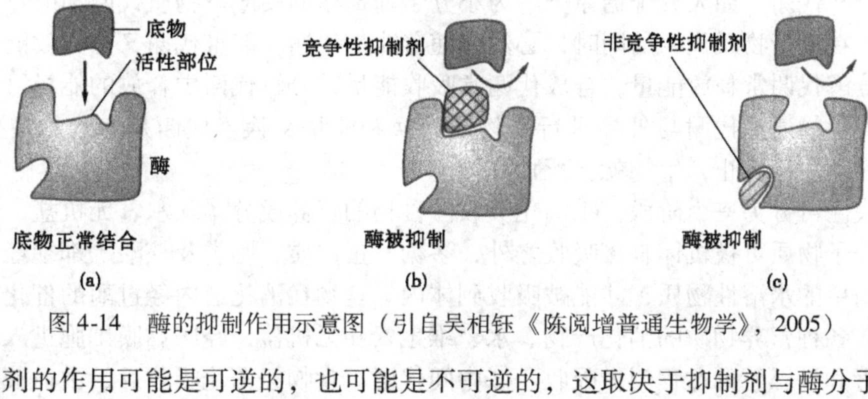

图 4-14　酶的抑制作用示意图（引自吴相钰《陈阅增普通生物学》，2005）

抑制剂的作用可能是可逆的，也可能是不可逆的，这取决于抑制剂与酶分子之间形成的键是强还是弱。如果所形成的是共价键，那就是不可逆的；如果所形成的键较弱，如氢键，那就是可逆的。竞争性抑制剂的作用是可逆的，只要底物的浓度高于抑制剂的浓度，那么活性部位就不易为抑制剂所占据，底物可照常发生反应。

在细胞代谢中，可逆的抑制剂是非常重要的。有时，酶的抑制剂就是反应的产物。例如，当细胞中的ATP供过于求时，ATP本身就是一种非竞争性抑制剂，它干扰ATP合成酶的作用。这种代谢反应为其产物所抑制的现象，称为负反馈（negative feedback），是细胞自行调节其代谢的一种机制。反馈抑制可防止细胞生成超过其需要的多余产物，达到节约反应物的目的，也是维持细胞稳态（homeostasis）的重要机制。

酶的抑制剂有重要的应用价值，某些杀虫剂（pesticide）和抗生素（antibiotic）就是酶的抑制剂，例如，马拉硫磷（malathion）是乙酰胆碱酯酶（acetylcholine esterase）的抑制剂，这种酶在神经系统的活动中非常重要。在马拉硫磷的作用下，神经细胞对信号的传递被抑制，造成昆虫死亡。这种杀虫剂对别的动物，包括人，也有毒害作用，但杀死昆虫所需要的剂量一般对人畜无害。许多抗生素是细菌中一些特定酶的抑制剂，例如，青霉素可以与细菌合成细胞壁的关键酶的活性中心结合，阻碍细菌细胞壁的合成，从而达到杀死细菌的效果。

第四节　生物代谢

一、代谢是生命的基本特征

活细胞是一个微小的化学工业园，在极其微小的空间内发生着数千种生物化学反应。代谢是活细胞中全部化学反应的总称，它包括物质代谢和能量代谢两个方面。

物质代谢是生命的基本特征。从有生命的单细胞到复杂的人体，都与周围环境不断进行着物质交换，这种物质交换称为物质代谢或新陈代谢。物质代谢包括同化作用和异化作用两种不同方向的代谢变化。生物在生命活动中不断从外界环境中摄取营养物质，转化为机体的组织成分，称为同化作用；同时机体本身的物质也在不断地分解成代谢产物，排出体外，称为异化作用。物质代谢过程十分复杂，即使在一个细胞内进行的物质代谢，亦包含一系列相互联系的合成和分解的化学反应。一般说来，由小分子物质合成大分子物质的反应称合成代谢，如由氨基酸合成大分子蛋白质的反应；由大分子物质分解成小分子物质的反应称分解代谢，如大分子糖原分解为小分子葡萄糖的反应。物质代谢和能量代谢是密不可分的，在进行物质代谢的同时，必然伴随着能量代谢。能量代谢又分为放能代谢和吸能代谢，分解代谢常释放能量，合成代谢常吸收能量，分解代谢中释放的能量可供合成代谢的需要。生物通过代谢与外界进行着物质交换和能量交换。代谢是生物的主要特征之一，代谢活动一旦停止，生物就会死亡。

物质代谢可分为三个阶段：①消化吸收。食物的营养成分，除水、无机盐、维生素和单糖等小分子物质可被机体直接吸收之外，多糖、蛋白质、脂类及核酸等都须经消化，分解成比较简单的水溶性物质，才能被吸收到体内。食物在消化道内经过酶的催化进行水解叫做消化；各种营养物质的消化产物、水、维生素和无机盐，经肠黏膜细胞进入小肠绒毛的毛细血管和淋巴管的过程叫做吸收。②中间代谢。食物经消化吸收后，由血液及淋巴液运送到各组织中参与代谢，在许多相互配合的各种酶的催化下，进行分解和合成代谢，进行细胞内外物质交换和能量转变。③排泄。物质经过中间代谢过程产生多种终产物，这些终产物再经肾、肠、肝及肺等器官随尿、粪便、胆汁及呼气等排出体外。

物质代谢包括糖类代谢、蛋白质代谢和脂肪的代谢。这三类营养物质的代谢枢纽是呼吸作用，主要是通过呼吸作用的中间产物，如丙酮酸、乙酸辅酶A、柠檬酸等。糖类转变成蛋白质必须通过转氨基作用，将氨基转移给糖代谢的中间产物就能产生新的氨基酸，如将氨基转给丙酮酸即为丙氨酸。蛋白质转变成糖类必须经过脱氨基作用，形成的不含氮部分才能转变成糖类。糖类转变成脂肪必须通过乙酸辅酶A，脂肪转变成乙酸辅酶A后才能进入呼吸作用，继而再转变成糖类和蛋白质。在蛋白质代谢过程中，氨基酸经脱氨基作用形成的含N部分是NH_3，NH_3对人体是有毒的，在肝脏中通过肝脏的解毒作用转变成尿素，尿素基本对人体无害，再通过循环系统运至肾脏，以尿液的形式排出体外，或运至皮肤的汗腺以汗液的形式排出体外。

糖可以转变成氨基酸，氨基酸也可转变成糖；小分子单体被装配成细胞需要的多聚体，这些多聚体也可被水解成小分子单体。植物中的叶绿体通过吸收太阳能进行光合作用，光合作用是一系列的化学反应，最终将二氧化碳和水合成葡萄糖并放出氧气；储存在葡萄糖等分子中的化学能经过细胞呼吸被释放出来，并以高能磷酸键的形式储藏在ATP分子中。呼吸作用也是一系列的化学反应，细胞利用呼吸作用放出的能量（ATP）完成各种各样的工作，包括物质的跨膜运输、蛋白质的机械运动和驱动需能的化学反应等等。以上所有的化学反应都是在酶的作用下完成的，因此，代谢也可看成是发生在生物体内由酶控制的全部化学反应和能量的转化过程。

二、生物代谢的调节

细胞不是一个装满了各种酶和底物的口袋，细胞复杂的结构特别是膜的结构固定了各代谢反应的空间和时间，使它们高度有序并可以控制和调节。我们可以把细胞的代谢想像成一个经过精心制作的复杂道路交通图，数千条生化反应途径相互交错编织在这张图上，就像管制交通的红绿灯一样。酶控制着各条代谢途径，确定反应进行的方向，调节底物转变为产物的反应速度，保持着细胞中各类化学物质供给和需求的平衡，防止出现亏空和过剩。在正常情况下，各种代谢途径几乎全部按照生理的需求，有节奏、有规律地进行，同时，为适应体内外环境的变化，及时调整反应速度，保持整体的动态平衡。可见，体内代谢是在严密的调控下进行的。

代谢调节机制普遍存在于生物界，是生物在长期进化过程中逐步形成的一种适应能力。进化程度越高的生物，其代谢调节的机制越复杂。单细胞的微生物受细胞内代谢物浓度变化的影响，改变其各种相关酶的活性和酶的含量，从而调节代谢的速度。这是细胞水平的代谢调节，是生物体在进化上较为原始的调节方式。较复杂的多细胞生物，出现了内分泌细胞。高等动物则出现了专门的内分泌器官，这些器官所分泌的激素可以对其他细胞发挥代谢调节作用。激素可以改变某些酶的催化活性或含量，也可以改变细胞内代谢物的浓度，从而影响代谢反应的速度，这称为激素水平的调节。高等动物不仅有完整的内分泌系统，而且还有功能复杂的神经系统。在中枢神经系统的控制下，或者通过神经递质对效应器直接发生影响，或者通过改变某些激素的分泌，来调节某些细胞的功能状态，并通过各种激素的互相协调而对整体代谢进行综合调节，这种调节即称为整体水平的调节。以上所述细胞水平的代谢调节、激素水平的调节和整体水平的调节，在高等动物和人体内都存在。

1. 细胞水平的代谢调节

从生物代谢过程可知，酶在细胞内是分隔分布的。代谢上有关的酶，常常组成一个酶体系，分布在细胞的某一组分中。例如，糖酵解酶系和糖原合成、分解酶系存在于细胞液中；柠檬酸循环酶系和脂肪酸β-氧化酶系定位于线粒体中；核酸合成酶系则绝大部分集中在细胞核内。酶的这种隔离分布为代谢调节创造了有利条件，使某些调节因素可以较为专一地影响某一细胞组分中的酶活性，而不致影响其他组分中的酶活性，从而保证了整体反应的有序性。一些代谢物或离子在各细胞组分间的穿梭移动也可以改变细胞中某些组分的代谢速度。例如，在细胞液中生成的脂酰辅酶A主要用于合成脂肪；但在肉毒碱的作用下，经肉毒碱脂酰转移酶的催化，脂酰辅酶A可进入线粒体，参与β-氧化过程。又如，Ca^{2+}从肌细胞线粒体中出来，可以促进胞液中的糖原分解，而Ca^{2+}进入线粒体则有利于糖原合成。

生物代谢实质上是一系列的酶促反应，代谢速度的改变并不是由于代谢途径中全部酶活性发生改变，而常常取决于某些甚至某一种关键酶活性的变化。此酶通常是整条通路中催化最慢一个反应的酶，称为限速酶。它的活性改变不但可以影响整个酶体系催化反应的总速度，甚至可以改变代谢反应的方向。例如，细胞中ATP/AMP比值增加，可以抑制磷酸果糖激酶（和丙酮酸激酶）的活性，这不但减慢了糖酵解的速度，还可以通过激活果糖-1,6-二磷酸酶而使糖代谢方向倾向于糖异生。因此，改变某些关键酶的活性是体内代谢调节的一种重要方式。

机体代谢的细胞水平调节，从速度方面来说有两种方式：一种是快速调节，一般在数秒或数分钟内即可发生。这种调节是通过激活或抑制体内原有的酶分子来调节酶促反应速度的，是在温度、pH值、作用物和辅酶等因素不变的情况下，通过改变酶分子的构象或对酶分子进行化学修饰来实现酶促反应速度的迅速改变的。另一种是迟缓调节，一般经数小时后才能实现。这种方式主要是通过改变酶分子的合成或降解速度来调节细胞内酶分子的含量。

2. 激素对代谢的调节

细胞的代谢反应不仅受局部环境的影响，即各种代谢底物，产物的正、负反馈调节，而且还受到来自机体其他组织器官的各种化学信号的控制，激素就属于这类化学信号。激素是一类由特殊的细胞合成并分泌的化学物质，它随血液循环遍布于全身，作用于特定的组织或细胞（称为靶组织或靶细胞，target cell），指导细胞物质代谢沿着一定的方向进行。同一激素可以使某些代谢反应加强，而使另一些代谢反应减弱，从而适应整体的需要。对于每一个细胞来说，激素是外源性调控信号，而对于机体整体而言，它仍然属于内环境的一部分。通过激素来控制物质代谢是高等动物体内代谢调节的一种重要方式。

激素的作用必须通过其受体来实现。受体是一类可以与相应的配体（ligand）特异性结合的物质，常为糖蛋白或脂蛋白。激素作为一类配体，与受体的结合具有高度的特异性和亲和性。只有那些具有相应受体的细胞才可以成为该激素的靶细胞。

3. 代谢的整体调节

机体内各种组织器官和各种细胞在功能上都不会独立于整体之外，而是处于一个严密的整体系统中。一个组织可以为其他组织提供底物，也可以代谢来自其他组织的物质。这些器官之间的相互联系是依靠神经－内分泌系统的调节来实现的。神经系统可以释放神经递质来影响组织中的代谢，又影响内分泌腺的活动，改变激素分泌的状态，从而实现机体整体的代谢协调和平衡。如在早期饥饿、饥饿和饱食情况下机体的代谢调节过程是这样的：在早期饥饿时，血糖浓度有下降趋势，这时肾上腺素和糖皮质激素的调节占优势，促进肝糖原分解和肝脏糖异生功能，在短期内维持血糖浓度的恒定，以供给脑组织和红细胞等重要组织对葡萄糖的需求。若饥饿时间继续延长，则肝糖原被消耗殆尽，这时糖皮质激素也参与发挥调节作用，促进肝外组织蛋白分解为氨基酸，便于肝脏利用氨基酸、乳酸和甘油等物质生成葡萄糖，这在一定程度上维持了血糖浓度的恒定；这时，脂肪代谢也加强，分解为甘油和脂肪酸，肝脏将脂肪酸分解生成酮体，酮体在此时是脑组织和肌肉等器官重要的能量来源。在饱食情况下，胰岛素发挥重要作用，它促进肝脏合成糖原和将糖转变为脂肪，抑制糖异生；胰岛素还促进肌肉和脂肪组织的细胞膜对葡萄糖的通透性，使血糖容易进入细胞，并被氧化利用。

第五章 生物的繁殖与遗传

当一位色盲女子与一位正常的男子结婚后，他们的后代是否色盲呢？答案是：他们所生的男孩都是色盲，所生的女孩都不是色盲。此问题涉及生物的繁殖与遗传，即生物体通过繁殖而使生命得到延续，生物的基本特征通过繁殖而由上代（父方和母方）传递给子代，这种信息的传递就称为遗传。遗传信息的基本单位是基因，遗传学主要研究遗传信息的结构、复制、转录和表达等内容。本章主要介绍生物繁殖与遗传的一些基本概念和规律。

第一节 生物繁殖与遗传的关系

一、繁殖是遗传的外在表现形式

细菌、酵母等单细胞的生物，一般采用细胞分裂或出芽等形式进行繁殖；而草履虫、变形虫、眼虫等低等多细胞生物，则一般采用裂殖方式进行繁殖。这些都是由一个生物体（亲代）直接分裂形成两个新的生物个体，它不涉及性别，没有配子参与，更没有受精过程，属于无性繁殖。对于多细胞的高等生物，如植物一般通过花粉受精，动物则通过卵子与精子结合等形式，通过一个细胞（受精卵或合子）经过多次分裂和分化发育成新的生命体，属于有性繁殖。因此，有性繁殖需要经过产生生殖细胞或配子的过程，要比无性繁殖复杂得多。

繁殖最根本的外在表现形式是细胞分裂，如图 5-1 所示为变形虫分裂繁殖，如图 5-2 所示为受精卵细胞分裂。

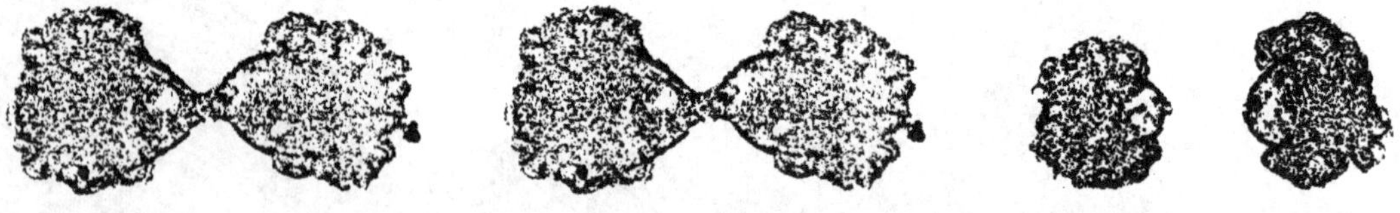

图 5-1 变形虫的分裂繁殖

图 5-2 受精卵经多次分裂和分化所形成的多细胞囊胚

生物的生长同样依赖于细胞分裂，因为生物体积的长大不仅要靠细胞体积的增加，更要靠细胞数目的增多，细胞分裂还导致了多细胞生物的组织分化和生长发育，如图 5-3 所示。

对于一个完全长大成熟的多细胞生物，虽然已经完成了组织的分化和个体的发育，但是它仍然需要进行细胞分裂，以生成新细胞来替代不断衰老或死亡的细胞，维持细胞的新陈代谢或者修复损伤的生物组织。例如，骨髓细胞可以不断再生新的血细胞，如图5-4所示。

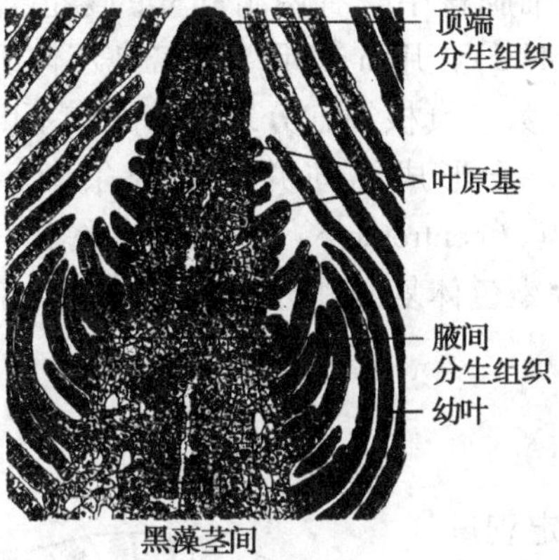

图5-3 黑藻顶芽的细胞分裂

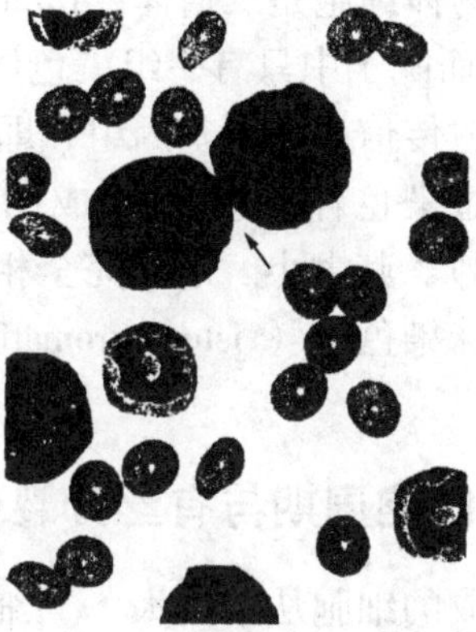

图5-4 骨髓细胞分裂成新血细胞（箭头处）

生物通过繁殖形成新的生物个体，这是外在表现形式，而本质是生物细胞内的遗传物质进行复制和均等分配，这与细胞分裂时染色体和基因的复制直接相关。

二、基因与染色体的复制

细胞一分为二的分裂是个复杂的过程，首先涉及细胞内遗传物质（DNA）的复制和均等分配。原核生物（如细菌裂殖）的DNA复制和均等分配是相对简单的，如图5-5所示。真核生物的DNA复制和均等分配要复杂得多。DNA主要存在于细胞核中，外部被一层膜包裹，内部是由细长的双链DNA、蛋白质及少量RNA结合形成的复合物，易被碱性染料着色，而称为染色质（chromatin）。细胞分裂时可通过显微镜看到其形态，如图5-6所示。决定生物各种形状和特性的基因都分布在染色体上，随染色体一起复制、分裂和均等传递给子代。

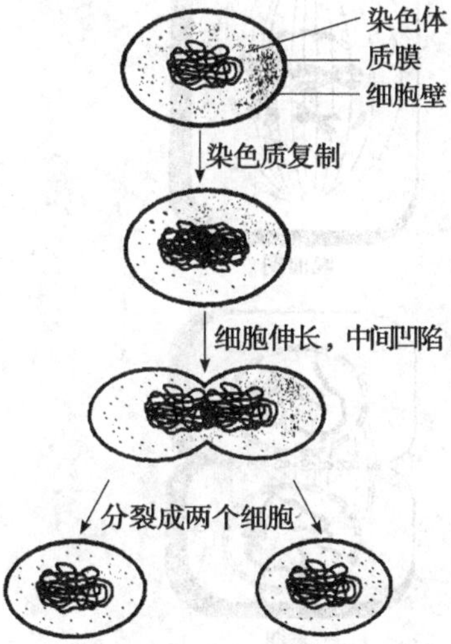

图5-5 原核生物遗传物质（DNA）的复制和均等分配

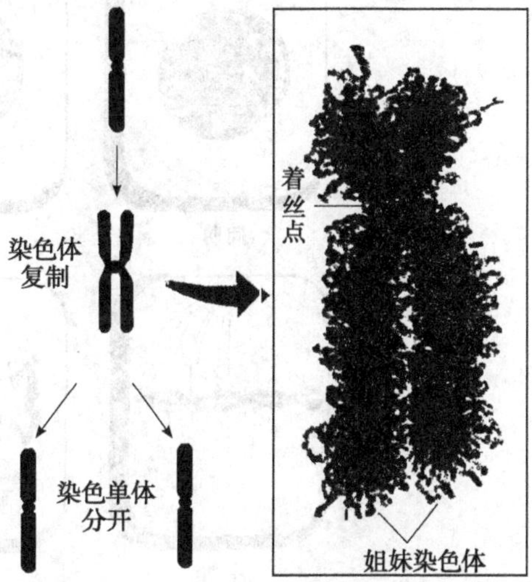

图5-6 细胞有丝分裂时染色体的复制和均等分裂

任何生物染色体的数目都是恒定的。例如，人体细胞（somatic cell）有 23 对、46 条染色体，人生殖细胞（gamete）即精子和卵细胞，只有正常体细胞一半——23 条染色体。多数动植物体细胞是二倍体（diploid），即体细胞的细胞核中含有两组同样的染色体，用 2n 表示；而配子中只有一组染色体，叫单倍体（haploid），用 n 表示。单倍染色体组所含有的全部遗传信息称为基因组，即生物体全部的基因数。真核细胞分裂时基因或基因组的复制是通过染色体的复制完成的。染色体复制后，会形成纵向并列的两条染色单体（chromatid）。其大小、形状完全相同，并通过着丝点（centromere）相连，故称这一对染色体为姊妹染色体（sister chromatid）。图 5-6 所示为染色体复制并分裂成一对姊妹染色单体。

三、细胞周期与有丝分裂

新形成的细胞从小到大，当细胞体积增大到一定程度就会停止生长或者开始分裂，神经细胞、肌纤维细胞等细胞生长成熟后将不再分裂，而有分裂能力的细胞则能够持续不断地进行分裂。一次分裂结束到下一次分裂结束的一个完整过程为一个细胞周期（cell cycle）。典型的细胞周期包括细胞分裂间期（interphase）和细胞分裂期（mitotic phase）。分裂间期又包括（DNA）合成期（S 期）和 S 期前后两个间隙期（G_1 期和 G_2 期），是细胞代谢、DNA 复制的旺盛时期。分裂期包括有丝分裂（mitosis）和胞质分裂（cytokinesis），其中有丝分裂可使新形成的两个子细胞具有与母细胞完全相同的染色体形态和数目，胞质分裂则是细胞质分裂形成两个新的子细胞的过程，如图 5-7 所示。

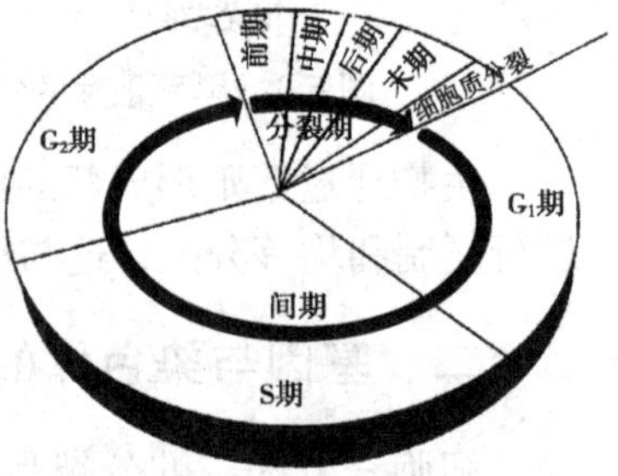

图 5-7　细胞周期示意图

根据染色体形态的变化特征可将连续的有丝分裂分为前期（prophase）、中期

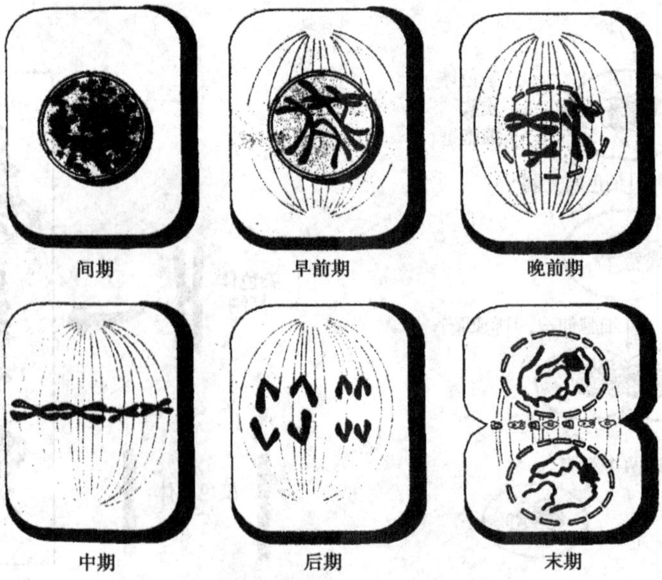

图 5-8　植物细胞有丝分裂过程示意图

（metaphase）、后期（anaphase）和末期（telophase）4 个阶段。有丝分裂的特点是在间期每个染色体会复制成两条相同的染色单体，分裂时再有规律地分配到两个子细胞核中。因此，一个亲代细胞可产生两个具有完全相同染色体和遗传信息的子代细胞，如图 5-8 所示。

四、配子形成与减数分裂

不同生物的生殖过程是不完全相同的，甚至相差很大。但是有性生殖一般都要涉及一对生物，即母本和父本，通常都能各自产生一个特别的性细胞，即雌配子和雄配子。在动物和植物中，雌配子是一个卵细胞（ovum），雄配子是一个精子细胞（sperm cell）（高等植物称为精核）。雌雄配子相互融合形成受精卵或合子，其中配子为单倍体（n），合子通常为二倍体（2n）。有性生殖可使来自父母双方的优势遗传性状进行互补重组而产生变异，如果向好的方向发展，将使生物体后代适应生存环境变化的能力增强。有性生殖过程如图 5-9 所示。

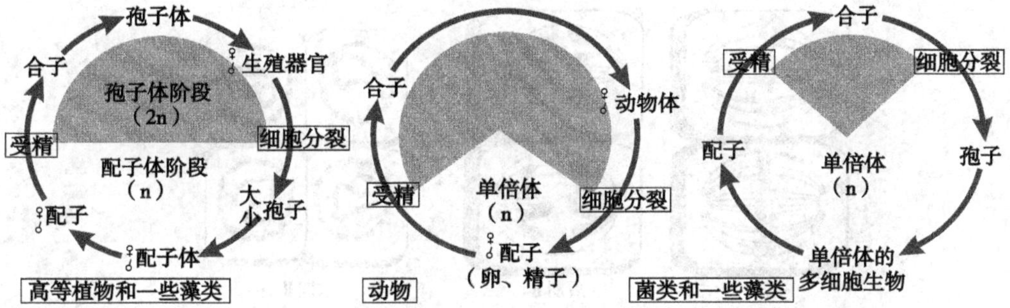

图 5-9　生物有性生殖生活史

二倍体细胞形成单倍体细胞时，在细胞分裂过程中伴随着染色体数目减半，此种细胞分裂称为减数分裂（meiosis）。减数分裂是在配子形成的成熟期进行，配子母细胞（二倍体）要经过两次连续的核分裂，但是细胞内的 DNA 却只复制一次，两次分裂形成的 4 个细胞中染色体数目比配子母细胞减少了一半，即形成单倍体。减数分裂过程包括减数分裂Ⅰ和减数分裂Ⅱ两个阶段，而每一阶段中根据染色体形态的变化特征还可再分为前期、中期、后期和末期。图 5-10 所示为植物细胞减数分裂过程。

从图 5-10 可以看到，DNA 复制发生在减数分裂Ⅰ期、开始前的间期（S 期），并且只复制这一次。特别是减数分裂Ⅰ的前期染色体在变短变粗时，来自母本和父本的各一个相当的同源染色体（homologue）会两两配对，称为联会（synapsis），由于每一个染色体实际都含有一对姊妹染色单体，因此联会复合体将由 4 个染色单体组成，称为四分体（tetrad）。这将使同源的非姊妹染色单体之间形成交叉并有可能发生对等 DNA 片段的交换，导致遗传物质的重组不能完全按照随机方式分配，从而使有性生殖过程保持了物种恒定的遗传物质（即染色体数目的不变）和等位基因（alleles）的均等分离，保证了遗传的稳定性，促进了遗传物质的交换而加速了遗传性状的变异。所以说，有性生殖比无性生殖表现出了更大的优越性。

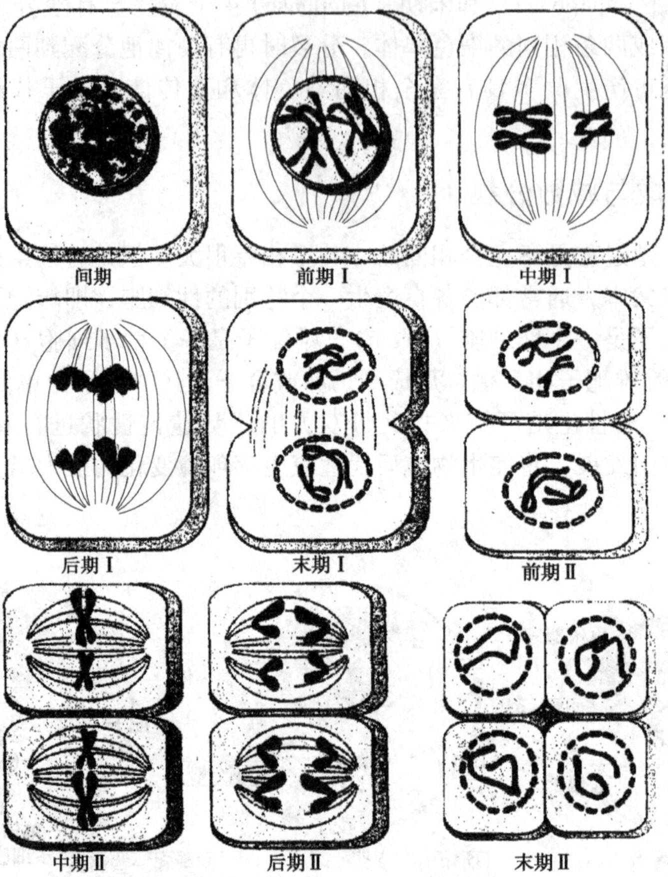

图 5-10　植物细胞减数分裂过程示意图

第二节　遗传的基本法则

自从遗传学创始人孟德尔（Gregor. Mendel）揭示了神秘的遗传学基本规律以后，遗传学开始逐步发展成为现代生命科学中最引人注目的领域。孟德尔的成功主要归结于以下几点：

（1）敏锐的洞察力，对科学的执著追求，借鉴他人的经验和教训，走在当时科学的前沿。

（2）正确选取研究对象。选用豌豆作为实验材料的优点：①豌豆是严格的自花受粉（self-fertilization）植物，包含雌雄配子的雌蕊和雄蕊都被花瓣所包围，外来花粉很难进入雌蕊，因此市场上出售的豌豆种子都是纯种。杂交从纯种出发，遗传实验结果才能有保证。②当时已经有了一些不同品系的豌豆种子及其易于明显比较的性状差别。例如，一种品系开紫花，种子为圆形；另一种品系相对应的性状为白花，种子皱缩等等。③豌豆的花（繁殖器官）比较大，便于人工除去原有雄蕊，用另一植株的花粉做人工异花授粉，进行杂交实验。④每次杂交后，产生的后代完全可育，可以追踪观察特定性状在杂交后代的分离情况，总结出遗传规律。豌豆的这些优良性状分析如图 5-11 所示。

（3）注重实验设计。他采用从简单到复杂的科学方法，首先从单因子实验入手，观察和分析一对遗传性状的差异，排除其他复杂因素的干扰，发现了“遗传因子分离定律（Mendel's law of segregation）”。然后再把个别性状综合起来，发现了“遗传因子自由组合定律（Mendel's law of independent assortment）”。他还设计了测交实验方法来证明分离定律的正确性。

（4）将数学和统计学用于遗传学研究，对杂交实验的子代性状进行分类、统计和归纳。

总之，孟德尔的科学发现归于其科学的研究方法、严谨的工作态度，非常值得学习。

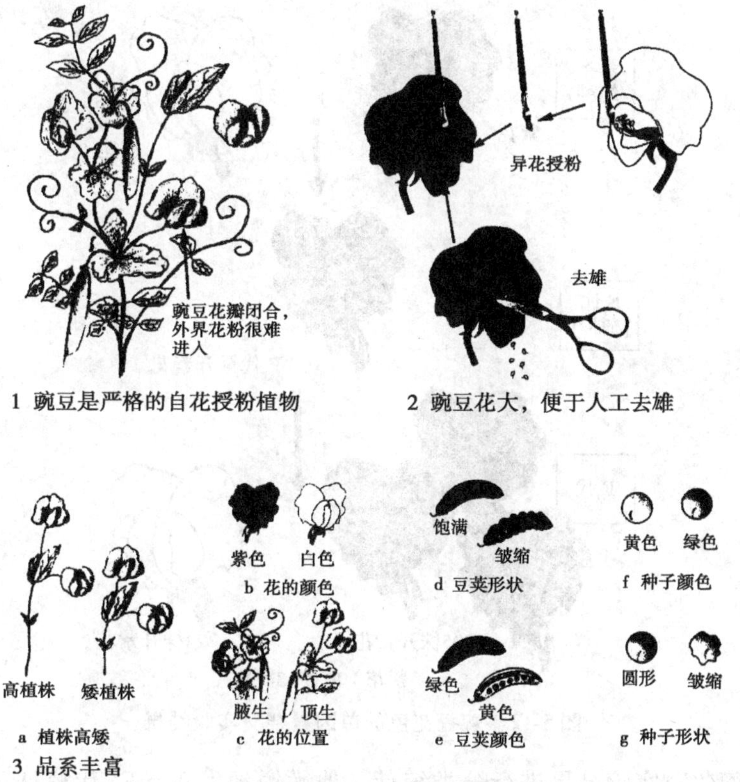

图 5-11　作为实验材料的豌豆所具有的优良性状

一、孟德尔遗传学第一定律：分离定律

豌豆有许多品种，植株高度、花色、种皮颜色等性状都能稳定地遗传给下一代，把不同性状的植株区别开来是很方便的。孟德尔仔细跟踪观察了 7 对差别鲜明的性状：

花的颜色：紫色和白色
种子颜色：黄色和绿色
种子形状：圆形和皱缩
豆荚形状：饱满和皱缩
豆荚颜色：绿色和黄色
花的位置：腋生和顶生

植株高度：高株和矮株

孟德尔首先是对具有上述单个相对性状的亲代进行杂交，结果所有杂交产生的子一代（F_1）都只表现出一个亲代的性状。例如，开紫花的植株与开白花的植株杂交后，无论紫花植株是作为父本还是母本，子一代总是清一色紫花。孟德尔称表现出来的性状为显性性状（dominant character），如紫花对白花是显性性状，没有表现出来的性状（如白花）称为隐性性状（recessive character）。接着，孟德尔又让 F_1 代植株自花授粉产生子二代（F_2），他发现在 F_2 代植株中有些表现为显性性状（开紫花）、有些表现为隐性性状（开白花），如图 5-12 所示。

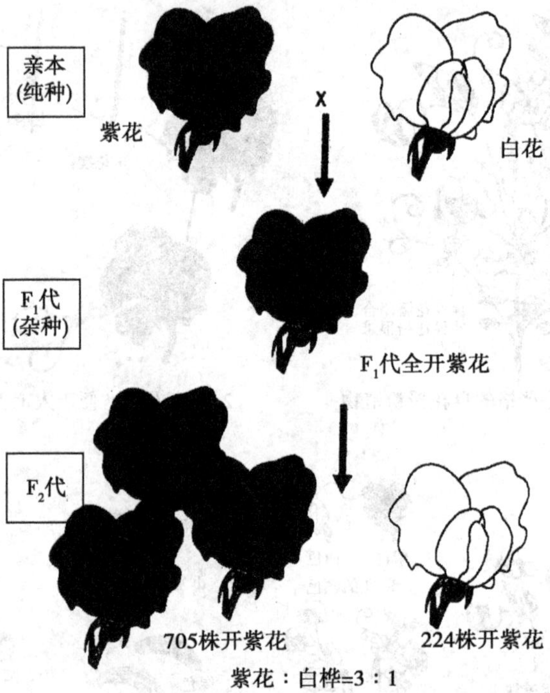

图 5-12　豌豆花色的单因素杂交实验结果

最后，孟德尔对实验结果进行分类统计，他敏锐地发现，F_2 代植株不同的性状具有一定的比例，子二代中开紫花的约占 3/4，开白花的约占 1/4，即紫花与白花的数量之比为 3∶1。孟德尔按照上述方法先后完成了 7 组相对性状的杂交实验，实验结果如图 5-13 所示。

孟德尔对实验结果进行了统计，得到子二代植株显性与隐性性状之比都非常相似，总体上都接近 3∶1 的规律。因此，他推断并认为生物细胞中存在控制遗传性状的一对等位因子（alleles），这一对因子如果都是显性因子或隐性因子，则称为纯合子（homozygote）；如果一个是显性，一个是隐性，则称为杂合子（heterozygote）。在每一个植株中，每一对相对性状都来源于两个相同的“等位基因”（当时称为“遗传因子”），显性基因使之表现为显性性状，用大写字母表示，隐性基因使之表现为隐性性状，用相应的小写字母表示。例如，紫花和白花这一对不同性状进行杂交，紫花亲本产生花粉 A 和卵 A，白花亲本产生花粉 a 和卵 a。紫花亲本和白花亲本杂交产生的 F_1 含有 Aa 基因，因为 A 显性，表现

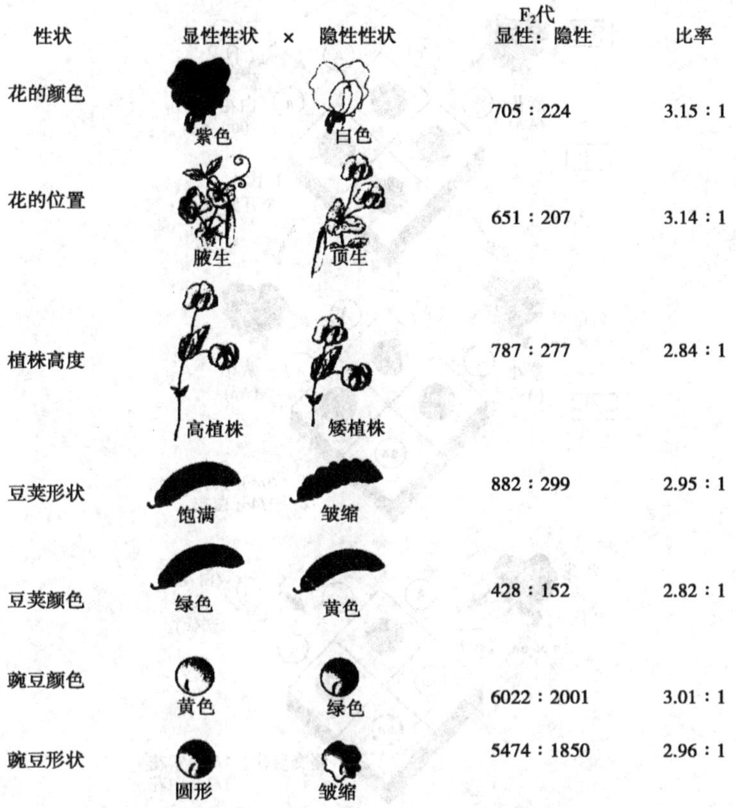

图 5-13　豌豆 7 组相对性状单独杂交的结果

为紫花。F_1（Aa）可以产生两种花粉和两种卵，即花粉 A、花粉 a 和卵 A、卵 a。它们之间以同样的概率配合，则可产生 4 种组合的后代 F_2，即 AA、Aa、aA、aa。如果 F_2 植株的数量足够大，这 4 种后代的比例应为 1 ∶ 1 ∶ 1 ∶ 1，其中 AA 为纯合子，仍然开紫花，Aa 和 aA 各含有一个紫花基因和一个白花基因，是杂合子，但开紫花；只有 aa 是含有一对隐性白花基因的纯合子，开白花。分析结果为开紫花的植株与开白花的植株比例为 3 ∶ 1，如图 5-14 所示。

随后孟德尔首创了测交实验方法（test cross），验证了其推断的正确性。他用子一代杂种（Aa）与亲代隐性纯种（aa）交配，期望得到 1 ∶ 1 的比例，即后代一半是 Aa 型，呈紫色，一半是 aa 型，呈白色。实验结果与预期的假设完全符合，如图 5-14 所示。

子二代紫花植株中有两种不同的基因型 AA 和 Aa，比例为 1 ∶ 2。如果子二代紫花植株进行自花授粉得到子三代（F_3），1/3 的紫花植株产生的子三代应当有紫花和白花植株，比例应为 3 ∶ 1。因为 1/3 紫花植株的基因型是 AA，其自花授粉的结果，当然全是紫花 AA，另外 2/3 基因型是 Aa 的紫花植株自花授粉，即 Aa 与 Aa，这与 F_1 自花授粉的一样，得出的结果也应当是 AA、Aa、aA、aa。其表现型为 3/4 是紫花、1/4 是白花。实验结果又与预期假设相符，从而验证了他推断的正确性。在此基础上，孟德尔建立了遗传学第一定律：分离定律，即一对基因在形成配子时完全自由分离到不同的配子中去，互不干扰。

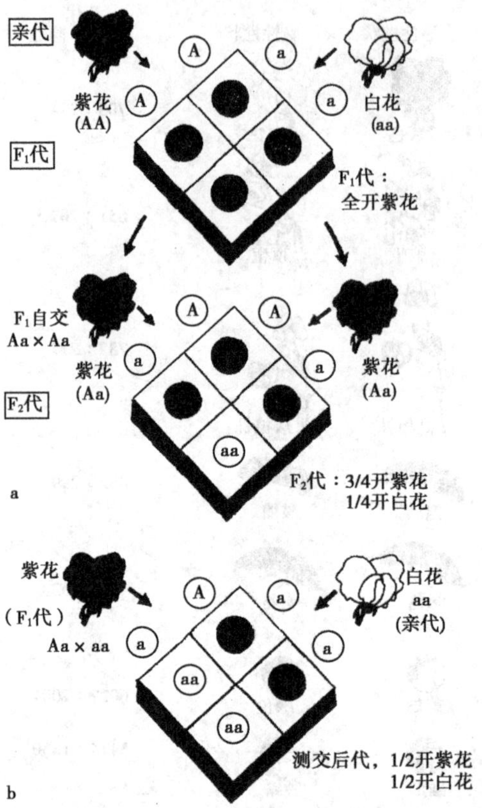

图 5-14　遗传学第一定律及其验证的测交实验方法

二、孟德尔遗传学第二定律：自由组合定律

（一）自由组合定律的发现和原理

在分析了一对性状传递规律的基础上，孟德尔进一步进行了两对相对性状杂交的遗传分析。他选择了以下两个亲本进行杂交：

一个是双显性亲本：种子是圆形的，颜色为黄色。

一个是双隐性亲本：种子是皱缩的，颜色为绿色。

杂交得到子一代（F_1）全是黄色圆形种子，子一代通过自花授粉，得到子二代（F_2）种子 56 粒，分别为黄色圆形、黄色皱缩、绿色圆形和绿色皱缩，比例为 9 ∶ 3 ∶ 3 ∶ 1，如图 5-15 所示。

根据孟德尔建立的遗传学“分离定律”，同一对相对性状可以发生分离，如种子的黄和绿，黄对绿是显性，显现比例 3 ∶ 1。同样圆形对皱缩是显性的，比例也近似为 3 ∶ 1。由于不同性状可以相互组合，所以把不同性状综合起来可以表现为一种组合系列，组合数为 2^n。例如，上述 7 种相对性状可以有 $2^7=128$ 中组合表型，而对于黄色圆形、绿色皱缩两对相对性状来说，有 $2^2=4$ 种组合，即在占 3/4 黄色里面，有 3/4 圆形，1/4 皱缩；在 1/4 的绿色里面，也有 3/4 圆形，1/4 皱缩。同样在 3/4 圆形里面，有 3/4 黄色，1/4 绿色；在 1/4 的皱缩里面，也有 3/4 黄色，1/4 绿色。两对相对性状综合结果表现为：

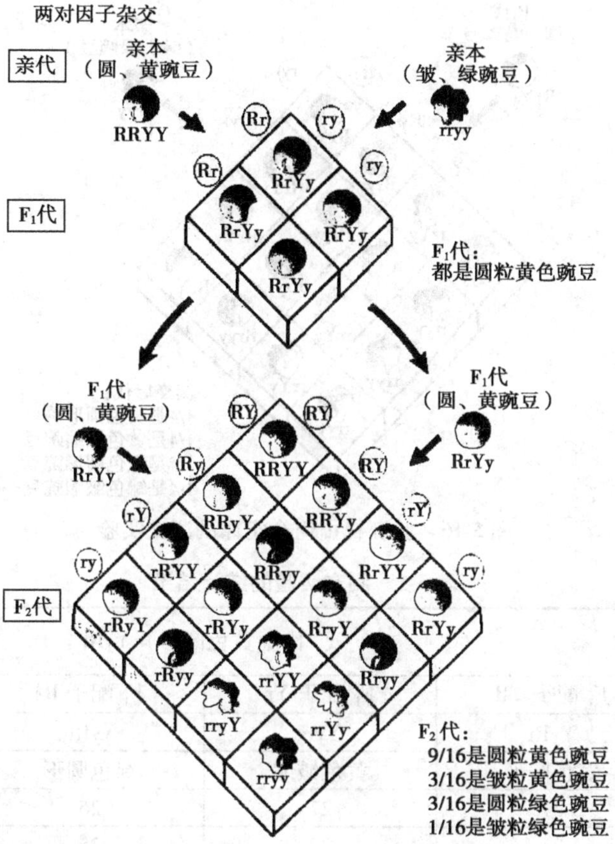

图 5-15　两对基因的独立分配和自由组合定律

黄色圆形 = 3/4 × 3/4 = 9/16；　黄色皱缩 = 3/4 × 1/4 = 3/16；

绿色圆形 = 3/4 × 1/4 = 3/16；　绿色皱缩 = 1/4 × 1/4 = 1/16。

事实上，孟德尔在杂交实验得到的556粒种子，其中黄色圆形为315粒，黄色皱缩为101粒，绿色圆形为108粒，绿色皱缩为32粒，它们的比例非常接近于9∶3∶3∶1。

孟德尔由此推论得出遗传学的第二规律，又称为“多对基因的独立分配和自由组合定律”。这个规律表明：当两对或更多对基因处于异质接合状态时，它们在形成配子时，是能够彼此独立分离，并且互不牵连的，同时分配时相互间能够进行自由组合。

为了验证这个规律，孟德尔仍然用 F_1 杂种植物（黄色圆形种子，基因型为YyRr）与双隐性亲本（绿色皱缩种子，基因型为yyrr）进行测交。由于亲本的基因是互不干涉的，所以 F_1 产生4种相等的配子，各自带有基因YR，Yr、yR和yr。测交实验的结果应该得到数量相等的黄色圆形（YyRr）、黄色皱缩（Yyrr）、绿色圆形（yyRr）和绿色皱缩（Yyrr）4种植株，其比例应该是1∶1∶1∶1，如图5-16所示。实验结果和统计结果如表5-1所示。孟德尔的实验结果证实了他的自由组合定律是完全正确的。

总之，孟德尔的遗传学定律及其基因的概念构成了经典遗传学的奠基石。

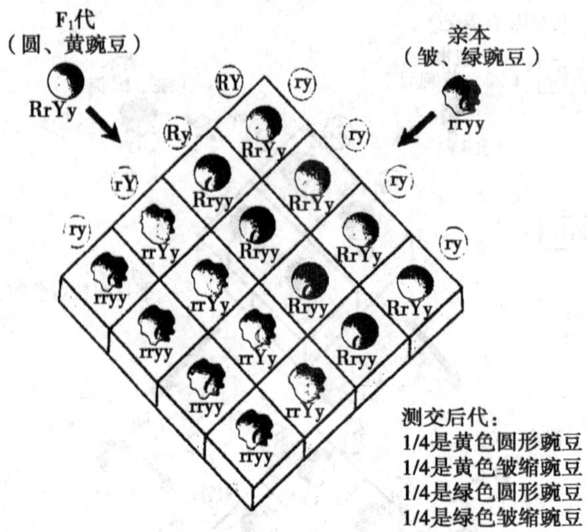

图 5-16　验证自由组合定律的测交实验

表 5-1　测交实验的统计结果

隐性亲本 yyrr（绿色皱缩）	F_1 代（黄色圆形）YyRr			
隐性亲本配子 yr	F_1 配子 YR	F_1 配子 Yr	F_1 配子 Rr	F_1 配子 yr
侧交基因型	YyRr	Yyrr	yyRr	yyrr
测交后代表型	黄色圆形	黄色皱缩	绿色圆形	绿色皱缩
测交 1	31	27	26	26
测交 2	24	22	25	26
总数	55	49	51	52
比例	1	1	1	1

（二）自由组合定律的延伸和变化

孟德尔遗传学定律准确地反映了一些有性生殖过程中遗传性状的传递规律，但并不能代表所有遗传因子的表现性状及遗传规律。例如，某种开红花的植物纯合子与开白花的植物纯合子杂交后形成的杂合子表现出一种中间的过渡性状，即开出粉红色的花。另外，还有多对等位基因只决定一个遗传性状；单个等位基因影响和决定着多种遗传性状等情况。这些现象反映出遗传规律具有多样性，都属于孟德尔遗传学定律的延伸和变化。

人类肤色遗传就是一个很好的例证，不像豌豆花那样，要么紫色，要么白色，两者必具其一，而是表现出肤色深浅不一，以及一定的连续性或渐进性的变化，这是由多基因决定一种遗传性状的常见现象，又称为多基因遗传（polygenic inheritance）。如图 5-17(a)和图 5-17(b) 所示，假设 3 个等位基因所产生出人类皮肤色素连续性变化的情况，同样按独立分离与自由组合的规律在 F_1 代和 F_2 代中传递和配对，深肤色的基因 A、B、C 对于浅肤色的基因 a、b、c，但不能表现出绝对的显性优势。因此，它们的杂合子表现出肤色由深到浅的连续性变化，并具有正态分布的特点，也就是中间型肤色的个体数量最多，极端深色或浅色的个体数量最少。

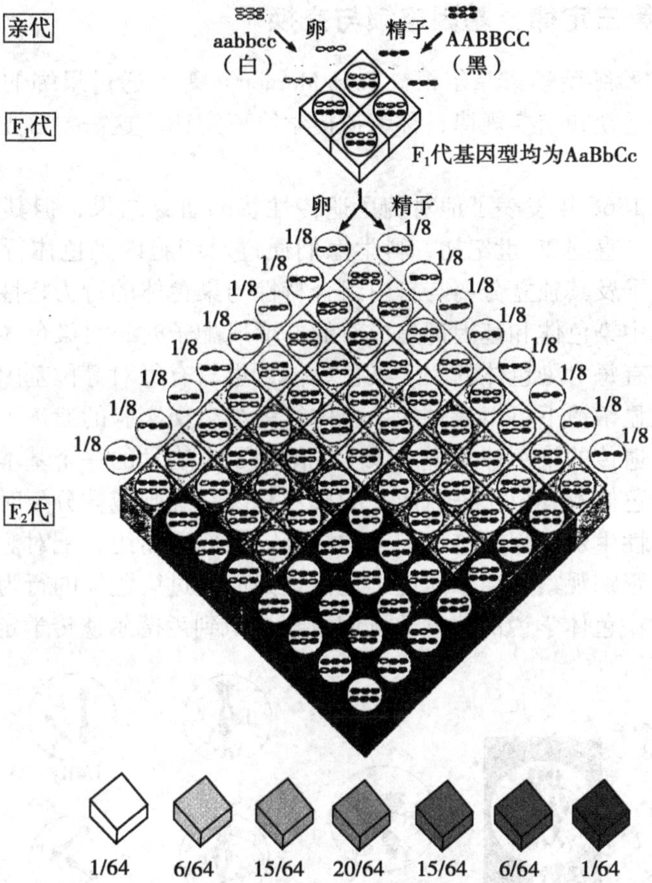

（a）人类皮肤色素连续变化的比例图

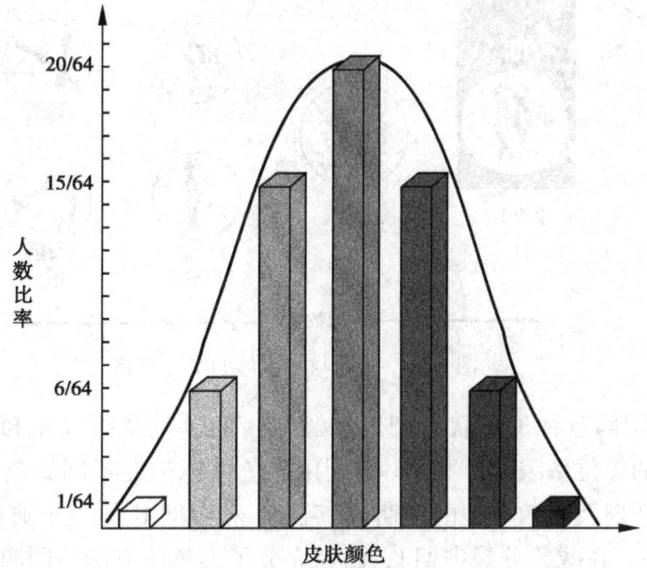

（b）人类皮肤色素连续变化的曲线图

图 5－17

三、遗传学第三定律：基因连锁与交换

20 世纪初，实验胚胎学家摩尔根（T. H Morgen）等人通过果蝇的杂交实验，确立了基因在染色体上的连锁和交换规律，称为遗传学第三定律。这需要首先了解遗传的染色体学说。

孟德尔虽然在 1866 年发表了他对豌豆遗传性状的研究结果，但其研究结果的意义并没有被人们所认识。直到 20 世纪初，科学家们通过对细胞内染色体行为的研究，发现孟德尔提出的遗传因子及其独立分离与自由组合特性与染色体的行为特性具有平行性。主要表现为：在体细胞中染色体和基因都是成对的，形成配子时每对染色体分离，每对基因也分离，在配子中只有每对染色体的一个染色单体，也只有每对等位基因中的一个基因。细胞学研究提供了在显微镜下可以看见的染色体行为与杂交实验的遗传因子的行为相关联的证据，从而形成了遗传的染色体学说。该学说阐明了生物学的一个基本概念，基因位于染色体上，成对的染色体及其位于染色体上的成对基因在细胞减数分裂时分离，并独立分配到配子中，经过有性生殖过程中雌雄配子的结合，它们重新组合配对。在豌豆减数分裂与整个生殖过程中，跟踪观察孟德尔遗传学定律是如何通过染色体的行为得以体现的，如图 5-18 所示。遗传学染色体学说的建立使人们重新认识到孟德尔遗传学定律的重要性。

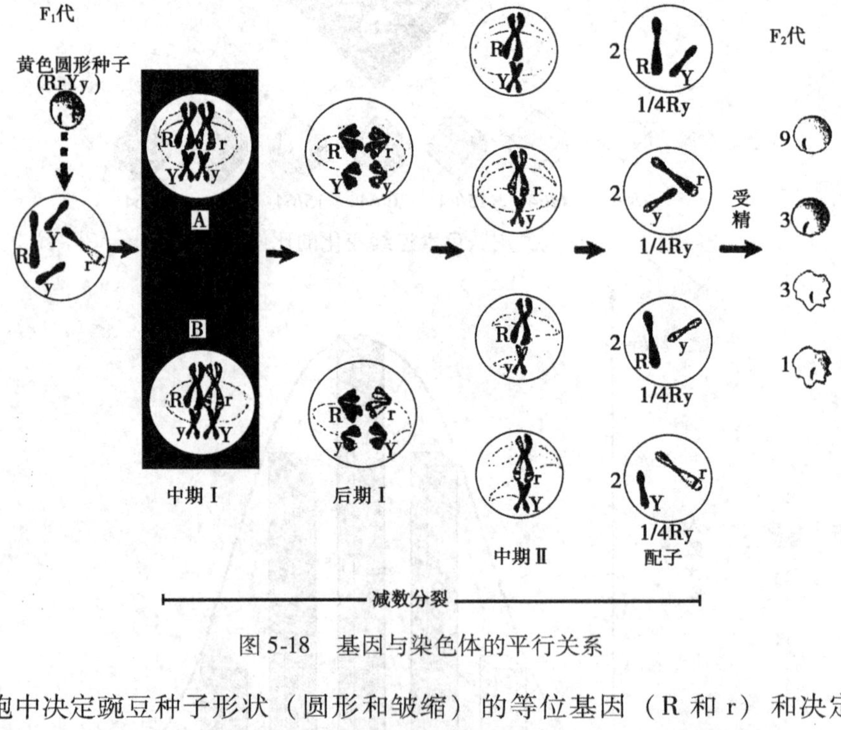

图 5-18　基因与染色体的平行关系

将细胞中决定豌豆种子形状（圆形和皱缩）的等位基因（R 和 r）和决定种子颜色（黄色和绿色）的等位基因（Y 和 y）分别用黑色带标记在不同染色体上。只显示出豌豆 7 对染色体中的 2 对及减数分裂的中期 I、后期 I 和中期 II 的三个典型阶段。F_1 代体细胞的基因型为 RrYy，在减数分裂中期 I，已经完成了染色体复制的同源染色体两两配对，在细胞中的两种排列方式如图 5-18。在减数分裂后期 I，这些同源染色体进入到第一次细胞分裂后的两个子细胞中，并出现 4 种染色体类型的子细胞。它们再经过第二次分裂，按照

孟德尔遗传学第一定律，产生 4 种染色单体类型的配子，即 RY、ry、Ry、rY，比例为 1∶1∶1∶1。再根据孟德尔遗传学第二定律，这些配子两两结合，随机自由组合配对，有性繁殖产生的 F_2 代表现出 4 种性状，其数量比例为 9∶3∶3∶1。

掌握了基因定位在染色体上，以及染色体平行传递的染色体学说，就可以再解释遗传学第三定律。通过对果蝇基因连锁与交换进行研究，对于野生果蝇，它有两种体色，灰色是显性性状（G），黑色为隐性性状（g）；另一对性状长翅为显性性状（L），残翅为隐性性状（l）。摩尔根用灰身长翅的雄性果蝇（GGLL）与黑身残翅的雌果蝇（ggll）交配，

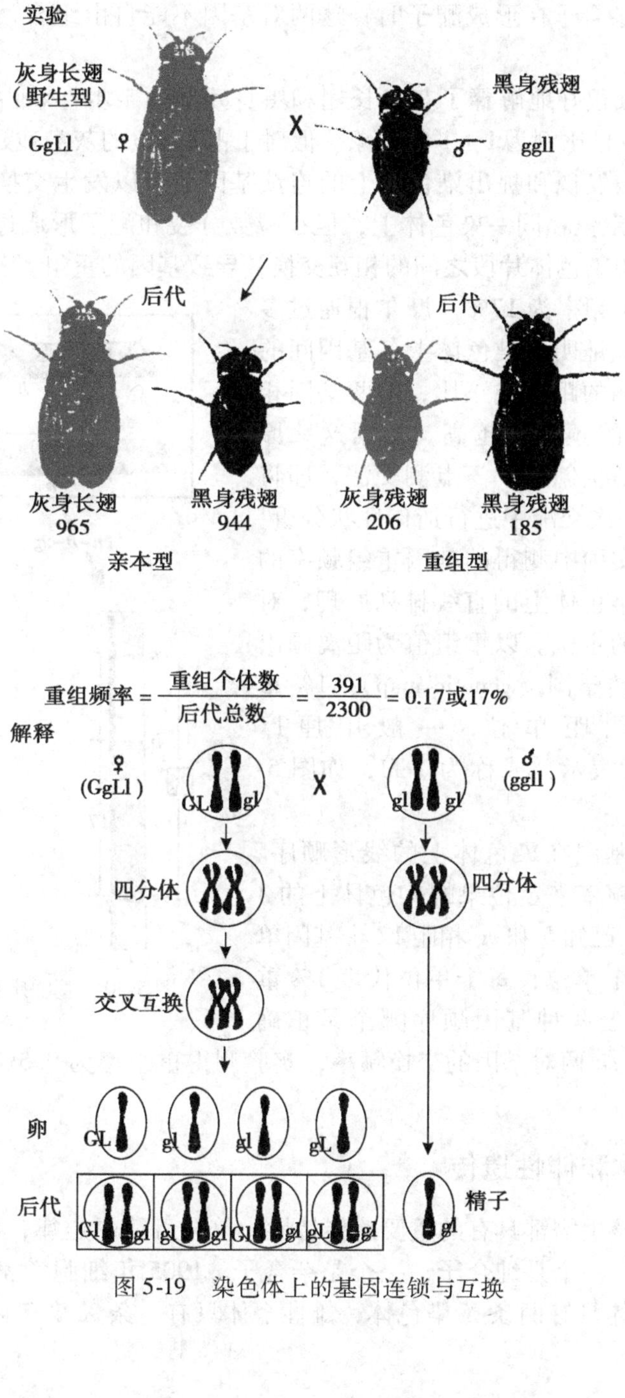

图 5-19 染色体上的基因连锁与互换

F_1 代全是灰身长翅，再将 F_1 代雄果蝇与双隐性雌果蝇（黑身残翅 ggll）进行杂交，虽然获得了 4 种表型，但大部分是与亲代性状完全相同的两类果蝇，即灰身长翅、黑身残翅两种亲本类型，如图 5-19 所示。

这一结果不符合 Mendel 自由组合规律，因为按照自由组合规律，测交结果应该形成 4 种性状类型的果蝇，且比例为 1∶1∶1∶1，而事实却是 41.5%∶8.5%∶8.5%∶41.5%，其中两亲本型即灰身长翅、黑身残翅占多数，比例为 1∶1。由此，摩尔根推断在染色体上灰身基因（G）与长翅基因（L）始终连锁在一起，黑身基因（g）与残翅基因（l）始终连锁在一起，F_1 代杂合子在形成配子时，这两对基因不能自由组合，只能一同遗传而不被拆开。

基因的完全连锁很好地解释了灰身长翅和黑身残翅两亲本性状占测交后代的大多数（41.5% 和 41.5%）且比例为 1∶1 的现象。但对于占 8.5% 的灰身残翅和黑身长翅性状又如何解释呢？摩尔根发现和提出染色体上的连锁基因还可以发生交换，灰身和长翅基因（G 和 L）虽然原来定位在同一染色体上，但在减数分裂和配子形成过程中，同源染色体在配对时会发生同源染色体片段之间的相互交换，导致基因的重组。

上述基因的重组频率为 17%。摩尔根通过多次对果蝇的杂交实验证明：染色体上各基因间的重组率与基因位点间的距离成正比，即两基因相距越远，发生交换的频率就越高。根据这一原理，摩尔根和他的学生创造了 3 点测交法，即将 3 个基因包括在同一次交配中进行遗传性状分析。他们利用果蝇杂交实验中测得的基因重组频率的数据并根据基因在染色体上的直线排列原理，对基因进行染色体上的定位。以重组值为距离画出的基因顺序图称遗传学图（genetic map）。1% 重组值作为一个图距单位，一般用厘摩（centimorgen，cM）表示，或称为 1cM，如图 5-20 所示。

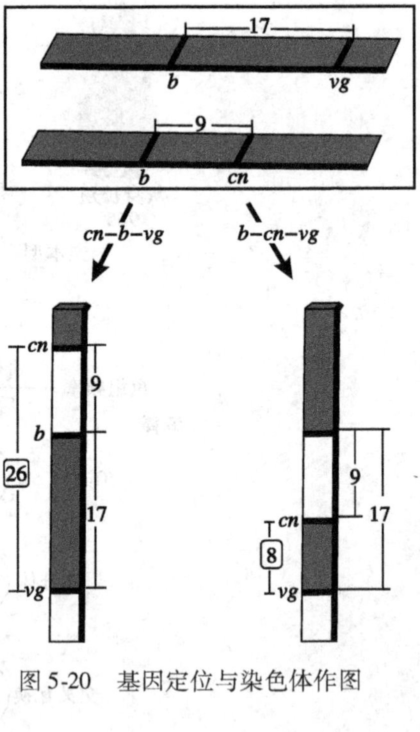

图 5-20　基因定位与染色体作图

基因图反映了基因在染色体上的线形顺序。本实验之中用交换频率来定位果蝇染色体上的 3 对基因：*bvg* 和 *cn*。已知 *b* 和 *vg* 相距 17 个基因单位，*b* 和 *cn* 距离 9 个单位，每个单位代表 1% 重组频率。为了判断这两种基因顺序哪个是正确的，必须测定 *vg* 和 *cn* 两对基因的交换频率，实验测得重组率为 9.5%，可见 3 个基因的顺序应该是 *b-cn-vg*。

四、性染色体和伴性遗传

性别是所有真核生物都具有的重要遗传特性，符合孟德尔定律，两性生物中 1∶1 的性别比反映两性之间一个是纯合子，一个是杂合子。1905 年细胞学家 Wilson 研究直翅目昆虫时发现雌性个体具有两条 X 染色体，雄性个体只有一条 X 染色体。这种与性别相关的特殊形态的一对同源称为性染色体（sex chromosome），可用 XY 型、ZW 型、XO 型或单倍体-二倍体型 4 种性染色体类型表示，如图 5-21 所示。其中最普遍的是 XY 型，例如，人体细胞有 22 对常染色体，女性有一对 XX 性染色体，男性有一对 XY 性染色体。

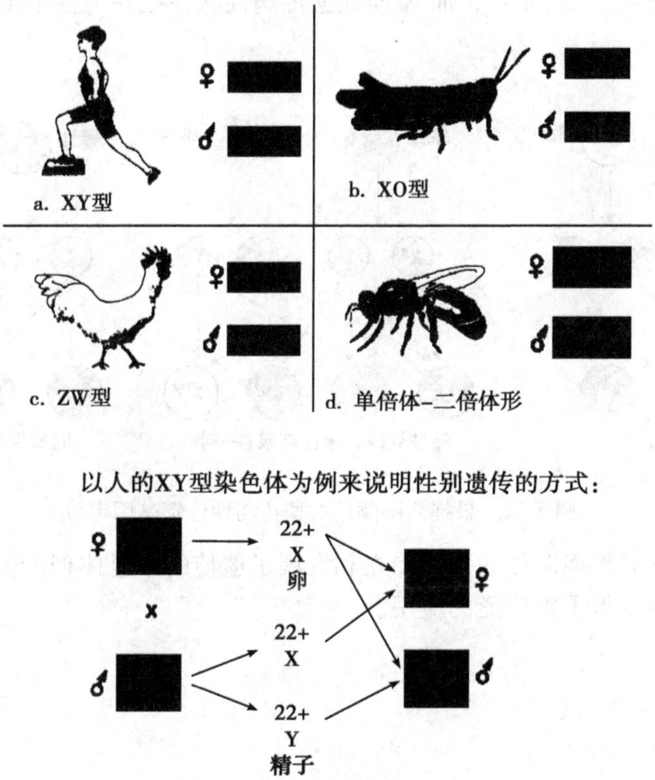

图 5-21　性染色体类型

在生殖过程中，女性产生的卵细胞含有一条 X 染色体，男性则产生比例相等的两种精子，一种含一条 X 染色体，一种含一条 Y 染色体。含 X 染色体的精子与卵细胞结合形成 XX 受精卵，发育成女性；而含 Y 染色体的精子与卵细胞结合形成 XY 受精卵，发育成男性。直翅目昆虫的性染色体属于 XO 型，雌性的性染色体为 XX，而雄性只有一条 X 染色体。大部分鸟类、鳞翅目昆虫、某些两栖类和爬行类动物为 ZW 型，即雄性的一对性染色体为纯合子 ZZ，雌性为杂合子，含一条 Z 或 W 染色体，与 XY 型相反。而蜜蜂和蚂蚁的体细胞中没有性染色体，受精卵发育成二倍体个体则为雌性，未受精卵细胞发育成单倍体个体的雄性。

在性染色体上，除具有决定性别的基因外，还带有与性别决定无关的基因，这些基因称为性连锁基因（sex-linked gene），其遗传称为伴性遗传（sex-linked inheritance）。生物体的少数性连锁基因定位在 Y 染色体上，而多数性连锁基因定位在 X 染色体上，如本章开头提出的人类色盲（color blindness）就是只位于 X 染色体上的连锁隐性遗传病，而果蝇复眼颜色的遗传也是一个典型例证，其遗传过程如图 5-22 所示。

一般野生型果蝇都有一对深红色复眼，而白色复眼较少。红眼是显性性状，以 R 代表，白眼是隐性性状，以 r 代表。红眼的雄性基因型为 X^R，白眼为 X^r，Y 染色体不带有决定复眼颜色的基因，故雌性果蝇 X^RX^R 和 X^RX^r 为红眼，X^rX^r 为白眼；雄性果蝇 X^RY 为红眼，X^rY 为白眼。它们交配产生雌雄后代的复眼颜色，如图 5-22 所示。人类也有许多相似的伴性遗传现象，如 X 连锁隐性遗传病的血有病（hemophilia），X 连锁显性遗传病的抗维生素 D 佝偻病（rachitis），而 X 连锁遗传病性状往往在男性中出现的机会比女性要多。

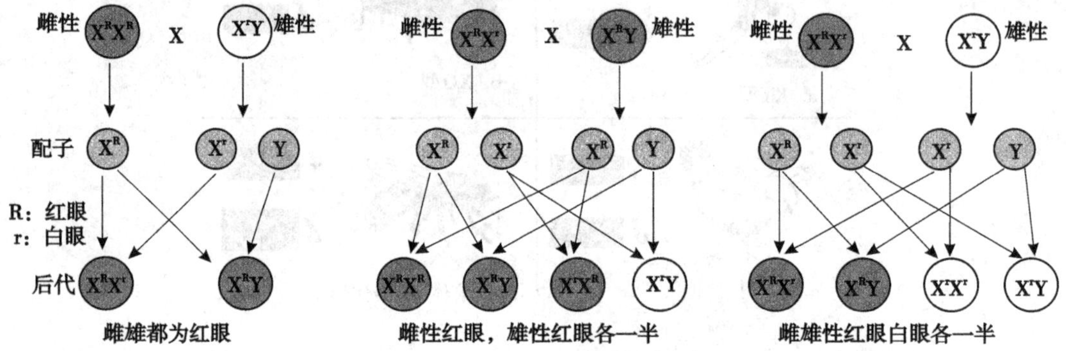

图 5-22　果蝇复眼颜色的遗传与性连锁基因定位

总之，摩尔根对果蝇遗传的研究确立和发展了遗传的染色体理论，使孟德尔遗传学定律更具有价值，并获得了更广泛的应用。

第六章　生物的基因及其表达

自20世纪以来，基因研究一直是影响生物科学发展的主线。从孟德尔遗传规律的提出到Watson-Crick DNA双螺旋结构的发现，基因主宰了现代生物科学与工程的发展。组成DNA的4种核苷酸分子以不同的组合和序列构成了成千上万种基因，由此控制着生物体生化、形态、生理和行为等多种性状的表达和变化。让我们进一步认识了生命遗传的本质，揭开了丰富多彩自然界神秘的面纱。

第一节　基因的起源

从1857年开始，孟德尔坚持7年以豌豆为材料进行植物杂交试验，首次提出了遗传因子（hereditary factor）的概念以及遗传因子的分离和自由组合定律。他根据长期的实验结果，推想生物的每一种性状都是由遗传因子控制的，这些因子从亲代到子代，代代相传；在体细胞中，遗传因子成对存在，其中一个来自父本，一个来自母本；在形成配子时，成对的遗传因子彼此分开，雌雄配子以同等的机会随机结合。1909年，丹麦生物学家W. Johamsen根据希腊文“给予生命”之义，创造了基因（gene）一词，并用这个术语来代替孟德尔的“遗传因子”。当时他所说的基因只是遗传性状的符号，还没有具体涉及基因的物质概念。1910年，美国著名遗传学家摩尔根（T. H. Morgan）以果蝇为材料研究了染色体上遗传因子的连锁、交换和伴性遗传，发展并确立了基因学说。但是，当时科学家们仍没有探明基因的结构特征，而且也不能解释位于细胞核中的基因是怎样控制在细胞质中发生的各种生化过程，以及在细胞繁殖过程中为何基因可准确地产生自己的复制品。直到1953年Watson和Crick建立了DNA双螺旋模型，才揭开了基因的本质，奠定了分子生物学的基础，宣告生命科学从此进入了认识生命本质的新阶段。

一、基因的概念

基因是具有特定生理功能的染色体上包含遗传信息的一端DNA片段。通过基因的表达能够使上一代的性状准确地在下一代中表现出来。DNA又称脱氧核糖核酸，是遗传物质的基础，是自然界最精细、最特殊的分子。其基本单位是脱氧核苷酸，组成脱氧核苷酸的磷酸和脱氧核糖是不变的，而含氮的碱基是可变的，主要有腺嘌呤（A）、鸟嘌呤（G）、胞嘧啶（C）、胸

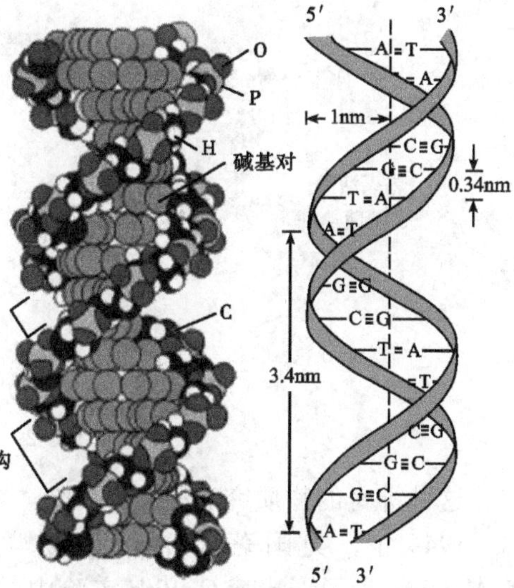

图6-1　DNA的双螺旋结构模型

腺嘧啶（T）4 种。DNA 双链就是根据 A—T 和 C—G 碱基互补结合规律，通过碱基间的氢键相互结合成双螺旋结构，其结构和组成如图 6-1 所示。

二、三个著名的实验

（一）肺炎链球菌实验

1928 年，英国细菌学家 F. Griffith 选用两种不同品系的肺炎链球菌（*Streptococcus pneumoniae*）进行了实验，其中具荚膜的品系，在培养基上形成光滑型菌落（简称 S 型），有毒；无荚膜的品系，在培养基上形成粗糙型菌落（简称 R 型），无毒。具体的实验过程为：将活的 S 型肺炎球菌注射到小白鼠体内，小白鼠很快死亡；如果将通过加热已杀死的 S 型肺炎球菌注射到小白鼠体内，小白鼠不会死亡。将活的 R 型肺炎球菌注射到小白鼠体内，小白鼠不会死亡；如果将加热杀死的 S 型肺炎球菌和活的 R 型肺炎球菌注射到小白鼠体内，结果小白鼠死亡了，而且从死亡小白鼠的体内分离到了活的 S 型肺炎球菌。这个令人惊讶的结果说明在加热杀死的 S 型肺炎球菌中有一种神奇的物质可以使无毒的 R 型肺炎球菌转化为有毒的 S 型肺炎球菌，如图 6-2 所示。

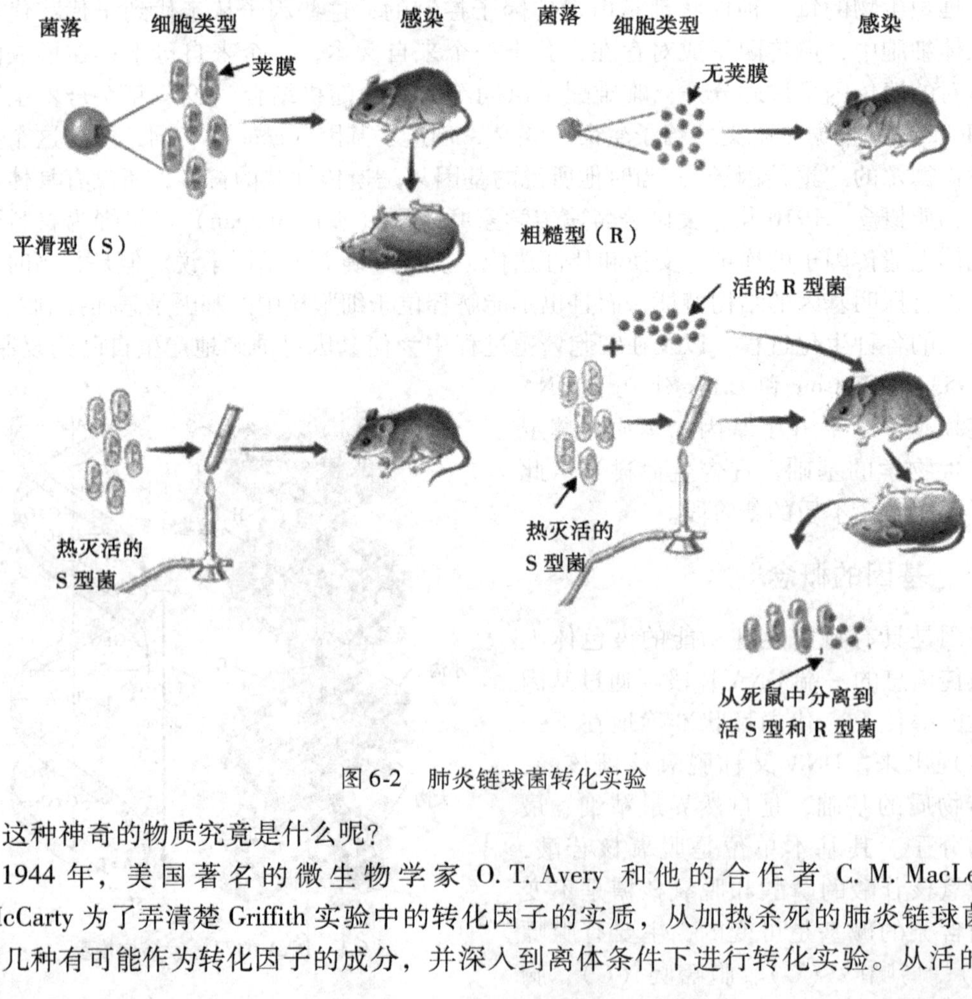

图 6-2　肺炎链球菌转化实验

这种神奇的物质究竟是什么呢？

1944 年，美国著名的微生物学家 O. T. Avery 和他的合作者 C. M. MacLeod 及 M. McCarty 为了弄清楚 Griffith 实验中的转化因子的实质，从加热杀死的肺炎链球菌中提纯了几种有可能作为转化因子的成分，并深入到离体条件下进行转化实验。从活的 S 菌中抽提各种细胞成分（DNA、蛋白质、荚膜多糖等），并对各种生化组分进行转化试验，如图 6-3 所示。

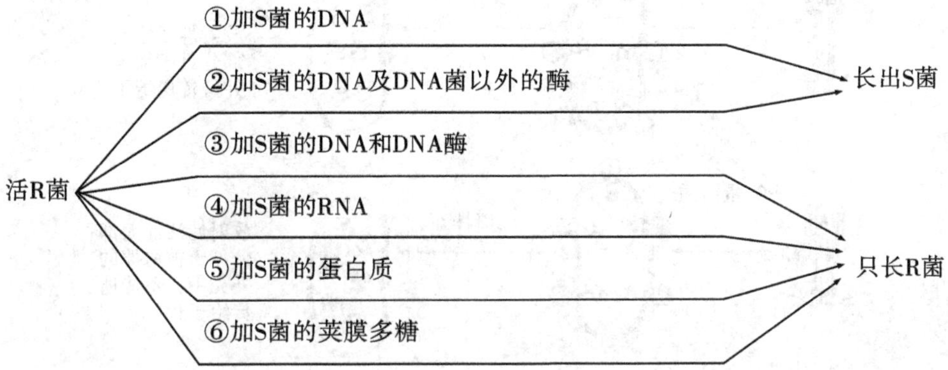

图 6-3 肺炎链球菌体外转化实验

上述结果表明，只有 S 型菌株的 DNA 能将 R 型菌株转化为 S 型。分别用蛋白酶和核酸酶处理转化因子，进一步证实转化现象与蛋白质、荚膜多糖和 RNA 无关，只与 DNA 有关，而且 DNA 纯度越高，转化效率也越高。这就说明，S 型转移给 R 型的绝不是遗传性状（在这里是荚膜多糖）的本身，而是以 DNA 为物质基础的遗传信息。从而揭示了基因的化学本质就是 DNA 分子，正式得出 DNA 是生命的遗传物质而蛋白质不是生命的遗传物质这一伟大的结论。

（二）噬菌体感染实验

我们知道，病毒是一种比细菌更加简单的个体，它仅含有少量简单的 DNA（或 RNA），由蛋白质外壳包裹。病毒是不能自我完成繁殖过程的，必须通过感染其他细胞才能完成繁殖。其中专门感染细菌的病毒称为噬菌体（bacteriophage）。1952 年美国冷泉港卡内基遗传学实验室的科学家 A. D. Hershey 和他的学生 M. Chase 用同位素对大肠杆菌噬菌体 T2 的感染过程进行了示踪研究。因为蛋白质含有硫元素（S），不含磷元素（P），而 DNA 含有磷元素（P），不含硫元素（S）。故用同位素 ^{32}P 和 ^{35}S 分别标记 T2 噬菌体的 DNA 与蛋白质。然后用标记的 T2 噬菌体（^{32}P 或 ^{35}S）分别感染大肠杆菌，经 10 分钟后，用搅拌器甩掉附着于细胞外面的噬菌体外壳。发现在第一种情况下，基本上全部放射活性见于细菌内而不被甩掉并可传递给子代。在第二种情况下，放射性活性大部分见于被甩掉的外壳中，细菌内只有较低的放射性活性，且不能传递给子代，如图 6-4 所示。

这说明在噬菌体感染过程中，蛋白质外壳未进入宿主细胞，进入宿主细胞是 DNA，并增殖、装配成完整的子代噬菌体粒。这就有力地证明，在其 DNA 中，存在着包括合成蛋白质外壳在内的整套遗传信息，再一次证明了 DNA 是生命的遗传物质，基因是由 DNA 组成的决定遗传信息的结构单位。

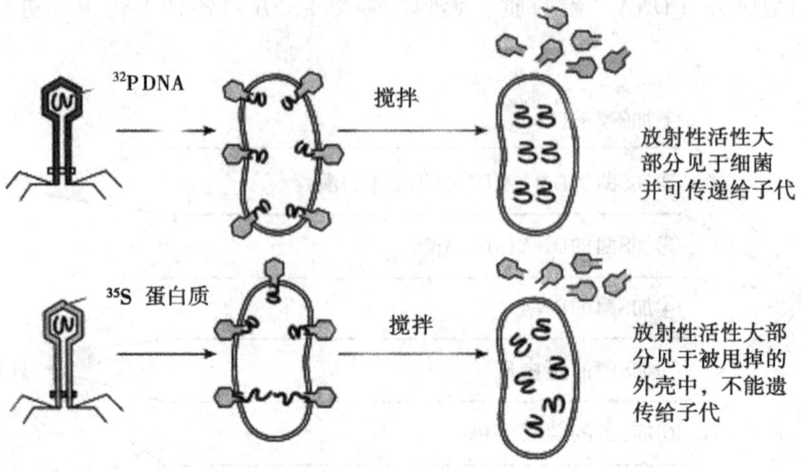

图 6-4　T2 噬菌体感染实验（引自 Russell，2000）

（三）病毒重建实验

1956 年 H. Fraenkel-Conrat 用含 RNA 的烟草花叶病毒（TMV）做的著名的植物病毒重建实验证明烟草花叶病毒（TMV）的主要感染成分是其核酸（RNA）。烟草花叶病毒经弱碱、尿素、去垢剂等处理后，将它的蛋白质外壳与 RNA 核心相分离，二者重新混合后，病毒粒子又会重建。在实验中，还选用了另一株与 TMV 近缘的霍氏车前花叶病毒（HRV）。实验过程和结果如图 6-5 所示。当用由 TMV-RNA 与 HRV-衣壳重建后的杂合病毒感染烟草时，烟叶上出现的是典型的 TMV 病斑。分离出来的新病毒也是典型的 TMV 病毒。这就证明核酸 RNA 也是遗传物质。

这 3 个具有历史意义的经典实验，得到了一个确信无疑的共同结论：只有核酸才是负载遗传信息的物质基础。

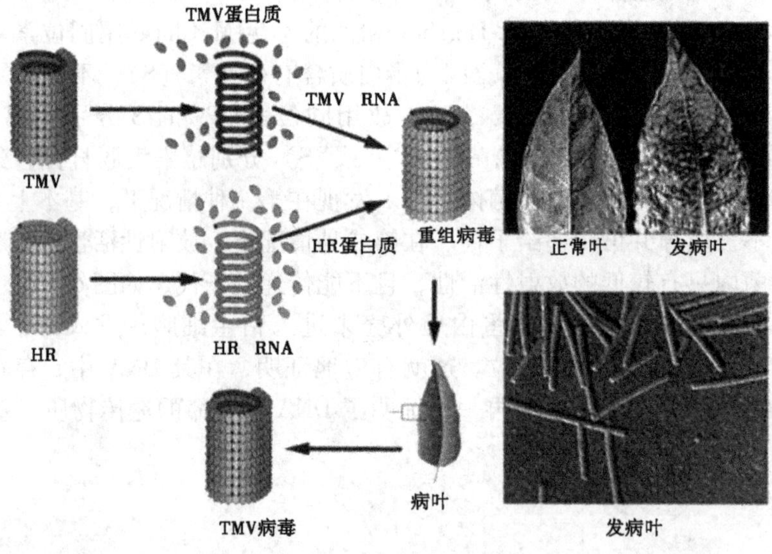

图 6-5　病毒重建实验示意图（引自 Klug and Cummings，2000）

三、基因的结构与功能

通过肺炎链球菌实验和噬菌体实验证明了 DNA 是遗传物质和基因的载体之后，遗传学家和分子生物学家开始着手研究 DNA 分子的自我复制过程，以揭示遗传信息是如何从亲代准确地传递到子代的。1958 年，M. Meselson 和 F. W. Stahl 用实验证明在 DNA 复制过程中，在适宜的条件下，配对碱基之间的氢键会松开，结合为双螺旋的两条链便会解开形成单链。然后以每条单链为模板，在 DNA 聚合酶和游离核苷酸的参与下，按照碱基配对原理，会形成一条新的互补链。由此产生的 2 个子代 DNA 分子与亲代分子的碱基顺序完全一样，并且在每个子代分子的双链中，都保留有一条亲代的 DNA 链。这种复制方式称之为 DNA 半保留复制，如图 6-6 所示。由于 DNA 半保留复制是严格按照碱基配对原理进行的，因此新合成的子代 DNA 分子忠实地保存了亲代 DNA 分子所携带的全部遗传信息。通过这样的复制，基因便能够代代相传，准确地保留下去。

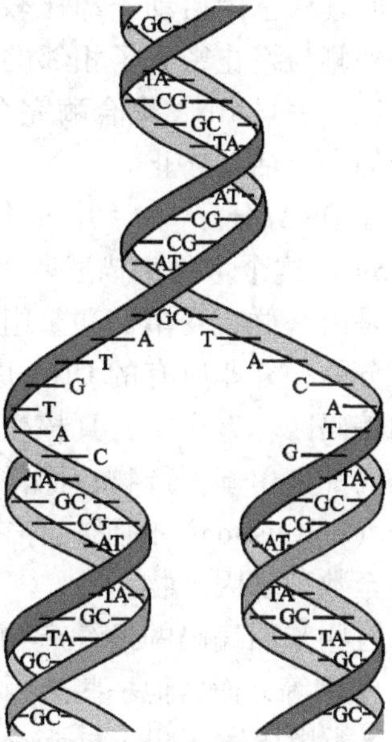

图 6-6　DNA 半保留复制
（引自 Klug and Cummings，2000）

DNA 双螺旋模型的建立以及半保留复制方式的证明，使遗传学家能够从分子水平分析遗传与变异的现象。基因再也不是一种只能用实验手段进行研究的神秘成分了，它以一种真正的分子物质呈现在我们的面前。从化学角度来看，基因是一段具有特定功能和结构的连续的脱氧核糖核苷酸序列，是构成巨大遗传单位染色体的重要组成部分。没有基因就没有生命，要想全面深入地了解生物的生命过程，就必须了解基因的结构及其功能。

1955 年，S. Benzer 开始研究基因的内部结构，他发展出了一种应用 T4 噬菌体 rII 区的不同等位基因绘制基因内部图谱（intragenic maps）的方法，为探索产生等位基因的分子机理提供了新的手段，同时证实了基因的最小突变单位和重组单位都是 DNA 的一个碱基对。1967 年，C. Yanofsky 等人通过对大肠杆菌色氨酸合成酶基因（*trpA*）的研究，首次将基因的精细结构遗传图（genetic map）同物理图（physical map）进行比较，大体确定了 *trpA* 基因的遗传边界（genetic boundaries）。20 世纪 70 年代中期，随着基因克隆和 DNA 序列分析技术的相继发展，科学家们开始从单碱基水平上剖析基因的分子结构。研究结果认为，无论是真核基因还是原核基因，均可划分成编码区和非编码区两个基本组成部分。编码区含有大量可以被细胞质中转译机器阅读的遗传密码，包括起始密码子（通常是 AUG）和终止密码子（UAA，UAG 或 UGA）。非编码区结构中的 5′末端非转译区（5′-UTR）和 3′末端非转译区（3′-UTR）对于基因遗传信息的表述是必要的，但它们都不会被转译成多肽序列。另外，在许多真核基因编码区中还有一类称为间隔子（intron）的特殊的非编码序列。

在基因的结构中，启动子（promoter）与终止子（terminator）是另两个重要组成部分。其中启动子是位于基因 5′端上游外侧紧挨转录起点的一段非编码的核苷酸序列，引导 RNA 聚合酶同基因正确的结合。在原核基因中，启动子比较简单，仅数十个碱基对大小；而真核基因启动子却比较大，其对基因的转录效率影响很大。终止子是在基因3′端下游外侧与终止密码子相邻的一段非编码的核苷酸短序列，具有转录终止信号的功能，也就是说，一旦RNA聚合酶完全通过了基因的转录单位，它就会阻断酶分子，从而使RNA分子的合成活动终止。

在DNA分子中，并非每一段DNA都是基因。1955年Benzer使用“顺反子”（cistron）这个术语来描述基因，认为一个顺反子即是一个基因，大约含有1500个核苷酸对，是由一群突变单位和重组单位组成的线性结构。而且，基因并不是最小单位，它仍然是可分的；并非所有的DNA序列都是基因，而只有其中某一特定的多核苷酸区段才是基因的编码区。事实上，真核生物的基因都是以单顺反子（monocistron）的形式存在，它们编码的都是单基因产物；而像大肠杆菌这样的原核生物则不同，它们的基因往往是以多顺反子（polycistron）的形式存在，由它转录产生的是一种大分子量mRNA，可同时编码两种甚至数种基因产物。

有些基因编码的最终产物是RNA分子，例如rRNA基因、tRNA基因以及其他小分子RNA基因等，而其他一些基因编码的最终产物则是多肽。1902～1908年间，A. Garrod在研究人类黑尿病（alkaptonurea）时就已经指出该疾病是由于缺乏某种酶催代谢反应所致，但当时还没有将基因的功能与蛋白质结合起来。1941年，G. W. Beadle和E. L. Tatum第一次明确提出“一种基因一种酶的假说（one-gene one-enzyme hypothesis）”，他们分析了对红色面包霉的大量研究结果，认为生物体内发生的每一步代谢反应，都是由一种特殊的酶负责控制的，而这种酶又是某一种特定基因的合成产物。一旦基因发生突变，那么由它指导合成的蛋白质也将随之发生变化，甚至可能导致活性的丧失。直到1957年，英国剑桥大学的科学家V. M. Ingram在对镰刀形细胞贫血症（sickle cell anemia）的血红蛋白和正常的血红蛋白的氨基酸序列作了对比研究之后，才第一次用实验证实了基因同蛋白质之间的直接联系，证实了“一种基因一种酶”假说的正确性。后来为了能够适用于不同类型结构蛋白质的情况，“一种基因一种酶”的表述被修正为“一种基因一种多肽链（one-gene one-polypeptide chain）”，更加准确地反映出了事物的本质。

第二节　基因的表达与调控

原核生物和单细胞真核生物直接暴露在变幻莫测的环境中，食物供应毫无保障，只有根据环境条件的改变合成各种不同的蛋白质，使代谢过程适应环境的变化，才能维持自身的生存和繁衍。高等真核生物代谢途径和食物来源都比较稳定，但由于它们是多细胞有机体，在个体发育过程中出现细胞分化，形成各种组织和器官，而不同类型的细胞所合成的蛋白质在质和量上都是不同的。因此，不论是真核还是原核细胞都有一套准确的调节基因表达和蛋白质合成的机制。

基因调控的指挥系统多种多样，不同的生物使用不同的信号来指挥基因调控。原核生物中，营养状况和环境因素对基因表达起着举足轻重的影响。在真核生物尤其是高等真核生物中，激素水平和发育阶段是基因表达调控最主要的手段，营养和环境因素的影响力则大为下降。

一、原核生物基因的表达与调控

原核生物细胞的基因和蛋白质种类较少，其中有些蛋白质的数目相当固定，另一些却变化很大。如DNA聚合酶、RNA聚合酶等都是代谢过程中十分必需的酶或蛋白质，其合成速率不受环境变化或代谢状态的影响，这一类蛋白质的合成称为永久型，数目相对来说是恒定的；另一种类型则称为适应型或调节型，这类蛋白质的合成速率明显受环境的影响而改变。例如，一般情况下，一个大肠杆菌细胞中只有1～5个分子的β-半乳糖苷酶，但若将细胞培养在只含乳糖的培养基中，每个细胞中此酶的量可高达几万个分子。其他糖代谢的酶、氨基酸、核苷酸合成系统的酶类，其合成速度和总量都随培养条件的变化而改变。

所有生物的遗传信息都是以基因的形式储藏在细胞内DNA（或RNA）分子中。随着个体的发育，DNA分子能有序地将其所承载的遗传信息通过密码子-反密码子系统，转变成蛋白质分子，执行各种生理生化功能，完成生命的全过程。其中从DNA到蛋白质的过程称为基因表达（gene expression），对这个过程的调节就称为基因表达调控（gene regulation）。要了解动、植物生长发育的规律、形态结构特征和生物学功能，就必须弄清楚基因表达调控的时间和空间概念，掌握基因表达调控的关键。基因表达调控主要表现在几个方面：转录水平上的调控（transcriptional regulaion）；mRNA加工成熟水平上的调控（differential processing of RNA transcript）；翻译水平上的调控（differential translation of mRNA）。

（一）转录水平上的调控

基因转录指的是遗传信息从DNA分子转移到RNA分子上的过程，是基因表达的第一步，是以DNA分子中一条反义链为模板，在依赖于DNA的RNA聚合酶的催化作用下进行的一种聚合反应。基因的转录是一个十分复杂的问题，在转录水平上对基因表达的调控取决于DNA的结构、RNA聚合酶的功能、蛋白因子及其他小分子配基的相互作用。原核生物的mRNA在形成过程中与核糖体混合在一起，所以转录与翻译过程几乎发生在同一个时间间隔内，转录与翻译偶联；而在真核生物中，转录产物只有从核内运转到核外，才能被核糖体翻译成蛋白质。转录水平上的调节可分为如下几种方式：

1. 代谢产物对基因活性的调节

在降解代谢途径中，起始端的酶（一般指催化第一步反应的酶）的底物浓度往往决定是否合成这一途径中的其他各个酶。相反，在合成代谢中，最终产物则往往是调节物质。在单顺反子mRNA翻译蛋白质的体系中，该蛋白质也可以充当自我调节的角色，其浓度决定了启动子的转录活性。每一种调节类型的分子机理相差甚远，但一般可以分为负调节和正调节两种情况。在负调节体系中，细胞中存在着抑制物，它使转录处于关闭状态，而抗抑制物即诱导物在转录的开启中也发挥着重要的作用。在正调节体系中，效应分子（蛋白质、小分子化合物或几个分子的复合物）激活启动子，同时抑制物也在正调节中起作用。正、负调节之间并不相互排斥，有些系统中既有正调节，也有负调节，因而需要两种调节物。

通过特殊代谢物调节的基因活性主要有可诱导和可阻遏两大类：一是可诱导调节，指的是一些基因在特殊的代谢物或化合物的作用下，由原来关闭的状态转变为工作状态，即在某些物质的诱导下使基因活化。这类基因中最突出的例子是大肠杆菌的乳糖操纵子。大肠杆菌在含有葡萄糖的培养基中可以生长得很好。在只含乳糖的培养基中，开始时生长不好，直到合成了利用乳糖的一系列酶，才具备了利用乳糖作为碳源的能力，才能在这一培养基中生存下来。细菌获得这一能力的原因就是因为在诱导物乳糖的诱导作用下，开动了乳糖操纵子，表达它编码的3个酶：β-半乳糖苷酶（使乳糖水解为半乳糖和葡萄糖），β-半乳糖苷透过酶（使乳糖进入细菌细胞内），β-半乳糖苷乙酰基转移酶（使β-半乳糖第六位碳原子乙酰化）。这个操纵子开动的效果是十分明显的。以β-半乳糖苷酶为例，在葡萄糖培养基中生长时，每个细胞只有几个酶分子，但若转移到乳糖培养基中，几分钟后，每个细菌细胞内可产生3 000个酶分子。这一类基因称为可诱导基因，这类酶称为诱导酶，这种生化过程称为酶的诱导合成。二是可阻遏调节，这类基因平时都是开启的，处在产生蛋白质或酶的工作过程中，但由于一些特殊代谢物或化合物的积累将其关闭，阻遏了基因的表达，所以称为可阻遏基因。比如大肠杆菌自己可以合成色氨酸，色氨酸是生活中必需的氨基酸，所以它的操纵子是一直开启着的。但如果在细菌的培养基中加入色氨酸，于是细菌完全可以利用培养基中现成的色氨酸来维持生活，而无需再费力气去合成。在此情况下，大肠杆菌可以在2～3min内完全关闭色氨酸操纵子。就是说，某一代谢途径最终产物合成酶的基因可以被这个产物本身所关闭。这种基因称为可阻遏基因，这些酶称为可阻遏酶，这个现象称为可阻遏现象，这些起阻遏作用的小分子称为抑制物。

作为一般规律，可诱导的操纵子是一些编码糖和氨基酸分解代谢产物的基因，这些糖和氨基酸平时含量很少，因此细菌总是利用更一般的能源物质——葡萄糖的水解来提供能量，所以这些操纵子常常是关闭着的。但当生存条件发生变化，如葡萄糖缺乏而必须利用乳糖作为能源时，就要打开这些基因。可阻遏基因情况恰好相反，它们是一些合成各种细胞代谢过程中所必需的小分子物质（如氨基酸、嘌呤和嘧啶等）的基因。由于这些小分子物质在生命过程中的重要地位，这些基因总是打开着的。当这些小分子在细菌生活环境中含量较高时，就关闭这些基因，停止其合成。

2. 弱化子对基因活性的影响

在这种调节方式中，起信号作用的是有特殊负载的氨基酰-tRNA的浓度，如色氨酸操纵子中色氨酰-tRNA的浓度。当操纵子被阻遏，RNA合成被终止时，起终止转录信号作用的那一段核苷酸称为弱化子。采用这种调节方式的有大肠杆菌中的色氨酸操纵子、苯丙氨酸操纵子、苏氨酸操纵子、异亮氨酸操纵子和缬氨酸操纵子，以及沙门氏菌的组氨酸操纵子和亮氨酸操纵子、嘧啶合成操纵子等等。这是因为核糖体在基因转录产物上的不同位置，决定了RNA可以形成哪一种形式的二级结构，并由此决定基因能否继续转录。基因转录调节方式确实是异常巧妙的。起调节作用的信号分子是细胞中某一氨基酸或嘧啶的浓度，因此属于转录调节中的微调整，但只要稍加变动就可影响整个体系的功能。

3. 降解物对基因活性的调节

在有葡萄糖存在的情况下，即使在细菌培养基中加入乳糖、半乳糖、阿拉伯糖或麦芽糖等诱导物，与其相对应的操纵子也不会启动，产生代谢这些糖的酶类，这种现象称为葡萄糖效应或降解物抑制作用。其原因是添加葡萄糖后，细菌所需要的能量从葡萄糖就得到满足，葡萄糖是最方便的能源，细菌无需开动一些不常用的基因去利用这些稀有的糖类。

即葡萄糖的存在会抑制细菌的腺苷酸环化酶，减少环腺苷酸（cAMP）的合成，与它结合的蛋白质（cAMP 受体蛋白）因找不到配体而不能形成复合物。这个复合物是一个正调节物质，可以与操纵子上的启动子区结合，起动基因转录。所以有葡萄糖存在时，不易形成复合物 cAMP-CRP 或 cAMP-CAP，受其调控的基因就不表达。如果培养基中葡萄糖减少，则腺苷酸环化酶活力提高，cAMP 合成增加，cAMP 与 CRP 形成复合物并与启动子结合，促进乳糖操纵子的表达。操纵子学说的核心是使基因从表达抑制状态中解脱出来进行转录，是从负调节的角度来考虑基因表达调控的。而降解物抑制作用是通过促进基因转录来正调节基因表达的，是一种积极的调节方式。

4. 细菌的应急反应

上述三方面的调节是细菌处于正常生活条件下基因的表达调节方式。即细菌的生活环境中缺少某一种或两种能源，但能找到其他代用物。可是，细菌有时会碰到氨基酸全面缺乏的紧急状况，此时，细菌将会产生应急反应，包括生产各种 RNA、糖、脂肪和蛋白质在内的几乎全部生物化学反应过程均被停止。实施这一应急反应的信号是鸟苷四磷酸（ppGpp）和鸟苷五磷酸（pppGpp）。产生这两种物质的诱导物是空载 tRNA。具体过程为氨基酸饥饿时，细胞中便存在大量的不带氨基酸的 tRNA，这种空载的 tRNA 会激活焦磷酸转移酶，使 ppGpp 大量合成，其浓度可增加 10 倍以上。ppGpp 的出现会关闭许多基因，当然也会打开一些合成氨基酸的基因，以应付这种紧急状况。ppGpp 与 pppGpp 的作用范围十分广泛，它不是只影响一个或几个操纵子，而是影响一大批，所以它们是超级调控因子。

（二）翻译水平上的调控

翻译水平上的调控机制大致可分两种类型。一种为固定装置式调控（不受环境影响），即这种调控机制早已包含在 DNA 顺序内，如稀有密码子的调控和重叠基因的调控；另一种称为非固定装置式的调控（受环境影响），这种调控并不直接与 DNA 顺序有关，如真核 mRNA 的 poly(A) 长短对翻译的调控、血红素对球蛋白合成的调控等。

在稀有密码子的调控中，通常在稀有密码子利用频率高的基因中蛋白质合成量低，原因可能是由于细胞内与稀有密码对应的 tRNA 少，从而延长了核糖体在 mRNA 上的时间，降低了翻译速度。重叠基因最早是在 *E. coli* 噬菌体 ΦX174 中发现的，例如 B 基因包含在 A 基因内，E 基因包含在 D 基因内，用不同的阅读方式可得到不同的蛋白质。当时认为重叠基因的生物学意义是它可以包含更多的遗传信息。后来发现丝状的 RNA 噬菌体、线粒体 DNA、插入序列，甚至在细菌染色体上也找到重叠基因的存在，说明重叠基因可能对基因表达的调节起着重要作用。其中色氨酸操纵子中的 *trpE* 基因和 *trpD* 基因之间的翻译偶联现象可以说明这个问题。

真核 mRNA 3′端 poly(A) 的长短对翻译效率也有很大影响。在营养丰富的培养基中，粘菌以营养生长为主；当营养不足或细胞密度过大时，生长停止，开始一系列程序化的发育过程。从生长到发育的关键在于氨基酸饥饿以及细胞与细胞之间的相互作用。粘菌进入发育阶段，最早的变化是 5 种多肽合成的起始迅速下降，但编码这几种多肽的mRNA的量并不相应减少。营养细胞和发育早期细胞显著的不同是 mRNA 上核糖体多少和 mRNA 上 Poly(A) 的长短。营养细胞中 90% 以上的 mRNA（包括恒态和新合成的）以多聚核糖体形式存在，平均每条 mRNA 上有 10 ～ 12 个核糖体，恒态的 mRNA 链上平均有 60 ～ 65 个腺苷酸，新合成的 mRNA 链上则有 110 ～ 115 个腺苷酸。研究发育早期的细胞，发现营养生长期 mRNA 中仅有 30% 以多聚核糖体的形式存在，每条 mRNA 链上只有 6 ～ 8 个核糖体和 30 多个腺苷酸。而发育阶段特异表达基因中，新合成的 mRNA 与原先营养生长期 mRNA 没有什么不同。因此，细胞中蛋白质合成旺盛时，mRNA 链上核糖体数量就多，mRNA 链上的 poly(A) 也较长。当某些 mRNA 链不再被翻译时，核糖体就被释放出来，其 poly(A) 也相应缩短。

二、操纵子学说

操纵子学说是关于原核生物基因结构及其表达调控的学说，它是由法国巴斯德研究所著名科学家 Jacob 和 Monod 在 1961 年首先提出的，现已经许多科学家的补充和修正得以逐步完善。本节将介绍乳糖操纵子、色氨酸操纵子、半乳糖操纵子的调节机制和控制模型，从而帮助读者了解原核生物基因表达调控的主要模式和机制。

（一）乳糖操纵子

大肠杆菌乳糖操纵子（lactose operon）包括 3 个结构基因：Z、Y 和 A，以及启动子、控制子和阻遏子等，如图 6-7 所示。转录时，RNA 聚合酶首先与启动区结合，通过操纵区向右转录。转录从操纵区的中间开始，按 Z→Y→A 方向进行，每次转录出来的一条 mRNA 上都带有这 3 个基因。转录的调控是在启动区和操纵区进行的。

P	lacI	P O	lacZ	lacY	lacA
DNA mRNA	1040	82	3510	780	825
多肽	3.8×10^4		1.25×10^5	3.0×10^4	3.0×10^4
蛋白质	三聚体 1.14×10^5		四聚体 5.0×10^3	膜蛋白 3.0×10^4	二聚体 6.0×10^4
功能	阻遏子		β-半乳糖苷酶	透过酶	乙酰基 转移酶

图 6-7　lac 操纵子及各个组分详图

3 个结构基因各决定一种酶：Z 编码 β-半乳糖苷酶；Y 编码 β-半乳糖苷透过酶；A 编码 β-半乳糖苷乙酰基转移酶。β-半乳糖苷酶是一种对 β-半乳糖苷键专一性的酶，除能将乳糖水解成葡萄糖和半乳糖外，还能水解其他 β-半乳糖苷（如苯基半乳糖苷）。β-半乳糖苷透过酶的作用是使外界的 β-半乳糖苷（如乳糖）能透过大肠杆菌细胞壁和原生质膜进入细胞内。所以大肠杆菌如果以乳糖为碳源和能源的话，以上两种酶是必需的。β-半乳糖苷乙酰基转移酶的作用是把乙酰辅酶 A 上的乙酰基转到 β-半乳糖苷上，形成乙酰半乳糖，它在乳糖的利用中并非必需。

乳糖操纵子控制模型的主要内容为：Z、Y、A 基因的产物由同一条多顺反子的 mRNA 分子所编码；这个 mRNA 分子的启动子紧接着 O 区，而位于 I 与 O 之间的启动子区（P），不能单独起动合成β-半乳糖苷酶和β-半乳糖苷透过酶的生理过程；操纵基因是 DNA 上的一小段序列（仅为 26bp），是阻遏物的结合位点；当阻遏物与操纵基因结合时，lac mRNA 的转录起始受到抑制；诱导物通过与阻遏物结合，改变它的三维构象，使之不能与操纵基因结合，从而激发 lac mRNA 的合成。即在诱导物存在时，操纵基因区没有被阻遏物占据，启动子能够顺利调控起始 mRNA 的合成。具体过程如图 6-8 所示。

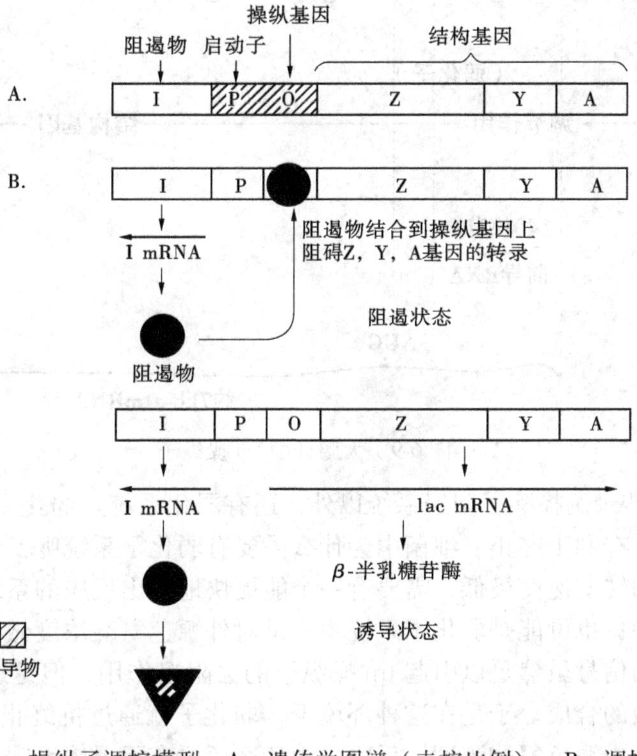

图 6-8　lac 操纵子调控模型　A. 遗传学图谱（未按比例）　B. 调控机制

（二）色氨酸操纵子

色氨酸操纵子（tryptophane operon）负责色氨酸的生物合成，它的激活与否完全根据培养基中有无色氨酸而定。当培养基中有足够的色氨酸时，这个操纵子自动关闭，缺乏色氨酸时操纵子被打开，trp 基因表达。在这里，色氨酸或与其代谢有关的某种物质在阻遏过程（原本是诱导过程）中起作用。由于 trp 体系参与生物合成而不是降解，因此它不受葡萄糖或 cAMP-CAP 的调控。

色氨酸的合成分五步完成。每个环节需要一种酶，编码这 5 种酶的基因是紧密连锁在一起的，所以 5 个基因被转录在一条多顺反子 mRNA 分子上，分别以 *trpE*，*trpD*，*trpC*，*trpB* 和 *trpA* 代表，编码邻氨基苯甲酸合成酶、邻氨基苯甲酸焦磷酸转移酶、邻氨基苯甲酸异构酶、色氨酸合成酶和吲哚甘油-3-磷酸合成酶，如图 6-9 所示。其中，*trpE* 基因是第一个被翻译的基因，与之紧邻的是启动子区和操纵区；*trp* 操纵子中产生阻遏物的基因是 *trpR*，该基因距 trp 基因簇较远。*trpR* 基因突变常引起 trp mRNA 的永久型合成，该基因产物因此被称为辅阻遏蛋白（aporepressor）。除非培养基中有色氨酸，否则这个辅阻遏蛋白不会与操纵区结合。辅阻遏蛋白与色氨酸相结合形成有活性的阻遏物，与操纵区结合并使之关闭转录 trp mRNA。

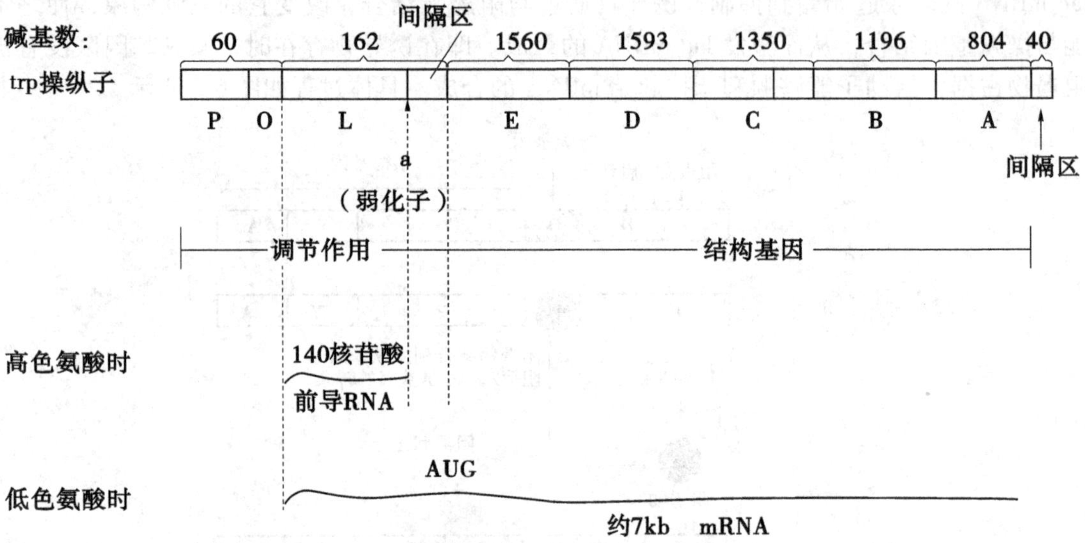

图 6-9　大肠杆菌 trp 操纵子

trp 操纵子的转录调控除了阻遏系统以外，还有弱化系统。弱化系统即基因突变使 trp 操纵子表达下降，有利于终止。细菌中为什么需要有弱化子系统呢？一种可能是阻遏物从有活性向无活性的转变速度极低，需要有一个能更快地做出反应的系统，以保持培养基中适当的色氨酸水平；也可能是弱化子系统主要是对外源色氨酸浓度做出反应。例如，外源色氨酸浓度很低的信号虽然足以引起 trp 操纵子的去阻遏作用，但是这个信号还不足以很快引发内源色氨酸的合成。于是在这种环境下，弱化子就通过抗终止的方法来增加 trp 基因表达，从而提高内源色氨酸浓度。反之，为什么还要有阻遏体系呢？没有阻遏体系，似乎只有弱化子也可以调节色氨酸酶系的合成。阻遏物的作用目前认为是当有大量外源色氨酸存在时，阻止非必需的先导 mRNA 的合成，它使这个合成系统更加经济。事实上，自然界中存在着不同类型的合成体系，例如组氨酸操纵子，它拥有在功能上与 trp 操纵子完全相同的弱化子，这个弱化子能够形成一个有 3 个碱基配对的区域。组氨酸操纵子没有阻遏物，这说明它完全受弱化子调节。但目前，我们还不知道为什么 trp 操纵子具有双重调节体系，而组氨酸操纵子却没有，这有待于进一步的研究探讨。

三、真核生物基因的表达与调控

真核生物在进化上比原核生物高级，具有更加复杂的细胞结构、庞大的基因组和复杂的染色体结构。在多细胞尤其是高等动物中，随着发育和分化，出现不同的组织器官、不同类型的细胞，尽管这些不同类型的细胞的染色体具有相同的 DNA，但它们却合成不同的蛋白质。其中有些含量低的蛋白质在不同类型的细胞中是不同的，它们虽然占的比例不大，但足以使细胞出现不同的形态和行为，行使不同的功能。和原核生物相比，真核生物的基因表达调控更加复杂，更加精细和微妙。

真核基因的表达调控可以在从 DNA→RNA→有功能的蛋白质的途径中的许多步骤上进行：①DNA 和染色体水平上的调控。基因的拷贝数的扩增或丢失和基因重排、DNA 修饰、在染色体上的位置、染色体结构（包括染色质、异染色质、核小体）都可影响基因表达。②转录水平上的调控。转录起始的控制和延伸的弱化对 mRNA 前体的水平都会产生影响。③转录后 RNA 加工和运送过程中的调控。原核 DNA 被转录时，蛋白质合成也随着转录起始而进行，即边转录边翻译，而真核基因转录出 mRNA 前体，要经过加工才能成熟为 mRNA，包括切割、拼接、编辑、5′和 3′末端修饰等，成熟的 mRNA 再运出细胞核。④翻译水平上的调控。⑤翻译后的控制。翻译后产生的蛋白质常常需要修饰和加工如磷酸化、糖基化、切除信号肽及构象形成等，才能成为有活性的蛋白质，可以利用这个过程有选择地激活或灭活某些蛋白质。⑥mRNA 降解的控制。控制 mRNA 的寿命就能控制其产生蛋白质的数量。下面介绍转录开始时的调控和翻译水平上的调控。

（一）转录开始时的调控

在原核细胞的转录控制中，乳糖操纵子的两种信号调节机制是简单而完美的。当起负控制作用的抑制蛋白从 DNA 的结合区脱离后，便让出空间位置，使 RNA 多聚酶得以和 DNA 结合而起始转录；但在真核细胞中转录起始情况就完全不同，真核基因转录激活和起始需要多种元件：①DNA 调控单元，即 DNA 上一些短的序列，是转录因子和调控蛋白结合的区域，这些区域一般分布在转录起始区上游，如 TATA 盒、GC 盒、CAAT 盒、增强子及其他序列；②调控蛋白，如 SP1、NFl、OCT、NFKB 等等；③通用转录因子和 RNA 多聚酶。这三大要素的大分子系统之间是相互作用的，包括 DNA 与蛋白质的互相作用、调控蛋白之间的互相作用、调控蛋白与通用转录因子及 RNA 多聚酶的相互作用。

在大分子体系的相互作用中，DNA 调控单元提供互相作用的场所，起组织者或导演的作用；真核基因控制区的许多不同的调控蛋白——激活转录的和抑制转录的调控蛋白结合，虽然在体外的 CAT 试验中，每种激活转录的调控蛋白结合在 DNA 上通常能单独激活转录，可以测出报告基因的表达，但在真核细胞中，启动子上的转录是开启还是关闭，转录是强还是弱，必须集中所有结合的调控蛋白提供的对转录的提示，启动子才能作出决定。增强子是远距离控制单元的代表，它能使转录水平提高几十倍甚至几百倍，通过 DNA 回折靠拢启动子。

（二）翻译水平上的调控

真核基因转录起始之后，每个基因转录并不一定以相同的速度转录到终点，其中一些转录可在弱化控制中途停顿甚至提前终止而使转录流产。转录弱化在原核中资料较多，在真核中同样存在，不过弱化机制有所不同。在真核中转录的弱化程度可能取决于蛋白质，包括在启动子上装配的蛋白质或结合在转录起始点下游的蛋白质。这些蛋白质在不同类型细胞中不同，细胞能控制不同基因的弱化程度。

真核基因转录产生的 RNA，需通过 5′和 3′末端修饰、剪接、编辑等一系列加工过程才成为成熟的 mRNA，然后被运送到细胞质的特定区域进行翻译，这些过程对基因表达水平都会产生影响。RNA 从核中运送到细胞质的过程也是受控制的，在合成的 RNA 总量中，约有 1/12 的 RNA 被运出核到细胞质中，其中在核内被完全降解的约 50%，另一些被留下的 RNA 可能含一些序列，这些序列使它们决不会成为 mRNA，另有一些代表潜在的 mRNA，它在某些类型的细胞中是有功能的，而在另一些类型的细胞中则不能被运出核。一旦 mRNA 通过核膜孔从核中运出，它被送到细胞质中的位置也有特异性。例如，如果 mRNA 编码的蛋白质是分泌到胞外的，它被直接运到内质网，连同与之结合的核糖体和新生的肽链一起被运输，即运输与翻译同时进行，在内质网膜上继续完成肽链的合成。而另一些 mRNA 则可能被运到细胞浆液中，由细胞浆中游离的核糖体进行翻译。

在蛋白质合成水平上的控制，是基因表达控制的重要环节。同一细胞中同时出现的不同 mRNA，即使数目接近相等，产生的蛋白质的多少也可以差别很大，这主要取决于翻译的速度和 mRNA 的寿命。在翻译起始之后，核糖体并非一定能从起始密码顺利移动到终止密码，mRNA 编码区中间也形成一些二级结构，主要是小的茎环结构成为核糖体沿 mRNA 移动的障碍，使翻译速度下降甚至中途停止，部分核糖体可越过障碍翻译到终点。另外一些 mRNA（常见于逆转录病毒）在翻译延伸中发生“移框翻译”，改变翻译的产物，当翻译延伸时发生移框翻译，从而清除了终止密码，使翻译继续进行，使原来的编码改变而重新编码，这种现象称为翻译的重新编码。移框翻译可以在翻译时把阅读框向前或向后移动一个核苷酸，移框翻译需要 mRNA 上发生移框的位置下游的特异序列，称为重新编码信号。还有一类非常罕见的重新编码的形式，是在翻译延伸至终止码 UGA 时，受到此终止码附近信号的影响，翻译不会终止，而是渗入一个含 Se 原子代替 S 原子修饰的半胱氨酸，使翻译继续下去，产生另一种蛋白。

第三节　人类疾病与基因治疗

生命具有独特精妙的基因表达和调控机制，保证了细胞中 DNA 的复制、转录、翻译和各种代谢反应的高效和有序性，从而保证了生命的健康，即细胞中所有代谢过程与环境的协调和平衡。由于环境因素或环境与遗传因素的相互作用，都可能导致基因突变的发生，也可能导致基因表达调控的失常。其结果便造成了某些与基因相关的人类疾病的发生。分子生物学的发展使我们有可能从分子水平来解释某些与基因表达相关的人类重大疾病，如镰状细胞贫血症、癌症、艾滋病等发生的机制，也为基因诊断和治疗提供了依据。

一、镰状细胞贫血症

细胞中核酸序列的改变通过基因表达有可能导致生物遗传特征的变化，这种核酸序列的变化称为基因突变（mutation）。基因突变可以是 DNA 序列中单个核苷酸或碱基发生改变，也可以是一段核酸序列的改变。DNA 序列中涉及单个核苷酸或碱基的变化称为点突变。在一个基因内发生的点突变通常有两种情况：一是一种碱基或核苷酸被另一种碱基或核苷酸所替换（同义突变）；二是一个碱基的插入和缺失（错义突变）。如果错义突变使得所编码蛋白质或酶的重要部位如结构域或活性中心的氨基酸被替换，就会改变蛋白质的结构和功能，并可能造成极其严重的后果。一个最为典型的例子是镰状细胞贫血症。患有该贫血症的病人红细胞由正常的圆盘形变成了镰刀状，血液变得很黏稠，红血球在毛细血管中聚集形成栓塞，导致肾功能衰竭和心血管及脑血管障碍性贫血，最终造成患者的死亡。引起镰状细胞贫血症的原因就是基因的点突变，即编码血红蛋白β-肽链上一个决定谷氨酸的密码子GAA变成了GUA，使得β-肽链上的谷氨酸变成了缬氨酸，引起了血红蛋白的结构和功能发生了根本的改变。

二、癌症

癌是细胞生长与分裂失控引起的疾病，其根源是体细胞中调节细胞生长与分裂的基因异常表达。控制细胞生长与分裂的基因发生突变可以是随机自发的突变，更多的情况下是一些环境因子作用的结果。例如，某些致癌因子、化学诱变剂、X射线、放射性辐射、病毒感染等都可能引起基因发生突变，使细胞生长与分裂失控，从而引发癌症。

在20世纪70年代，Varmus和Bishop证明RSV中的基因能够使正常的鸡细胞转化为恶性癌细胞。他们把这个基因命名为*src*。这是科学家发现的第一个癌基因。之后，科学家们研究发现人类和其他动物细胞中的癌基因起源于原癌基因（proto-oncogene）。原癌基因是一些与调节和控制细胞生长、分裂和细胞周期相关的基因。原癌基因的结构变化或者失控就会演变成癌基因。有4种类型的突变可以将原癌基因转变为癌基因（oncogene）：①基因扩增和增强，即每个细胞中的原癌基因数目比正常细胞多好几倍，产出过量的刺激细胞生长的蛋白；②染色体易位和③基因转座，这两种突变都使得癌基因被调整到新的连接区，处于一个活性更高的启动子的控制之下，也产出过量的刺激细胞生长的蛋白；④点突变，则是直接将原癌基因转变，使之表达出编码刺激细胞生长的蛋白，这种刺激细胞生长的蛋白活性更高，比正常蛋白更不易于被降解。以上4种突变的机制都是增加细胞生长调节蛋白的活性，使得细胞的生长和分裂失控，即形成了癌。

除了原癌基因的突变与癌的发生相关外，还有一些抑制细胞过度分裂的基因也与癌的发生相关。这些编码防止细胞无节制分裂蛋白的基因称为抑癌基因。任何使抑癌基因失活或减少表达的突变也会导致癌的发生。除了研究控制细胞生长、分裂和细胞周期的原癌基因和抑癌基因以外，有关细胞凋亡的研究也受到科学家们的格外的关注。生物体细胞除了有增殖的机制外，还有死亡的机制。细胞的死亡通常有两种形式：一种是病理性死亡，称为坏死（necrosis）；另一种是生理性死亡，又称凋亡（apoptosis）。细胞凋亡是一种由于生物体生理需要，细胞在基因调控作用下有规律的死亡，又称细胞的编程性死亡。科学家认为，癌的发生不仅与细胞的异常增殖有关，也可能与细胞凋亡发生异常有关，即细胞在应该凋亡时没有凋亡。研究细胞凋亡的分子机制可能有助于癌症的治疗。

三、艾滋病

艾滋病是毁坏人体免疫系统的疾病，被称为“现代瘟疫”。艾滋病的英文缩写AIDS的全称为获得性免疫缺陷综合征（acquired immune deficiency syndrome）。引起艾滋病的元凶是一种人类免疫缺陷病毒（human immune-deficiency virus，HIV）。了解HIV的结构与分子遗传过程及HIV基因的表达过程是认识艾滋病发病机制和寻找治疗方法的基础。

HIV是一种RNA病毒，呈圆球形，病毒粒子的直径为100～140nm，其外层是以类脂为主的包膜，包膜上镶嵌着许多糖蛋白。在病毒颗粒内有两条携带相同遗传信息的RNA和逆转录酶，它们包裹在蛋白壳体中。当HIV进入人体后，其外包膜上的糖蛋白可专门识别白细胞（T 淋巴细胞）表面的受体并与之结合。经胞吞作用，HIV 基因组（RNA）进入T淋巴细胞，同时蛋白质衣壳遭受酶解。在逆转录酶的作用下，以 HIV 的 RNA 为模板，一条与 RNA 互补的 DNA 单链被合成。接着，新合成的 DNA 单链又成为另一条互补 DNA 链的合成模板，如此便产生了互补的双链 DNA。该双链 DNA 片段进入细胞核，与宿主细胞的染色体基因组整合在一起，成为前病毒 DNA，感染进入潜伏期。当被感染的细胞激活时，前病毒 DNA 便开始转录，生成新的 RNA 片段，同时合成外壳蛋白等。在宿主细胞中，新合成的 RNA、逆转录酶及蛋白质等又装配生成更多的病毒颗粒，它们以出芽的方式从宿主细胞中释放出来，又去攻击其他的 T 淋巴细胞。

T 淋巴细胞是人体免疫系统的主要免疫细胞，具有抗感染作用。HIV 攻击 T 淋巴细胞后，使其丧失免疫功能，即失去了抵抗外来感染的能力，可导致人体一系列感染性疾病的发生，如引起肺炎、腹泻、发热、中枢神经系统综合症等，最终导致人的死亡。目前科学家正在计划设计一种抑制 HIV 逆转录酶活性的药物和特异性切开 HIV 的 RNA 片段的药物来治疗艾滋病。

四、基因治疗

随着人类社会的进步和物质生活的日益丰富，人们越来越重视生命的价值，重视对生命科学的学习和对健康的追求。有人把健康定义为“由人体遗传结构控制的代谢过程与环境保持的协调和平衡”，一旦这种平衡被破坏，人体就会产生疾病。据临床统计，大约 25% 的生理缺陷、30% 的儿童死亡和 60% 的成年人疾病都是由遗传疾病引起的。迄今为止，对人类绝大部分疾病的治疗都依靠药物和外科手术，即使用由基因工程技术研制的药物（如人胰岛素等），也属于药物治疗的范畴。分子生物学技术在疾病诊断方面充分显示了它的优越性。如今，经过研究人员的长期努力和追求，基因治疗也已经成为现实。所谓基因治疗，简单地说，就是利用基因工程技术来治疗人类遗传性疾病。从理论上分析，许多正常的人类基因都可以克隆并引入遗传病患者的体细胞，以替代、修复或纠正有缺陷的基因，从而根治一些遗传性疾病。

生物工程篇

第七章　生物工程概论

第一节　什么是生物工程

一、生物工程是生物科学与工程技术的有机结合

长期以来，生物学作为自然科学，并不像物理学、数学和化学那样，能与工程技术迅速而紧密地结合，较早地产生明显的社会和经济效益，而是似乎毫不相干、进展十分缓慢。直到20世纪中叶，生物学和工程技术才开始相互渗透，兴起了抗生素、酒精、有机酸等发酵工业。

20世纪后叶，分子生物学领域取得了一系列突破性的成就，使生物学在自然科学中的地位发生了革命性的变化，一跃成为当今世界自然科学的热点和重点，成为最重要的、发展最快的学科之一。

实际上，生物科学与工程技术真正实现具有全局意义的有机结合，仅仅开始于20世纪70年代之后。从此，该学科迅猛发展，各国政府竞相制定了发展规划，实行优惠政策，投入巨额资金；各国学术界、工业界和金融界紧密结合，形成了一种新兴的高科技产业，掀起了一股并购和重组热潮。以Genetech公司为代表的一批基因工程公司和企业，如雨后春笋般宣告成立；以人胰岛素为代表的一大批基因工程药物，不断被批准上市，而且商品化的速度明显加快，投放市场的新产品迅速增加。

二、生物工程是一门多学科交叉的综合性学科

上述现象充分表明，一个崭新的生物高科技产业——生物工程，已经诞生并正在迅猛发展，而且由于它的发展，将为人类带来巨大的利益和财富。

若要给生物工程下一个较为贴切的定义，可以表述为：生物工程是生物科学和工程科学的交叉学科，即以生物科学和生物技术为基础，结合化学工程、材料工程、机械工程、控制工程、环境工程等工程科学，研究和发展利用生物体系或其中的一部分，生产有益于社会的产品，或达到一定社会目标的一门综合性学科。

三、现代生物工程的特点是高技术、高投入、高利润

人类历史上的第一次技术革命，是几百年前以蒸汽机为标志的工业革命；第二次技术革命，是几十年前以计算机和网络为标志的电子和信息技术革命；而以重组DNA和基因克隆为标志的生物技术革命，则是人类历史上的第三次技术革命。这一次革命更为重大的意义在于：人类不但可以改造客观世界，提高人类的生活质量，还可以改造人类自身。

现代生物工程是把现代生物科学，包括生物化学、细胞生物学、微生物学、免疫学、分子生物学等的最新研究进展和成果，与现代化的工程技术手段，包括计算机、自动控制、精密机械制造、大型设备制造、新型材料等的最新研究进展和成果，进行有机结合的一个高科技领域。因此，高技术、高投入、高利润是生物工程产业的显著特点。

四、现代生物工程将成为21世纪支柱产业之一

目前，人类社会65亿人口，正面临着十分严峻的挑战和巨大的压力，食物短缺、能源危机、环境恶化、艾滋蔓延、重病威胁、病毒突袭、人口老化等等。对于解决与缓解这些危机，生物工程将起到至关重要的作用。因此，生物工程学科的任务是不断促进和实现生物科学在实验室的研究成果向应用领域转化。

在20世纪后期，生物工程已经为人类提供了巨大的利益。作为21世纪发展最快的生物工程学科，将是未来经济发展的新动力，它们将在工业、农业、食品、医药、能源、环保、材料等领域形成巨大的产业，成为21世纪的支柱产业之一。

第二节　生物工程的研究内容

生物工程的研究内容十分广泛，主要包括基因工程、酶工程、细胞工程和发酵工程四个方面的内容。广义的生物工程还应包括生物医学工程、基因诊断与基因治疗技术、克隆动物技术、生物芯片技术、生物材料技术、生物能源技术和环境生物降解技术等重要的生物工程技术内容。

一、基因工程

（一）什么是基因工程

基因工程又称重组DNA技术，如图7-1所示，它是用人工的方法，将不同生物的遗传物质在体外合成重组DNA分子。这种重组DNA分子可以被引入受体细胞，进行增殖繁衍而发育成一个新种，并能产生出所需要的基因产物，最终实现该技术的商业价值。例如，

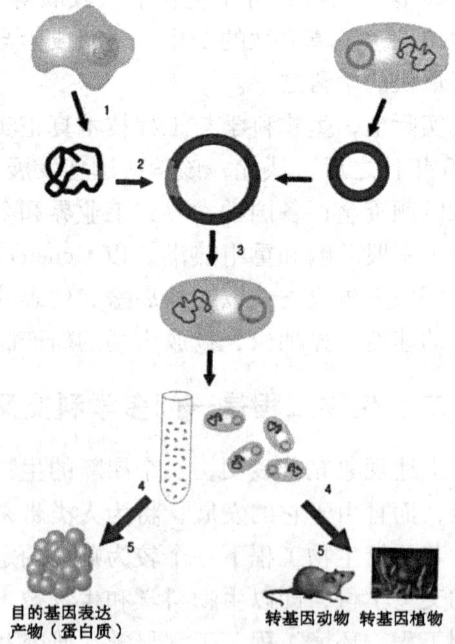

图7-1　重组DNA技术的基本操作步骤

利用转基因的细菌、植物或动物生产某些贵重的生物药物。

基因工程的最大威力在于，它能使带有支配各种各样遗传信息的DNA片段，越过不同生物间特异的细胞壁，组入到完全不同的生物体内，定向地控制、修饰和改变生物体的遗传和变异，从而创造出自然界所没有的、具有新遗传性状的生物新品种，并合成出人们所需的新产物。

（二）基因工程产品的生产及应用

基因工程很早就显示出其巨大的生命力，展示出它在生产及应用上无限的发展前景。利用基因工程技术可以大量生产在生物体内很难得到的非常稀少的蛋白质。如第一个基因工程药物——重组人胰岛素，在1982年被美国食品和医药管理局（FDA）批准上市，它标志着基因工程产品正式进入到商业化阶段。胰岛素是用于治疗糖尿病的稀少而珍贵的药物，传统方法是从大量的猪和牛的胰腺中提取分离，产量极其有限，价格十分昂贵。利用转人胰岛素基因的大肠杆菌就可以大量生产该产品了，这对广大糖尿病患者是一个福音，其生产原理如图7-2所示。

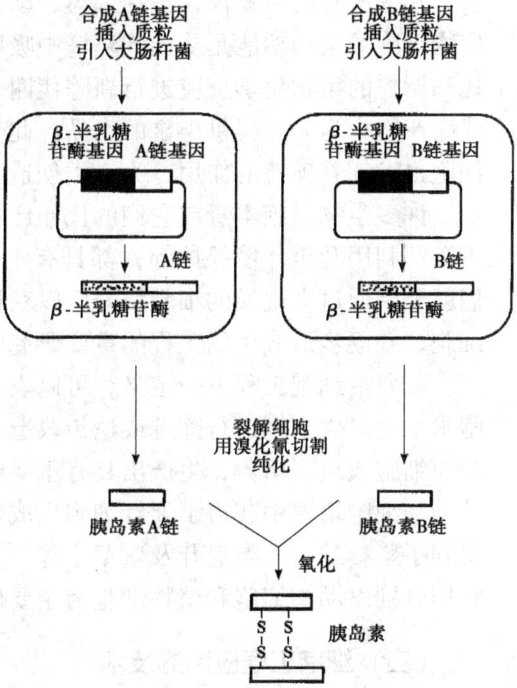

图7-2 用基因工程技术生产人胰岛素的原理

此后，又出现了更多商品化的基因工程产品和蛋白质药物，如人生长激素、人干扰素、白细胞介素、集落刺激因子、乙肝疫苗等等。以基因工程新药研究开发的领头羊美国为例，据统计，自第一个基因工程药物重组人胰岛素上市以来，FDA已经批准了几百种基因工程药物、疫苗和其他生物技术药品上市。

（三）基因工程研究进展与前景

目前，基因工程已经发展成为一种比较成熟的技术，有越来越多的人掌握了这门技术，这项技术本身也在不断完善和进步。例如，外源重组基因的宿主细胞从开始时的大肠杆菌，扩展到酵母菌、霉菌、植物细胞、昆虫细胞及哺乳动物细胞，所表达的真核蛋白质已能进行翻译后的修饰和加工。基因工程产品越来越丰富，表达水平不断提高。此外，在基因工程的基础上又发展了两门新技术——蛋白质工程和代谢工程。前者是根据需要设计新的蛋白质氨基酸序列，并通过定点突变的方法，使所表达的蛋白质产物的结构和功能发生变化；后者是利用基因重组技术强化细胞中某一代谢途径或赋予细胞新的代谢能力，用于改造传统发酵工业中的菌种。

基因工程经过了30多年的发展历程，无论是在基础理论研究领域，还是在生产实际应用方面，都已经取得了惊人的成就。它不仅使整个生命科学的研究发生了前所未有的深刻变化，而且也给世界各国的医疗业、制药业、农业、畜牧业、环保业的发展开辟了广阔的前景，为人类带来了巨大的经济和社会效益，并在新世纪呈现出更加强劲的蓬勃发展态势。

二、细胞工程

（一）什么是细胞工程

几乎所有的生物体，包括人体、动物体、植物体和微生物，都是由各种细胞构成的。生物细胞的生理功能是从周围环境中吸取营养物质进入细胞内，通过细胞内无数个由酶催化和调控的生物化学反应进行新陈代谢、生长繁殖；同时，细胞还能向环境中释放出各种代谢产物，为人类提供丰富的产品。此外，在自然界的物质循环及生态平衡中，各类生物细胞也发挥着独特的作用，为人类创造了良好的生存环境。

许多生物细胞本身或它们的代谢产物，对于人类的生活与健康，对于工农业生产，对于资源利用乃至环境保护等，都具有十分重要的意义。因此，从20世纪的后半叶起，人们就开始通过大规模的细胞培养，以获得所需的产品，后来人们又自觉地利用细胞，改造细胞，并逐步形成生物工程的重要研究领域——细胞工程。

若要给细胞工程下一定义，可以表述为：细胞工程是指应用细胞生物学的方法，在细胞水平上对生物体进行筛选或遗传改造，获得具有商业价值的细胞株或细胞系，再通过大规模细胞或组织培养，生产出具有重要经济价值和社会意义的产物的技术与过程。例如，从动物细胞培养中获得了促红细胞生成素、生长因子及单克隆抗体等；从植物细胞培养中得到了紫杉醇、人参皂苷及紫草宁等。细胞工程主要包括动物细胞工程和植物细胞工程，它们分别以动物细胞和植物细胞为主要研究和生产对象（微生物细胞则归入发酵工程）。

（二）细胞工程应用的技术

1. 动物细胞离体培养技术

哺乳动物细胞可分为非致死（如癌细胞、表皮细胞、成纤维细胞等）和致死两大类，离体培养时，非致死类细胞能在体外培养基时不断增殖，细胞可连续传代；致死类细胞虽能在体外存活和增殖，但不能连续传代，分裂几代或几十代就会死亡，必须对这类细胞进行遗传修饰或杂交改造。

动物细胞离体培养，就是先从动物体的组织中取下一小片样品，经胰蛋白酶酶解消化，去除胶原纤维和细胞外其他成分，获得单个分散的细胞悬浮液，再将细胞转入培养液中，置二氧化碳培养箱中保温培养，所得原代细胞分装到多个扁形细胞瓶中进行继代培养，再扩大到专用的动物细胞培养反应器中进行悬浮培养，如图7-3所示。

由于动物细胞株重组化的出现、培养基无血清化、新型培养工艺和反应器的出现，极大地促进了动物细胞离体培养的工业应用，使哺乳动物细胞培养成为新型的生物工程产业。自20世纪80年代以来，工业规模动物细胞培养的主要用途，已转向了高附加值医用蛋白质产品的生产，如用于治疗、诊断和研究的重组蛋白质，包括集落刺激因子（CSF）、红细胞生成素（EPO）、组织纤溶酶原激活剂（tPA）、抗血友病因子等等。

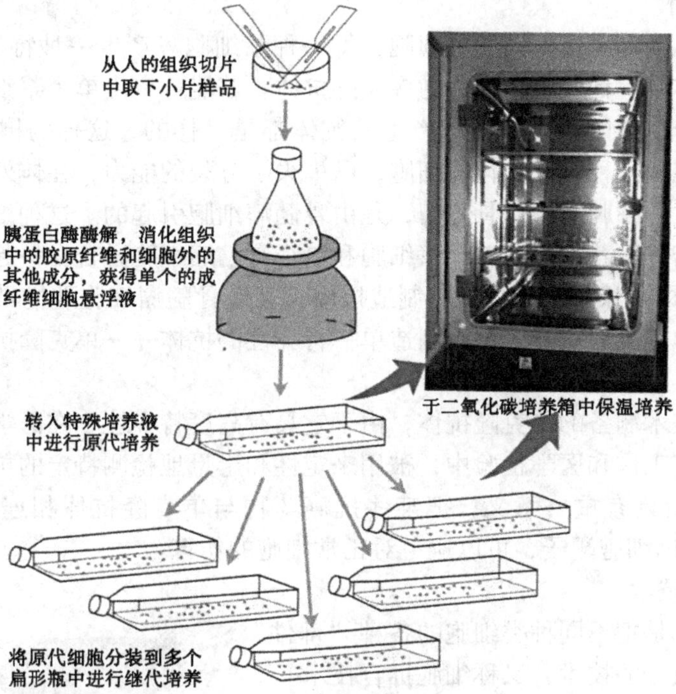

图 7-3　动物细胞的培养

2. 植物细胞离体培养技术

某些低等植物，如单细胞藻类的大规模培养，已成为细胞工程的重要组成部分。一些生物技术公司生产的微藻细胞产品（如螺旋藻、小球藻），主要用于营养保健食品。具有商业价值的微藻细胞工程还被用于生产精细化工产品，包括蛋白质、维生素、色素、多糖类药用化合物、生物活性物质等。

高等植物细胞具有全能性，即每一个植物细胞都拥有完整植株的全部遗传性质。从高等植物不同器官的组织中分离到的单个细胞，经过离体培养形成愈伤组织后，可进一步诱导生成完整的植株。采用细胞分离、细胞改造及组织培养技术，可从植物细胞中获得大量结构复杂、价格昂贵的次级代谢产物（各种药物、色素等）。例如，从天然紫草、三七、红豆杉等珍贵植物中分离得到的植物细胞株，可在发酵罐中进行大量培养，获取紫草宁、人参皂甙、紫杉醇等重要药用产品。

3. 细胞融合技术

细胞融合技术是指采用人工方法，利用诱导剂（如聚乙二醇）或电击诱导法，使两种以上的细胞或原生质体融合在一起，形成具有新遗传性状的杂种细胞。基因型不同的细胞融合后，起初是两个以上的细胞核共存于一个细胞质中，称异核体。随后细胞核也可能发生融合，形成一杂核体。人工诱导的细胞融合又称为体细胞杂交。

现在，细胞融合技术无论在理论研究，还是在实际生产中都得到了广泛的应用，并取得了一系列的成果。微生物原生质体的融合，可用于高产菌种的培育；植物的体细胞杂交使植物育种具有广阔的应用前景，并已经得到了几十种高等植物种间融合的再生植株；最突出的例子是单克隆抗体的制备和应用。

4. 杂交瘤技术

人体和动物体内有大量不同的浆细胞，每一种浆细胞只产生一种特异性的抗体分子，因此肌体内的抗体是一种混合物，称为多克隆抗体。若能分离出单个浆细胞，让它形成单个克隆，那么这个克隆的所有细胞所产生的抗体都是一样的，这样的抗体称为单克隆抗体。但是，浆细胞是一种终末分化的细胞，已失去了分裂的能力，在体外无法生成克隆。

人和动物会生一种肿瘤叫作骨髓瘤，是由骨髓瘤细胞引起的。这种细胞可以在体外不断地分裂、传代培养。若把上述单个浆细胞和单个骨髓瘤细胞融合在一起，这种融合细胞（杂交瘤细胞）就既像浆细胞那样能够制造抗体，又像骨髓瘤细胞那样具有无限分裂增殖的能力。这种融合细胞的克隆，可以制造单一特异性的抗体——单克隆抗体，这种技术称为杂交瘤技术。

采用杂交瘤技术制备的单克隆抗体，由于它具有高度特异性，在医学上具有极大的应用价值。如在研究工作和医学检验中，被用来定性和定量地检测特定的抗原，这对各种传染病和肿瘤的诊断具有重要意义；把某些抗癌药物与单克隆抗体相连，制成“生物导弹”，将药物导向癌细胞靶子，可以避免对正常细胞的伤害。

5. 细胞重组技术

细胞重组技术是把不同种类细胞的各种“部件”拆开后重新装配组合的技术，又称细胞拆合技术。

首先是细胞去核，设法使细胞核从细胞质中分离开来，例如用显微操作方法，在显微镜下，用极细的玻璃针从供体细胞中直接把细胞核吸出，如图7-4所示。分离出来的核，称为“核体”；去了核的胞质部分，仍由膜所包围，称为“胞质体”。由一个细胞分离获得的核体，再注射到另一个除去核的细胞的胞质体中，在融合因子的介导下重新组合，构成“重组细胞”，此即为细胞重组。例如，可把胚胎细胞的核移植到去除了核的受精卵中，在体外保温形成胚胎后，植入适合的雌性动物子宫中，发育成熟成为具有优良性状的新个体，见第十二章第四节克隆羊技术。

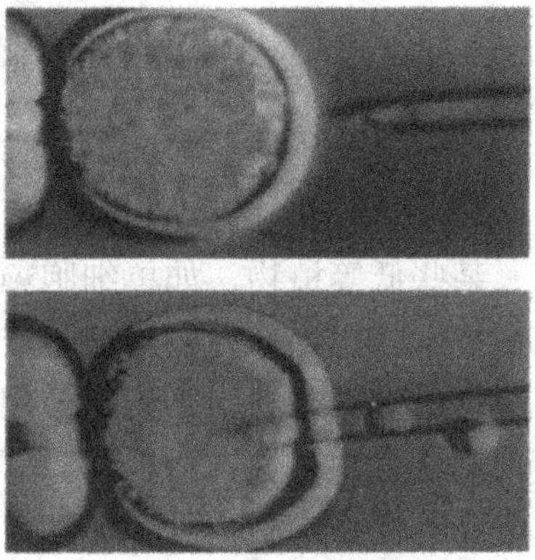

图 7-4 细胞核移植技术

细胞重组既是一种研究真核细胞的核、质相互关系以及细胞器、胞质基因转移的技术，也可应用于珍稀动物的繁殖、不孕症的治疗，还可应用于具有某些特殊生产性能的动物的培育与繁殖，甚至可应用于人体器官的人工培育等。

（三）细胞工程的前沿技术

1. 转基因动植物

先将分离得到的细胞进行基因修饰，即转入并整合目标产物基因，再使转基因细胞发育成为动植物整体或其中某一组织，然后以该整体或部分组织为“生物反应器”，生产目标产物。这种通过转基因技术，转入与整合了外源基因且能正确表达的动植物，称为转基因动植物。

转基因技术可保证农业和畜牧业的稳产、高产及高品质。例如，转基因植物可以不用或少用化肥和农药；转基因羊可以给血友病人提供含有昂贵医药品——凝血因子的羊奶。自美国大面积推广种植转基因作物以后，转基因食品迅速向全球扩散。但人们对转基因动植物的生物安全性提出疑问，担心大量应用转基因生物会破坏生态系统，甚至可能对人类健康造成伤害。

2. 干细胞技术

干细胞是一类来自胚胎或成体的未分化细胞，具有不断增长繁殖以及向多种功能细胞分化的潜能。机体的各种细胞、组织和器官，甚至完整的生物，都是通过干细胞分化发育而成的。干细胞的发现否定了动物细胞不具有全能性的传统观念，为人类健康提供了新希望。

干细胞技术内容主要包括：利用干细胞的表面标志和特性分离纯化干细胞；研究干细胞的培养条件及与发育有关的信号调节及微环境；对干细胞的增殖和分化进行定向调控等。

干细胞研究有着巨大的潜力和极其诱人的前景，可用作新药和毒物的筛选模型；可用于探索先天性遗传缺陷的原因；干细胞还可用于修复或生产机体的组织和器官，为治疗帕金森综合征、糖尿病及许多人类不治之症，甚至使人保持年轻状态打开了希望之门。

3. 组织工程

长期以来采用的人工器官和移植手术存在以下致命弱点：人工器官与人体不相容，无法实现人体高级功能；移植手术所需供体有限，且存在免疫排斥等问题。组织工程则以组织再生为核心，借助工程学方法由细胞重新构筑人体组织。

组织工程可分为组织再生工程和组织替代工程。前者采用自体细胞，借助人工细胞外基质，在各种生长因子的促进下使细胞分裂、增殖、分化，以重新构筑患者自身的组织；后者是由异体或异种细胞与免疫隔离膜一起，构筑能替代患者受损、缺失器官的功能性组织器官技术。

组织工程的研究几乎遍及人体所有的器官或组织。美国 FDA 已于 20 世纪 90 年代批准组织皮肤工程进入临床，并已开始产业化进程。一些组织工程产品，如生物人工肝等，早已进入临床试验。在科学家们的共同努力下，用体外构建的组织、器官、干细胞和生物活性因子治疗疾病将成为现实。

三、酶工程

（一）什么是酶工程

我们知道，一般酶的化学本质是蛋白质，是一类生物催化剂。酶广泛存在于整个生物世界，不论是最低等的微生物，还是高等动植物乃至人类，体内都存在着成千上万种酶，有规律地分别催化着成千上万个生化反应体系，控制和调节着生物体错综复杂的新陈代谢。

酶促反应的显著特点是具有高度的催化反应专一性以及很高的催化效率。酶学专家的任务是充分利用酶具有特异性催化功能的优点，尽可能避免和克服酶的缺点，最大限度地提高酶促反应的效率，并不断拓展酶的应用新领域。

1971 年，第一届国际酶工程会议曾为酶工程下的定义是：酶工程是研究和开发酶的生产、酶的分离纯化、酶的固定化、酶及固定化酶的反应器、酶与固定化酶的应用等的工程科学。随着酶的研究内容和应用领域的迅速拓展，酶工程也在不断地增添新的技术内容。

按现代观点，酶工程的定义可表述为：酶工程是蛋白质化学与工程科学的交叉学科，它是研究利用酶或细胞的特异性催化功能，并通过工程化技术，实现各种有益产物的生物转化与生物合成，或达到所需某些社会目标的一门新的技术科学。

酶工程的研究内容主要包括：①各种酶的结构、功能、特性及其分离纯化；②酶制剂的工业化大量生产及其应用；③酶或细胞的固定化技术及酶反应器（图 7-5、图 7-6）；④酶的分子改造、化学修饰及遗传修饰；⑤新颖酶、极端酶的发现和应用研究；⑥有机介质中酶反应特性及其应用研究等。

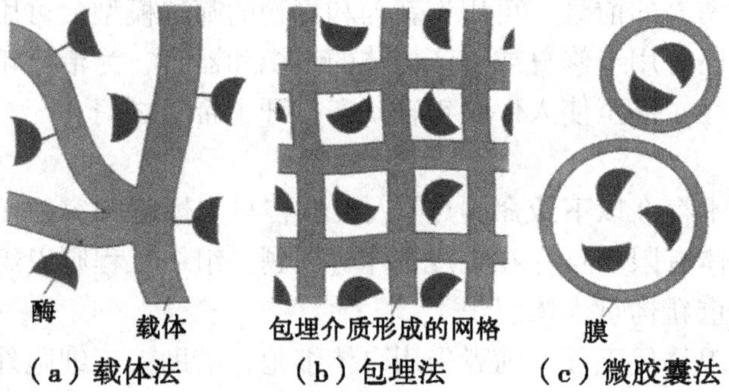

图 7-5 固定化酶的几种制备方法

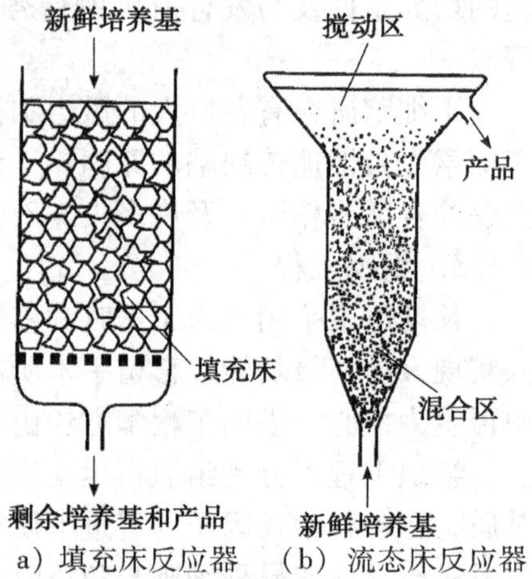

图 7-6 两种酶反应器的模式图

（二）酶工程的应用领域

酶促反应的特点是作用专一性强、反应条件温和、工艺控制简单、催化效率高、生产成本低、环境污染小等。酶催化反应具有无机催化反应无法比拟的优点，成为现代生物工程的主要支柱之一。酶工程已经广泛地应用于科学研究、工农业生产、生物医药、疾病诊断、分析检测、日常生活及环境保护等各个领域，成为国民经济中不可缺少的一部分。例如，淀粉酶、糖化酶、蛋白酶、葡萄糖异构酶和凝乳酶等这些世界上销量最大的酶制剂，被广泛应用于食品、纺织、制革、洗涤剂、造纸和制药；固定化青霉素酰化酶用于制备半合成新青霉素；头孢菌素酰化酶用于制备半合成新头孢菌素；核酸酶和脱氨酶用于酶解法生产核苷酸类药物；固定化酶法用于生产 *L*-氨基酸和有机酸；各种药用酶制剂用于疾病的诊断和治疗；固定化酶技术用于制造酶电极（生物传感器）等等。可以毫不夸张地说，人们的衣、食、住、行等几乎都离不开酶的应用。

（三）酶工程的发展趋势

近年来，随着酶工程研究的不断深入，酶工程的发展有如下趋势：

①不断提高酶催化反应效率，拓展酶的应用领域。例如，通过酶或细胞的固定化，达

到提高酶的稳定性和实现酶的重复或连续使用之目的；将原来在水相中进行的酶催化反应，转移到非水相中进行，以改进反应的选择性或提高产物转化率；利用酶催化反应的立体专一性，合成手性化合物以制备药物等。

②不断发现和合成新颖酶，使酶工程的研究领域迅速扩大。例如，酶抑制剂、酶激活剂的开发及应用研究；抗体酶、核酸酶的发现和研究；模拟酶、仿生酶以及酶分子的人工设计、合成的研究等。

随着人类基因组计划的完成和许多重要动植物和微生物基因组学的研究，将有越来越多的新酶种类被发现和鉴别，酶的许多特殊功能将被发现。此外，随着蛋白质工程研究的不断深入，将为酶的性质改造和赋予酶新的功能提供有力的工具。酶工程将在21世纪发挥越来越重要的作用。

四、发酵工程

（一）什么是发酵工程

“发酵”原意是指酿酒时产生二氧化碳气泡的现象及过程。在工业生产中，发酵主要是指利用微生物将糖类和其他有机物，在发酵罐中经过复杂的生化反应，转变为人类所需产品的过程。

传统的发酵是指微生物发酵。由于微生物除了具有一般生物的共性外，还具有种类多、分布广、繁殖快、代谢强、易变异等任何其他生物所不能比拟的特性，因此，在现代生物科学和生物工程的发展历程中，微生物始终都扮演着举足轻重的角色。现代生物工程的每一次重大突破，每一项重大成果的获得，都留下了微生物的足迹。同时，现代生物工程的进步，受益最大的也是与微生物相关的应用领域。

利用微生物发酵技术生产各种微生物代谢产物的过程，称之为发酵工程，有时也被称为微生物工程。不过，微生物工程的范围更广，内容更加丰富，它还包括微生物在环境保护、资源利用、能源利用和农业等其他领域中的应用。

发酵工程是在传统微生物发酵工业的基础上发展起来的，它是采用现代工程技术手段，利用微生物（细菌、放线菌、霉菌和酵母菌）、动植物细胞、基因工程菌（细胞）等的大规模培养，生产并获得各种目标产物的一门工程科学。发酵工程的主要研究内容包括现代育种技术、发酵工艺的优化、发酵代谢调控、发酵过程动力学、生物反应器和生物技术产品的分离提纯等。

发酵工程的任务就是尽可能地满足和优化细胞的生长条件，以最低的原料和动力消耗生产出尽可能多的优质目标产物。任何需要通过细胞培养获得的生物技术产品，都离不开发酵工程的支持，发酵工程技术的进步将更有效地促进生物技术和生物工程的发展。

发酵工程的研究是生物工程最主要的研究内容之一，是生物技术从实验室走向工业化生产的必由之路。发酵工程和酶工程，将经过基因工程和细胞工程改良过的或重建的生物细胞的新功能、新性状进行商品化，因而是生物工程形成经济效益的两大重要支柱。

（二）发酵工程的应用领域

目前，发酵工程已经发展成为多个强大的工业体系，各种发酵工程产品已广泛应用于食品、医药、农业、能源等各个领域，极大地满足了经济发展和人们生活的需要。

1. 食品发酵工业

食品发酵工业大规模生产的廉价产品，与人们的生活密切相关。这些发酵食品主要有：①传统酿造食品，包括酱油、食醋、腐乳、腌菜及其他发酵调味品；②饮用酒类，包括白酒、黄酒、果酒、啤酒等，是食品发酵工业中最大量的一类产品，仅啤酒全世界的年产量就达7千万吨；③发酵乳制品，是仅次于饮用酒类的第二大类发酵食品，其中酸奶和干酪是其两大传统产品。

2. 生物制药工业

抗生素是微生物的次级代谢产物，已经发现的由微生物产生的天然抗生素约有8 000种。这些抗生素经过一定的化学改造制成的半合成抗生素更多达数万种。目前已经商业化生产的抗生素约200种，销量较大的抗生素有头孢类、青霉素类、红霉素类、四环素类、糖肽类等。20世纪末，世界抗生素市场的年产值约为280亿美元。抗生素已经成为人类与细菌感染作斗争的有力武器。

除抗生素外，还有很多重要的和贵重的生物药物，如氨基酸类和核酸类药物、维生素及辅酶类药物、药用酶类、甾体类药物、生物制品、新微生物药物（包括酶抑制剂、免疫调节剂、受体拮抗剂）、基因工程药物等也都是通过发酵工程生产的。

3. 生物化学工业

微生物发酵法生产的4大类生物化学品是酶制剂、有机酸、氨基酸和核苷酸。很多工业酶制剂都是利用微生物发酵生产的，其中产量最大的是水解酶类，如淀粉酶、蛋白酶、糖化酶、果胶酶、壳聚糖酶、乳糖酶、纤维素酶等，目前已经广泛用于食品、纺织、洗涤剂等工业部门。通过微生物发酵生产的有机酸主要有柠檬酸、醋酸、乳酸和葡萄糖酸，此外，苹果酸、酒石酸、琥珀酸等都可通过微生物发酵或转化法生产，其中规模最大的是柠檬酸发酵。20世纪末，世界柠檬酸年产量已经超过100万吨。几乎所有的天然氨基酸都可以采用发酵法或酶法生产，其中产量最大的是谷氨酸（约60万吨）、蛋氨酸和赖氨酸。氨基酸广泛应用于医药、食品、饲料、化妆品及高分子材料等领域。工业化大量生产的核苷酸主要是肌苷酸和鸟苷酸，主要生产国日本的年产量约2 500吨，产值约为3.5亿美元，主要用作调味品。我国的肌苷酸年产量较大，主要用作医药品。

4. 基础化工原料工业

产量最大的发酵工业产品是乙醇。世界的乙醇总产量约2 000万吨，我国的产量约200万吨。乙醇是重要的基础化工原料，在有机合成中应用十分广泛，用于酯、醛、醚等的制备及用作有机溶剂。近年来，由于石油危机及环境污染，乙醇代替或部分代替汽油作为汽车燃料的研究与应用有了很大的发展，燃料酒精的生产在我国及世界许多国家都引起了高度重视。

（三）发酵工程的发展趋向

现代发酵工程的发展趋向，可归纳为以下几点：

①随着人工诱变、代谢调控、细胞融合、基因重组等现代育种技术的广泛应用，微生物的机能得到进一步开发，许多新的发酵工业产品正在不断面世，新用途层出不穷，使现代微生物发酵工业同国民经济各领域的关系越来越密切。

②现代发酵工业多数发展成为规模庞大的现代化企业，朝着大型化、连续化、自动化的方向发展。例如，使用的大型发酵罐容量高达 1 000m^3 以上，采用电子仪表和计算机，实行在线自动化测试和控制各种工艺参数，并进行自动化生产操作，如图 7-7 所示。

图 7-7　全自动的发酵车间

③为了提高发酵产物分离提纯的效率、降低成本，正在研究和开发具有高度选择性的新型分离技术，简化分离工艺，提高产物的收得率。例如，近年来出现了亲和分离与萃取、膜分离、沉淀、色谱分离技术的集成及膨胀床分离技术等。

④随着基因工程和蛋白质工程技术的迅猛发展，发酵工程的应用领域迅速拓宽，发酵工程研究内容也日益丰富。例如，对基因工程菌培养过程中的一些共性基本规律的研究受到重视，对大规模培养或高密度培养中出现的问题提出了一些有效的解决方法。

⑤随着对动植物细胞生理和遗传研究的深入，并借助于传统微生物发酵的许多关键技术，使动植物细胞离体培养技术取得了很大进步。动植物细胞大规模培养生产贵重目标产物的工艺优化，以及对反应器的特殊要求等，为发酵工程提供了新的应用研究领域。

⑥微生物发酵工业日益扩大，自然资源缺乏，迫切需要开辟新原料途径。现代发酵工程正在加速研究从糖质原料转到利用取之不尽的纤维素资源，生产各种发酵产品和能源物质；加速研究利用细菌固定大气中的氮，由碳酸气、氢气、氧气来制造微生物菌体蛋白。

随着微生物基因组学研究成果的不断开发应用，人类今后对微生物的研究、控制、开发和利用将会更加便利和有效，发酵过程的原理将会更加清晰，发酵的应用领域也会随之扩大，发酵工程的前景将更加广阔。

第八章 基因工程

第一节 基因工程概述

基因工程（gene engineering），又称为重组 DNA 技术（recombinant DNA technique）或基因克隆技术（gene cloning technique）。它是基因分子水平上的遗传工程（genetic engineering），是 20 世纪 70 年代初期在分子生物学基础上发展起来的一个崭新领域，是一门能人工地定向改造生物遗传性状的育种新技术。

克隆（clone）一词，当作为名词时，是指从同一个祖先通过无性繁殖方式产生的后代，或具有相同遗传性状的 DNA 分子、细胞或个体所组成的特殊的生命群体；当作为动词时，是指从同一祖先产生同一 DNA 分子群或细胞群的过程。

一、基因工程的诞生和兴起

基因工程这门现代生物技术中最先进、最热门的育种新技术的诞生和兴起，并非偶然的事件，它是几十年来无数科学家辛勤劳动的成果和智慧的结晶，是在生物化学、微生物学、分子生物学和分子遗传学等学科取得一系列研究成果的基础上逐渐发展起来的。

概括起来，从 20 世纪 40 年代到 70 年代初，现代分子生物学在理论上的三大发现，在技术上的四大发明，对基因工程的诞生和兴起起着决定性作用。

（一）现代分子生物学在理论上的三大发现

1. 生物的遗传物质基础是 DNA 的发现

1944 年 Avery 等，在 1928 年 Griffith 所做的肺炎双球菌转化试验的基础上，采用离体培养的方法，测定 SⅢ 型细胞中各种分离提纯了的提取物（包括 DNA、RNA、蛋白质、多糖等）的转化活性。

试验结果发现，只有从 SⅢ 型菌提取的 DNA，与 RⅡ型菌混合于琼脂平板上进行培养时，才能使 RⅡ型转化为 SⅢ型。这就有力地证明了 DNA 是转化因子，DNA 能引起遗传性状的改变。这也直接证明了遗传信息的物质基础是 DNA 而不是蛋白质。

1945 年以后，由于研究生物大分子的手段有了重大进展，又提出了以下四个发现或假说：①X 光衍射显示 DNA 立体结构中碱基分子相互靠近；②DNA 中嘌呤碱基与嘧啶碱基有相互吸引的趋势；③嘌呤与嘧啶碱基的比例为 1 ∶ 1；④DNA 碱基排列顺序应该是不规则的，才有可能携带极为丰富的遗传信息。以上这些发现和假说对于进一步阐明 DNA 的结构起着重大的作用。

2. DNA 双螺旋结构及其功能的发现

1953 年，Watson 和 Crick 根据碱基组成的测定和 X 光衍射分析的结果，提出了著名的 DNA 双螺旋结构模型的理论和半保留复制机理，圆满地解释了 DNA 的理化性质、自体复制方式和生物遗传现象。这一重大发现使人类对基因的认识有了实质性的突破，推动了遗传学的迅速发展，开辟了分子生物学的新纪元。

3. 遗传信息流向和表达机制的发现

在20世纪50年代末期和60年代，相继提出了中心法则和操纵子学说，并成功地破译了遗传密码。到1966年，全部破译了64个密码，编排了密码字典，从而发现了遗传信息的流向和表达机制。

人们已认识到，生物体的遗传信息主要是以密码的形式编码在DNA分子上，表现为特定的核苷酸排列顺序。DNA通过复制可以将遗传信息传递给子代DNA分子，DNA分子又可以通过转录作用将遗传信息传递给信使RNA（mRNA），mRNA进而控制专一蛋白质的合成，使遗传信息在蛋白质肽链的氨基酸排列顺序上得到体现，即遗传密码的翻译。

DNA→mRNA→多肽链这一DNA中心法则的建立，解开了蛋白质合成过程中转录和翻译之谜，指导着人们认识蛋白质的生物合成过程。随着后来反向转录酶的发现，又肯定了某些病毒能够以RNA为模板合成互补DNA，这就更进一步完善和补充了中心法则。遗传信息复制和传递机制的阐明，为人工改变生物DNA结构而引起遗传性状的改变，从而创造出生物新品种和新型产物提供了可能性。

（二）现代分子生物学在技术上的四大发明

1. DNA分子体外切割与连接技术的发明

早在20世纪50年代初期，就发现寄主细胞对噬菌体的限制作用，后来发现这种限制作用是菌株中限制性核酸内切酶（简称限制酶）作用的结果，它专门分解外来的DNA而使其失去复制的能力，这实际上是寄主细胞抵抗外来DNA侵染的一种防御机制。

20世纪60年代末期和70年代初期，经详细的研究，人们弄清了限制酶是一类专一性很强的核酸内切酶，它与一般的DNA水解酶不同之处在于，它们对碱基作用的专一性及对磷酸二酯键的断裂方式具有一些特殊的性质。这种酶被形象地称为分子剪刀，它们的发现和应用大大促进了基因工程技术的进展，在基因的分离、DNA结构分析、载体的改造及体外重组中均起着重要作用。

1967年，世界上有5个实验室几乎同时发现了DNA连接酶。连接酶是另一种对DNA重组技术的创立具有重要意义的工具酶。1970年，当时在威斯康星大学的H. G. Khorana实验室，又发现T4DNA连接酶具有更高的连接活性，甚至能催化两段DNA分子进行平末端的连接。该类酶的发现和分离提纯，使两个DNA片段在体外连接形成重组DNA分子成为可能，在DNA合成、DNA复制和基因重组中起着十分重要的作用。

限制酶与连接酶等工具酶的发现，从根本上解决了DNA分子的体外切割与连接技术难题，它是重组DNA的核心技术。

2. 利用质粒作为基因运载体技术的发明

最早被发现和研究的质粒是大肠杆菌致育因子（F因子）。1952年又发现大肠杆菌能产生一种蛋白质性的抗菌物质，称为大肠杆菌素。后来查明它是由另一种质粒——Col因子支配产生的，成了第二个研究历史较长的质粒。1959～1960年，在日本发现了抗药性质粒（R因子），该质粒相对分子质量小，易于操作和具有抗药性选择标记等优点。后来又不断在细菌和放线菌中发现了各种各样的质粒。

人们通过对质粒的结构与功能的深入研究，弄清质粒是一种存在于微生物细胞内、染色体外的闭合环状双链小型DNA分子，是能够进行独立自体复制并保持遗传恒定的复制子。它能从一个微生物细胞转移到另一种微生物细胞中，而且某些质粒能在细胞中大量复制。因而有可能利用质粒作为基因的运载体，将某种外源基因从一个细胞转移至另一个细胞并大量复制该基因的拷贝，从而高产相应的基因产物。

质粒的发现为不同生物细胞间基因的转移开创了新局面，成为第一个将外源基因导入宿主细胞的载体，目前已被发展成为基因分子克隆技术中最常用的载体。如pBR322和pUC18等质粒载体就是其中突出的代表。

3. 外源DNA转化宿主细胞技术的发明

将外源DNA分子导入宿主细菌细胞的转化现象，虽然早在20世纪40年代就已经在肺炎双球菌中发现，但对于转化大肠杆菌来说，却直到1970年才获得成功。

当时，M. Mandel和A. Higa发现用$CaCl_2$处理大肠杆菌，能使该菌对λDNA的吸收有显著的增加。1972年，斯坦福大学的S. Cohen等人报道，经氯化钙处理的大肠杆菌细胞同样也能够摄取质粒DNA。将该技术应用于质粒DNA的转化，结果每微克DNA可得到$10^6 \sim 10^7$个转化子。从此，大肠杆菌便成了分子克隆的良好转化受体。大肠杆菌转化体系的建立，对基因工程的创立具有特别重要的意义。

4. 核酸和蛋白质序列分析技术的发明

1965年，Sanger发明了氨基酸序列分析测定法，接着又发明了DNA分子的核苷酸序列分析测定法，使人们对DNA序列分析获得重大突破，一次实验便可确定几百个碱基的排列顺序。知道了某个蛋白质的基因DNA的碱基序列，就可根据3个碱基决定一个氨基酸的三联体密码子，推知该蛋白质的氨基酸序列，并可用化学方法人工合成该基因。因此，核酸和蛋白质序列分析技术的发明，使基因的分析和合成成为可能。

综上所述，遗传物质基础的证明、DNA双螺旋结构和功能的阐明、遗传信息的流向和表达机制的阐明、限制酶与连接酶等工具酶的发现、质粒等基因克隆载体的发现、细胞转化方法的建立、核酸和蛋白质序列分析技术的发明等，为基因克隆技术这一划时代的生物新技术的诞生奠定了坚实的理论和技术基础。在20世纪70年代初期开展的DNA重组工作，无论在理论上还是技术上都已经具备了条件。

（三）第一项基因克隆实验揭开了基因工程的序幕

1972年，美国斯坦福大学的P. Berg博士领导的研究小组，使用核酸内切限制酶EcoRⅠ，在体外对猿猴病毒SV40的DNA和λ噬菌体的DNA分别进行酶切消化，然后再用T4DNA连接酶将两种消化片段连接起来，结果获得了包括SV40和λDNA重组的杂种DNA分子。P. Berg等人率先完成了世界上第一次成功的DNA体外重组实验，并因此与W. Gilbert，F. Sanger分享了1980年度的诺贝尔化学奖。

1973年，斯坦福大学的S. Cohen和H. Boyer也成功地进行了另一个体外DNA重组实验。他们将编码有卡那霉素抗性基因（km^r）的大肠杆菌R6-5质粒DNA和编码有四环素抗性基因（Tc^r）的另一种大肠杆菌质粒pSC101 DNA混合后，加入核酸内切限制酶EcoRⅠ，对DNA进行切割，而后再用T4DNA连接酶将它们连接成重组的DNA分子。

用这种连接后的DNA混合物转化大肠杆菌，结果发现，某些转化子菌落的确表现出了既抗卡那霉素又抗四环素的双重抗性特征。从此种双抗性的大肠杆菌转化子细胞中分离出来的重组质粒 DNA，带有完整的 pSC101 分子和一个来自 R6-5 质粒编码卡那霉素抗性基因的 DNA 片段。人们一般认为，这是第一项基因克隆实验，它揭开了基因工程的序幕。

为了说明不同物种的外源 DNA 片段也可以在大肠杆菌细胞中增殖，S. Cohen 等人又应用与上述类似的方法，把非洲爪蟾编码核糖体基因的 DNA 片段，同 pSC101 质粒重组，并导入大肠杆菌细胞。转化子细胞分析结果表明，动物的基因的确进入到大肠杆菌细胞，并转录出相应的 mRNA 产物。S. Cohen 的第一次成功的基因克隆实验，具有十分重要的意义。

二、基因工程的定义、特点与步骤

（一）基因工程的定义

基因工程将不同来源的遗传物质，在体外合成重组 DNA 分子，这种重组 DNA 分子可以被引入受体细胞，进行增殖、繁延而发育成一个新种，这一过程在自然界演化中一般是不会发生的。

基因工程的一般定义是：用人工方法在体外将外源基因与载体结合形成重组 DNA，然后引入某一受体细胞中，使外源基因在细胞内复制、转录、翻译并产生出相应的基因产物，从而获得生物新品种的全部操作过程，称为基因工程。

基因工程操作应包括基因的分离、重组、转移以及基因在受体细胞内的保持、转录、翻译、表达等全过程，因此，基因工程的实施至少要有以下四个必要条件：工具酶、基因、载体和受体细胞。

（二）基因工程的特点

基因工程与其他育种技术相比，具有如下特点：

1. 能像工程一样按人们的意愿事先设计和控制

基因工程可预知某一基因的改变，可以及早纠正，可以有计划有目的地构建基因，所以基因工程育种是比较定向的。此外，基因工程育种的每步变化均可检测，可保证产品的纯度和安全性。应用基因工程使生物科学工作者首次将遗传物质按人们的意愿进行周密设计和人工操纵，为进一步深入研究基因的结构、功能、表达和调控等提供了一个划时代的有效手段。

2. 是人工的、离体的、分子水平上所进行的遗传重组

利用基因工程的方法可在极端错综复杂的生物细胞内取出所需基因，并人为地将此目的基因在试管中进行剪切、拼接、重组并转化到受体细胞中，经无性繁殖生产出新型蛋白质（主要是各种多肽和蛋白质类生物药物）。

3. 能在动植物和微生物间进行任意的、定向的超远缘杂交

基因工程的最大威力在于，它能使带有支配各种各样遗传信息的 DNA 片段，越过不同生物间特异的细胞壁，而组入到完全不同的、没有亲缘关系的生物体内，能定向地控制、修饰和改变生物的遗传和变异。因而完全有可能创造出前所未有的、具有新遗传性状的生物新类型。

（三）基因工程的步骤

基因工程技术实际上是一包括能将遗传信息（DNA）从一种生物细胞转移到另一种生物细胞中并得以表达的若干实验技术的总称。概括起来，基因工程应包括以下六个基本步骤，如图 8-1 所示。

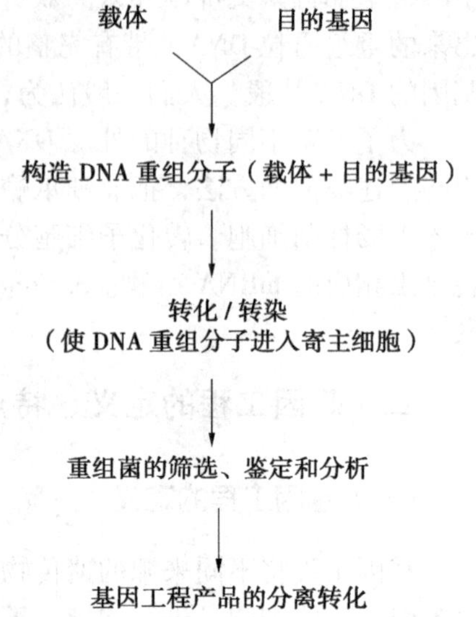

图 8-1　基因工程的基本步骤

1. 外源目的基因的取得

从复杂的生物细胞基因组中，经过酶切消化或 PCR 扩增等步骤，分离出带有目的基因的 DNA 片段，取得所需的基因（外源性 DNA 片段）；或者从特定细胞里提取所需基因的 mRNA 后，在适宜的条件下利用逆（反）转录酶的作用来取得所需基因；或者通过探明目的基因所含的遗传密码及其排列顺序，然后用化学方法人工合成所需的基因。

2. 基因运载体的分离提纯

基因运载体是具有自体复制能力的另一种 DNA 分子，它经过处理后，能与外来基因（外源性 DNA）相结合，并带有必要的标记基因。目前，常用的基因运载体主要有两类：一类是质粒，一类是病毒（包括噬菌体）。以前者为例，首先用溶菌酶分解细菌细胞壁，然后用物理化学的方法，把质粒与其他成分分开，从而得到纯粹的质粒。

3. 重组 DNA 分子的形成

通过专一限制性内切核酸酶的处理或人为的方法，使带有目的基因的外源 DNA 片段和能够自我复制并具有选择标记的载体 DNA 分子产生互补的粘性末端而相互配对结合，并通过连接酶在体外使两者连接起来，形成一个完整的新的 DNA 分子——重组 DNA 分子。

4. 重组 DNA 引入受体细胞

重组 DNA 即是将带有目的基因的运载体（杂种质粒或病毒），用人工的方法（转化或转导法），将重组 DNA 分子转移到适当的受体细胞（宿主细胞）中，使它能在细胞中"定居"下来。通过自体复制和增殖，形成重组 DNA 的无性繁殖系（即克隆），从而扩增产生大量特定目的基因，并使之得到表达，即能指导蛋白质的合成，如图 8-2 所示。

5. 重组菌的筛选、鉴定和分析

从大量受体菌中设法筛选出带有目的基因的重组菌（克隆株系），并进行鉴定。然后培养克隆株系，提取出重组质粒，分离已经得到扩增的目的基因，再分析测定其基因顺序。

6. 工程菌的获得和基因产物的分离

将目的基因克隆到表达载体上，再次导入受体菌中，经反复筛选、鉴定和分析测定，最终获得较稳定的高产基因工程菌；然后进行大量培养繁殖，产生出所需要的目的基因产物；再进行分离纯化。

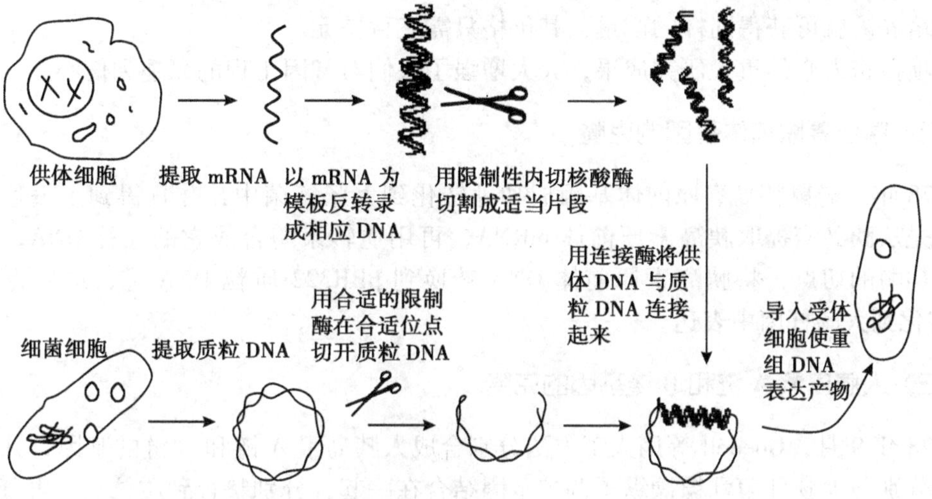

图 8－2　基因工程基本操作步骤（1～4）示意图

上述仅是基因工程的基本步骤。在实际工作中，其具体操作步骤还有更多，很多步骤必须重复进行，进行多次分离和分析测定重组 DNA。

三、基因工程早期开创性的研究成果

1973 年，Cohen 和 Boyer 的第一项基因工程实验获得成功，标志着基因工程的正式开始。以后，由于人们对基因工程安全性的过分担心，人为地制定了各种限制措施，使基因工程研究受到阻碍而进展缓慢。主要的研究成果有两项：

①1974 年，Boyer，Helineski 和 Yamnfsky 等合作构建了扩增拷贝数很高的 col El 质粒，为以后的基因扩增研究铺平道路。

②1974 年，Cohen，Boyer，Morrow 和 Goodman 等人合作，第一次将一个真核生物基因引入了大肠杆菌中并得到转录。

后来，随着对基因工程认识的不断深入以及采取了必要的安全防范措施，人们放宽或取消某些过于严厉的限制，使基因工程研究又得到迅速的发展。

（一）大脑生长激素释放抑制素的克隆与表达

1977 年 11 月，有机化学家 K. Itakura 和 Riggo 等合作，将化学合成的大脑生长激素释放抑制素（Somatostatin，Som.）基因与大肠杆菌半乳糖苷酶基因和 pBR322 质粒重组，转化到大肠杆菌中并表达成功。结果产生含生长抑制素（Som.）的嵌合型蛋白质，经溴化氰处理后，释放出有活性的生长抑制素（14 肽）。

这是真核生物的人造基因首次在原核生物中表达成功，其实践意义是可以通过发酵途径生产出大量廉价的这类有价值的产品，但更重要的是理论意义。在理论上，它提供了这样一个依据，通过基因克隆技术，利用细菌来研究高等生物基因功能的表达有现实的可能性。

生长抑制素能抑制包括生长激素、胰岛素和胰高血糖素等多种激素的产生，是一种很有用的药物。它可医治肢端肥大症、急性胰腺炎等。按常规制备法，从五十万头羊的脑下垂体中才能提取5mg生长抑制素，其价值达亿万美元。采用基因克隆技术，只要用10升工程菌培养液就可获得同样的产量，其价格只需三百美元。

这项振奋人心的重大研究成果，大大增强了人们对基因工程的兴趣和信心。

（二）胰岛素原前体基因的克隆

1978年，老鼠胰岛素原前体基因成功地转化到大肠杆菌中，并且得到了表达。这个实验首先从胰岛瘤提取胰岛素原前体mRNA，再用逆转录酶合成它的互补DNA，通过限制性内功酶的切点，将胰岛素原前体DNA转换到pBR322质粒DNA上，最后将此重组DNA转化到大肠杆菌中表达。

（三）人胰岛素A链和B链基因的克隆

1978年9月，Goedell等用人工方法分别合成人胰岛素A链和B链的基因，并把这两个基因分别与大肠杆菌乳糖操纵子调控基因结合在一起，分别整合到质粒上，再分别转化到大肠杆菌中，一个大肠杆菌专门合成A链，另一个专门合成B链；随后再用化学方法将A、B蛋白链从乳糖操纵子基因蛋白上切下来，分别提纯，得到了A链（含有21个氨基酸）和B链（含有30个氨基酸）；再通过二硫键把A、B两条多肽链结合在一起，成为一个完整的人胰岛素。这样，人胰岛素就可以用基因工程的方法人工地大量合成，为广大的糖尿病患者带来了福音。

（四）人体生长激素基因的克隆

1979年，美国加州大学H. Goodman等用DNA克隆技术，进行了人体生长激素基因的研究，发现该基因具有重叠结构，可作为基因的结构、分化和调节的研究材料。当将带有激素基因的杂合质粒插入到另一个基因时，可在受体菌中稳定复制，并可表达得到约占总蛋白70%的由人体生长激素基因编码的多肽。

（五）酵母基因工程菌合成干扰素

1980年1月，瑞士生物基因公司首次报导用基因工程菌生产干扰素获得成功。接着，美国旧金山的基因工程公司宣布用酵母基因工程菌合成干扰素也获得成功。

（六）大豆蛋白和人体尿激酶基因的克隆

在1980年还有两项重要成果，一是日本科学家将大豆蛋白的遗传基因插入大肠杆菌的质粒中，人工合成大豆蛋白获得成功；二是美国Abbott公司用基因克隆技术使大肠杆菌产生出人体尿激酶。

（七）DNA克隆技术生产口蹄疫疫苗

1981年，美国科学杂志报道了从基因工程菌中制备出动物口蹄疫疫苗。口蹄疫起因于一种微小的RNA病毒，其传染力很强，能严重感染包括猪牛羊在内的32种偶蹄类动物。口蹄疫可引起幼畜死亡，减缓长膘速度，减低牛奶产量，造成严重的经济损失。应用DNA克隆技术生产口蹄疫疫苗，对防治动物口蹄疫具有重大的经济意义。

同年，从基因工程菌中获得的新产物还有乙型肝炎病毒表面抗原和核心抗原以及牛生长激素等。前者对于人的乙型肝炎的诊断和防治，后者对于提高牛肉牛奶的产量均具有重要意义。

（八）真核生物为受体的基因克隆

1982 年，把基因引入实验动物的研究获得重要进展。R. Palmiter 等把从大鼠体内分离到的生长激素基因，在体外与小鼠的开关 DNA 重组，再注射到母小鼠受精卵中。结果，在出生的小鼠中，有些带有大鼠的生长激素基因，个头大且生长速度快（称为巨型小鼠）。这是以真核生物为受体的基因克隆技术所取得的首次突破，具有深远的意义。

（九）狂犬病疫苗的克隆

1983 年，报导了用大肠杆菌产生狂犬病毒糖蛋白类似物获得成功，使人工制造狂犬病疫苗成为可能。也报道了用大肠杆菌生产鸡生长激素，并进行应用试验以促进肉鸡生长。

（十）用基因克隆技术改良动植物品种

1983 年，以真核生物为受体的基因克隆技术取得两项新的突破。一是把人的生长激素基因转移给小鼠获得成功；二是把某些外源基因通过基因克隆技术引入植物（烟草、胡萝卜、矮牵牛、马铃薯等）的细胞中，能再生出完整的植株，且外源基因也能随种子遗传下去。这些鼓舞人心的成果表明，用基因克隆技术来改良动植物品种的日子已为期不远了。

第二节 基因工程常用的工具酶

基因工程技术的重要特点之一，是在体外对 DNA 分子实行人工切割、修饰和重新连接。因此，要使基因工程得以实施，首先是要提供一系列的酶作为工具。我们把切割 DNA 分子、修饰 DNA 片段、拼接 DNA 片段等所需的酶，统称为工具酶。

工具酶的种类繁多，功能各异，人们对酶反应的细节也更加了解。许多厂商可以生产并广泛供应各种优质的工具酶。基因工程常用的工具酶，就其用途可分为四大类：限制酶、连接酶、聚合酶和修饰酶。

下面对基因工程常用几类工具酶的特性、功能和用途作逐一简介。

一、限制性核酸内切酶

限制酶的全称是限制性核酸内切酶（restriction endonucleases），是一类能够识别双链 DNA 分子中的某种特定核苷酸序列，并由此切割 DNA 双链结构的酶。

限制酶对碱基作用的专一性，以及对磷酸二酯键的断裂方式，都有特殊的性质。它们在基因的分离、载体的改造、体外重组及 DNA 结构分析中起着重要作用。

（一）限制酶的类型及命名

1. 限制酶的类型

根据限制酶的限制和修饰活性、相对分子质量大小、酶蛋白结构、切割位点及限制作用所需的辅助因子等，目前已经鉴定出有三种不同类型的限制酶，即Ⅰ型酶、Ⅱ型酶和Ⅲ型酶。

Ⅰ型限制酶的相对分子质量很大，是一类复杂的多功能酶，其切割位点基本上是随机的。Ⅲ型限制酶数量相当少，其识别序列是非对称的。因此，Ⅰ型和Ⅲ型限制酶在基因操作中没有什么实际用途。

Ⅱ型限制酶只有一种多肽，相对分子质量较小（2×10^4 ～ 10×10^4），是简单的单功能酶，作用时无需辅助因子或只需 Mg^{2+}。Ⅱ型酶能识别双链 DNA 上特异的核苷酸序列，底物作用的专一性强，而且其识别序列与切割序列相一致，切割后形成一定长度和顺序的 DNA 片段。因而Ⅱ型酶对于基因工程中 DNA 操作是极为重要的。

2. 限制酶的命名

限制酶的命名原则是：以寄主微生物属名的头一个字母（大写）和种名的前两个字母（小写），组成 3 个字母的略语表示寄主菌的物种名称，例如，大肠杆菌（*Escherichia coli*）用 Eco 表示，流感嗜血杆菌（*Haemophilus influenzae*）用 Hin 表示。菌株名加在这三个字母的后面，如 BamHⅠ，EcoRⅠ。若一种寄主菌株有几个不同的限制酶，则以罗马数字加以区分，如 HindⅠ，HindⅡ，HindⅢ。

（二）限制酶的特性

基因工程操作中，常用的Ⅱ型限制酶具有下列 4 个主要特性：

1. 不同限制酶能专一性地识别不同的特异核苷酸序列

各种限制酶对 DNA 识别序列的大小是不同的。有些识别序列由六核苷酸组成，如 EcoRⅠ是 5′…GAATTC…3′；有些识别五核苷酸序列，如 AsuⅠ是 5′…GGNCC…3′；还有一些则识别四核苷酸序列，如 MboⅠ是 5′…GATC…3′，如图 8-3 所示。

限制酶识别序列的大小，决定着一种给定的 DNA 分子酶解后，产生片段的大小范围。我们可通过选用不同大小识别序列的限制酶，来获得不同大小的 DNA 片段。

2. 各种限制酶的识别序列一般都具有回文结构

虽然各种限制酶识别的核苷酸序列各不相同，但却有一个共性，那就是所有这些识别序列的核苷酸都作双重旋转对称排列。如果都从 5′末端向 3′末端读其碱基顺序，则在识别序列的两条核苷酸链中的碱基排列次序是完全相同的，这种结构形式称为回文结构，即正读与反读都相同。如限制酶 BamHI 的识别序列是：

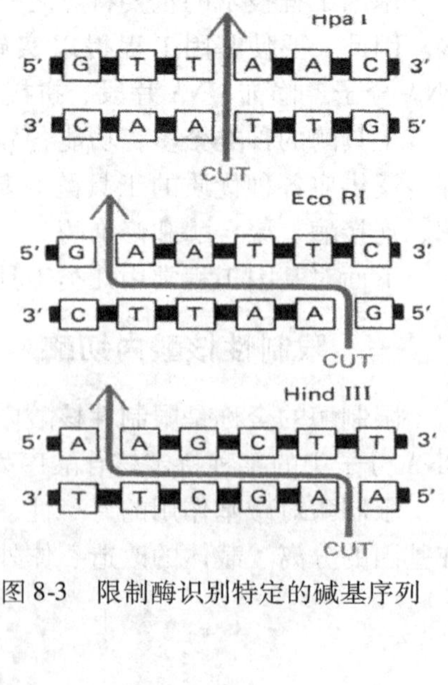

图 8-3　限制酶识别特定的碱基序列

5′—GGATCC—3′

3′—CCTAGG—5′

正读时是 GGATCC，反读时也是 GGATCC。

3. 各种限制酶的切割类型各异，切割后形成各种粘端或平端

各种限制酶按其切断双链的方式可分为错位切割与平齐切割两种。

（1）粘性末端 限制酶错位切断 DNA 双链形成的具有彼此互补碱基的单链延伸末端，称为粘性末端。例如，限制酶 Pst Ⅰ 和 EcoR Ⅰ 的识别序列和切割位点分别是：

5′—CTGCA↓G—3′　　　　5′—G↓AATTC—3′
3′—G↑ACGTC—5′　　和　　3′—CTTAA↑G—5′

它们分别水解 A—G 和 G—A 之间的磷酸二酯键，成为

5′—CTGCA　　G—3′　　　　5′—G　　AATTC—3
3′—G　　ACGTC—5′　　和　　3′—CTTAA　　G—5′

形成具有互补碱基序列的单链粘性末端 ACGT 和 AATT。这种具有粘性末端的 DNA 片段，很容易通过单链区的碱基配对而联结在一起，产生线状或环状 DNA 分子，这对 DNA 的体外重组是十分有利的。

（2）平整末端 限制酶在同一位点平齐切断 DNA 两条链，形成的双链末端，称为平整末端。具平整末端的 DNA 片段不易于重新环化。如限制酶 Alu Ⅰ 的识别序列是：

5′—AG↓CT—3′

3′—TC↑GA—5′

该酶从中间水解 G—C 的磷酸二酯键就成为具有平整末端的两个 DNA 片段：

5′…AG　　　　CT…3′
3′…TC　　和　　GA…5′

二、DNA 连接酶

能将两段 DNA 拼接起来的酶称为 DNA 连接酶（DNA ligase）。它是一种能够催化双链 DNA 片段紧靠在一起的 3′羟基末端与 5′磷酸基团末端之间形成磷酸二酯键，使两末端连接起来的酶。

如果是两个或两个以上不同的双链 DNA 片段末端连接，则产生重组 DNA 分子。因此，这类酶的发现，使两个 DNA 片段在体外连接形成重组 DNA 分子成为可能，对基因工程技术的创立与发展具有十分重要的意义。

（一）连接酶连接作用的特点

如图 8-4 所示，DNA 连接酶连接作用有以下特点：

① 在一条 DNA 链的 3′末端具有一个 3′-OH，而在另一条 DNA 链的 5′末端具有一个 5′-P 的情况下，才能发挥其连接作用；

② 只能封闭 DNA 上失去一个磷酸二酯键所出现的单链缺口，而不能封闭失去一个核苷酸的单链裂口；

③ 不能连接两条单链的 DNA 分子或环化的单链 DNA 分子；

④ 在进行连接反应时，需要提供一种能源分子（NAD^+ 或 ATP）。

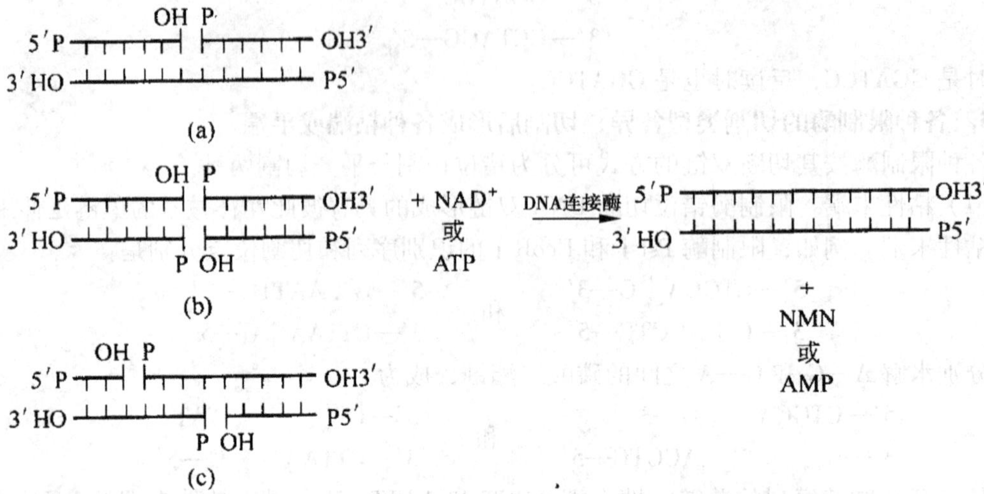

图 8-4　DNA 连接酶的连接作用

（a）缺口 DNA；（b）平整末端 DNA；（c）粘性末端 DNA

（二）基因工程中常用的连接酶

基因工程中常用的连接酶是 T4 噬菌体 DNA 连接酶，相对分子质量为 68000，需 ATP 作能源辅助因子。该酶比较容易制备，在分子生物学研究及基因克隆中有广泛的用途。

1. 粘性末端连接

T4DNA 连接酶可用于双链 DNA 片段互补粘性末端之间的连接，反应系统中必须加有辅助因子 ATP，反应缓冲液中还应含有 Tris-HCl，$MgCl_2$，DTE（二硫赤藓糖醇）等。

示例：

$$\begin{matrix} 5'\cdots ACG_{OH} & {}_{P}AATTCGT\cdots 3' \\ 3'\cdots TGCTTAA_{P} & {}_{HO}GCA\cdots 5' \end{matrix} \xrightarrow[Mg^{2+},\ ATP]{\text{T4DNA 连接酶}} \begin{matrix} 5'\cdots ACGAATTCGT\cdots 3' \\ 3'\cdots TGCTTAAGCA\cdots 5' \end{matrix}$$

2. 平整末端连接

T4DNA 连接酶还能够连接两条平整末端的双链 DNA 分子，但反应速率要比上述粘性末端连接慢得多，低浓度 PEG 可提高平整末端连接速率。

示例：

$$\begin{matrix} 5'\cdots CGA_{OH} & {}_{P}CGTA\cdots 3' \\ 3'\cdots GCT_{P} & {}_{HO}GCAT\cdots 5' \end{matrix} \xrightarrow[Mg^{2+},\ ATP]{\text{T4DNA 连接酶}} \begin{matrix} 5'\cdots CGACGTA\cdots 3' \\ 3'\cdots GCTGCAT\cdots 5' \end{matrix}$$

三、DNA 聚合酶

DNA 聚合酶（DNA polymerase）是能够催化 DNA 复制和修复 DNA 分子损伤的一类酶。在基因工程操作中的许多步骤都是在 DNA 聚合酶催化下进行的 DNA 体外合成反应。下面是几种在基因工程中常用的 DNA 聚合酶。

（一）大肠杆菌 DNA 聚合酶 I

大肠杆菌 DNA 聚合酶 I 是一种多功能酶，具有三种酶活性，即 5′→3′的聚合酶活性、5′→3′的核酸外切酶活性和 3′→5′的核酸外切酶活性，因而具有三种作用：①5′→3′聚合作用；②5′→3′外切核酸降解作用；③3′→5′外切核酸降解作用。

切口平移反应 当双链 DNA 的一条链产生缺口时，DNA 聚合酶 I 的 5′→3′聚合作用将脱氧核苷酸加添到 3′-OH 末端上，与此同时，其 5′→3′核酸外切酶从缺口的 5′-P 末端切除原有核苷酸，使切口沿着 DNA 平移，此即称为切口平移反应，又称为缺口翻译，如图 8-5 所示。

DNA 聚合酶 I 除用于修补 DNA 缺损部位的空隙外，更主要的用途是利用切口平移方法，以放射性脱氧核苷酸置换原来的脱氧核苷酸标记 DNA，从而制作 DNA 探针，这对于重组 DNA 技术是十分重要的。

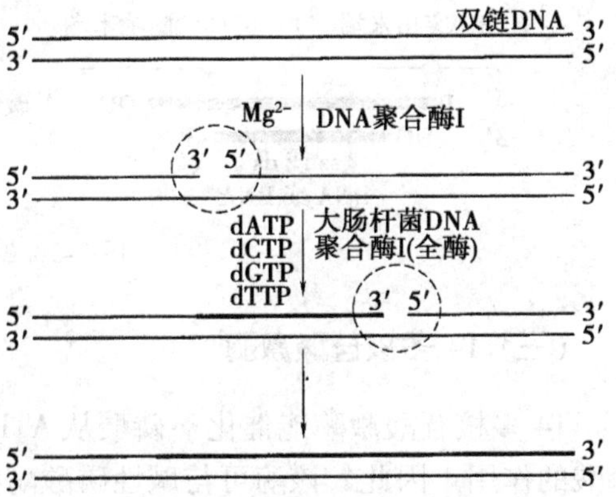

图 8-5 利用 E. coli DNA 聚合酶 I 进行切口平移反应

（二）TaqDNA 聚合酶

TaqDNA 聚合酶是从极度嗜热的水生嗜热菌中纯化而来的，是一种耐热的 DNA 聚合酶。该酶具有 5′→3′的聚合酶活性和 5′→3′外切核酸酶活性。该酶的最佳作用温度为 75～80℃，但应用时往往要在低于最适温度条件下进行聚合反应。

该酶主要用于聚合酶链式反应（PCR），从而对 DNA 分子的特定序列如目的基因进行体外扩增，在基因工程操作中十分重要。

（三）逆转录酶

逆转录酶也称为 RNA 指导的 DNA 聚合酶，最普遍使用的是禽源反转录酶。该酶是分子生物学中最重要的核酸酶之一，主要用于将 mRNA 逆转录成双链 cDNA。

示例：

$$\begin{matrix}5'\cdots TTTTT_{OH}3' \\ 3'\cdots AAAAAUCUGUCCUA\cdots 5'\end{matrix} \xrightarrow[\text{4 种 dNTP, } Mg^{2+}]{\text{反转录酶}} \begin{matrix}5'\cdots TTTTTAGACAGGAT_{OH}3' \\ 3'\cdots AAAAAUCUGUCCUA\cdots 5'\end{matrix}$$

四、DNA 修饰酶

（一）末端转移酶

末端转移酶全称为末端脱氧核苷酸转移酶，简称 TDT 酶，来源于小牛胸腺。该酶不需要模板的存在就能催化 dNTP 加于 DNA 分子的 3′羟基端。当反应混合物中只有一种 dNTP 时，就可以形成仅由一种核苷酸组成的 3′同聚物尾巴。因此，该酶的主要用途之一是分别给外源 DNA 片段及载体分子加上互补的同聚物尾巴，以使它们可以重组起来。

（二）碱性磷酸酶

碱性磷酸酶能够催化核酸分子脱掉 5′磷酸基团，从而使 DNA 片段的 5′-P 末端转换成 5′-OH 末端。该酶主要用途是脱磷酸作用，其产物具有 5′-OH 末端，如图 8-6 所示。

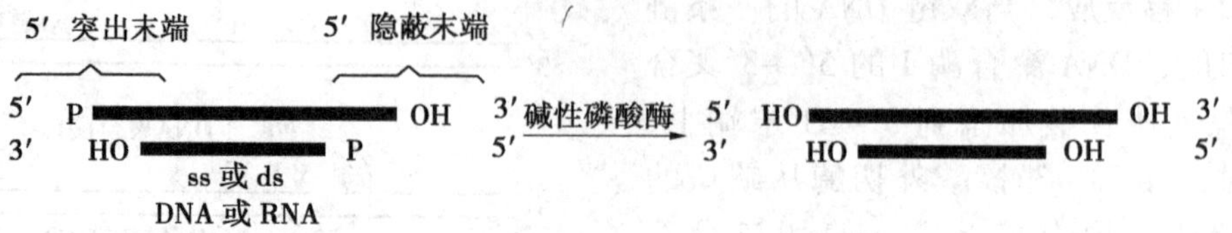

图 8-6　碱性磷酸酶的活性

（三）T4 多核苷酸激酶

T4 多核苷酸激酶能催化 γ-磷酸从 ATP 分子转移给 DNA 分子的 5′-OH 末端，即起添加磷酸的作用。因此，该酶可与碱性磷酸酶配合，用于标记核酸分子的 5′末端（图 8-7）。

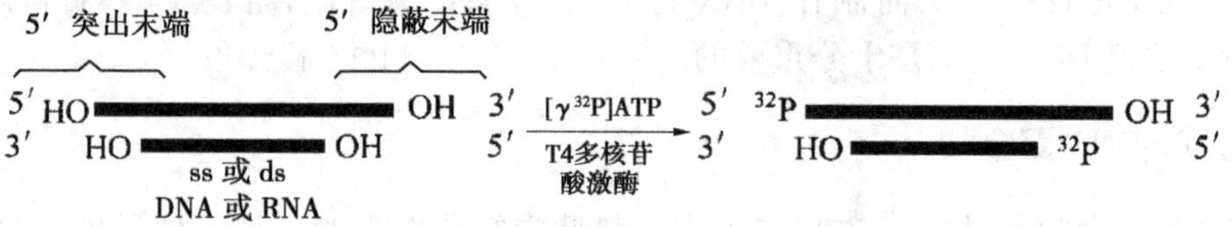

图 8-7　T4 多核苷酸激酶的活性与末端标记

（四）S1 核酸酶

S1 核酸酶是一种高度单链特异的核酸内切酶，可降解单链 DNA 或 RNA，产生带5′磷酸的单核苷酸或寡核苷酸，在一般条件下不能使双链 DNA 分子发生降解。因此，该酶在 DNA 修饰中具有多种用途（图 8-8）。

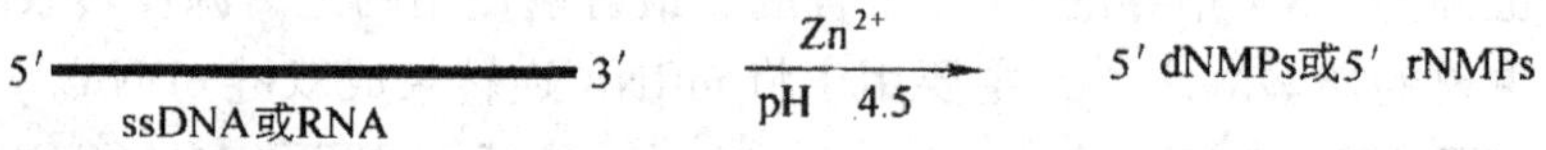

(a) 对单链DNA或RNA的活性

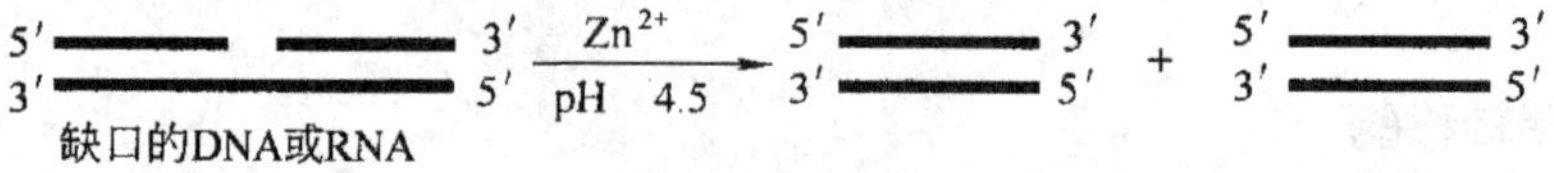

(b) 对带缺口或裂口的双链DNA或RNA的活性

图 8-8　S1 核酸酶的活性

第三节　基因工程常用的克隆载体

目的基因 DNA 片段（外源 DNA），一般是很难进入不同种属的细胞中的，即使能单独进入细胞中，也不能进行复制增殖，它必须与具有自我复制能力的 DNA 结合后才能被复制。

这种能承载外源 DNA 片段（基因）并进入受体细胞，能在细胞内进行自我复制的

DNA 分子，就是外源基因的运载体（vector），简称为克隆载体。

基因工程的一个重要环节，是基因运载体的设计和应用。有了基因运载体，外源DNA 就不仅能进入受体细胞，而且能在受体细胞中生存和增殖，从而使基因工程成为一种现实可行的技术。

基因工程常用的克隆载体有质粒载体、噬菌体载体、病毒载体及由它们相互组合而成的重组型载体，下面分别加以简介。

一、质粒载体

（一）质粒概述

质粒（plasmid）是一些存在于细菌内、染色体外的小型闭合环状双链 DNA 分子，是能够进行独立复制并保持恒定遗传的复制子。

质粒的基因对细菌生长并非是必需的，但它却能决定细菌的一些重要特性。根据这一点，可以借助质粒使带进细胞的基因表达其遗传信息，改变或修饰寄主菌原有的代谢产物或产生新的物质，因此质粒是基因工程中一类主要的克隆载体。

1. 质粒 DNA 的构型与特性

迄今所知的质粒 DNA，无论其分子大小，一律都是没有末端的闭合环状 DNA，称闭合环（cc）分子，也称超螺旋环（sc）。质粒 DNA 经过适当的限制酶切割之后，发生双链断裂而形成线性（L）分子。

质粒不仅在遗传特性方面与寄主染色体不同，而且在分子特性上也有别于寄主染色体。例如，质粒 ccDNA 双链紧压闭合成环，插入染料（如溴化乙锭）的量比染色体 DNA 少得多，密度较大；质粒 ccDNA 不易随 pH 值或温度上升而发生双链的离解等。利用这些特性可以对质粒 DNA 进行分离和检测。

2. 质粒 DNA 的复制

按质粒复制所受控制的方式，以及寄主细胞所含质粒拷贝数的多少，可将质粒分为严紧型和松弛型两种不同的复制型。

严紧型质粒的复制，是在寄主细胞染色体严紧控制下进行的，在细胞中以低拷贝数存在，每个细胞只有 1 ～ 2 个质粒；松弛型质粒的复制，在整个细胞生长周期中均可随时进行，在细胞中以高拷贝数存在，每个细胞有 10 ～ 200 个质粒，并可用氯霉素扩增多达数千个。

3. 质粒 DNA 的提取与纯化

从宿主细胞中提取和纯化质粒 DNA，最为关键的步骤是对宿主细胞的裂解。通常是加入溶菌酶或十二烷基磺酸钠（SDS）来促使细菌细胞裂解。理想的状况是使每一个细胞都充分破裂到能使质粒 DNA 顺利溢出，而又没有污染过多的染色体 DNA。

细胞经裂解反应，大部分的染色体 DNA 都将以高相对分子质量的形式释放出来，可用高速离心法使之与细胞碎片一起沉淀除去，得到比较清亮的裂解液。裂解液中除了质粒 DNA 之外，仍会含有相当数量的染色体 DNA 片段和其他杂质，还需通过其他操作程序，将污染的染色体 DNA 和其他杂质进一步清除掉，从而纯化质粒 DNA。

现已有多种提取和纯化质粒 DNA 的方法，较常用的有微量碱变性法，该法具有简单快速、经济实惠的优点，是基因工程操作中最常用的一种分离纯化质粒 DNA 的方法。

（二）主要质粒载体的改造和构建

天然质粒存在着不同程度的局限性，不能直接用作基因克隆载体，必须进行修饰改造，构建成理想的质粒载体。

一般说来，用作基因克隆载体的理想质粒，必须满足如下几个条件：①具有复制起始点；②具有两种以上易被检测的选择性标记；③在选择标记上具有多种限制酶的单一切点；④具有尽可能小的相对分子质量；⑤应属于松弛复制型；⑥应为非传递性质粒。

1. pBR322 质粒载体

pBR322 质粒载体是最早用人工方法构建成功的一种较理想的质粒载体，曾经是质粒载体中的主力军，在基因克隆中广泛使用过。

pBR322 质粒载体的特点可归纳为：①相对分子质量较小，仅为 2.6×10^6，4.363kb；②具有一个复制起始点（ori），属松弛复制型载体，具有较高的拷贝数，而且可用氯霉素扩增；③含有四环素抗性（Tet^r）和氨苄青霉素抗性（Amp^r）两个基因，便于作为选择性标记；④共有 24 种单一限制酶识别位点，其中 BamHI 等 9 个单一切点位于 Tet^r 基因内，*PstI* 等 3 个单一切点位于 Amp^r 基因内，因而有利于检测重组转化子（图 8-9）。

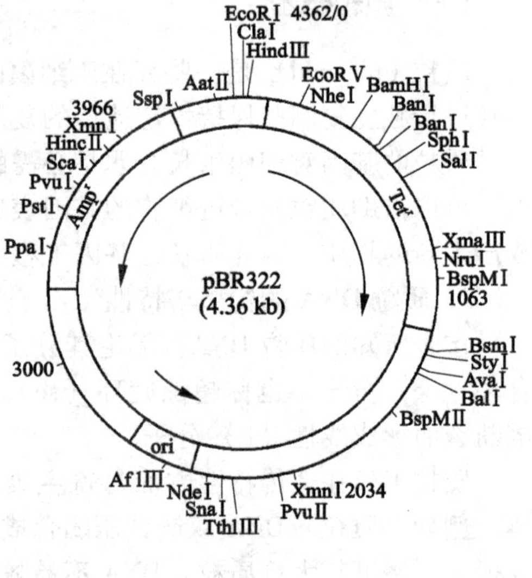

图 8-9　pBR322 质粒载体

在 pBR322 质粒基础上，经人工改造，又构建了如 pAT153 和 pBR327 等衍生质粒载体，比 pBR322 质粒具有更高的生物防护安全性。因此，pBR322 已在很大程度上让位于更完善更有效的衍生载体。

2. pUC 质粒载体

pUC 质粒载体是一种常用的载体，它是在 pBR322 质粒载体的基础上，组入了一个在其 5′端带有一段多克隆位点（MCS）的 lacZ′基因，而发展成为具有双功能检测特性的新型质粒载体系列。

pUC 质粒载体是基因工程研究中最通用的大肠杆菌克隆载体之一，与 pBR322 质粒载体相比，具有许多方面的优越性，概括如下：

① 具有更小的相对分子质量和更高的拷贝数。pUC 质粒载体仅约 2.7 kb，比 pBR322 相应缩小了许多。不经氯霉素扩增，平均每个细胞即可达 500 ～ 700 个拷贝。

② 适合于用组织化学方法检测重组体。可以应用 X gal-IPTG 显色技术检测转化子，含有重组质粒载体的克隆是无色的，可以与含有非重组质粒载体所形成的蓝色克隆明显地区别开来。

③ 具有多克隆位点 MCS 区段。可以使具有两种不同粘性末端（如 EcoRⅠ和 BamHⅠ）的多种外源 DNA 片段无需借助其他操作而直接定向克隆到 pUC 质粒载体上。

以 pUC18 和 pUCl9 为例，这是两个小分子量、高拷贝的质粒载体，在 lacZα 序列内多克隆位点 MCS 中含有多达 13 个单一酶切位点，而且这两个载体的多克隆位点以互为相反的方向排列（图 8-10）。

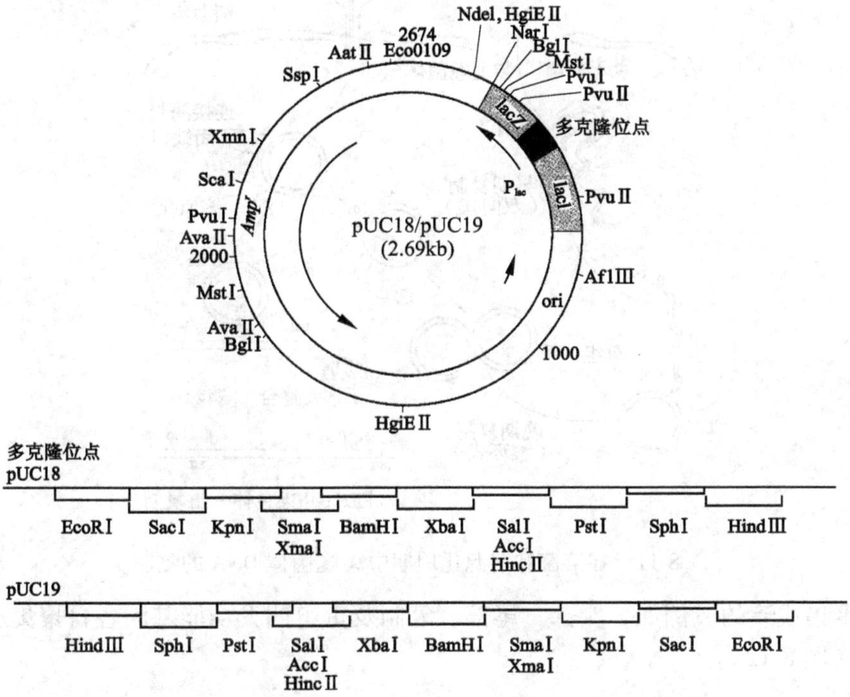

图 8-10　pUC18 和 pUC19 质粒载体及其多克隆位点

二、噬菌体载体

大肠杆菌 K12 菌株是一种溶源性细菌，携带有名为 λ 的温和噬菌体。1974 年 Davis 发现，当 λ 噬菌体失去某一部分达总量 20% 的 DNA 时仍不失活，这一部分缺失 DNA 的空间正好可作为运载外源 DNA 之用，第一次证明 λ 噬菌体可作为基因无性繁殖的载体。至今已构建了一百多种 λ 噬菌体载体，在重组 DNA 的研究中有着相当广泛的用途。

（一）λ 噬菌体的结构及其 DNA 复制过程

λ 噬菌体由一个正 20 面体头部和一条尾部构成。头部外壳蛋白含有一条线状双链 DNA 分子，通过尾部注入细菌细胞内，并迅速通过粘性末端之间的互补作用，形成环状双链 DNA 分子。

环状 λDNA 可选择溶源或溶菌两条途径。当进入溶源途径时，整个 λDNA 插入（整合）到寄主菌染色体 DNA 中，成为原噬菌体 DNA，并随着寄主菌染色体 DNA 一道复制；当进入溶菌途径时，环状 λDNA 先进行早期双向复制，再进行晚期滚环式复制，形成串连线状 λDNA 多连体，再切割成为单体子代线状 λDNA，并包装入头部蛋白质外壳。在装配上尾部成为完整子代后，便裂解寄主菌而释放出来（图 8-11）。

（二）λ 噬菌体基因组的结构与功能

编码在 λ 噬菌体 DNA 分子上的基因，迄今已经定位的至少有 61 个，基本上是按功能

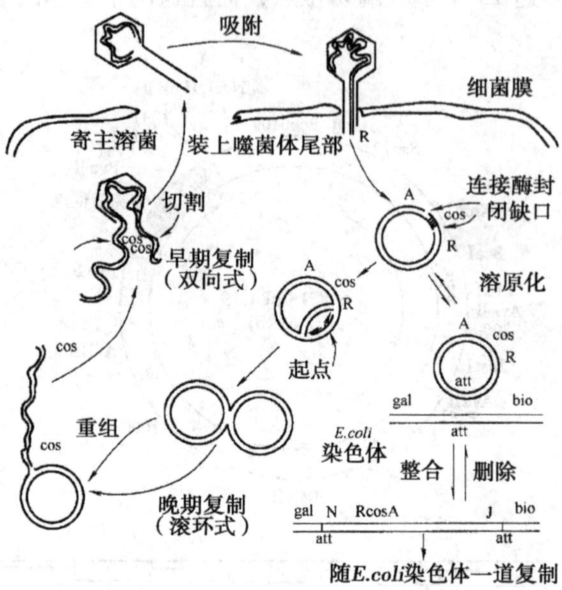

8-11　在溶菌和溶源化周期中 λ 噬菌体 DNA 的复制

的相近性聚集成簇的。例如，头部、尾部、复制及重组四大功能基因各自聚集成四个特殊的基因簇（图 8-12）。

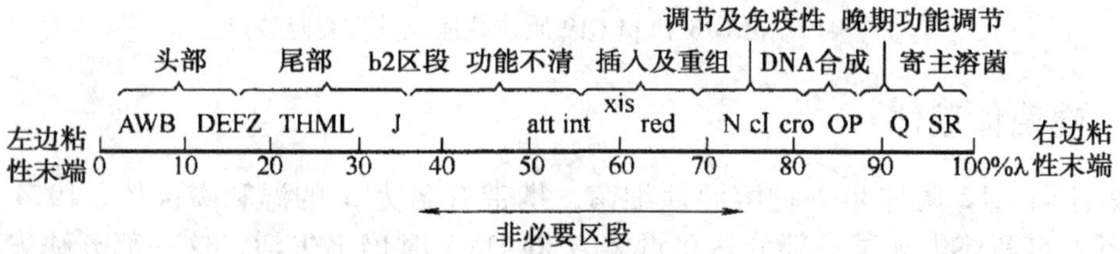

图 8-12　野生型 λ 噬菌体线性 DNA 的基因图

（三）λ 噬菌体载体的构建

1. λ 噬菌体 DNA 的改造

野生型的 λ 噬菌体 DNA 并不适于用作基因克隆的载体，必须经过改造。λ 噬菌体 DNA 的改造主要集中在如下两个方面：

（1）消除多余的限制性内切酶位点　λDNA 作为载体的突出缺点是对大多数常用的限制酶具有过多的酶切位点，例如 EcoRⅠ位点有 5 个，HindⅢ位点有 7 个。因此，必须消除基因组必要区内多余的酶切位点，保留非必要区内 1 至 2 个位点。改造的方法包括点突变、基因组的置换及缺失等。

（2）去除 λDNA 中一些非必要区段　已定位的 λ 噬菌体基因中，只有约 50% 的基因是必要基因；另一部分为非必要基因，当它们被外源基因取代后，并不影响噬菌体的生命功能。

可以利用不同的置换或缺失去除 λDNA 中一些非必要区段，使之能拼接不同长度的外源 DNA 片段。但 λDNA 头部外壳蛋白对所包装的 DNA 大小有严格的要求，只有 75%～105% 的野生型 λDNA 长度才能被包装成噬菌体颗粒。

2. λ 噬菌体载体的主要类型(图 8-13)

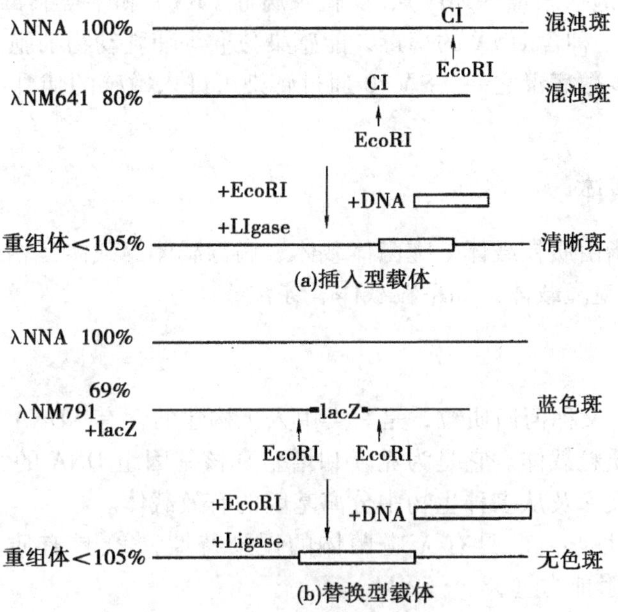

图 8-13 λDNA 载体的两种类型

经改造后构建的 λ 噬菌体载体，可以归纳为两种不同的类型：

（1）插入型载体 是 λDNA 基因组中缺失部分非必要基因，只含有一个可供外源 DNA 插入的限制酶位点的载体。如 λgt10，λgtll，λNM641 等都是属于这种类型的载体。

（2）替换型载体 在 λDNA 的可替换片段两端具有两个限制酶位点，酶切后替换片段与带有所有必需基因的左右双臂分开，由外源 DNA 片段取代之。如 Charon35，λgtWES，λEMBL3 和 λEMBL4 等都是很有用的替换型载体。

三、病毒载体

（一）用于昆虫细胞的病毒载体

杆状病毒是一类双链闭合环状 DNA 病毒，病毒颗粒呈杆状，有多角体蛋白保护，专一性感染无脊椎动物。其主要代表为苜蓿银纹夜蛾核型多角体病毒（AcNPV）和家蚕核型多角体病毒（BmNPV）。该病毒具有高度的宿主特异性，致病性及安全性都很可靠，具有很好的应用前景。

目前采用昆虫杆状病毒表达系统的研究已取得了很大进展。因这类表达系统表达量高、性能稳定、操作简单，已成为当前最佳的表达系统之一。如利用 AcNPⅤ和 BmNPV 作为克隆载体，在昆虫细胞进行外源基因表达，已成功表达出多种蛋白质分子，并能生产出各种重要的医用蛋白质。

（二）用于哺乳动物细胞的病毒载体

用于哺乳动物细胞的病毒载体主要有猿猴空泡病毒40（SV40）、腺病毒（AV）、牛乳头瘤病毒（BPV）、疱疹病毒（EBV）、反转录病毒（RV）和牛痘病毒等载体。

例如，SV40是一种含DNA的病毒，能感染猿猴等哺乳动物细胞，是用于构建哺乳动物基因克隆载体的少数病毒之一。SV40通过感染可进入敏感的哺乳动物细胞，而对人是安全的。

四、重组型载体

重组型载体是指由质粒载体、噬菌体载体、病毒载体等载体互相组合，或与其他基因组DNA重组而成的克隆载体，如粘粒载体、穿梭载体等。

（一）粘粒载体

粘粒（cosmid）又称柯斯质粒，是一类由人工构建的含有λDNA粘性末端cos序列和质粒复制子的杂种质粒载体。它是为克隆和增殖真核基因组DNA的大区段而设计的，是组建真核生物基因文库及从多种生物中分离基因的有效载体。

粘粒载体的特性是：① 具有λ噬菌体的侵染特性；② 具有质粒载体的复制特性；③ 具有高容量的克隆能力（38 ～ 52 kb）。

（二）穿梭载体

穿梭载体是指一类由人工构建的具有两种不同复制起点和选择标记，因而可在两种不同的寄主细胞中存活和复制，并可以携带着外源DNA序列，在不同物种的细胞之间往返穿梭的载体。已经构建出了一系列不同类型的穿梭载体，有大肠杆菌-枯草杆菌穿梭载体、大肠杆菌-酿酒酵母穿梭载体和大肠杆菌-动物细胞穿梭载体。

目前所用的真核载体大多是穿梭载体，可以在原核细胞中复制扩增，也可以在相应的真核细胞中扩增、表达。由于在原核细胞中基因的复制、扩增、测序等易于进行，因此可利用穿梭载体先将要表达的基因装配好并大量复制后，再转到真核细胞中去表达，这为真核细胞基因工程操作提供了很大的方便。

第四节　外源目的基因的获得

获得所需要的特定基因即目的基因，这是基因工程能否成功的先决条件。由于一个细菌（如大肠杆菌）约有1000个基因，而哺乳动物的基因高达10万个，因此，要从成千上万个基因海洋里分离纯化出某个特定的基因，确实不是一件容易的事。

分子生物学家们经过长期的探索，终于确立了获取目的基因的三种主要方法：① 化学合成法；② 基因组文库法；③ 酶促合成法。目前，获取目的基因主要是采用构建基因组文库法和酶促合成法，尤其是后一种方法采用得更加普遍。现就这几种常用的方法作逐一简介。

一、目的基因的化学合成

基因的化学合成是先将核苷酸单体合成出具有特定序列结构的寡核苷酸片段，后者再经退火拼接，用 DNA 连接酶连接而得到完整的基因。目的基因化学合成法可分为以下几个步骤：

（一）目的基因的设计

目的基因的设计可在计算机的辅助下完成，设计时应考虑以下几个方面的问题：①寡核苷酸片段划分的长度；②限制酶位点；③排除基因内部正反向重复顺序；④选择表达宿主偏爱的密码子；⑤加起始与终止密码子；⑥基因表达因素。

以人表皮生长因子基因（hEGF）的设计为例，根据该基因的已知天然氨基酸序列，以酵母菌作表达宿主所偏爱的密码子，设计出基因的双链 DNA 序列，如图 8-14 所示。

```
                 Asn  Ser  Asp  Ser  Glu  Cys  Pro  Leu  Ser  His  Asp  Gly
Hind Ⅲ
  A GCT TGG AAC  TCC  GAC  TCC  GAA  TGT  CCA  TTG  TCC  CAC  GAC  GGT
        ACC TTG  AGG  CTG  AGG  CTT  ACA  GGT  AAC  AGG  GTG  CTG  CCA

Tyr  Cys  Leu  His  Asp  Gly  Val  Cys  MET  Tyr  Ile  Glu  Ala  Leu  Asp
TAC  TGT  TTG  CAC  GAC  GGT  GTT  TGT  ATG  TAC  ATC  GAA  GCC  TTG  GAC
ATG  ACA  AAC  GTG  CTG  CCA  CAA  ACA  TAC  ATG  TAG  CTT  CGG  AAC  CTG

Lys  Tyr  Ala  Cys  Asn  Cys  Val  Val  Gly  Tyr  Ile  Gly  Glu  Arg  Cys
AAG  TAC  GCT  TGT  AAC  TGT  GTT  GTT  GGT  TAC  ATC  GGT  GAA  AGA  TGT
TTC  ATG  CGA  ACA  TTG  ACA  CAA  CAA  CCA  ATG  TAG  CCA  CTT  TCT  ACA

Gln  Tyr  Arg  Asp  Leu  Lys  Trp  Trp  Glu  Leu  Arg  stop
                                                           IIind Ⅲ
CAA  TAC  AGA  GAC  TTG  AAG  TGG  TGG  GAA  TTG  AGA  TGA
GTT  ATG  TCT  CTG  AAC  TTC  ACC  ACC  CTT  AAC  TCT  ACT  TCG  A

    E1 (39mer)          E2 (45mer)          E3 (41mer)        E4 (50mer)
 ----------------    ------------------    ---------------   -----------------
    ----------------    ------------------    ---------------   -----------------
      E8 (45mer)          E7 (43mer)          E6 (42mer)        E5 (45mer)
```

图 8-14　人表皮生长因子基因的组成

为了避免基因内部出现重复序列、回文结构和非配对片段之间的互补序列，把全基因划分为 8 个寡聚核苷酸片段（每个片段长为 50 个碱基以下）。全基因总长度为 173 bp，两端加有供插入载体用的 HindⅢ 接头。

（二）寡聚核苷酸片段的合成

已发展出来的寡聚核苷酸片段的化学合成方法有磷酸二酯法、磷酸三酯法、亚磷酸三酯法、固相合成法和自动化法等。其中，亚磷酸三酯法是目前最通用的一种合成寡核苷酸的方法。

合成开始时，核苷酸 1 已附着在惰性的固相载体上，它的脱氧核糖环的 5′-OH 用二甲氧基三苯甲基（DMT）保护起来。合成的一个循环周期可分为四个步骤：①脱保护作用；

②偶联反应；③封端反应；④氧化作用。上述这种循环反应重复进行，直到合成出具有所需序列长度的寡核苷酸片段为止。

人表皮生长因子基因的 8 个寡核苷酸片段，可采用亚磷酸三酯法，在 ABI 380A 型 DNA 自动合成仪上合成。

（三）寡核苷酸片段的分离和纯化

合成终止时，固相载体上携带着被完全保护的寡聚脱氧核苷酸，需使它们有系统地去除保护基团，并从固相载体上释放出来，成为游离的寡核苷酸。然后，用乙醇沉淀法纯化这些寡核苷酸，再用高效液相色谱法或凝胶电泳法使之进一步纯化，并同未完成的较短片段分离开，最后得到真正需要的纯化寡核苷酸产物。

（四）用寡核苷酸片段组装目的基因

化学合成寡核苷酸片段的能力一般局限于 200bp 以内，故需采用某种程序，才能把合成的寡核苷酸片段拼接成完整的基因。按设计要求用许多寡核苷酸片段装配成完整基因的过程，称为基因的组装。常用的组装基因方式有两种：①用激酶与连接酶组装基因；②用聚合酶与限制酶组装基因，如图 8-15 所示。

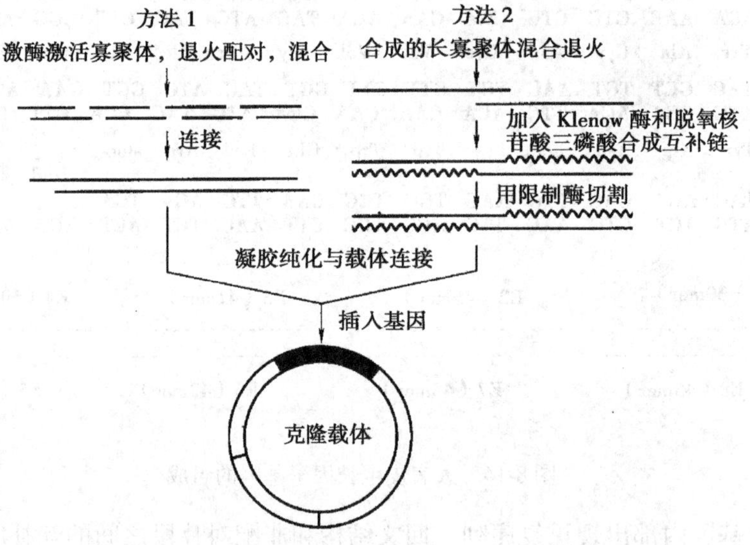

图 8-15　用合成的寡核苷酸片段组装基因常用的两种方法

二、构建基因组文库法分离目的基因

由于目的基因仅占染色体 DNA 分子总量极其微小的比例，必须经过扩增才有可能分离到特定的含有目的基因的 DNA 片段，故必须先构建基因库，或称基因组文库（genomic library）。

构建基因组文库法，又称鸟枪法或散弹射击法，在基因工程早期曾是分离目的基因所普遍应用的方法，特别适用于原核生物基因的分离。对于真核生物基因组则可获取真正的天然基因（兼有外显子和内含子）。

（一）基因组文库法分离目的基因的基本步骤

此法实质上是利用基因工程技术来分离目的基因，大致步骤是：

（1）从供体细胞或组织中制备高纯度的染色体基因组 DNA；

（2）用合适的限制酶把 DNA 切割成许多片段；

（3）DNA 片段群体与适当的载体分子在体外重组；

（4）重组载体被引入到受体细胞群体中，或被包装成重组噬菌体；

（5）在培养基上生长繁殖成重组菌落或噬菌斑，即克隆；

（6）设法筛选出含有目的基因 DNA 片段的克隆。

当用上述方法制备的克隆数多到足以把某种生物的全部基因都包含在内时，这一组克隆 DNA 片段之集合体就称为该生物的基因组文库。有了基因组文库，人们在分离目的基因时就可以从文库中筛选而不必重复地进行全部操作了。

（二）真核基因组 DNA 文库的构建过程

一个典型真核基因组 DNA 文库的构建过程包括以下步骤：

（1）从细胞中分离制备高分子量和高纯度的基因组 DNA；

（2）高分子量基因组 DNA 的限制酶部分消化；

（3）含目的基因 DNA 片段的分部分离与富集；

（4）基因组 DNA 片段与 λ 载体连接并包装成基因文库；

（5）从基因文库中分离筛选出含有目的基因的重组克隆（图 8-16）。

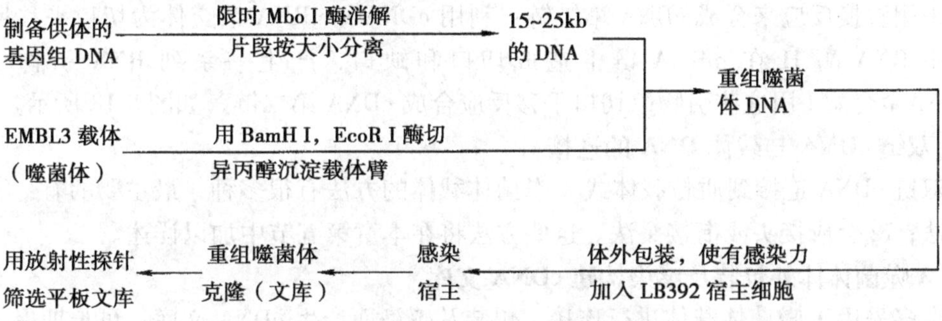

图 8-16　在噬菌体载体 EMBL3 中制备基因组文库流程图

三、酶促合成法制取目的基因

该法是以某一目的基因的 mRNA 为模板，用逆转录酶先合成其互补 DNA（cDNA）的第一链，再酶促合成双链 cDNA。这是制取真核生物目的基因常用的方法，也是制取多肽和蛋白质类生物药物目的基因最广泛采用的一种方法。

（一）从构建的 cDNA 文库中筛选目的 cDNA

以生物体内各种 mRNA 分子为模板，在逆转录酶和其他一系列酶的作用下，合成

cDNA 分子，并将 cDNA 与载体 DNA 进行体外重组，然后包装转染或转化宿主细胞，得到一群含重组 DNA 的噬菌体或细菌克隆，从而构建成某种生物的 cDNA 文库，再通过合适的手段从 cDNA 文库中筛选获取某目的 cDNA。

以在 λ 噬菌体中构建 cDNA 文库为例，其基本步骤是：① 用反转录酶在 Oligo（dT）引导下合成 cDNA 第一链；② cDNA 第二链的合成；③ 双链 cDNA 与载体 DNA 的连接；④ 重组 λ 噬菌体 DNA 的体外包装及感染；⑤ 目的 cDNA 克隆的筛选。

1. cDNA 第一链的酶促合成

合成 cDNA 第一链是以 mRNA 为模板，用反转录酶在 Oligo（dT）引导下来催化合成反应的，如图 8-17 所示。

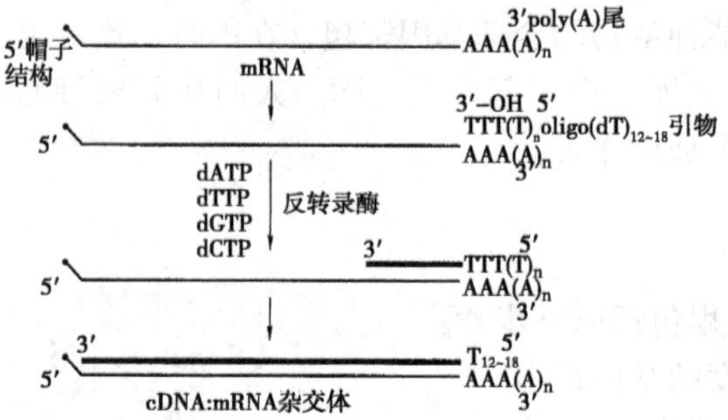

图 8-17 利用 Oligo（dT）引物和反转录酶合成 cDNA 第一链

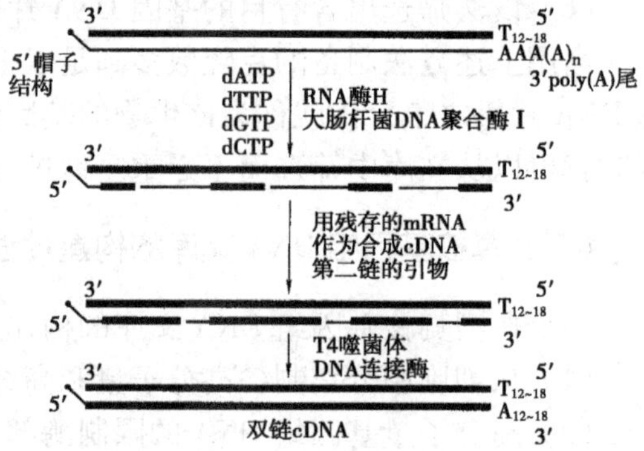

图 8-18 cDNA 第二链的置换合成法

2. cDNA 第二链的合成

可采用置换反应来合成 cDNA 第二链：利用 cDNA－mRNA 杂交体为切口平移反应的模板，由 RNA 酶 H 在 mRNA 链上造成切口和缺口，产生一系列 RNA 引物，再由 *E. coli*DNA聚合酶 I 用这些引物以切口平移反应合成 cDNA 第二链，如图 8-18 所示。

3. 双链 cDNA 与载体 DNA 的连接

将双链 cDNA 连接到质粒载体或 λ 噬菌体载体的方法有很多种，最主要的有：①同聚物加尾法；②合成接头或衔接头法。这些方法将在本章第五节中加以详述。

4. λ 噬菌体体外包装及感染构建 cDNA 文库

现在多采用 λ 噬菌体载体进行连接、包装及感染而产生 cDNA 文库，可长期保存、扩增而不丢失活力，也容易进行筛选。将重组 DNA 包装入 λ 噬菌体颗粒并转染适当宿主的方法，或重组质粒转化到受体细胞的方法，将在本章第六节介绍。

（二）RT-PCR 法合成目的 cDNA

这是一种获取真核生物目的 cDNA 的简便、快捷而高效的酶促合成法。该法将反转录反应与聚合酶链式反应结合在一起，直接从提取的细胞总 RNA 中酶促合成目的cDNA，已在基因工程中得到广泛的应用。

采用反转录－聚合酶链式反应（RT-PCR）技术合成目的 cDNA 的一般程序为：① 从真核生物组织或细胞中提取纯化总 RNA；② 以总 RNA 中的总 mRNA 为模板，在反转录酶的作用下，合成总 cDNA 的第一链；③ 以两个引物所结合的单链 cDNA（靶序列）为模板，在 Taq 聚合酶的作用下进行 PCR 扩增，合成双链目的 cDNA。

1. 聚合酶链式反应（PCR）技术

聚合酶链式反应（Polymerase Chain Reaction）技术，简称 PCR 技术，是由 Mullis 发明的一种用于在体外扩增位于两段已知序列之间的 DNA 区段的分子生物学技术。应用该技术可在很短的时间内得到数百万个特异 DNA 序列的拷贝。目前该技术已在医学诊断、分子克隆和 DNA 分析中得到广泛应用。

（1）PCR 技术的基本原理　如图 8-19 所示，首先使双链 DNA 在反应液中热变性而分开成单链，然后在低温下与两个引物进行退火，使引物与单链 DNA 配对结合，再在中温下利用 TaqDNA 聚合酶的聚合活性及热稳定性进行聚合（延伸）反应。每经过一次变性、退火、延伸三个步骤为一个循环，通过三个不同温度的重复循环，在经过约 30 次后，所扩增的特定 DNA 序列的数量可增至 10^6 倍。

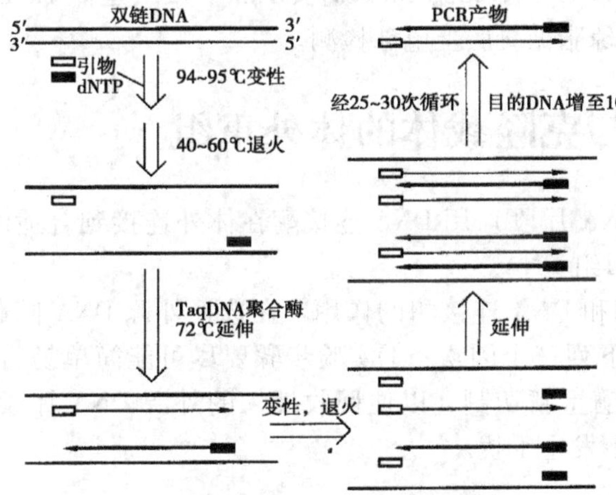

图 8-19　聚合酶链式反应（PCR）体外扩增 DNA 技术的基本原理

图 8-20　PCR 自动 DNA 扩增仪

（2）PCR 体外扩增 DNA 操作过程　PCR 反应体系主要由含靶序列的 DNA、寡核苷酸（PCR 引物）、TaqDNA 聚合物、四种脱氧核苷三磷酸（dNTp）和 PCR 缓冲液组成。PCR 体外扩增 DNA 通常采用 PCR 自动扩增仪，如图 8-20 所示。PCR 反应一般依照下列程序进行：① 加入各反应物于 0.5mL 无菌硅化离心管中并混匀；② 先于 95℃水溶液中反应 5 ～ 10min，使 DNA 完全变性，取出迅速在台式离心机上离心，使冷凝于管盖上的液滴沉下；③ 加入 DNA 聚合酶，混匀，离心；④ 于 95℃变性反应 30s，55℃退火反应 30s，72℃延伸反应 45 ～ 80s，这为第一次循环，如此连续进行 28 ～ 30 次循环；⑥在最后一次循环时，72℃延伸反应增加至 5 ～ 10min；⑦ 扩增完毕，进行琼脂糖凝胶电泳检测结果，并分离回收目的 DNA。

2. 应用 RT-PCR 技术合成目的基因

为阐明反转录-聚合酶链式反应技术在合成目的基因（目的 cDNA）上的应用，下面举例说明基因工程新型药物——人血小板生成素（hTPO）目的 cDNA 的合成过程：

（1）寡核苷酸引物的设计　依据文献报道的 hTPO cDNA 序列，从成熟 TPO 的第一个密码子作为基因5′端起始设计引物：

5′端引物 P_1 为：5′-AGGCTAACGCATATGAGCCCG-3′（加入一个NdeI限制酶位点）。

3′端引物 P_2 为：5′-GTTAGTCGACTTACCCTTCCTGAGACAG-3′（加入一个SalI限制酶位点）。

（2）人胚肝总RNA的提取　取1g冷冻的胎肝组织→剪碎、冻融→加入预冷的变性液研磨→加入醋酸钠（pH值4.0），混匀→加入酚：氯仿：异戊醇（25∶24∶1），混匀→冰上放置15min→离心→上清转移到离心管中→加入异丙醇→－20℃放置30min以上→离心沉淀RNA→用变性液溶解沉淀→加异丙醇沉淀RNA→用预冷的75%乙醇洗涤→真空干燥→沉淀用无RNase的水溶解→－20℃保存备用。

（3）RT-PCR法合成hTPO cDNA　在oligo(dT)$_{15}$的引导下合成mRNA的第一链cDNA。取5μL cDNA产物以PCR法扩增TPO cDNA，其反应混合物为：10mmol/L Tris-Cl、50mmol/L KCl、3mmol/L$MgCl_2$、10pmol/L引物 P_1、P_2、四种dNTPs（各250μmol/L）、3u Taq聚合酶，总体积100μL。循环条件为：94℃变性45s，50℃退火1min，72℃延伸1min。反应结束后，取10μL反应混合物在0.7%琼脂糖凝胶上电泳检测。

第五节　目的基因与克隆载体的体外重组

DNA体外重组是将目的基因（外源DNA片段）用DNA连接酶在体外连接到合适的载体DNA上，这种重新组合的DNA称为重组DNA。

DNA体外重组技术主要依赖于限制酶和DNA连接酶的作用。在选择外源DNA同载体分子连接反应的程序时，一般需要考虑下列三个因素：①实验步骤要尽可能简单易行；②连接形成的接点序列，应能被某种限制酶重新切割，以便回收插入的外源DNA片段；③对转录和转译过程中密码结构的阅读应不发生干扰。

一、目的基因与质粒载体的连接

依据外源DNA（目的基因）片段末端的性质，以及质粒载体与外源DNA上限制酶切位点的性质，可选择采用下列几种方法来进行外源DNA片段与质粒载体的连接。

（一）粘性末端连接法

1. 粘性末端连接法的一般程序

具粘性末端的DNA片段的连接比较容易，也比较常用。一般程序是：选用一种对载体DNA只具唯一限制位点的限制酶（例如EcoRⅠ）作位点特异切割。经此酶消化之后就会形成全长的具粘性末端的线性DNA分子。再将外源DNA大片段也用同一种限制酶作同样的消化，随后把这两种经过酶切消化的外源DNA和载体DNA混合起来，并加入DNA连接酶，由于它们具有同样的粘性末端，因此便能够退火形成双链结合体。其中的单链缺口经DNA连接酶封闭之后，便产生出稳定的杂种DNA分子，如图8-21所示。

2. 防止载体自身再环化

由限制酶产生的具有相同粘性末端的载体DNA分子，在连接反应混合物中，会发生自身环化作用，使重组率大为降低。

防止载体自身再环化的有效方法是用碱性磷酸酶预先处理线性的载体DNA分子，去除线状载体DNA两末端的5′磷酸基团，这样，在连接反应中，载体DNA的两个末端之间就再也不能被连接酶共价连接了（图8-22）。

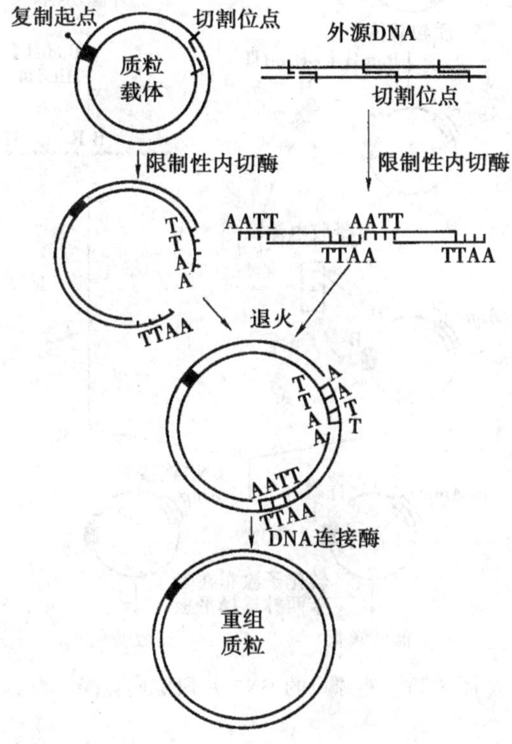

图8-21 粘性末端连接法示意图

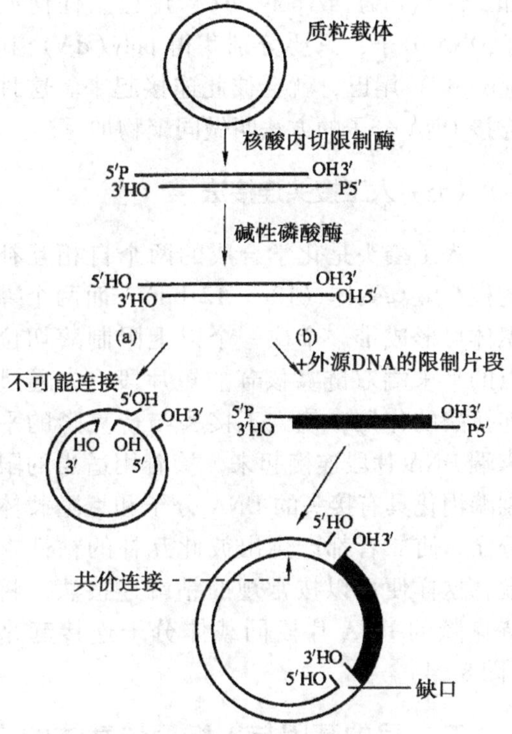

图8-22 碱性磷酸酶的脱磷酸作用阻止线性质粒DNA再环化

（二）定向克隆法

当用两种不同的限制酶（如用BamHI和HindⅢ）消化外源DNA时，可以产生带有非互补突出末端的外源DNA片段，此种片段可采用定向克隆法，即只以一个方向很容易地将其插入到同样用BamHI和HindⅢ进行消化而产生相匹配粘端的载体当中。该法的优点是载体片段不能自身环化，与外源DNA片段定向重组率较高（图8-23）。

（三）平末端连接法

两个平末端的DNA片段，也可用T4噬菌体DNA连接酶进行平末端连接。但要求具备以下四个条件：①极高浓度的T4噬菌体DNA连接酶；②高浓度的平末端外源DNA和质粒DNA；③低浓度的ATP；④不存在亚精胺一类的多胺。

若在连接反应混合物中加入适量的凝聚剂（如聚乙二醇或氯化六氨合高钴），可使连接反应在连接酶和DNA浓度不高的条件下进行。

（四）同聚物加尾法

末端脱氧核苷酸转移酶（TDT）在没有模板链的存在下，就能够将脱氧核苷酸加到

DNA 分子的 3′-OH 基团上。当反应物中只存在一种脱氧核苷酸的条件下，便能够形成由同一种类型的核苷酸组成的尾巴。例如，poly(dA) 或 poly(dT) 尾巴。任何两条 DNA 分子，只要分别获得 poly(dA) 和 poly(dT) 尾巴，就会彼此连接起来。这种连接 DNA 分子的方法叫做同聚物加尾法。

（五）人工接头连接法

人工接头是化学合成的两个自相互补的核苷酸寡聚体（10 ～ 12 bp），而两个寡聚体可形成带一个或一个以上限制酶切位点的平末端双链寡核苷酸短片段。先通过连接酶的作用，使人工接头与待克隆的平末端 DNA 片段连接起来，接着用适当的限制酶消化具有接头的 DNA 分子和克隆载体分子，使二者都产生出彼此互补的粘性末端，这样便可以按常规的粘端连接法，将待克隆的 DNA 片段同载体分子连接起来（图 8-24）。

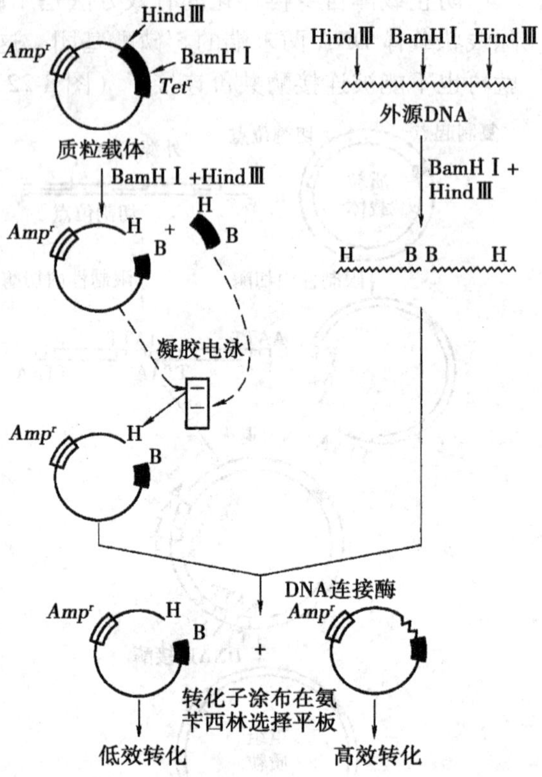

图 8-23　外源目的 DNA 片段定向克隆

二、目的基因与 λ 噬菌体载体的连接

λ 噬菌体作为克隆载体具有许多用途和优点：①用于构建真核基因组 DNA 文库。在 λ 噬菌体载体上构建的文库，能以重组噬菌体颗粒的形式储存和增殖。②用于构建复杂的 cDNA 文库。用 λ 噬菌体载体构建真核生物 cDNA 文库具有高效率和高重复性的优点。③用于亚克隆原在粘粒载体中增殖的外源目的 DNA 序列。因在粘粒中构建和储存文库要比在 λ 噬菌体载体中困难得多。

（一）λ 噬菌体载体臂 DNA 的制备

在构建基因组 DNA 文库或 cDNA 文库时，λ 噬菌体载体在克隆时必需先用适当的限制酶消化。在较复杂的克隆过程中，当用适当限制酶消化 λ 噬菌体载体后，还需应用物理学和生物化学的方法来降低在连接反应中非重组噬菌体的形成。这些方法包括：

1. 用密度梯度离心法纯化 λ 噬菌体载体臂

根据所用载体的不同，可以选用不同的方法进行 λ 载体臂的纯化，使双臂与填充片段分离，常用蔗糖或氯化铯密度梯度离心法。几种最常用的经过纯化的 λ 噬菌体载体臂已有商品出售，可直接向厂商购买高度纯化的双臂。

2. 用碱性磷酸酶处理 λ 噬菌体载体臂

当含单个克隆位点的载体或填充片段不能用物理方法除去时，应采用碱性磷酸酶处理除去 λ 噬菌体载体臂末端的 5′磷酸基团，这样能够有效地防止自身环化，并降低载体左右臂连接以后所形成的非重组载体的数目。

方法是用过量的牛小肠碱性磷酸酶（CIP）于37℃处理λ噬菌体DNA 1小时，再用蛋白酶K降解除去CIP，λ噬菌体DNA用酚和氯仿抽提纯化。

3．用双酶消化λ噬菌体载体

某些λ噬菌体载体，在其中央填充片段的两端有两个方向互为相反的多克隆位点。例如在EMBL3载体中（见图8-16），左侧多克隆位点的限制酶位点顺序是SalI-BamHI-EcoRI，而右侧位点是EcoRI-BamHI-SalI。当用BamHI和EcoRI对载体进行双酶切时，产生的左右臂不能与填充片段连接，阻止了填充片段重新插入载体两臂之间，这样，可使非重组噬菌体的数目大大降低。

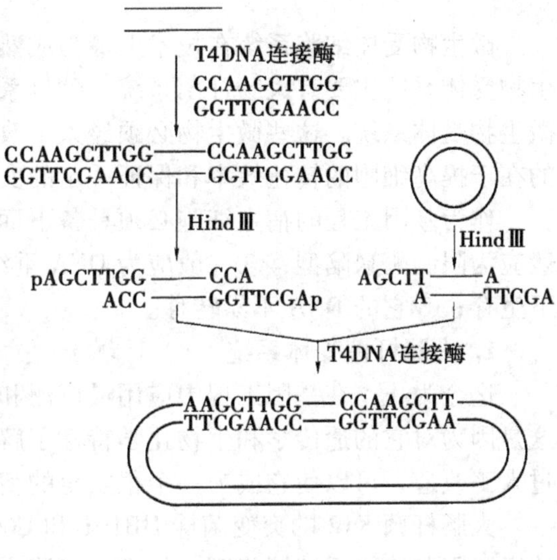

图8-24　人工接头法连接DNA

（二）λ噬菌体载体臂与目的DNA片段的连接

在进行λ噬菌体载体臂与外源目的DNA片段的连接反应时，必须考虑两个参数：一个是载体臂与外源DNA片段的比例，另一个是这两种DNA片段在连接反应混合液中的浓度。

对于每一个新制备的噬菌体载体臂和外源DNA片段的连接，一般都必须进行预连接试验，以检查其效率。通常预连接试验λ噬菌体载体臂与外源DNA片段的摩尔比为0.25∶1～8∶1。

在进行连接反应时，应注意体积尽可能小（＜10μL），并要同时做只有载体臂和只有外源片段的反应对照。

第六节　重组克隆载体引入受体细胞

带有外源目的基因的重组克隆载体在体外构成之后，必需导入适当的受体细胞（也称宿主细胞或基因表达系统）中进行增殖，才能够获得大量纯的重组体DNA分子，并获得预期的表达，从而实现了某一目的基因的克隆。

一、受体细胞概述

受体细胞是指在转化和转导（感染）中接受外源基因的宿主细胞。受体细胞为基因的复制、转录、翻译、后加工及分泌等提供了条件，以便实现目的基因的表达。用作重组克隆载体的受体细胞主要有细菌细胞、酵母细胞、昆虫细胞、哺乳动物细胞等多种类型。受体细胞系统的选择取决于蛋白产物类型、性质及其他诸多因素，还要考虑目的产物的浓度和纯度等涉及产量和纯化的下游工艺。

（一）微生物受体细胞系统

微生物受体细胞系统在技术上最为成熟，在生物制药中也得到广泛的应用。现有的微生物受体系统主要有大肠杆菌系统、酵母系统和枯草杆菌系统。正在研究开发的还有其他微生物受体系统。这些微生物必须经人工改造，才能作为基因工程的受体细胞。改造的目的在于提高细胞的转化效率和保证一定的安全性。

作为基因工程的宿主细胞必须具备下面的性能：①具有接受外源 DNA 的能力；②一般应为限制酶缺陷型；③一般应为 DNA 重组缺陷型；④不适于在人体内或在非培养条件下生存；⑤它的 DNA 不易转移。

1. 大肠杆菌受体系统

迄今为止，在基因工程中应用最广泛和使用得较好的载体受体系统是大肠杆菌系统，这是因为对它的遗传学和生物化学特性了解得最多。大肠杆菌虽然是条件致病菌，但是通过人工改造，可以使它成为一个很安全的宿主菌。

大肠杆菌 K12 的突变菌株 HB101 和 C600 等作为当前重组 DNA 的主要受体菌，在遗传上是限制修饰系统缺陷型，使进入细胞内未经修饰的外源 DNA 免受降解；其遗传型则是抗重组（即 $recA^-$）的，能保持外源 DNA 的完整性。

目前，最常用的 *E. coli* 宿主菌还有大肠杆菌 DH5α。DH5α 是一种重组缺陷的抑制型菌株，转化效率高，常用于大规模制备质粒。它具有多种优越性能，包括：①为 EcoK 内切酶缺陷型（hsdR17），可防止该酶对质粒 DNA 的切割作用，从而保证质粒的稳定性；②具有 recAl 突变，可防止同源重组，保证质粒中插入片段的稳定性；③具有 endAl 突变，使大肠杆菌宿主菌失去合成具有功能活性的核酸内切酶 I 的能力，防止该酶对质粒 DNA 的消化降解。

2. 酵母菌受体系统

酵母菌是理想的真核微生物受体系统，具有如下优点：① 基因表达调控机制研究得比较清楚；② 遗传操作相对简便；③ 具有蛋白质翻译后加工和修饰系统；④ 可将外源基因表达产物分泌到培养基中；⑤ 不含毒素和特异性病毒，对人体和环境安全；⑥ 发酵工艺简单，成本低廉。目前，作为外源基因的酵母受体菌主要有：①酿酒酵母具有作为宿主菌必须具备的许多条件，是最早应用于外源基因克隆和表达的酵母菌。目前利用酿酒酵母为宿主系统，已表达了诸如乙型肝炎疫苗、人胰岛素、人粒细胞集落刺激因子等多种外源基因产物。②巴斯德毕赤酵母是一种甲醇营养菌，甲醇可诱导与甲醇代谢相关酶基因的高效表达。大多数毕赤酵母受体菌含有一个或多个营养缺陷型突变，必须添加相应的养分才能在基本培养基中生长。为了降低外源蛋白的降解，也常用蛋白酶缺陷宿主菌。采用巴斯德毕赤酵母作为宿主系统比酿酒酵母有更多的优点。

3. 其他微生物受体系统

枯草杆菌受体系统主要用于分泌型表达，缺点是表达产物容易被枯草杆菌分泌的蛋白酶水解，而且重组质粒在枯草杆菌中的稳定性较差。链霉菌培养方便，产物分泌能力强，常用于抗生素抗性基因和生物合成基因的表达；乳酸菌通过在其质粒上编码乳糖代谢、柠檬酸吸收、蛋白酶等基因，可用于食品工程；假单胞菌用于构建环境保护所需的具有多种降解能力的工程菌；棒状杆菌主要用于氨基酸基因工程。

（二）哺乳动物受体细胞系统

哺乳动物细胞是最高等的真核生物细胞，其结构、功能和基因表达调控更加复杂。要表达具有生物学功能的蛋白质和具有特异性催化功能的酶，需要在高等真核生物细胞中进行。

哺乳动物细胞具有很强的蛋白质合成后的修饰能力，并能将表达产物分泌到细胞外，可用于表达人类各种糖蛋白，这是该宿主系统的主要优点。但哺乳动物细胞培养条件苛刻，成本较高，且易污染。目前常用的动物受体细胞有 L 细胞、HeLa 细胞、猴肾细胞（COS）和中国仓鼠卵巢细胞（CHO）等。

（三）重组体分子导入受体细胞的途径

将外源重组体分子导入受体细胞的途径包括转化、转染、转导、电穿孔和显微注射等多种不同的方式。这些途径将随载体种类和受体系统的不同而异。转化和转导主要适用于细菌一类的原核细胞，而电穿孔和显微注射则主要适用于酵母菌、霉菌和高等动植物等真核细胞。

（1）转化（transformation）　把带有目的基因的重组质粒 DNA 引入受体细胞的过程称为转化。

（2）转染（transfection）　将重组噬菌体 DNA 直接引入受体细胞的过程则称为转染；从本质上讲，转化和转染两者并没有什么根本的差别。

（3）转导（transduction）　若重组噬菌体 DNA 被包装到噬菌体头部成为有感染力的噬菌体颗粒，再以此噬菌体为运载体，将头部重组 DNA 导入受体细胞中，这一过程称为转导，通常称为感染。它比转染的克隆形成效率要高出几个数量级。

（4）电穿孔法　把宿主细胞置于一个外加电场中，通过电场脉冲在细胞壁上打孔，使 DNA 分子穿过孔进入细胞中。通过调节电场强度、电脉冲频率和用于转化的 DNA 浓度，可将外源 DNA 分别导入细菌或真核细胞。用电穿孔法实现基因导入比转化法方便、转化率高，尤其适用于酵母菌和霉菌。该法需要专门的电穿孔仪，目前已有多家公司出售。

（5）显微注射　该法属于物理方法，是应用显微操作器和显微注射技术，用特制的玻璃微管，将外源基因片段直接注入到靶细胞（如实验动物的受精卵）的细胞核，使外源基因整合到动物细胞基因组中。

二、重组体 DNA 分子的转化或转染

重组 DNA 转化到大肠杆菌细胞中的效率与其感受态有关，感受态细胞的增加可大大提高转化效率。所谓感受态就是细菌吸收转化因子（DNA）的生理状态。

有两种途径可以得到大肠杆菌感受态细胞。第一种途径是在实验室自行制备新鲜的感受态细胞；第二种途径是直接向供应商购买冻存的感受态细菌，这些产品非常可靠但价钱较贵。下面介绍几种大肠杆菌感受态细胞的制备和重组质粒 DNA 的转化方法。

1．用氯化钙制备新鲜的感受态细胞法

细菌在低温下经 $CaCl_2$ 溶液处理，细菌细胞膨胀成球形，提高了膜的通透性，可转化混合物中的 DNA，形成抗 DNase 的羧基-钙磷酸复合物，粘附于细胞表面，经 42℃ 短时间

热冲击处理，会使受体细菌中诱导产生出一种短暂的感受态。在此期间，它们能够摄取各种不同来源的DNA，如λ噬菌体DNA或质粒DNA等。冷冻不仅增加感受态的量，而且可延长感受态的时间。

该方法完全适用于大多数大肠杆菌菌株，并且具有简单快速、重复性好的优点。常用于成批制备感受态细菌，这些细菌可使每微克质粒DNA产生将近10^7个转化菌落。此转化效率足以满足所有在质粒中进行的常规克隆的需要。该法制备的感受态细胞可储存于-70℃。

2. 用复合剂制备感受态细胞法

该法是使上述大肠杆菌菌株暴露于组合的二价阳离子（$MnCl_2$和$CaCl_2$）中更长时间，并且用氯化六氨合高钴、DMSO、DTT（二硫苏糖醇）等试剂复合处理细菌以提高转化效率，而这些试剂的作用机制尚不清楚。所得到的新鲜感受态细胞可立即用于转化，也可分装成小份储存于-70℃备用。

该方法对于像DH1、DH5和MM294这样的大肠杆菌菌株效果很好，所制备的感受态细胞能使每微克质粒DNA以$\geqslant 5\times10^8$个转化菌落的高效率进行转化，而其他大多数菌株的最高转化率大约只有上述三菌株的1/10～1/5，一些菌株（如MC1061）则不适于用此法。该方法比较复杂，只有在需要很高转化率的少数情况下才考虑采用。

3. 高压电穿孔转化法

制备用于电转化法的细胞要比制备感受态细胞容易得多，其大致过程是：将培养至对数中期的细菌加以冷却、离心，用低盐缓冲液洗涤并回收细胞。用10%甘油重悬细胞（使浓度为3×10^{10}个/mL），在干冰上速冻后置于-70℃储存（有效期6个月以上）。

进行电转化时，将融解后的细胞悬液与重组质粒DNA混合（20～40μL），移入一个预冷的样品槽内，在0～4℃下用较高的场强进行电转化（高电压微小电极和样品槽可向厂商购买）。

该法既可用于将DNA导入真核细胞，也可用于转化细菌。通过优化各个参数（包括电场强度、电脉冲长度和DNA浓度等），每微克DNA可以得到10^9～10^{10}个转化体，是用化学方法制备感受态细胞转化率的10～20倍。当电场强度和脉冲长度以一定方式组合而使细胞死亡率在50%～75%时，其转化效率可达到最高。

三、重组λ噬菌体DNA的体外包装与转导

应用DNA重组技术，把带有目的基因的外源DNA片段插入到λ载体之后，还要设法将这些重组体分子导入寄主细胞。

根据噬菌体能够将其DNA分子有效地注入到寄主细胞内部的这种特性，已经建立了另一种将外源重组DNA分子导入寄主细胞的方法，即体外包装噬菌体颗粒的转导技术。所谓λDNA的体外包装，就是要在体外试管中完成发生于寄主细胞内的全部包装过程。

它是先将重组的λ噬菌体DNA或重组的粘粒载体DNA在体外包装成具有感染能力的成熟的λ噬菌体颗粒，然后使这些带有目的基因序列的重组体DNA能够按照正常的噬菌体感染过程导入寄主细胞，结果λ重组体DNA的转染效率可提高达到10^7左右。

1. λ噬菌体体外包装的基本原理

λ噬菌体E基因和D基因这两个基因的产物都是重要的外壳蛋白质。其中，E基因的

产物E蛋白是λ噬菌体头部的主要成分，占头部总蛋白的72%；D基因的产物D蛋白占头部总蛋白的20%，它与λDNA进入头部前体以及头部的成熟有关。

当E基因发生突变时，λ噬菌体不能合成E蛋白，不能形成任何头部结构。因此，在它所感染的寄主菌中可以积累大量的尾部外壳蛋白和D蛋白等；当D基因发生突变时，λ噬菌体不能合成D蛋白，λDNA不能进入头部，成熟作用便在头部前体阶段被阻断。因此，在它所感染的寄主菌中可以累积大量的头部前体蛋白。

由于这两种不同突变型噬菌体所感染的细菌提取物在体外是彼此互补的，因此将这两种提取物混合起来，λDNA分子便能够在体外被包装成有生物活性的成熟的噬菌体颗粒。

2. λ噬菌体DNA的体外包装

BHB2690（Dam）和BHB2685（Eam）这两个溶源性菌株，它们分别在λ噬菌体外壳蛋白基因D和E发生了无义突变。用离心法收集这两种细菌培养物，再用超声波处理或采用反复冻结－融化法使细胞裂解，可获得两种包装蛋白质提取物。

在BHB2690（Dam）菌株纯化的提取物中，含有大量未成熟的λ噬菌体头部前体蛋白质；在BHB2685（Eam）菌株纯化的提取物中，含有大量其他所有的外壳蛋白质（主要是尾部蛋白质）。因此，两个菌株的提取物互补，可在体外将重组的λDNA包装成为具有生物活性的噬菌体颗粒，完成λ噬菌体的形体构建。在良好的体外包装反应条件下，每微克野生型的λDNA可形成10^8以上的pfu（噬菌斑形成单位）。

四、重组克隆载体导入哺乳动物细胞的转染

现在已建立了多种可以将重组克隆载体DNA导入哺乳动物培养细胞的转染技术，其中最为常用的方法是磷酸钙、DEAE-葡聚糖、脂质体和多聚物等介导的化学转染法，此外，还有电穿孔法、显微注射法和基因枪轰击法等物理转染法。

无论采用何种方法将重组DNA导入细胞，转染效率在很大程度上取决于所用受体细胞的型别。不同的培养细胞系，其摄取和表达外源DNA的能力相差达几个数量级。下面介绍重组DNA转染哺乳动物细胞的几种方法。

1. 磷酸钙介导转染法

由磷酸钙介导的转染，是外源基因导入哺乳动物细胞的常规方法。由于重组载体以磷酸钙-DNA共沉淀物的形式出现，哺乳动物细胞摄取DNA的能力将显著增强。重组DNA是通过内吞作用进入细胞质，然后进入细胞核而实现转染的，这种转染法十分有效，一次可有多达20%的培养细胞得到转染。

先将重组DNA同$CaCl_2$混合制成$CaCl_2$-DNA溶液，随后加入磷酸钙形成DNA-磷酸钙沉淀，黏附在细胞表面。哺乳动物细胞能捕获黏附在细胞表面的DNA-磷酸钙沉淀物，通过细胞的内吞作用，将DNA转入细胞中，从而实现外源基因的导入，达到转染目的。

2. DEAE-葡聚糖介导转染法

二乙胺乙基葡聚糖是一种高分子多聚阳离子材料，能促进哺乳动物细胞捕获外源DNA分子。其作用机制是：DEAE-葡聚糖这一聚合物可能与DNA结合从而抑制核酸酶的作用，或者与细胞结合从而促进DNA的内吞作用。该法可广泛用于转染带病毒序列的质粒。

3. 脂质体介导转染法

脂质体是人工构建的由磷脂双分子层组成的膜状结构。脂质体介导法的原理是受体细胞的细胞膜表面带负电荷，脂质体颗粒带正电荷，利用不同电荷间的引力，就可将 DNA 导入细胞内。在形成脂质体时，可把用来转染的目的 DNA 分子包在其中，然后将该种脂质体与细胞接触，就能将外源 DNA 分子导入受体细胞。

4. 多聚物介导转染法

聚乙二醇（PEG）等多聚物与 DNA 及二价阳离子混合后，可在原生质体表面形成颗粒沉淀，使 DNA 进入细胞内。这种方法可用于哺乳动物细胞，其优点是转染效率较高。

处于对数生长期的细菌细胞（含重组质粒 DNA），用溶菌酶处理除去细胞壁制成原生质体；通过离心使细菌原生质体覆盖于单层哺乳动物细胞之上，再用聚乙二醇6000 处理以促进两种细胞的融合，重组质粒 DNA 将转移至哺乳动物细胞中。

5. 电穿孔法

利用脉冲电场将 DNA 导入培养细胞的方法称为电穿孔法。把宿主细胞置于一个外加电场中，通过电场脉冲在细胞壁上打孔，DNA 分子就能够穿过孔进入细胞。通过调节电场强度、电脉冲频率和 DNA 浓度，可将重组 DNA 分别导入多种动物细胞、植物细胞和微生物细胞中。

现有各种商品化的电穿孔装置，可按厂商提供的说明进行操作。注意电穿孔法转染的效率受以下一些因素的影响：外加电场的强度、电脉冲的长度、温度、DNA 的构象和浓度以及培养液的离子成分等。

6. 显微注射法

显微注射法主要应用于转基因动物。该法是利用显微操作系统（显微操作器、特制玻璃微管）和显微注射技术，将外源基因直接注射入动物细胞（受精卵）核中，使外源基因整合到动物基因组中，再通过胚胎移植技术，将整合有外源基因的受精卵移植到受体的子宫内继续发育，进而得到转基因动物。

7. 基因枪轰击法

基因枪轰击法主要应用于转基因植物。由于金属微粒在外力作用下达到一定速度后，可以进入植物细胞，但又不引起细胞致命伤害，仍能维持正常的生命活动。据此，可先将含目的基因的外源 DNA 同钨、金等金属微粒混合，使 DNA 吸附在金属微粒表面，再用基因枪轰击，通过氦气冲击波使 DNA 随高速金属微粒而进入植物细胞、器官或组织中（图 8-25）。

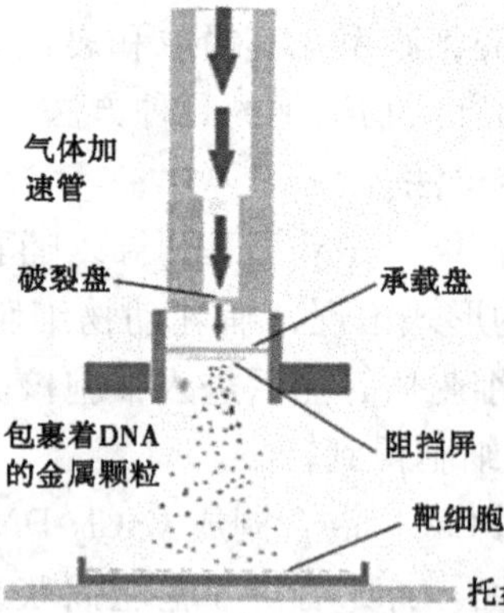

图 8-25　用基因枪法转移目的基因

第七节　目的重组体的筛选、鉴定与分析

一、含目的基因重组体的筛选

从通过转化或转导获得的细胞群体中选择出含有目的基因的重组体，这是基因工程操作中一项十分重要的工作。由于在经转化或转导长出的细胞群体中，有目的重组载体 DNA 或其他类型的重组载体 DNA 形成的菌落，还有仅是质粒 DNA 或染色体 DNA 形成的菌落。因此，必须从群体中分离筛选出带有目的基因的目标重组体。至于采用何种筛选方法更合适，这在很大程度上与所采用的克隆设计方案有关。下面介绍几种最常用的筛选方法：

（一）抗生素抗性基因插入失活法

很多质粒载体都带有 1 个或多个抗生素抗性基因标记，在这些抗药性基因内有酶的识别位点。当用某种限制酶消化并在此位点插入外源目的 DNA 时，抗药性基因不再被表达，称为基因插入失活。因此，插入外源 DNA 的重组质粒载体转化宿主菌并在药物选择平板上培养时，根据对该药物由抗性转变为敏感，便可筛选出重组转化子（重组克隆）。

以大肠杆菌质粒 pBR322 为例（见图 8-10），该质粒载体上具有 *Amp*^{r} 和 *Tet*^{r} 双抗药性标记。当它与外源目的基因重组时，若用 BamHI 限制酶切割，则外源目的基因插入后，造成 *Tec*^{r} 基因失活，转化后的受体细胞（重组菌）不能在含有 Tet 的培养基上生长，只能在含有 Amp 的培养基上生长，以此选择 *Amp*^{r}、*Tet*^{s} 的重组细胞（图 8-26）。反之，若在重组时用 pstI 酶切割质粒 pBR322，则目的基因插入后，基因失活，转化后可选择 *Tet*^{r}、*Amp*^{s} 的重组细胞。

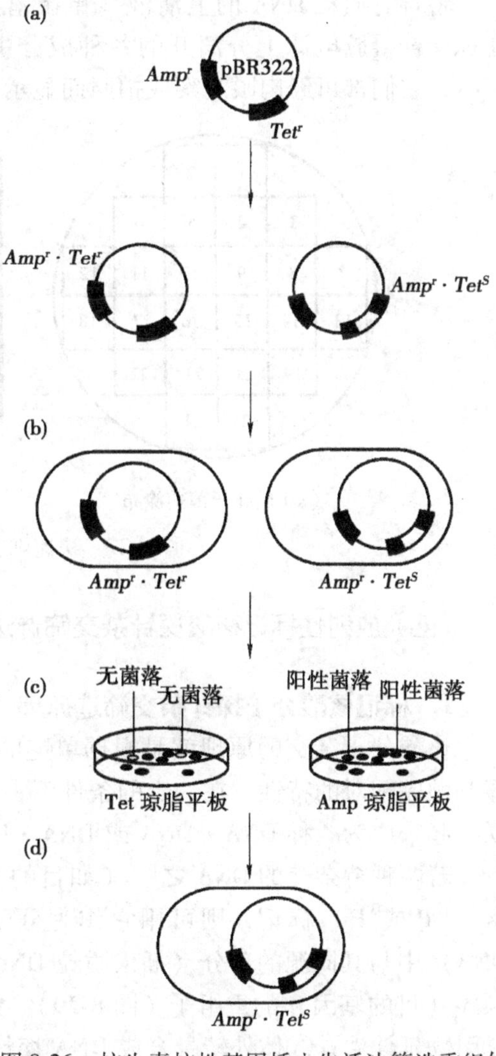

图 8-26　抗生素抗性基因插入失活法筛选重组体

（二）ρ-半乳糖苷酶基因插入失活法

许多载体（如 pUC 系列，见图 8-11）都带有一个来自大肠杆菌的 Lac 操纵子 DNA 区段，其中含有 β-半乳糖苷酶基因的头 146 个氨基的编码信息（α 肽），还插入了一个多克隆位点。当宿主细胞（Lac^{-}）接受了 pUC 载体时，在有诱导物 IPTG 和生色底物 X-gal 的培养基上，可形成蓝色菌落。

然而，当外源DNA片段插入质粒的多克隆位点后，使α肽失活而破坏了α互补作用，带有重组质粒的细菌将产生白色菌落，从而仅仅通过目测就可轻而易举地识别并筛选出可能带有重组质粒的转化子菌落。

（三）快速细胞破碎与凝胶电泳筛选法

在快速细胞破碎法中，只需配制一种破碎细胞缓冲液，其中含有十二烷基硫酸钠（SDS）和乙二胺四乙酸（EDTA）。SDS能溶解膜蛋白使细胞破裂，并解聚核蛋白，还能与蛋白质结合成复合物，使蛋白质沉淀；EDTA能螯合金属离子，防止脱氧核糖核酸酶对DNA的降解作用。细胞破碎后经高速离心，去除细胞碎片和大部分的染色体DNA和RNA蛋白，得到含有质粒DNA的上清液。

将含有质粒DNA的上清液（单菌落溶菌物），直接进行点样凝胶电泳和分离测定，在琼脂糖凝胶电泳上分离开的各种成分中，有染色体DNA、不同大小的质粒DNA以及RNA，它们都可经肉眼观察或拍照而显示（图8-27）。

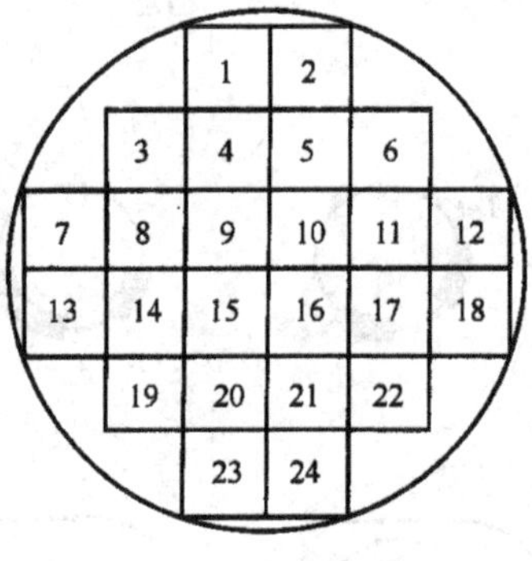

（a）转化子菌落涂布

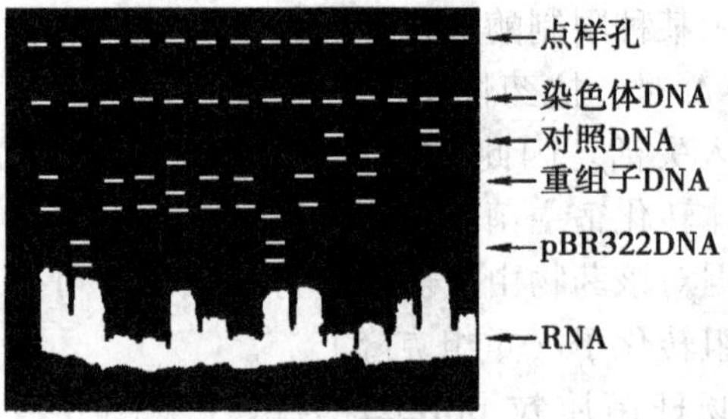

（b）快速细胞破碎法电泳

图8-27　快速细胞破碎与凝胶电泳筛选法

（四）放射性标记核酸探针杂交筛选法

1. 标记核酸分子探针杂交筛选原理

核酸分子杂交的原理就是根据单链的DNA或RNA能与另一单链DNA上和它互补的碱基顺序配对的特性，在一定的条件下，使它们的互补碱基之间形成氢键，从而使两单链联结起来成为一种DNA·DNA或DNA·RNA的双链杂交分子，如图8-28所示。

若两种待杂交的DNA之一（如目的基因DNA片段）是已知的并事先用放射性同位素（^{32}P或^{3}H）标记，则可用它作为分子探针来识别或探知另一种DNA（如重组质粒DNA）中与其同源的部分（插入质粒DNA中的目的基因），从而可筛选出带有特定DNA顺序（目的基因）的重组子（图8-29）。放射性标记探针的制备方法有：①切口平移法；②引物延伸法；③体外转录合成RNA探针；④合成cDNA探针；⑤合成寡核苷酸探针等。

2. 菌落原位杂交法筛选重组体

将被筛选的细菌菌落，从其生长的琼脂平板中转移到铺放在琼脂平板表面的硝酸纤维素滤膜上，于适温下进行培养（保留原菌落平板作为参照）。取出长有菌落的硝酸纤维素

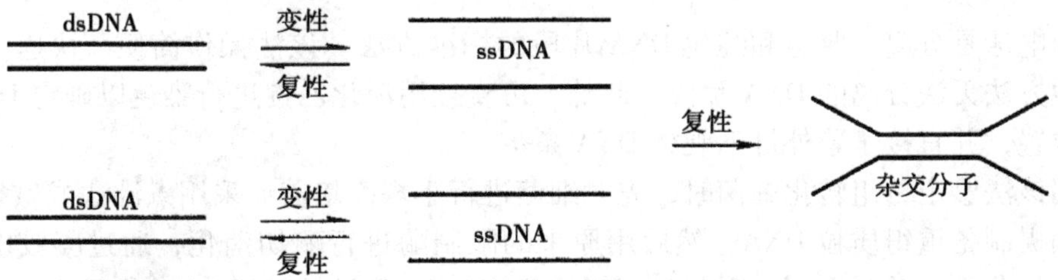

图 8-28　核酸分子杂交原理示意图

图 8-29　标记核酸分子探针筛选目的重组子示意图

滤膜，用碱液处理以溶解细菌菌落，并使 DNA 变性。然后再用适当的办法处理滤膜以除去蛋白质，留下的便是同硝酸纤维素滤膜结合的变性 DNA，这样便在菌落的原位上形成了 DNA 印迹。在 80℃下烘烤滤膜，使 DNA 固定下来。将这些滤膜同放射性标记的 DNA 或 RNA 探针杂交，并通过放射自显影检测杂交的结果。含有同探针互补的 DNA 的菌落，在 X 光底片上呈现黑色的斑点。通过同原平板上菌落位置的对照，挑选出阳性菌落，即是含有目的基因插入片段的重组转化子（图 8-30）。

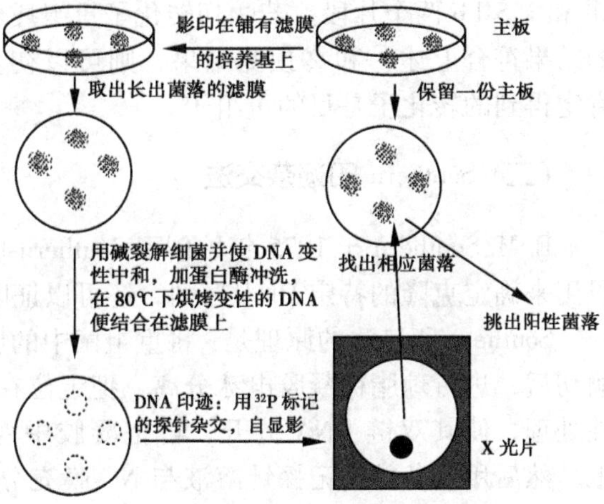

图 8-30　菌落原位杂交法筛选重组转化子

二、目的重组克隆的鉴定

为了淘汰掉非重组体，选出并确证为真正需要的重组体，有必要在筛选的基础上对选出的重组体作进一步的鉴定。鉴定重组体的方法有酶切及凝胶电泳鉴定法、Southern 印迹杂交法、免疫学检测法、Nouthern 印迹法、电镜 R-环检测法、基因产物鉴定等多种，因设计要求而不同，下面介绍常用的三种方法。

（一）酶切及凝胶电泳鉴定法

凝胶电泳是分离、鉴定和纯化DNA片段的标准方法。该法操作简便、快速，可以分辨用其他方法无法分离的DNA片段，此外，可直接用溴化乙锭进行染色以确定DNA在凝胶中的位置，并直接于紫外灯下观察DNA条带。

采用该法鉴定重组转化细菌时，先对细菌进行小规模培养，采用煮沸法或碱裂解法小量快速抽提制备重组质粒DNA，然后用原来的限制酶进行酶切消化，通过凝胶电泳进行酶切片段的分析，并与用同一限制酶切割的载体DNA和目的基因DNA片段或已知相对分子质量的DNA片段作为对照。重组质粒经凝胶电泳后应有两条带：一条是泳动速度较慢、相对分子质量较大的带（相当于质粒载体DNA）；另一条是泳动速度较快、相对分子质量较小的带（相当于目的基因DNA片段）。

采用凝胶电泳分析法，除了可确定重组质粒DNA中插入目的DNA片段的大小外，还可以确定目的DNA片段插入的方向。以重组质粒PYPl（图8-31）为例，可作如下预测：①用EcoR Ⅰ酶切，应出现5.4 kb和4.3 kb两个DNA片段；②用HindⅢ酶切，若目的片段正向插入，应有7.8 kb和1.9 kb两个片段；③用HindⅢ酶切，若目的片段反向插入，应有6.2 kb和3.5 kb两个片段。若酶切转化子重组质粒的结果符合上述①和②预测结果，则可以初步肯定得到的转化子是目的重组子。

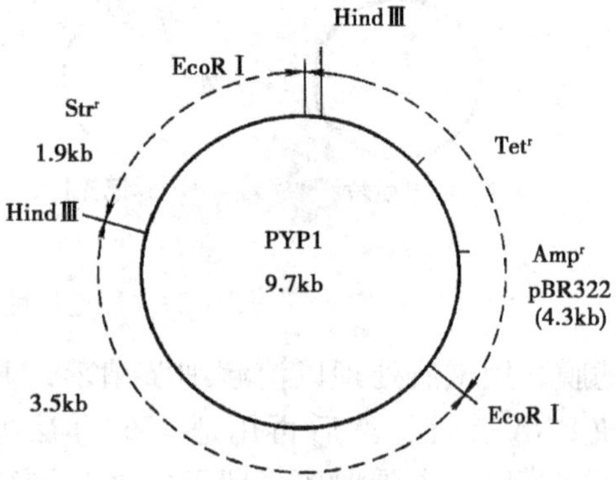

图8-31　重组质粒PYPl的酶切鉴定图

（二）Southern印迹杂交法

E. M. Southern于1975年始创了Southern-blot，一般称为Southern印迹法。该法不仅可以用来确定克隆的特定DNA序列，还可以证明重组菌中是否带有外源目的基因。

Southern印迹法的原理是：将重组菌中的质粒DNA提取出来，经合适的限制性内切酶酶切后，进行琼脂糖凝胶电泳分离。把定位在凝胶上的不同相对分子质量的DNA用碱变性处理，使其双链DNA分开，再把凝胶中变性的DNA转移到硝酸纤维素膜（NC膜）上。然后用制备的标记探针溶液与NC膜充分混合接触，进行同源性DNA杂交。杂交后带有放射性的DNA留在硝酸纤维素膜上，经放射自显影后，在X光底片上出现黑色区带，证实了该基因片段是目的基因片段。其黑色带的位置可与凝胶电泳照片中DNA区带相比较，并可进一步确定基因片段的相对分子质量大小（与相对分子质量标记作对照）。

Southern印迹杂交法可分为下列几个步骤：①琼脂糖凝胶电泳分离重组DNA的限制酶切片段；②将DNA从琼脂糖凝胶转移到固相支持膜上；③标记探针与固着于膜上的DNA杂交；④放射自显影（图8-32）。

（三）免疫学检测法

免疫学检测法是常用的基因表达产物检测方法之一，它是以某基因表达产物为抗原，通过与特异性抗体发生免疫反应，从而鉴定基因表达的产物。免疫学检测法主要有酶联免疫吸附法、Western-blot 法等。

1. 酶联免疫吸附法（ELISA）

ELISA 方法是利用免疫学原理检测基因表达的特异性蛋白最常用的方法。该方法建立了固－液抗原－抗体反应体系，并且采用酶标记，通过酶反应来检测抗体与抗原的结合。因此，该法具有灵敏度高和特异性强的特点。利用 ELISA 方法检测外源基因表达产物包括以下四个步骤：

（1）普通抗体和酶标记抗体的制备　普通抗体可通过免疫反应来制备；酶标记抗体是使酶与抗体交联，常用的标记酶有辣根过氧化物酶（HRP）和碱性磷酸酶（AKP）。

（2）抗体或抗原的包被　通过物理吸附法或共价交联法，将抗原或抗体固定在固相载体的表面。

（3）免疫反应　样品中特异性的抗原与包被在固相载体上的抗体结合，形成抗体－抗原复合物，再加入酶标记的抗体（酶标一抗），形成抗体－抗原－酶标抗体复合物；也可将样品中的抗原包被在固相载体上，然后加入特异性一抗，再加入酶标二抗。

（4）特异性表达产物的检测　洗去未发生反应的抗体，加入显色剂或荧光底物，通过酶促反应发生颜色或荧光强度变化来确定抗原的量。

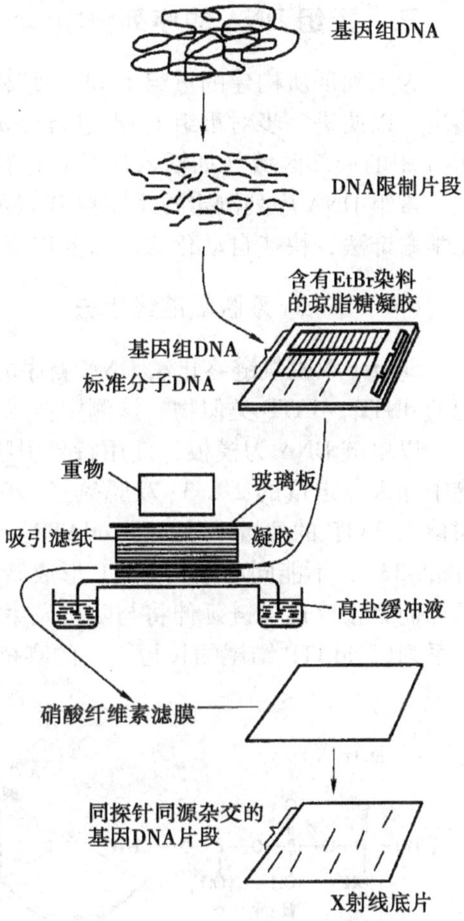

图 8-32　Southern 印迹杂交法

2. Western-blot 法

该法又称 Western 印迹法，是将蛋白质电泳、印迹和免疫测定结合在一起的检测方法。灵敏度很高，可从总蛋白中鉴定出 50ng 的特异性外源基因表达蛋白。

Western-blot 法主要包括以下 5 个步骤：

（1）总蛋白质的提取　采用适当的提取条件，保持蛋白质分子的结构完整，防止目的蛋白变性或降解；

（2）SDS-聚丙烯酰胺凝胶电泳分离蛋白质分子；

（3）蛋白质印迹制备　采用电印迹法或被动扩散印迹法，将经电泳分离的蛋白质转移到固相膜（如硝酸纤维素膜）上；

（4）抗体的制备　针对目的蛋白的抗体（一抗）一般不进行标记，而与一抗结合的二抗带有放射性标记（^{125}I、^{32}P）或酶标记（如过氧化物酶、碱性磷酸酶）；

（5）杂交和检出　使印迹后的固相膜上未与蛋白质结合的位点，与非特异性蛋白质结合，阻止抗体与固相膜结合，然后分别加入第一抗体和第二抗体进行反应，最后进行显色反应。

三、重组 DNA 的序列分析

为了确证所构建的重组 DNA 的结构与方向或对突变（如点突变和缺失）进行定位和鉴定，以便进一步对重组 DNA 进行分析，改造并提高目的基因的表达水平，必须对重组 DNA 中的局部区域（如插入片段）进行核苷酸序列分析。

重组 DNA 序列测定技术主要有三种：Sanger 双脱氧链终止法（酶法）；Maxam-Gilbert 化学修饰法；快速自动化法。目前广泛应用的是后一种快速自动化测序方法。

（一）Sanger 双脱氧链终止法

Sanger 双脱氧链终止法 DNA 测序的主要试剂有模板、引物、DNA 聚合酶、放射性标记的 dNTP、dATP 类似物。该测定技术的基本原理是：

以单链 DNA 为模板，使用特异引物在 DNA 聚合酶作用下进行延伸反应时，若在反应物中加入一定量的 2′，3′-双脱氧三磷酸腺苷酸（ddATP），则在正在增长的 DNA 链中应当掺入 dATP 的位置上掺入了 ddATP。由于 ddATP 在脱氧核糖的 3′位置上缺少一个羟基（图 8-33），不能同后续的 dNTP 形成磷酸二酯键，因此，正在增长的 DNA 链不可能继续延伸而终止。这样链延伸将与随机发生但却十分特异的链终止展开竞争，而反应产物则是一系列以 ddATP 结尾的长短不一的寡核苷酸。

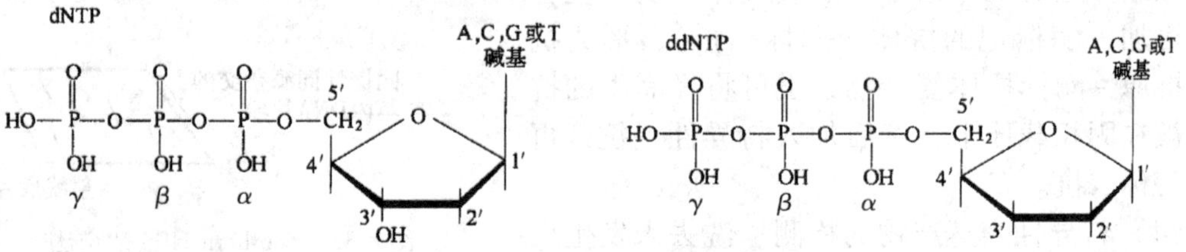

图 8-33　dNTP 和 ddNTP 的分子结构式

如果在 4 组独立的酶反应中分别采用 4 种不同的 ddNTP，结果将产生 4 组寡核苷酸混合物，它们将分别终止于模板链的每一个 A，每一个 C、每一个 G 或每一个 T 的位置上。将反应物变性，在可以区分长度仅差一个核苷酸的不同 DNA 分子的条件下，对各组寡核苷酸进行凝胶电泳分析，只要把几组寡核苷酸加样于测序凝胶中若干个相邻的泳道之上，即可在凝胶的放射自显影片上直接读出 DNA 上的核苷酸顺序（图 8-34）。

（二）快速自动化 DNA 测序

无论是 Sanger 双脱氧链终止法，还是 Maxam-Gilbert 化学修饰法测序，都需用放射性同位素作为标记物。因同位素不仅对操作人员有辐射危害性，而且放射性材料在保藏、处理和运输上也相当麻烦。此外，这两种 DNA 测序法还存在着操作步骤繁琐、效率低、速度慢等缺点。因此，许多科学家一直在致力于 DNA 测序法的自动化研究。

1986 年，在他人工作的基础上，W. Anoorge 等人设计出了一种新型的 DNA 序列自动分析仪，改进了无同位素标记的 DNA 序列自动分析体系。他们只用四甲基若丹明作为唯一的荧光剂，对 M13 DNA 引物预先进行末端荧光标记。这种荧光剂在激光的诱导下能产生出荧光，可取代同位素标记。

待测的 DNA 样品按照标准的双脱氧链终止法同引物进行反应，也用聚丙烯酰胺凝胶作电泳分离。但在电泳凝胶的侧面，固定了一个激光发射器，产生的激光束通过精密的光学系统后，被导向凝胶表面的检测区，并垂直射向凝胶。在凝胶板上面又装上一套荧光信号接收器。在电泳过程中，当带有荧光标记的 DNA 条带在电场作用下，经过激光通道检测孔时，在激光的激发下便产生出具特异性波长的荧光。这些荧光通过聚焦透镜集中后，传给滤光镜/棱镜组件，使 4 种碱基产生的不同标记波长区别开来。经成像透镜后由高灵敏度的相机分段收集信号，传送给计算机分析处理。最后通过打印机把所测得的序列直接打印出来。这样，便自动化地完成了整个 DNA 序列的测定过程。

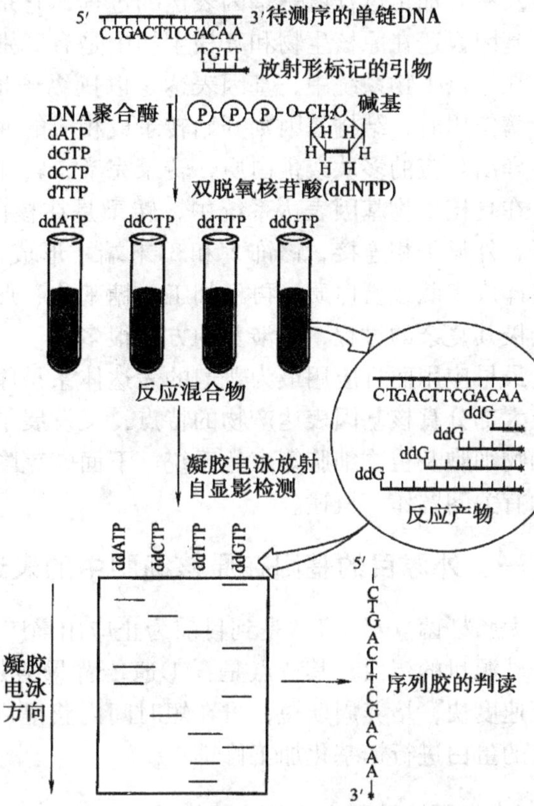

图 8-34 Sanger 双脱氧链终止法 DNA 测序的原理

随着基因工程技术在生物药物的筛选、人类重大疾病的临床诊断以及在人类基因组测序等方面的应用需要，随着技术上的不断改进，现在人们已不断研制出各种操作简便、快速、自动化程度高和应用范围广泛的各种 DNA 测序仪。

例如，美国 PE 公司推出的 ABI PRISM310 型全自动 DNA 测序仪和 377 型全自动 DNA 测序仪。310 型测序仪采用毛细管电泳技术取代传统的聚丙烯酰胺凝胶平板电泳进行 DNA 测序分析，不仅具有 DNA 测序、PCR 片段大小分析和定量分析功能，而且实现了全部操作自动化，包括自动灌胶、自动进样、自动数据收集分析；377 型测序仪采用 4 种荧光染料标记激光检测的方法，具有测序精确度高，每个样品判读序列长（700bp），一次电泳可测定样品数多（64 个），快速方便，不需要同位素，测序方法灵活多样等特点。此外，该测序仪在各种应用软件的辅助下，还可以进行 DNA 片段大小分析和定量分析。

第八节 目的基因在宿主细胞中的表达

基因克隆的主要目的是要使目的基因在某一种细胞中得到高效表达，即产生人们所需要的高产目的基因产物，如多肽蛋白质类生物药物。基因表达是指结构基因在调控序列的作用下转录成 mRNA，经加工后在核糖体的协助下又转译出相应的基因产物——蛋白质，再在受体细胞环境中经修饰而显示出相应的功能。从基因到有功能的产物这整个转录、转译以及所有加工过程就是基因表达的过程，它是在一系列酶和调控序列的共同作用下完成的。基因表达在原核生物和真核生物中是有区别的。

在原核生物系统中，基因表达是以操纵子形式进行的。当操纵子的调节基因与 RNA 聚合酶作用时，结构基因则开始转录成相应的 mRNA，与此同时，mRNA 立即与核糖体结合转译出相应的多肽或蛋白质，转录完毕，转译也完成，随之 mRNA 被水解掉。

在真核生物基因表达系统中，转录是在核内进行的，先生成 hnRNA，再加工去掉内含子，外显子相连接，修饰 5′和 3′末端才形成 mRNA。而 mRNA 只能在细胞浆中的核糖体转译成多肽或蛋白质，再经加工、糖基化、形成高级结构等。可见整个基因表达过程是一个极其复杂的过程，所涉及的方面很多。

最早应用而且应用最为普遍的表达体系是原核细胞（主要是大肠杆菌）。近年来为了适应大部分真核基因表达产物的特点，又发展了真核细胞表达系统，如酵母菌、昆虫、哺乳动物细胞及植物细胞等表达系统。下面就克隆化目的基因在原核和真核细胞两大系统表达的有关问题作一概述。

一、外源目的基因在原核细胞中的表达

大肠杆菌（*E. coli*）是到目前为止应用最广泛的基因表达系统，它被广泛用于表达小分子外源目的蛋白，其特点是：①遗传背景清楚，DNA 转化效率高，研究费用较少；②生长速度快，培养周期短，可在短时间内获得目的蛋白；③目的基因表达水平高；④不能对目的蛋白进行糖基化加工修饰。

（一）原核基因表达载体的构成

在基因工程中，表达载体扮演着十分重要的角色，它负责克隆目的基因，指导目的基因在宿主体内的转录和翻译。原核表达载体要完成这些功能，必须具备有以下三个系统，如图 8-35 所示。

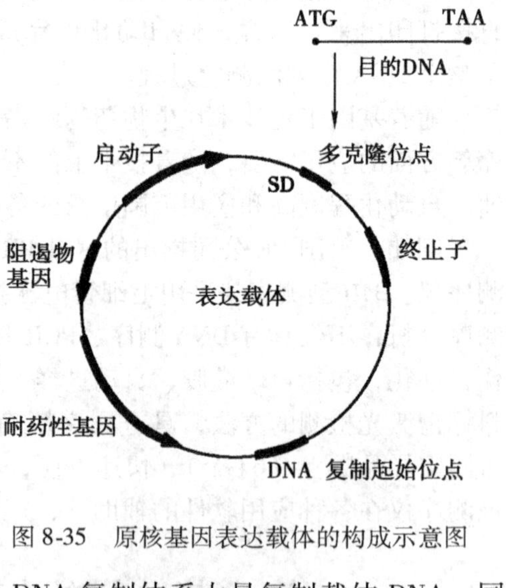

图 8-35 原核基因表达载体的构成示意图

1. DNA 复制及重组载体的选择系统

这一系统与普通的克隆载体一样，由复制起始位点（ori）和选择性标记基因来完成。

（1）复制起始位点 原核基因表达载体一般是质粒表达载体。常见的含 pMBl 和 Col El 复制起始位点（ori）的质粒载体为松弛复制型。松弛型复制起始位点能使载体借用宿主的 DNA 复制体系大量复制载体 DNA，同时克隆的目的基因也得以大量复制，为基因的高水平转录提供足够多的模板。

（2）选择标记 为了简便地从大量的细胞群体中将被转化的重组细胞分离出来，在构建基因表达载体时必须加上选择性标记。对于大肠杆菌表达载体来说，一般选择抗生素抗性基因作为选择标记基因，常见的有抗氨苄青霉素、四环素、氯霉素和链霉素等抗性基因。大肠杆菌表达载体上一般都带有一个以上的抗生素抗性基因。

2. 外源目的基因的转录系统

这一系统包括启动子、抑制物基因和转录终止子。启动子和终止子因宿主的不同而有差别，往往在不同的物种宿主中表达的效率也不一样，特别是原核生物和真核生物宿主间则完全不同，相互间不能通用。

（1）启动子　启动子（promotor）是一段能被宿主 RNA 聚合酶特异性识别和结合并指导目的基因转录的 DNA 序列，是基因表达调控的重要元件。外源目的基因转录的起始是基因表达的关键步骤。选择可调控的强启动子是构建一个理想表达系统首先要考虑的问题。

启动子位于基因的上游，其序列长度因生物的种类而异。当 RNA 聚合酶定位并结合到启动子序列上时，便可启动基因的转录。启动子具有序列特异性、启动的方向性、作用的位置特性和种属特异性等特征。

（2）抑制物基因　抑制物基因的产物是一种控制启动子的功能蛋白质，对启动子的起始转录功能产生抑制作用。适当的诱导条件可使抑制物失活，启动子功能重新恢复。通过抑制物基因产物，使目的基因在宿主培养到最佳状态时进行转录，保证转录有效进行，特别是表达产物对宿主有害时，控制转录时机尤其重要。

（3）转录终止子　转录终止子（terminator）是一段终止 RNA 聚合酶转录的 DNA 序列。转录启动后，RNA 酶沿 DNA 链移动，持续合成 RNA 链，直到遇到转录终止信号为止。转录终止子是基因高效表达的一个重要控制元件，其功能是终止转录，防止对基因进行通读，并能够增加质粒的稳定性。

3. 蛋白质翻译系统

翻译是 mRNA 指导多肽链合成的过程，翻译的起始是多种因子协同作用的过程。蛋白质的翻译系统主要包括核糖体结合位点（SD 序列）、翻译起始密码子和翻译终止密码子。

（1）核糖体结合位点　核糖体结合位点（RBS）是指原核基因转录起始位点下游的一段 DNA 序列。RBS 是由一个起始密码子和 Shine-Dalgarno 序列（简称 SD 序列）共同组成的。SD 序列长度 3 ～ 9bp，位于起始密码子 ATG 上游的 3 ～ 11bp 处。SD 序列可与核糖体 16S rRNA 特异配对而与宿主核糖体结合，它对 mRNA 的高效翻译起着决定性作用。

（2）翻译起始密码子　起始密码子是翻译的起始位点，通常为 AUG（ATG），是首选的起始密码子，编码甲硫氨酸（Met）。也有极少数生物利用其他密码子作为翻译的起始位点。影响 mRNA 翻译效率的因素包括上述的 SD 序列 、翻译起始密码子、SD 序列与起始密码子之间的距离和碱基组成等。

（3）翻译终止密码子　翻译终止密码子与核糖体相遇时，能使核糖体从 mRNA 模板上脱落，终止蛋白质的翻译过程。mRNA 序列上的终止密码子对正确翻译的效率有很大影响。

（二）常见的原核细胞表达载体系统

目前较为广泛应用的原核细胞表达载体系统主要有 Plac 启动子表达载体系统、P_L 和 P_R 启动子表达载体系统。

P_L 和 P_R 启动子是大肠杆菌 λ 噬菌体中控制早期转录的启动子，P_L 和 P_R 表达载体系统是以该启动子构建的高效表达载体。

在野生型λ噬菌体中，P_L 和 P_R 启动子的转录与否决定λ噬菌体进入裂解循环或溶源循环。λ噬菌体 P_E 启动子控制的 cⅠ基因表达产物是 P_L 和 P_R 启动子转录的阻遏物，而 cⅠ阻遏物的表达和在细胞中的浓度，取决于一系列宿主与噬菌体因子之间的复杂平衡关系。

由于通过细胞因子调节 cⅠ在细胞中含量的途径很难操作，因而在构建表达系统时，选用温度敏感突变体 cⅠts 857 的基因产物来调控 P_L 和 P_R 启动子的转录，在较低温度（30℃）下阻遏物以活性形式存在，在较高温度（42℃）下阻遏作用失活。因此，改变工程菌的培养温度即可控制目的基因的表达，这比用诱导剂诱导表达系统要节省操作步骤和成本，在大规模基因表达中其优点尤其明显。

图 8-36 为 pBV/ANG 重组表达载体的结构图。血管生长素（ANG）基因插入 pBV220 载体多克隆位点中，转化到大肠杆菌 JM103 内，便能通过温度的变换控制 cⅠ阻遏蛋白的活性，继而调节 P_R 和 P_L 启动子的活性，使 ANG 基因连同其 5′端上游所带的 SD 序列转录成 mRNA（SD 序列与起始密码 ATG 的间距为 6bp），mRNA 作为模板使核糖体高效翻译出 ANG 产物，并终止于 rrnB 位点。

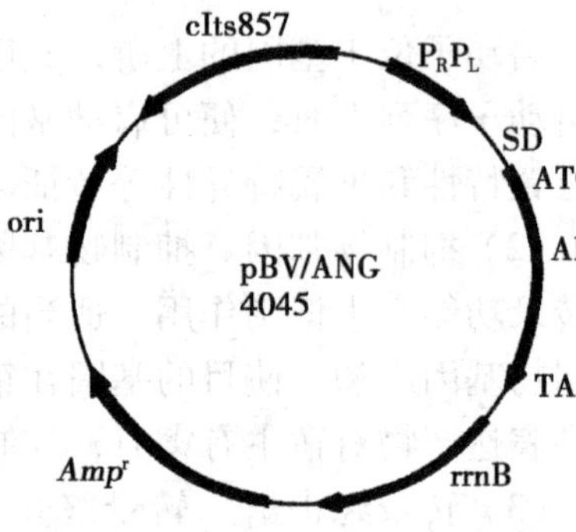

图 8-36　pBV/ANG 重组表达载体的结构示意图

（三）外源目的基因在原核细胞中的表达形式

外源目的基因在原核细胞中的表达形式包括形成包涵体、融合蛋白、寡聚型外源蛋白、整合型外源蛋白、分泌型外源蛋白等五种。其表达产物可能存在于细胞质、细胞周质和细胞外培养基中。

（1）包涵体　包涵体是外源基因的高表达产物在原核细胞中积累，并致密地聚集在一起形成的一种水不溶性蛋白质结构。包涵体主要由外源基因高表达蛋白产物组成，也含有受体细胞本身的一些其他表达产物。包涵体具有正确的氨基酸序列，但因其空间构象错误，故一般没有生物学活性。

由于包涵体的水不溶性和密度远大于其他蛋白，故以包涵体形式表达的外源蛋白易于分离纯化，只需通过高速离心，即可将包涵体蛋白与其他蛋白区分开来，这是包涵体最突出的优点。此外，包涵体对蛋白酶也表现出较好的抗性。

（2）融合蛋白　将外源目的蛋白基因与受体菌自身蛋白基因重组在一起，但不改变两个基因的阅读框，以这种方式表达的蛋白称为融合蛋白。融合蛋白由位于其氨基端的原核蛋白、能被蛋白酶或溴化氰裂解的多肽序列，以及目的蛋白三部分组成。融合蛋白与单独表达的外源蛋白相比具有稳定性较好、表达效率较高、较易于分离纯化等优点。

（3）分泌型外源蛋白　外源基因的表达产物通过运输或分泌的方式穿过细胞的外膜进入培养基中，即为分泌型外源蛋白。以分泌型蛋白的形式表达外源基因可获得有较好生物学活性及较稳定的产物，且可简化发酵后处理的纯化工艺。

外源基因以分泌型蛋白表达时，须在N端加入由15～30个氨基酸组成的信号肽（signal peptides）序列。在信号肽N端的最初几个氨基酸为极性氨基酸，中间和后部为疏水性氨基酸，它们对蛋白质分泌到细胞膜外起决定性作用。当蛋白质分泌到位于大肠杆菌细胞内膜与外膜之间的外周质时，信号肽可被信号肽酶所切割。

二、外源目的基因在真核细胞中的表达

1. 发展真核细胞表达系统的必要性

在原核细胞（如大肠杆菌）系统中表达真核基因合成真核蛋白往往存在两个主要问题：其一是原核细胞对真核生物活性蛋白，特别是具有生物学功能的膜蛋白或分泌性蛋白不能进行有效的翻译后加工，包括二硫键形成、糖基化、磷酸化、寡聚体形成及由特异性蛋白酶的裂解等，因而无法生产出名副其实的真核生物活性蛋白；其二是在原核细胞中合成的真核蛋白比活性都很低，这可能与蛋白的折叠方式不正确或折叠效率低下有关。

鉴于上述原因，发展真核细胞（如哺乳动物培养细胞）表达系统就显得很有必要，尤其是对于生产生理活性物质的生物制药领域来说更具有重要意义。

真核细胞表达系统可以分为两类：一类是采用病毒载体的表达系统，另一类是转染DNA的表达系统。通常克隆化的目的基因必须插入适当的表达载体并在细菌中克隆和复制、扩增后才转染哺乳动物细胞。用于在哺乳动物细胞中导入和表达克隆化目的基因的质粒载体经过改造后既带有与待表达基因序列5′端和3′端相匹配的限制酶切位点，又带有具备所需特异性的调控序列元件。

2. 真核细胞表达载体的功能元件

真核细胞表达载体既含有便于在细菌中克隆和复制、扩增重组载体的原核质粒序列，包括复制子、抗生素抗性基因、单一限制酶切位点等，又带有只能在真核细胞中表达的真核表达组件。基本的真核表达组件包括启动子元件、增强子元件、加poly（A）信号剪接信号、与翻译相关的元件、用于复制和选择的元件等。

第九节 基因工程的应用与发展态势

基因工程技术自从20世纪70年代初期问世以来，经过了30多年的发展历程，无论是在基础理论研究领域，还是在生产实际应用方面，都取得了惊人的成就。它不仅使整个生命科学的研究发生了前所未有的深刻变化，而且也给世界各国的医疗业、制药业、农业、畜牧业、环保业的发展开辟了广阔的前景，为人类带来了巨大的经济和社会效益，特别是基因工程技术在医疗业和制药业的应用，在新世纪呈现出更加强劲的蓬勃发展态势。

一、基因工程制药

基因工程一诞生，就显示出它无比的生命力，展示出它在生产应用上无量的发展前景。特别是基因工程在医药生物技术领域中的应用，更是备受国内外生物技术界的广泛关注。实际上，基因工程最大的成就是用于生物治疗的新型生物药物的研制。

虽然一些内源生理活性物质作为药物已有多年，但是在生产和应用中长期存在很多难以解决的问题，这主要是：①许多在疾病诊断、预防和治疗中有重要价值的内源生理活性

物质以及某些疫苗，由于材料来源困难或制造技术问题而无法研制出产品付诸应用；②即使应用传统技术从动物脏器中提取出内源生理活性物质来，也因造价太高而使患者望而却步，或因来源困难而供不应求；③由于免疫抗原等缘故，使某些生理活性物质在使用上受到很大限制；④在提取过程中难免有病毒感染，可能会对病人造成严重后果。

应用基因克隆技术生产生物药品就可以从根本上解决上述问题。其优点主要有：①可大量生产过去难以获得的生理活性蛋白和多肽，为临床使用提供有效的保障；②可提供足够数量的生理活性物质，以便对其生理、生化和结构进行深入的研究，从而扩大这些物质的应用范围；③可以发现、挖掘出更多的内源性生理活性物质；④可以改造和去除内源生理活性物质作为药物使用时所存在的不足；⑤可获得新型化合物，扩大药物筛选来源。

为了在21世纪的生物技术产业时代占有一席之地，各国都以知名大学和研究机构带动形成产业群，如美国的圣迭戈和北卡罗来纳州的“三角公园”，日本的筑波和千叶县，法国、瑞士和德国边界的“金三角”，韩国的大田等都已形成研发型生物技术产业群，其中大部分为生物技术制药产业。

美国是现代生物技术的发源地，又是应用现代生物技术研制新型药物的第一个国家，多数基因工程药物都首创于美国。美国在生物技术制药产业舞台上一直稳居榜首，占据着世界领先地位。2000年美国基因工程药物销售额达到140亿美元，2006年将达到256亿美元，平均年增长率为13%。日本在基因工程研究方面起步虽较晚，但由于它有坚实的工业微生物和化学工程基础，加之政府对基因工程研究十分重视，一直在急起直追美国，故进展十分神速。到目前为止，日本有800多家生物技术公司，在生物医药方面位于世界前列，仅次于美国。欧洲各国把生物技术医药产品视为强劲的经济增长点。欧洲生物技术市场资本总额与美国相近，而且投资额成倍增长。欧洲现有约1 000多家生物技术公司，主要分布在医药保健和食品饮料行业。近年来，欧洲在发展生物技术药品方面进展很快。德、英、法等国在研制开发和生产基因工程药物方面也成就斐然，在生物技术的某些领域甚至赶上并超过美国。特别是德国，其生物技术水平仅次于美、日，居世界第三位。

我国医药生物技术的研究和开发起步较晚，但我国对生物技术制药的发展十分重视，在国家有关科技计划特别是“863”计划的大力支持下，这一领域得到了迅速发展，逐步缩短了与先进国家的差距，已经开始步入国际先进国家行列，具备了一定的国际竞争能力。当前，我国已有生物制药企业200多家，其中有生产能力的企业60多家，如表8-2所示。我国基因工程制药产业已粗具规模，产品主要是基因工程药物和疫苗，生产品种有几十种，产值逐年增长。

表8-2 我国已经产业化的基因工程药物和疫苗的生产厂家

名称	适应症	生产厂家
重组人干扰素α1b（外用）	病毒性角膜炎	长春生研所
重组人干扰素α1b	乙肝、丙肝	深圳科兴、上海生研所、北京三元基因
重组人干扰素α2a	乙肝、丙肝、疱疹	长春生研所、长生药业、三生药业、新大洲药业
重组人干扰素α2a（酵母）	乙肝、丙肝	上海万兴生物
重组人干扰素α2b	乙肝、丙肝、白血病	安科、汉生、华新、鼎力、华立达、长春生研所等

续表

名 称	适 应 症	生 产 厂 家
重组人干扰素 α2a(栓剂) 重组人干扰素 α2b(凝剂)	妇科病 疱疹等	武汉天奥药厂 合肥科大兆峰药厂
重组人干扰素 γ	类风湿	上海生研所、克隆、珠海丽珠
重组人细胞生长因子(外用) 细胞生长因子衍生物	烧伤、创伤 烧伤、创伤	大江、长生药业、四环 深圳华生元
碱性成纤维细胞生长因子(外用)	创伤、烧伤	珠海东大、长生药业
重组人白细胞介素-2	癌症辅助治疗	沈阳三生、长生药业、金泰、瑞德制药、深圳科兴、金丝利、华新、康利制药、白鹭园、长春生研所
重组人白细胞介素-2^{125}Ser	癌症辅助治疗	上海华晨
重组人粒细胞集落刺激因子	刺激产生白细胞	厦门特宝、杭州九源、白鹭园、长春金赛、苏州中凯三维、北海方舟、山东科兴、新鹏等 17 厂家
重组人粒细胞巨噬细胞集落刺激因子	刺激产生白细胞，骨髓移植	厦门特宝、华北制药、北医联合、里亚哈尔、海南华康、顺德南方、上海海济、山东医研所等 14 个厂家
重组人红细胞生成素	产生红细胞	三生制药、华欣药业、克隆、山东科兴、成都地奥、阿华、四环生物
重组人生长激素	矮小病	金赛、安科、恒通、医进、联合赛尔
重组链激酶	溶血栓（心梗）	复兴实业、金泰
抗 IL-8 单抗乳膏剂	银屑病	东莞宏远逸士公司
人胰岛素	糖尿病	通化东宝、医进、科兴
乙肝疫苗	预防乙肝	深圳康泰、北京生研所、华北药厂
痢疾疫苗	预防痢疾	兰州生研所、军科院

为促进合作和规范化管理，提高研究和生产效率，我国已开始注意生物技术制药产业向“群落化”发展，如建立生物谷、生物岛、生物城等，这是当前产业化发展的方向之一。21 世纪初我国生物技术发展战略目标主要是：立足创新、集成应用、需求向导、重点突破。我国力争在今后 10 到 15 年之内，生物技术产业的整体水平，尤其是基因工程制药水平能步入世界发达国家行列，而且生物技术产业能够成为国民经济的支柱产业之一。

二、蛋白质工程

在 20 世纪 80 年代中期，出现了一门新兴的学科——蛋白质工程。它主要是利用 X 光结晶学技术和电子计算机，模拟确定所研究蛋白质的立体结构，并找出影响该结构的关键氨基酸，然后用基因工程的方法，克隆出该蛋白的基因和作出它的核苷酸序列，最后再用化学合成的寡核苷酸，作体外诱变来改变上述关键氨基酸密码，从而改变蛋白质的性质。这些性质包括增加酶的活性、改变酶底物特异性、改变蛋白质对 pH 值的敏感性、改进蛋白质对热的耐性、改进抗原的特点等。

这方面工作最突出的两个例子是：

①美国 Cetus 公司的美籍华人麦富智，用多核苷酸位点特异性诱变的方法，将 β-干扰素中的两个半胱氨酸改变成丝氨酸，从而使这种干扰素能在低温下保存半年还不降低活力，为干扰素的临床使用铺平了道路。

②英国皇家理工学院的 Fersht 和剑桥分子生物学实验室的 Winter 也用同样的方法将酪氨酸 tRNA 合成酶 51 位的苏氨酸变为脯氨酸，使它的酶活性提高了 25 倍。

蛋白质工程展示了巨大潜力和光辉前景，它将使医学发生重大的突破，在工业应用方面可创造出优质酶，改进工业用酶（如青霉素酰化酶、葡萄糖异构酶、α-淀粉酶、糖化酶等）的活力、耐热性和对底物的亲和力等。因此，世界上很多生物工程公司竞相开展这方面的工作，并取得令人鼓舞的成果。例如：

①应用蛋白质工程技术将胰岛素 B 链第 10 位的 His 变为 Asp，获得高活力胰岛素 B10 Asp，其受体结合能力和离体生物活力分别为猪胰岛素的 262% 和 235%；

②应用蛋白质工程技术获得一种单链、无糖基化的 tPA（人组织纤溶酶原激活剂）缺失突变体，其溶纤能力是原 tPA 的约 25 倍，而血浆清除率较 tPA 减慢了 77%；

③应用蛋白质工程技术研制肿瘤坏死因子（TNF）突变体：将原型 TNF 分子中第 80、90 和 92 位的 Ile、Lys 和 Asn 分别置换为 Ser、His 和 Val，经 *E. coli* 表达产生的 rhTNFαD3a 产物，毒性比原型 TNF 低 11 倍；将 TNF-αN 末端的第二位 Arg 换成 Lys，在 *E. coli* 中表达 TNF-K2 产物，对某些人的肿瘤细胞株表现出比 TNF-α 高出几十倍到几百倍的抑制活性。

科学家们认为，20 世纪 80 年代初期从不同生物中克隆大量的基因并使之表达，是基因工程的第一次浪潮，而现在兴起的定点诱变技术，即在克隆化基因中导入突变，按人们的意愿通过改造基因来改进基因产物（蛋白质）的质量，以适合生产和应用需要的蛋白质工程将是基因工程的第二次浪潮。它使基因工程更加完善并使之成为一门真正的产业。

三、转基因动植物生产药物

应用基因工程技术，通过转基因植物生产微生物甚至哺乳动物的一些特殊蛋白质——药用蛋白质，已有一些成功的报道。例如，已培育出能生产胰岛素、干扰素、人血清蛋白等药物的转基因植物；美国已构建了能生产栝楼素的转基因烟草植物，据称该药物对艾滋病有较好疗效。

将转基因动物作为专门生产一些特殊药物的“生物工厂”（bio-factories），是基因工程技术的一项具有十分重要经济意义的应用。如应用转基因的羊或牛的乳汁制备药用蛋白质，就得到了人们广泛的重视。

人们首先将目的基因重组在乳汁蛋白基因启动子的下游，成功地培育出了可在乳腺中高效表达外源蛋白质的转基因小鼠。应用此种方法已能合成 tPA 和尿激酶（UK）。这些蛋白质在小鼠乳汁中的表达量相当高，如 tPA 的浓度可达 50ng/mL，而且还具有良好的生物活性。

近年来在绵羊等大型哺乳动物的乳汁中生产药用蛋白质的研究工作，已经取得了显著的进展。例如：

①20 世纪 90 年代初期，G. Wright 等人成功地培育出一种转基因绵羊，其乳腺能分泌 α1-抗胰蛋白酶（ATT）；K. M. Ebert 等人也获得了可在乳腺中分泌一系列人 tPA 的转基因山羊。

②1995 年 1 月，以色列沃尔卡尼中心的科学家们，经过长达 7 年的辛勤研究，培育成功转基因山羊“吉迪”。吉迪携带有人血清蛋白基因，其雌性后代所分泌的羊奶中含有（10g/L）这种极其宝贵的药物——人血清蛋白，其身价至少数百万美元。

③英国罗斯林研究所采用基因注入技术，培育转基因母鸡获得成功，拟使其所产的鸡蛋中含有珍贵药物，以满足人体康复所需。

④1998 年 2 月，我国上海医学遗传所与复旦大学遗传所合作承担的高技术重大项目，已获得首批与人凝血第九因子基因整合的转基因山羊，能在乳汁中分泌出有活性的能治疗血友病的人凝血第九因子。这是我国首次获得具有生物医药生产价值的转基因动物，有望通过动物乳汁廉价大量地生产人类所需的珍贵药物。

⑤1999 年 8 月，中国科学院动物所科研人员，在对农药产生抗性的昆虫中成功克隆出解毒酶基因。解毒酶能够把极毒的有机化合物降解成无毒或低毒，既可处理被有毒害化合物所污染的水源和土壤，还可利用解毒酶基因生产解毒药品（用于人畜农药中毒）和清洗剂（清洗果蔬残留农药），以解决人类日常生活受农药残留困扰的难题。

这些转基因动物的培育成功，为我们提供了已经作了转译后加工的易于纯化的蛋白质来源。毫无疑问，羊奶、牛奶或鸡蛋无论在收集、运输、贮藏和食用等诸多方面，都要方便得多。采用这种动植物“活工厂”生产药物的方式，将会大大减少各种化工设备和生物反应器的投资，也将会大量节省能耗和人力，很可能成为基因工程制药研究与开发的又一主攻方向。

四、基因组工程

1990 年 10 月，以全球合作、数据共享为主旨的，由美、英、日、法、德和中国共1000多名科学家参加的，被誉为生命科学“阿波罗登月计划”的国际人类基因组计划正式启动。这个计划的目的是找出所有人类基因，并搞清其在 DNA 分子上的位置，绘制出完整的人类基因组图谱，破译出人类全部遗传信息。通过对每个基因的测定，人们将能找到新的方法来治疗和预防多种疾病，关于人类生长、发育、衰老、遗传和病变的很多秘密也将随之揭开。

2001 年 2 月 16 日，“人类基因组图谱”基本上绘制完成，科学家们正式公布有关资料。新发现人体 23 对染色体由约 30 亿个碱基对组成，仅 5% 编码蛋白质，包含 2. 5 万至 3 万个基因，仅比果蝇多 2 万个，远小于原先 14 万个基因的估计；基因组上大约 1/4 的区域是长长的没有基因的片段（“荒漠”），35. 3% 的基因组包含重复序列（“垃圾DNA”）；地球上人与人之间 99. 99% 的基因密码是相同的，人与人之间的变异仅为万分之一。2003 年 4 月 14 日，华盛顿新闻发布会正式宣布：经过 13 年的努力，美、英、日、法、德和中国科学家终于绘制完成了“人类基因组序列图”（完成图）。至此，人类基因组计划的所有目标都已全部实现。

基因图谱的绘制完成具有巨大的医学价值，它将加速寻觅各种疾病的致病基因，从而有助于攻克这类疾病。随着基因图谱的提前完成，生命科学研究正步入一个以蛋白质和药物基因组学为重点的“后人类基因组”时代。后人类基因组研究将极大地促进包括生物信息学（bioinformatics）、药物基因组学（pharmcogenomics）、蛋白质组学（proteomics）和其他许多相关学科的发展。

随着人类及其他模式生物基因组计划的完成，以基因组为基础，对物种进行大范围修饰和改造将成为可能，这就是刚刚诞生的基因组工程（genomic engineering）。它可同时对大量的基因群体进行操作，用于模拟某一生理过程、产生新的生命活力、改造物种，最终实现人类在实验室或工厂里就能够做生物体在细胞内所做的各种“事情”，甚至做得更好。

与基因工程相比，基因组工程研究在内容、形式、技术、信息分析等方面有显著的差别。例如，在基因组工程研究中，采用的载体是人工染色体，容纳的基因可达几十到几百个，甚至几千个，属于基因群体的克隆和表达，而且这种表达能按生理活动过程予以遗传控制、克隆，DNA 片段长度可达几兆碱基对，故被称为 Mb 级工程性遗传操作。

例如，在工程操作手段上，基因组工程必需建立遗传同源重组技术作为 Mb 级的 DNA 大片段切割和整合的基础，需要进一步完善细胞的转化和融合技术，开拓干细胞和体细胞克隆个体的方法。此外，在基因组工程研究中，由于操作的基因数量大，产物非常复杂，因此在产物检测方面，除了用常规手段检测基因及表达之外，还需要用高通量的研究技术（如各类生物芯片）来检测基因群体、表达图谱及产物群。

展望基因组工程学，它不仅将使人类能真正模仿生物细胞的功能，而且能改造细胞，按人类意愿去控制细胞、指挥细胞。在 21 世纪，基因组工程学将起到生物技术领头羊的作用。

第九章 酶工程

第一节 酶的基本性质

一、概论

1．酶学研究的重要意义

一般而言，酶是由细胞产生的具有高效催化能力、高度专一性的蛋白质。酶大部分位于细胞体内，部分分泌到体外。新陈代谢是生命活动的最重要特征，一切生命活动都是由代谢的正常运转来维持的，而生物体代谢过程的各种化学反应都是在酶的作用下进行的。酶是促进一切代谢反应的物质，没有酶，代谢就会停止，生命也即停止，因此，研究酶的理化性质及其作用机理，对于阐明生命现象的本质具有十分重要的意义。现代生物科学发展已深入到分子水平，从生物大分子的结构与功能关系来说明生命现象的本质和规律，从酶分子水平去探讨酶与生命活动、代谢调节、疾病、生长发育等之间的关系，无疑具有重大的科学意义。

酶是分子生物学研究的重要工具，正是由于某些专一性工具酶的出现，才使核酸一级结构的测定有了重要突破。1970 年，美国 Smith 等从细菌中分离出能识别特定核苷酸序列、且切点专一的限制性内切酶，命名为 HindⅡ。Nathans 用该酶降解病毒 SV40DNA（脱氧核糖核酸）并绘制了酶切图谱，从此，HindⅡ成为分子克隆技术中不可缺少的工具酶，Smith 等因此荣获 1979 年诺贝尔生理医学奖。限制性内切酶的发现促进了 DNA 重组技术的诞生，推动了基因工程的发展。

酶鲜明地体现了生物体系的识别、催化、调节等奇妙功能，酶研究不仅深刻影响生物化学以至整个生物学领域，而且还刺激了许多化学研究，成为灵感的源泉。20 世纪以来，在化学与生物学之间的接触地带先后形成了生物化学、生物技术、生物有机化学、生物无机化学以及仿生化学等学科领域。其中生物技术占据了相当重要的位置，而酶工程是它的一个重要分支。生物技术已在工业、农业、医药、食品等方面得到广泛应用，并在解决当代资源、能源、环保等方面起着举足轻重的作用，新兴的生物技术产业已成为当前优先发展的高科技领域之一。作为生物工程的重要组成部分，酶和酶工程不但受到生物化学工作者的重视，也日益受到广大工农业、医药保健工作者的重视。

2．酶学研究简史

要准确地说出酶是什么时候、由谁首先发现的，是件很困难的事。人们很早就感觉到它的存在，但真正认识它并了解其本质，继而利用它是近百年的事。

从出土文物中发现，4000 多年前的我国龙山文化时期，酒就已经盛行，说明我国古代的劳动人民在那时就能利用天然酵母酿酒。公元 10 世纪左右，我国已能用豆类做酱，豆酱是在霉菌蛋白酶作用下使豆类蛋白质水解所得的产品。约 3000 年前，人们利用麦曲所含的淀粉酶将淀粉降解为麦芽糖，制造了饴糖。用曲富治疗消化不良症也是我国人民的最早发现；曲富含酶和维生素，至今仍是常用的健胃药。春秋战国时代，漆已被广为利用，那时所用的漆是漆树的树脂被漆酶作用后的氧化产物。

国外知道酶的存在是与发酵和消化现象联系在一起的。1833 年，Payen 和 Person 从麦芽的水抽提物中用酒精沉淀得到了一种对热不稳定的活性物质，它能促进淀粉水解成可溶性糖。他们把这种物质称为淀粉酶制剂（diastase），其意为“分离”，表示可从淀粉中分离出可溶性糖来。由于他们采用最简单的抽提、沉淀等提纯方法，得到了一种无细胞制剂，并指出了它的催化特性和不稳定性，触及了酶的一些本质问题，所以有人认为是 Payen 和 Person 首先发现了酶。1878 年，德国 Kuhne 首先把这类物质称为 enzyme。enzyme 来自希腊文，原意为“在酵母中”。1896 年，德国学者 Buchner 兄弟发现了用石英砂磨碎的酵母细胞或无细胞滤液能和酵母细胞一样将 1 分子葡萄糖转化成 2 分子乙醇和 2 分子 CO_2，因而把这种能发酵的蛋白质成分称为酒化酶（eymase），表明了酶能以溶解状态、有活性状态从破碎细胞中分离出来，从而说明了上述化学变化是由溶解于细胞液中的酶引起的。此项发现促进了酶的分离和对其理化性质的探讨，也促进了对有关生命过程中酶系统的研究。有鉴于此，一般认为酶学研究始于 1896 年 Buchner 的发现。

20 世纪初，酶学得到了迅速发展。一方面发现了更多的酶，并注意到某些酶的作用需要有低分子物质（辅酶）参与；另一方面，在物理、化学技术发展的影响下，Michaelis－Menten 总结了前人的工作，根据中间产物学说于 1913 年提出了酶促反应动力学原理——米氏学说。这一学说的提出，对酶反应机理的研究是一个重要突破。1926 年，Sumner从刀豆中得到脲酶结晶（这是第一个酶结晶），并证实这种结晶能催化尿素水解，产生 CO_2 和氨，提出酶本身就是一种蛋白质。但这个观点直到若干年后获得了胃蛋白酶、胰凝乳蛋白酶、胰蛋白酶的结晶后才被普遍接受，Sumner 因此而获得 1947 年的诺贝尔奖。现已发现生物体内存在的酶有近 8000 种，而且每年都有新酶发现。迄今，数百种酶已纯化，大约有 200 多种酶得到了结晶。由于蛋白质分析分离技术的飞速发展，特别是在运用 X 射线衍射分析等方法后，人们相继弄清了溶菌酶（129 个氨基酸残基）、胰凝乳蛋白酶（245 个氨基酸残基）、羧肽酶（307 个氨基酸残基）、多元淀粉酶 A（460 个氨基酸残基）等的结构和作用机理。目前对于细胞基本代谢过程中的各种酶，很多已有比较清楚的认识，但有关遗传过程中的酶还有待深入研究。

20 世纪 50～60 年代，发现酶有相当的柔性，因而 Koshland 提出了“诱导契合”理论，以解释酶的催化理论和专一性，同时也搞清了某些酶的催化活性与生理条件变化有关。1961 年，Monod 及其同事提出了“变构模型”，用以定量解释有些酶的活性可以通过结合小分子（效应物）进行调节，从而提供了认识细胞中许多酶调控作用的基础。

1969 年首次报道由氨基酸单体化学合成牛胰核糖核酸酶，虽然这是一个很大的进展，但其纯度和活性很低。化学合成只是定性证明了酶和非生物催化剂没有区别。

DNA 重组技术用于酶学研究得到高度重视。用定点突变法在指定位点突变，可以改变酶的催化活性与专一性。这有助于认识酶的作用机制，并为设计特定需要的酶奠定了基础，如乳酸脱氢酶的专一性可以通过在活性部位引入 3 个特定的氨基酸侧链突变成为苹果酸脱氢酶。

最近发现，除了“经典”酶以外，某些生物分子也有催化活性。1982 年，Cech 小组发现，四膜虫的 rRNA（核糖体核糖核酸）前体能在完全没有蛋白质的情况下进行自我加工，催化得到成熟的 rRNA 产物。

就是说，RNA 本身是生物催化剂，称其为“ribozyme”，这对酶的传统概念是个严重挑战，提出了酶并不一定是蛋白质的问题。1986 年，Schultz 和 Learner 两个小组同时报道，用事先设计好的过渡态类似物作半抗原，按标准单克隆抗体制备法获得了具有催化活性的抗体，即抗体酶（abzyme）。这一重要突破为酶的结构功能研究和抗体与酶的应用开辟了新的研究领域。

考察酶研究的历程可知，对酶的研究一直是沿着两个方向发展的：理论研究方向和应用研究方向。理论研究包括酶理化性质及催化性质的研究。如酶作用的锁钥学说及诱导契合学说的提出，使人们对酶有了更深入的了解；米氏方程的建立开拓了对酶由定性到定量，以及作用机制的探讨，奠定了酶学发展的里程碑；脲酶结晶的获得，不仅弄清了酶的蛋白质本质，而且奠定了现代酶学、蛋白质化学的基础。

Sanger 等建立的蛋白质一级结构测定方法，有力地推动了酶学的发展，也为酶的分子生物学建立奠定了基础。当今，酶学研究的任务是要从分子水平更深入地揭示酶和生命活动的关系；阐明酶的催化机制和调节机制，探索作为生物大分子的酶蛋白的结构与性质、功能间的关系。

应用研究促进了酶工程的形成。1808 年，罗门等利用胰酶制皮革；1894 年，日本科学家首次从米曲霉中提炼出淀粉酶，并将淀粉酶用作治疗消化不良的药物，从而开创了人类有目的地生产和应用酶制剂的先例。1908 年，德国科学家从动物的胰脏中提取出胰酶（胰蛋白酶、胰淀粉酶和胰脂肪酶的混合物），并将胰酶用于皮革的鞣制。同年，法国科学家从细菌中提取出淀粉酶，并将淀粉酶用于纺织品的退浆。1911 年，美国科学家从木瓜中提取出木瓜蛋白酶，并将木瓜蛋白酶用于除去啤酒中的蛋白质浑浊物。1917 年，法国人用枯草杆菌产生的淀粉酶作纺织工业上的退浆剂。此后，酶制剂的生产和应用就逐步发展起来了。然而，在此后的近半个世纪内，酶制剂的生产一直停留在从现成的动植物和微生物的组织或细胞中提取的方式。这种生产方式不仅工艺比较复杂，而且原料有限，所以很难进行大规模的工业生产。1949 年，科学家成功地用液体深层发酵法生产出了细菌 α-淀粉酶，从此揭开了近代酶工业的序幕。1959 年，由于采用了葡萄糖淀粉酶催化淀粉生产葡萄糖新工艺研究成功，彻底废除了原来葡萄糖生产中需要高温高压的酸水解工艺，并使淀粉得糖率从 80% 上升为 100%，这项新工艺改革的成功，大大促进了酶在工业上的应用。1969 年，日本千钿一郎首先在工业上应用固定化氨基酰化酶拆分 *DL*-氨基酸获得成功。20 世纪 70 年代大规模开展了对固定化细胞与辅酶共固定、增殖细胞固定、动植物细胞固定等的研究。

早在 1916 年，美国科学家就发现，酶和载体结合以后，在水中呈不溶解状态时，仍然具有生物催化活性。但是，系统地进行酶的固定化研究则是从 20 世纪 50 年代开始的。1953 年，德国科学家首先将聚氨基苯乙烯树脂重氮化，然后将淀粉酶等与这种载体结合，制成了固定化淀粉酶。1969 年，日本科学家首先在工业上应用固定化氨基酰化酶生产出 *L*-氨基酸。同年，各国科学家开始使用“酶工程”这一名称来代表生产和使用酶制剂这一新兴的科学技术领域。1971 年，第一次国际酶工程学术会议在美国召开，会议的主题就是固定化酶的研制和应用。20 世纪 70 年代后期，酶工程领域又出现了固定化细胞（又叫做固定化活细胞或固定化增殖细胞）技术。固定化细胞是指固定在一定空间范围内的、能够进行生命活动的并且可以反复使用的活细胞。1978 年，日本科学家用固定化细胞成功地生产出 α-淀粉酶。

我们知道，细胞中的一些物质之所以不能分泌到细胞外，原因之一就是细胞壁起到了阻碍作用。科学家设想，如果将细胞壁除去，就有可能使比较多的胞内物质分泌到细胞外，这就是科学家开展固定化原生质体研究的意图。1986 年，我国科学家利用固定化原生质体发酵生产碱性磷酸酶和葡萄糖氧化酶等相继获得成功，为酶工程的进一步发展开辟了新的途径。

近 20 年来，在固定化酶、固定化细胞和固定化原生质体发展的同时，酶分子修饰技术、酶的化学合成以及酶的人工合成等方面的研究也在积极地开展中，从而使酶工程更加显示出广阔而诱人的前景。同时，根据酶反应动力学理论，运用化学工程成果建立了多种类型的酶反应器，在这一基础上逐渐形成了酶工程。当然酶学研究和酶工程研究不是孤立的，而是相互关联、相互渗透、相互促进的。

二、酶的性质

生物体的基本特征之一是新陈代谢（metabolism），而新陈代谢是由为数众多的各式各样的化学反应所组成。这些化学反应的特点是速度非常之高并且能有条不紊地进行，从而使细胞同时能进行各种降解代谢（degradation metabolism）及合成代谢（synthesis metabolism），以满足生命活动的需要。如果把这些化学反应和在实验室中所进行的同种反应比较，就会发现其中有些反应在实验室中需要高温、高压、强酸或强碱等剧烈条件才能进行，甚至有些反应速度非常低。生物细胞之所以能在常温常压下以极高的速度和很强的专一性进行化学反应是由于其中存在生物催化剂（biological catalyst），这就是酶（enzyme）。

（一）酶的概念

一般而言，酶是生物体活细胞产生的具有催化活性的蛋白质（protein），是生物催化剂。

酶的化学本质是蛋白质的结论，是 1926 年间 Sumner 第一次从刀豆中提取出脲酶（urease），并得到了结晶，证明该酶具有蛋白质的一切属性之后，才被认定的。酶具有蛋白质的属性主要表现在：

①酶的化学组成中，氮元素的含量在 16% 左右；

②酶是两性电解质，酶在水溶液中可以进行两性解离，有确定的等电点（pI）；

③酶的相对分子质量很大，其水溶液具有亲水胶体的性质，不能透析；

④酶分子具有一、二、三和四级结构；

⑤酶受某些物理因素如加热、紫外线照射等及化学因素如酸、碱、有机溶剂等的作用而变性或沉淀，丧失酶的活性；

⑥酶水解后，生成的最终产物也为氨基酸。

综上所述，酶的化学本质是蛋白质。

显然，不能说所有蛋白质都是酶，只是具有催化作用的蛋白质，才称为酶。

值得指出的是，近年来，不断发现一些核糖核酸物质也表现出一定的催化活性。为此，提出了“酶是否必定是蛋白质”的问题。如果说酶必须是蛋白质，那么，上述有催化活性的核糖核酸就不能看成酶，反之，如果仅仅把酶定义为生物催化剂，则上述有催化活性的核糖核酸也应看成是酶。目前，对于此类有催化活性的核糖核酸，英文定名为 ribozyme，国内译为“核酶”或“类酶核酸”。

在酶的概念中，强调了酶是生物体活细胞产生的，但在许多情况下，细胞内生成的酶，可以分泌到细胞外或转移到其他组织器官中发挥作用。通常把由细胞内产生并在细胞内部起作用的酶称为胞内酶（endoenzyme）；而把由细胞内产生后分泌到细胞外面起作用的酶称为胞外酶（extroenzyme）。一般主要是水解酶类，如淀粉酶、脂肪酶（lipase）、人体消化道中的各种蛋白酶（proteinase）都属胞外酶。而水解酶类以外的其他酶类都属胞内酶。

在生物化学中，常把由酶催化进行的反应称为酶促反应（enzymatic reaction）。在酶的催化下，发生化学变化的物质称为底物（substrate），反应后生成的物质称为产物（product）。

（二）酶的催化特点

酶作为生物催化剂和一般催化剂相比，在许多方面是相同的。如用量少而催化效率高；和一般催化剂一样，酶仅能改变化学反应的速度，并不能改变化学反应的平衡点；酶在反应前后本身不发生变化，所以在细胞中相对含量很低的酶在短时间内能催化大量的底物发生变化，体现酶催化的高效性。酶可降低反应的活化能（activation energy），但不改变反应过程中自由能的变化（ΔG），因而使反应速度加快，缩短反应到达平衡的时间，但不改变平衡常数（equilibrium constant）。

酶的催化作用与一般催化剂相比，表现出如下 5 个特征。

1. 酶催化的高效性

酶的催化活性比化学催化剂的催化活性要高很多。如过氧化氢酶（catalase）（含 Fe^{2+}）和无机铁离子都催化过氧化氢发生如下的分解反应：

$$H_2O_2 \longrightarrow H_2O + O_2$$

实验得知，1 mol 的过氧化氢酶 1 min 内可催化 5×10^6 mol 的 H_2O_2 分解。同样条件下，1 mol 的化学催化剂 Fe^{2+}，只能催化 6×10^{-4}mol 的 H_2O_2 分解。二者相比，过氧化氢酶的催化效率大约是 Fe^{2+} 的 10^{10} 倍。

酶催化效率的高低可用转换数（turnover number）的概念来表示。转换数是指底物浓度足够大时，每分钟每个酶分子能转换底物的分子数，即催化底物发生化学变化的分子数。根据上面介绍的数据，可以算出过氧化氢酶的转换数为 5×10^6。大部分酶的转换数在 1 000 左右，最大的可达 10^6 以上。

2. 酶催化的高度专一性

一种酶只能作用于某一类或某一种特定的物质，这就是酶作用的专一性（specificity）。如糖苷键、酯键、肽键等都能被酸碱催化而水解，但水解这些化学键的酶却各不相同，分别为相应的糖苷酶、酯酶和肽酶，即它们分别被具有专一性的酶作用才能水解。

3. 酶催化的反应条件温和

酶促反应一般要求在常温、常压、中性酸碱度等温和的条件下进行，因为酶是蛋白质，在高温、强酸、强碱等环境中容易失去活性。由于酶对外界环境的变化比较敏感，容易变性失活，在应用时，必须严格控制反应条件。

4. 酶活性的可调控性

与化学催化剂相比，酶催化作用的另一个特征是其催化活性可以自动地调控。生物体内进行的化学反应，虽然种类繁多，但协调有序。底物浓度、产物浓度以及环境条件的改变，都有可能影响酶催化活性，从而控制生化反应协调有序地进行。任一生化反应的错乱与失调，必将造成生物体产生疾病，严重时甚至死亡。生物体为适应环境的变化，保持正常的生命活动，在漫长的进化过程中，形成了自动调控酶活性的系统。

5. 酶催化的活性与辅酶、辅基和金属离子有关

有些酶是复合蛋白质，其中的小分子有机化合物辅酶（coenzyme）、辅基（cofactor）及金属离子与酶的催化活性密切相关。若将它们除去，酶就失去活性。

总之，酶催化的高效性、专一性以及温和的作用条件使酶在生物体新陈代谢中发挥强有力的作用，酶活性的调控使生命活动中的各个反应得以有条不紊地进行。

（三）酶的组成

1. 简单蛋白酶和结合蛋白酶

我们已经知道，蛋白质分为简单蛋白质和结合蛋白质两类。同样，按照化学组成，酶也可分为简单蛋白酶（simple proteinases）和结合蛋白酶（conjugated proteinases）两大类。如脲酶、蛋白酶、淀粉酶、脂肪酶、核糖核酸酶等一般水解酶都属于简单蛋白酶，这些酶的活性仅仅取决于它们的蛋白质结构，酶只由氨基酸组成，此外不含其他成分。而像转氨酶（transaminases）、乳酸脱氢酶（lactate dehydrogenase，LDH）、碳酸酐酶（carbonic anhydrase）及其他氧化还原酶类（oxidoreductases）均属结合蛋白酶。这些酶除了蛋白质组分外，还含对热稳定的非蛋白小分子物质。前者称为酶蛋白（apoenzyme），后者称为辅因子（cofacters）。酶蛋白与辅因子单独存在时，均无催化活力。只有二者结合成完整的分子时，才具有酶活力。此完整的酶分子称为全酶（holoenzyme）。

全酶 = 酶蛋白 + 辅因子

在全酶的催化反应中，酶蛋白与辅因子所起的作用不同，酶蛋白本身决定酶反应的专一性及高效性，而辅因子直接作为电子、原子或某些化学基团的载体起传递作用，参与反应并促进整个催化过程。

通常一种酶蛋白只能与一种辅酶结合，组成一个酶，作用一种底物，向着一个方向进行化学反应。而一种辅酶，则可以与若干种酶蛋白结合，组成为若干个酶，催化若干种底物发生同一类型的化学反应。如乳酸脱氢酶的酶蛋白，只能与 NAD^+ 结合，组成乳酸脱氢酶，使底物乳酸发生脱氢反应。但可以与 NAD^+ 结合的酶蛋白则有很多种，如乳酸脱氢酶、苹果酸脱氢酶（malate dehydrogenase，MDH）及磷酸甘油脱氢酶（glycerophosphate dehydrogenase，GDH）中都含 NAD^+，能分别催化乳酸、苹果酸及磷酸甘油发生脱氢反应。由此也可看出，酶蛋白决定了反应底物的种类，即决定该酶的专一性，而辅酶（基）决定底物的反应类型。

2. 单体酶、寡聚酶和多酶复合体系

根据蛋白质结构上的特点，酶可分为三类：

(1) 单体酶 只有一条多肽链的酶称为单体酶（monomeric enzymes），它们不能解离为更小的单位，其相对分子质量为13000～35000。属于这类酶的为数不多，而且大多是促进底物发生水解反应的酶，即水解酶，如溶菌酶、蛋白酶及核糖核酸酶等。

(2) 寡聚酶 由几个或多个亚基组成的酶称为寡聚酶（oligomeric enzymes）。寡聚酶中的亚基可以是相同的，也可以是不同的。亚基间以非共价键结合，容易为酸、碱、高浓度的盐或其他的变性剂分离。寡聚酶的相对分子质量从35000到几百万，如磷酸化酶a（phosphorylase a）、乳酸脱氢酶等。

(3) 多酶复合体系 由几个酶彼此嵌合形成的复合体称为多酶体系（multienzyme system）。多酶复合体有利于细胞中一系列反应的连续进行，以提高酶的催化效率，同时便于机体对酶的调控。多酶复合体的相对分子质量都在几百万以上。丙酮酸脱氢酶系（pyruvate dehydrogenase system）和脂肪酸合成酶复合体（fatty acid synthetase complex）都属多酶体系。

（四）酶的底物专一性

酶的专一性是指酶对底物及其催化反应的严格选择性程度。通常酶只能催化一种化学反应或一类相似的反应。不同的酶具有不同程度的专一性，酶的专一性可分为以下3种类型。

1. 绝对专一性（absolute specificity）

绝对专一性是酶对底物要求很严格，只能催化一种底物向着一个方向发生反应。若底物分子发生细微的改变，便不能作为酶的底物。如脲酶具有绝对专一性，它只催化尿素发生水解反应，生成氨和二氧化碳，而对尿素的各种衍生物，如尿素的甲基取代物或氯取代物均不起作用。

$$(NH_2)_2CO + H_2O \xrightarrow{\text{脲酶}} 2NH_3 + CO_2$$

又如延胡索酸酶只作用于延胡索酸（即反丁烯二酸）或苹果酸（逆反应的底物），而对结构类似于这两个酸的其他化合物不起作用。

此外，过氧化氢酶只能催化过氧化氢分解为水和氧气；麦芽糖酶（maltase）只作用于麦芽糖，而不作用于其他双糖；淀粉酶只作用于淀粉，而不作用于纤维素；碳酸酐酶只作用于碳酸等。

2. 相对专一性（relative specificity）

与绝对专一性相比，相对专一性的酶对底物的专一性程度要求较低，能够催化一类具有相类似的化学键或基团的物质进行某种反应。它又可分为键专一性（bond specificity）和基团专一性（group specificity）两类。

(1) 键专一性 具有键专一性的酶，只对底物中某些化学键有选择地催化，对此化学键两侧连接的基团并无严格要求。如酯酶（esterase）作用于底物中的酯键，使底物在酯键处发生水解反应，而对酯键两侧的酸和醇的种类均无特殊要求。酯酶催化的反应，可用通式表示如下：

$$R\text{—}CO\text{—}O\text{—}R' + H_2O \longrightarrow RCOOH + R'OH$$

R 与 R′分别表示两种不同的烃基或其衍生物。键专一性的酶对底物结构要求最低。

（2）基团专一性　与键专一性相比，基团专一性（group specificity）的酶对底物的选择较为严格。酶作用底物时，除了要求底物有一定的化学键，还对键的某一侧所连基团有特定的要求。如磷酸单酯酶能催化许多磷酸单酯化合物，像6-磷酸葡萄糖或各种核苷酸发生水解，而对磷酸二酯键不起作用。又如 *α-D*-葡萄糖苷酶能水解具有 *α*-1，4-糖苷键的 *D*-葡萄糖苷，这种酶对 *α*-糖苷键和 *α-D*-葡萄糖基团具有严格的选择性，而底物分子上的 R 基团则可以是任何糖或非糖基团。所以这种具有基团专一性的酶，既能催化麦芽糖水解生成两分子葡萄糖，又能催化蔗糖水解生成葡萄糖和果糖。

3. 立体专一性（stereo specificity）

一种酶只能对一种立体异构体起催化作用，对其对映体则全无作用，这种专一性称为立体专一性。在生物体中，具有立体异构专一性的酶相当普遍。如 *L*-乳酸脱氢酶只催化 *L*-乳酸脱氢生成丙酮酸，对其旋光异构体 *D*-乳酸则无作用；又如延胡索酸酶只催化延胡索酸（反丁烯二酸）加水生成苹果酸，而不能催化顺丁烯二酸的水合作用。

三、酶的命名与分类

迄今已鉴定出 2500 多种酶，如此种类繁多、催化反应各异的酶，需要进行统一的分类和命名。

（一）酶的命名

1. 习惯命名法

习惯命名（recommended name）是把底物的名字、底物发生的反应以及该酶的生物来源等加在“酶”字的前面组合而成。如淀粉酶、蛋白酶、脲酶是由它们各自作用的底物是淀粉、蛋白质、尿素来命名的；水解酶、转氨基酶、脱氢酶是根据它们各自催化底物发生水解、氨基转移、脱氢反应来命名的；而像胃蛋白酶、细菌淀粉酶、牛胰核糖核酸酶则是根据酶的来源不同来命名的。20 世纪 50 年代以前，所有的酶名都是根据酶作用的底物、酶催化的反应性质和酶的来源这种习惯命名法，由发现者各自拟定的。

随着生物化学的发展，所发现的酶种数日益增多，这种简单的命名方法就暴露出它的不足之处。一是“一酶多名”，如分解淀粉的酶，若按习惯命名法可有三个名字，分别为淀粉酶、水解酶、细菌淀粉酶；二是“一名数酶”，如脱氢酶，该酶的全酶中辅因子是 NAD^+ 或者是 FAD，作为底物脱下来的氢载体，像乳酸脱氢酶、琥珀酸脱氢酶。为此，国际生物化学协会酶学委员会（Eenzyme Commission，EC）于 1961 年提出了一个新的系统命名及系统分类原则。

2. 系统命名法

系统命名（systematic name）要求能确切地表明酶的底物及酶催化的反应性质，即酶的系统名包括酶作用的底物名称和该酶的分类名称。若底物是两个或多个则通常用“:”号把它们分开，作为供体的底物，名字排在前面，而受体的名字在后。如乳酸脱氢酶的系统名称是：*L*-乳酸：NAD^+ 氧化还原酶。

按照严格的规则对酶进行系统命名后，获得的新名可能过于冗长而使用不便，因此，尽管系统命名科学严谨，读者一见酶名，就知道该酶所催化的反应。但实际上，只是在关键时刻，如需要鉴别一种酶的时候，或在一篇论文中初始出现该酶的名字时，才予以引用。而在绝大多数情况下，使用的都是简便明了的习惯名称。

应当指出，所有酶名都是由国际生物化学协会的专门机构审定后，向全世界推荐的。其中，20 世纪 60 年代以前发现的酶，它的名称多是过去长期沿用的俗名；20 世纪 60 年代后发现的酶，其名称则是按酶学委员会制定的命名规则拟定的。总之，按照国际系统命名法原则，每一种酶有一个习惯名称和一个系统名称。

（二）酶的分类

根据酶所催化的反应类型，可将酶分为 6 大类。

1. 氧化还原酶类

凡能催化底物发生氧化还原反应的酶，均称为氧化还原酶（oxido-reductases）。在有机反应中，通常把脱氢加氧视为氧化，加氢脱氧视为还原。此类酶包括脱氢酶、加氧酶（oxygenases）、氧化酶（oxidases）、还原酶（reductase）、过氧化物酶（peroxidases）等。其中种类最多的是脱氢酶。脱氢酶催化的反应，可用通式表示为：

$$AH_2 + B \rightleftharpoons A + BH_2$$

AH_2 表示底物，B 为原初受氢体。在脱氢反应中，直接从底物上获得氢原子的都是辅酶（基）。辅酶（基）从底物得到氢原子后，再经过一定的传递过程，最后使之与氧结合成水。

由氧化酶所催化的反应可表示为：

$$AH_2 + O_2 \rightleftharpoons A + H_2O$$

此类反应中，从底物分子中脱下来的氢原子，不经传递，直接与氧反应生成水。由氧化酶催化的反应多数是不可逆的。

2. 转移酶类

凡能催化底物发生基团转移或交换的酶，均称为转移酶（transferases）。根据所转移基团种类的不同，常见的转移酶有氨基转移酶、甲基转移酶（transmethylases）、酰基转移酶（acyltransferase）、激酶（kinase）及磷酸化酶。由转移酶所催化的反应可用通式表示为：

$$A—R + B \rightleftharpoons A + B—R$$

式中，R 为被转移的基团。

不少转移酶是结合蛋白质，被转移的基团首先与辅酶结合，而后再转移给另一受体。如氨基转移酶的辅酶是磷酸吡哆醛，在转氨过程中，被转移的氨基首先与磷酸吡哆醛结合生成磷酸吡哆胺，然后磷酸吡哆胺再把此氨基转移到另一物质上。

3. 水解酶类

凡能催化底物发生水解反应的酶，皆称为水解酶（hydrolases）。常见的水解酶有淀粉酶、麦芽糖酶、蛋白酶、肽酶（peptidase）、脂酶（esterases）及磷酸酯酶等。这类酶的酶促反应通式为：

$$A—B + H_2O \rightleftharpoons AH + BOH$$

胞外水解酶都属简单蛋白酶。水解酶所催化的反应多数是不可逆的。

4. 裂解酶类

凡能催化底物分子中 C—C（或 C—O、C—N 等）化学键断裂，断裂后一分子底物转变为两分子产物的酶，均称为裂解酶（lyases），此类酶的酶促反应通式为：

$$A—B \rightleftharpoons A + B$$

这类酶催化的反应多数是可逆的，从左向右进行的反应是裂解反应，由右向左是合成反应，所以又称为裂合酶。

醛缩酶（aldolases）是糖代谢过程中一个很重要的酶，广泛存在于各种生物细胞内，是一个较为常见的裂合酶，它催化1,6-二磷酸果糖裂解为磷酸甘油醛与磷酸二羟丙酮，此外，常见的裂解酶还有脱羧酶（decarboxylases）、异柠檬酸裂解酶（citrate lyase）、脱水酶（dehydratases）、脱氨酶等。

5. 异构酶类

异构酶（isomerases）能催化底物分子发生几何学或结构学的同分异构变化。几何学上的变化有顺反异构、差向异构（表异构）和分子构型的改变；结构学上的变化有分子内的基团转移（变位）和分子内的氧化还原。常见的异构酶有顺反异构酶（cistrans-isomerases）、表异构酶（epimerase）、变位酶（mutase）和消旋酶（racemases）。酶促反应通式为：

$$A \rightleftharpoons B$$

异构酶所催化的反应都是可逆的。糖酵解中的异构酶有磷酸葡萄糖变位酶、磷酸丙糖异构酶及磷酸甘油酸变位酶。

6. 合成酶类

合成酶（ligases）是催化两个分子连接在一起，并伴随有ATP分子中高能磷酸键断裂的一类酶，又称连接酶。酶促反应通式可表示为：

$$A + B + ATP \rightleftharpoons A—B + ADP + Pi$$

或

$$A + B + ATP \rightleftharpoons A—B + AMP + PPi$$

此类反应多数不可逆。反应式中的Pi或PPi分别代表无机磷酸与焦磷酸。反应中必须有ATP（或GTP等）参与。常见的合成酶有丙酮酸羧化酶（pyruvate carboxylase）、谷氨酰胺合成酶（glutamine synthetase）、谷胱甘肽合成酶（glutathione synthetase）等。

（三）酶的标码

根据国际生化协会酶学委员会的规定，每一个酶都用四个点隔开的数字编号，编号前冠以EC（酶学委员会缩写），四个数字依次表示该酶应属的大类、亚类、亚亚类及酶的顺序排号，这种编码一种酶的四个数字即是酶的标码。据此标码将已知的每一种酶分门别类地排成一个表，叫酶表。如乙醇脱氢酶的标码是EC1.1.1.1，表示它属于氧化还原酶类、第一亚类、第一亚亚类、排号第一。

又如乳酸脱氢酶的标码是EC1.1.1.27，其具体表示意义如下：

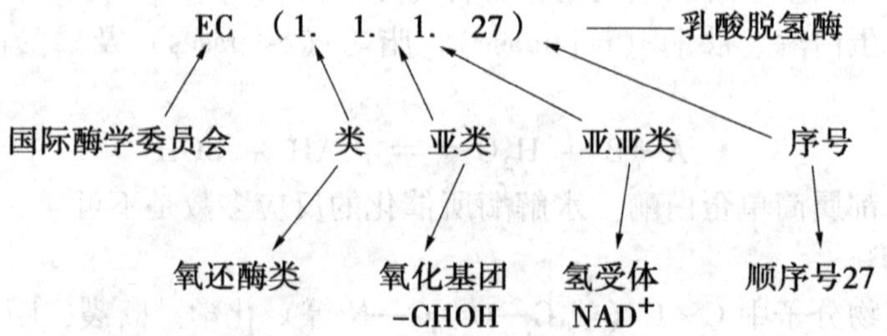

四、酶的作用机制

（一）酶的活性中心

1. 活性中心的概念

酶是生物大分子，酶作为蛋白质，其分子体积比底物分子体积要大得多。在反应过程中酶与底物接触结合时，只限于酶分子的少数基团或较小的部位。酶分子中直接与底物结合，并催化底物发生化学反应的部位，称为酶的活性中心（active site），见图 9-1、图 9-2。

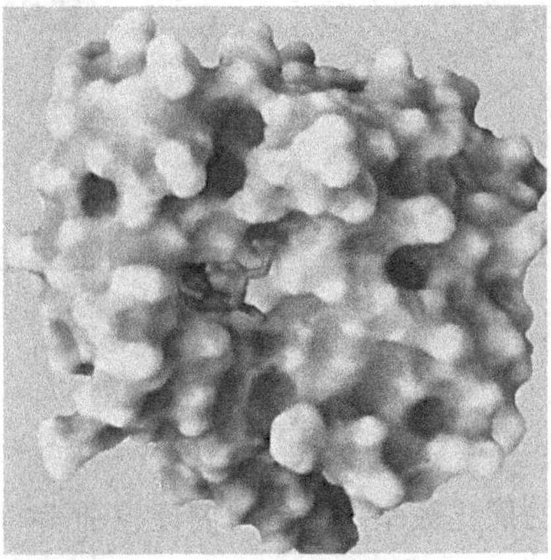

图 9-1　酶的活性中心

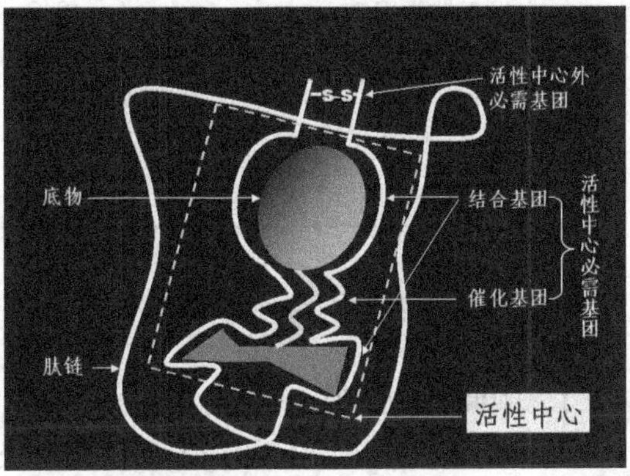

图 9-2　酶的活性中心示意图

2. 催化部位和结合部位

从功能上看，可以认为活性中心有两个功能部位，一是与底物结合的结合部位（binding site），决定酶对底物的专一性；二是催化底物发生键的断裂及新键形成的催化部位（catalytic site），决定酶促反应的类型，即酶的催化性质。

3. 必需基团

从形体上看，活性中心往往是酶分子表面上的一个凹穴；从结构上讲，如果是单纯蛋白酶，其活性中心通常由酶分子中几个氨基酸残基侧链上的极性基团组成。构成酶的活性中心的氨基酸有天冬氨酸（Asp）、谷氨酸（Glu）、丝氨酸（Ser）、组氨酸（His）、半胱氨酸（Cys）、赖氨酸（Lys）等，它们的侧链上分别含有羧基、羟基、咪唑基、巯基、氨基等极性基团。这些基团若经化学修饰，如氧化、还原、酰化、烷化等，则酶的活性丧失，这些基团就称为必需基团。对于需要辅因子的结合蛋白酶来说，辅酶（或辅基）分子或其分子上某一部分结构往往也是活性中心的组成部分。

构成酶活性中心的几个氨基酸，虽然在一级结构上并不紧密相邻，可能相距很远，甚至可能在不同的肽链上，但由于肽链的折叠与盘绕使它们在空间结构上彼此靠近，形成具有一定空间结构的、位于酶分子表面的、呈裂缝状的小区域。

活性中心的基团都是必需基团，但是必需基团还包括那些在活性中心以外的，对维持酶空间构象必需的基团。因此酶分子其他部分的作用对于酶催化来说，可能是次要的，但绝不是毫无意义的，它们至少为酶活性中心的形成提供了结构基础。所以酶的活性中心与酶蛋白空间构象完整性之间，是辩证统一的关系。当酶以具有催化活性的构象存在时，活性中心便自然地形成。一旦外界理化因素破坏了酶的构象，肽链伸展，活性中心的特定结构解体，酶就失去催化底物发生反应的能力，结果是酶变性失活。表 9-1 列举了一些酶活性中心的氨基酸残基。

表 9-1　一些酶活性中心的氨基酸残基

酶	氨基酸残基数	活性中心残基
牛胰核糖核酸酶 A	124	His_{12}　His_{119}　Lys_{41}
溶菌酶	129	Asp_{52}　Glu_{35}
木瓜蛋白酶	212	Cys_{25}　His_{159}
枯草杆菌蛋白酶	275	His_{64}　Ser_{221}
胰凝乳蛋白酶	245	His_{57}　Asp_{102}　Ser_{195}
碳酸酐酶	258	His_{93}—Zn—His_{95} His_{117}

（二）酶与底物分子的结合

1. 中间产物学说

酶如何使反应的活化能降低而体现出极为强大的催化效率的呢？目前比较圆满的解释是中间产物学说。

早在 19 世纪，为了说明酶催化作用的机理，有人提出了酶促反应的中间产物学说。他们认为：酶在催化底物发生变化之前，酶首先与底物结合成一个不稳定的中间产物 ES（也称为中间络合物）。由于 S 与 E 的结合导致底物分子内的某些化学键发生不同程度的变化，呈不稳定状态，也就是其活化状态，使反应的活化能降低。然后，经过原子间的重新键合，中间产物 ES 便转变为酶与产物。这一过程，可用下面的反应式说明：

$$S + E \rightleftharpoons ES \rightleftharpoons E + P$$

式中，S 表示底物，E 表示酶，ES 是中间产物，P 是产物。

底物和酶结合后为反应创设了一条完全不同的新途径，其过渡态能量要比在没有酶的条件下反应进行时低很多。图 9-3 则表明了酶促反应与非酶反应所需活化能大小的不同。

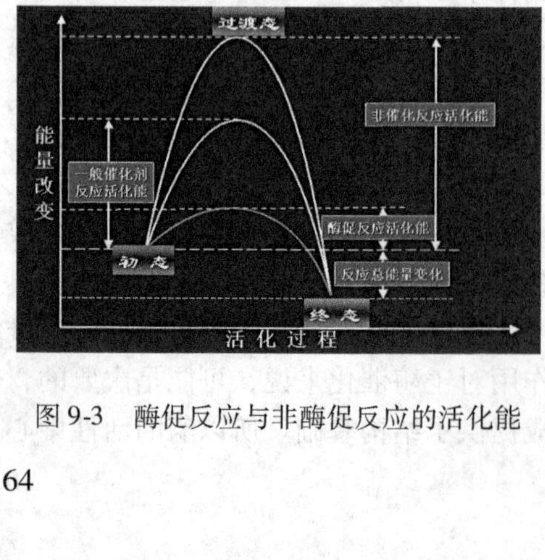

图 9-3　酶促反应与非酶促反应的活化能

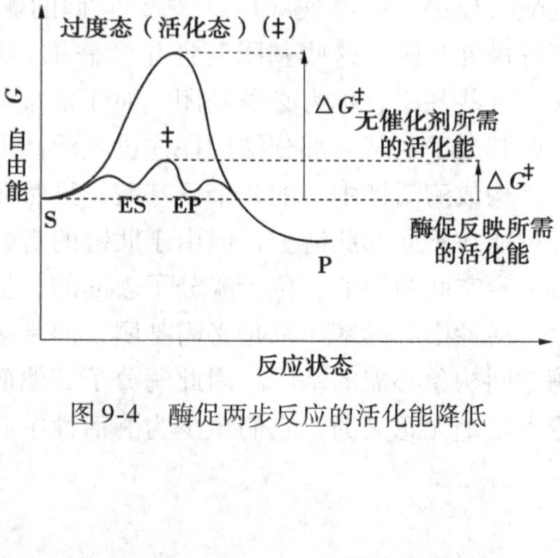

图 9-4　酶促两步反应的活化能降低

在非酶条件下，底物经过反应直接转变为产物（S→P），所需活化能为 ΔG。酶促反应中，由于酶和底物生成中间产物 ES，使原先一步进行的反应改变为两步进行的反应，两步反应所需的活化能分别为 ΔG_1，ΔG_2，二者都比非酶反应的活化能小（见图 9-4）。故酶促反应比非酶反应容易进行。表 9-2 列举了过氧化氢酶、蔗糖酶、蛋白酶降低反应活化能的几个实例。

表 9-2 几种酶和非酶催化反应的活化能

化学反应	催化剂	活化能（kJ/mol）
H_2O_2 分解	无催化剂	75.31
	胶性铂	49.95
	过氧化氢酶	23.01
蔗糖水解	氢离子	108.08
	蔗糖酶（酵母）	46.02
	蔗糖酶（麦芽）	54.39
酪蛋白水解	HCl	86.19
	胰蛋白酶	50.21
	胰凝乳蛋白酶	50.21

虽然中间产物学说能较好地说明酶催化作用的机理，但在过去很长时间内，无一人从酶促反应体系中分离得到所设想的中间产物。原因是中间产物很不稳定，存在的时间非常短暂，形成后迅即分解为产物与酶。

随着科学技术的发展，目前已有多种办法间接证明中间产物的客观存在，最简便的是观察反应过程中吸收光谱的变化。例如，过氧化物酶催化下面的反应：

$$H_2O_2 + AH_2 \rightleftharpoons 2H_2O + A$$

过氧化物酶的水溶液在 645，583，548，498nm 处有四条吸收带。当向此种酶的溶液中加入 H_2O_2 后，上述四条吸收带瞬即消失，接着在 561nm，530.5nm 处出现两条新带，据判断，这两条新带就是酶与 H_2O_2 结合成中间产物后的特征带。若向这个体系中再加入氢的供体（AH_2），两条新带消失，又恢复了原来的四条吸收带。

除了间接证据之外，还有直接证据证明中间产物的存在。比如，用电子显微镜可以直接看到核酸和它的聚合酶形成的络合物。

2. 锁钥学说

已经知道，酶在催化化学反应时要和底物形成中间络合物。但是酶和底物如何结合成中间络合物？又如何完成其催化作用的呢？

酶对它所作用的底物有着严格的选择性。它只能催化具有一定结构或一些结构近似的化合物发生反应。于是有学者认为酶和底物结合时，底物分子或底物分子的一部分像钥匙那样，专一地楔入到酶的活性中心部位，底物的结构必须和酶活性中心的结构非常吻合，也就是说底物分子进行化学反应的部位与酶分子上有催化效能的必需基团间具有紧密互补的关系，这样才能紧密结合，形成中间络合物。这就是 1890 年由 Emil Fischer 提出的“锁钥学说”（lock and key theory）（见图9-5）。锁钥学说属于刚性模板学说，可以较好地解释酶的立体专一性。

从图9-5可看出，酶和底物的三点结合决定了酶的立体专一性。

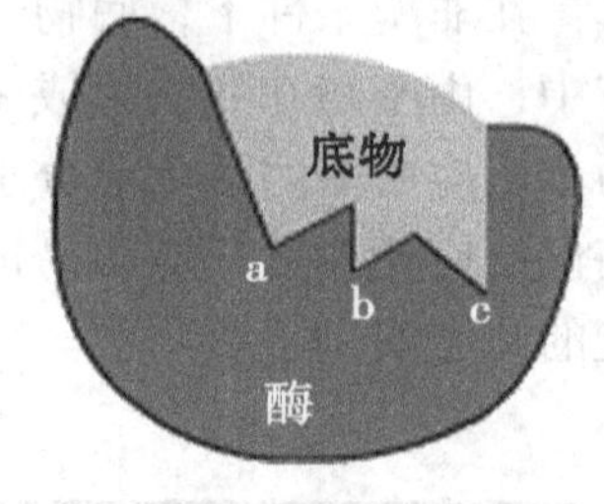

图9-5　酶与底物锁钥结合

锁钥学说虽然说明了酶与底物结合成中间产物的可能性及酶对底物的专一性，但有些问题是这个学说所不能解释的，如对于可逆反应，酶常常能够催化正逆两个方向的反应，很难解释酶活性中心的结构与底物和产物的结构都非常吻合，因此“锁钥学说”把酶的结构看成是固定不变是不切实际的。

3. 诱导契合学说

近年来，大量的试验证明，酶和底物在游离状态时，其形状并不精确地互补。但酶的活性中心不是僵硬的结构，它具有一定的柔性。当底物与酶相遇时，可诱导酶蛋白的构象发生相应的变化，使活性中心上有关的各个基团达到正确的排列和定向，因而使酶和底物契合而结合成中间络合物，并引起底物发生反应。这就是1958年由D. E. Koshland提出的“诱导契合学说”（induced-fit theory）（见图9-6）。后来对羧肽酶等进行X射线衍射研究的结果也有力地支持了这个学说。

应当说诱导是双向的，既有底物对酶的诱导，又有酶对底物的诱导。由于酶是大分子物质，可以转动的化学键多，易变形；而底物多是小分子物质，可供选择的构象有限，故底物对酶的诱导是主要的。

酶与底物的结合是包括多种化学键参加的反应。酶蛋白分子中的共价键、氢键、酯键、偶极电荷都能作为酶与底物间的结合力。

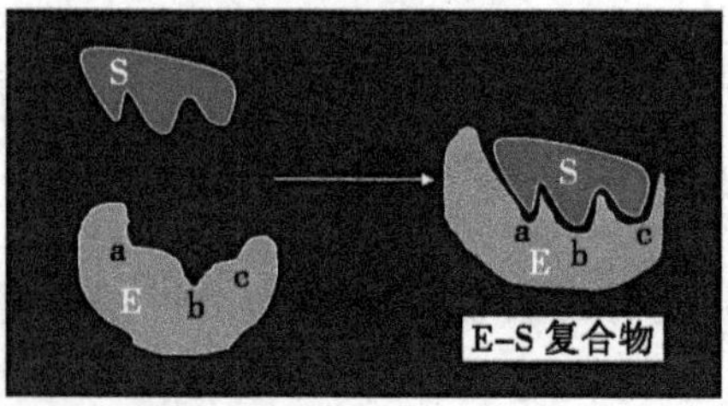

图9-6　酶的诱导契合

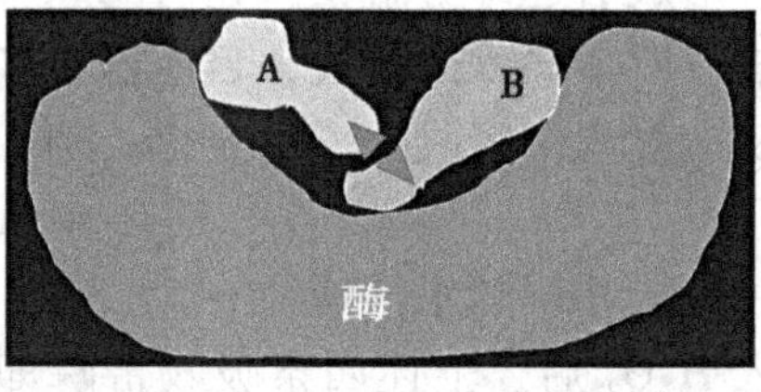

图9-7　酶的邻近与定向效应

（三）影响酶催化效率的因素

使酶具有高催化效率的因素有以下几个方面。

1. 邻近与定向效应

指酶受底物诱导发生构象变化，使底物与酶的活性中心契合，对于双分子反应来说，两个底物能集中在酶的活性中心，彼此靠近并有一定的取向，如图9-7所示。这样就大大提高了活性部位上底物的有效浓度，使一个分子间的反应变成了一个近似于分子内的反应，从而增加了反应速度。

2. 底物分子敏感键扭曲变形

酶活性中心的结构有一种可适应性，当专一性底物与活性中心结合时，可以诱导酶分子构象的变化，使反应所需要的酶中的催化基团与结合基团正确地排列和定位，使催化基团能够合适地处在被作用键的地方，这也就是前面所提到的“诱导契合”学说。与此同时，变化的酶分子又使底物分子的敏感键产生“张力”，甚至“变形”，从而促进酶-底物络合物进入过渡态，降低了反应活化能，加速了酶促反应。实际上这是酶与底物诱导契合的动态过程（见图9-8）。

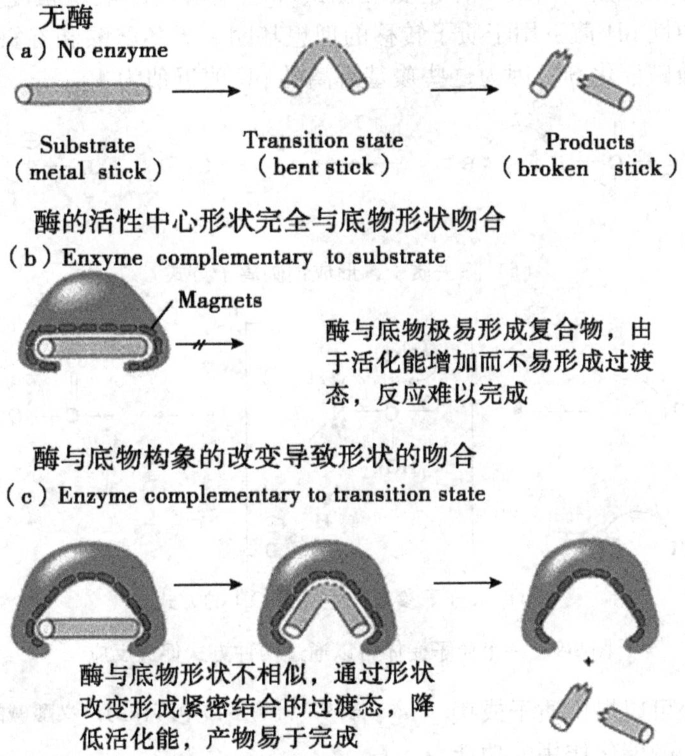

图9-8　底物分子敏感键扭曲变形过程

酶活性中心的某些基团，在底物的分步反应中，经常表现为酸碱催化与共价催化的作用。

3. 酸碱催化

酸碱催化有狭义和广义之分。最初，化学家们认为：酸是H^+离子，碱是OH^-离子。狭义的酸碱催化就是H^+离子或OH^-离子对化学反应速度表现出的催化作用。酸碱催化在有机化学反应中是比较普遍的，如在酸碱的作用下，蛋白质可以水解为氨基酸，脂肪可以水解为甘油和脂肪酸。由于细胞内的环境接近中性，H^+与OH^-离子的浓度都很低，因此，在生物体内进行的酶促反应，H^+与OH^-离子的直接作用相当微弱。

随着科学的发展和概念的深化，后来把酸定义为质子的供体，碱定义为质子的受体。现在所说的酸碱催化作用，则是指组成酶活性中心的极性基团，在底物的变化中起质子的供体或受体的作用，这就是广义的酸碱催化。发生在细胞内的许多类型的有机反应都是广义的酸碱催化。例如，羰基的水解、羧酸酯或磷酸酯的水解、各种分子的重排以及许多取代反应都属此种类型。

为方便起见，用 B∶表示一个碱，或一个质子受体，而用 BH^+ 表示相应的共轭酸，一个质子的供体。一个质子受体可以通过两种方式促进反应。它可以通过除去一个质子切断 C—H 键形成一个负碳离子，如图 9-9(a) 所示。也可以参与涉及碳的其他键的断裂，例如一个 C—N 键的断裂，通过 B∶在中性溶液中除去水分子的一个质子后产生的一个等价的—OH来完成，如图 9-9(b) 所示。相反，当反应按照相反方向进行时，BH^+ 可以给出一个质子。因为在大多数蛋白质中，组氨酸侧链咪唑基解离的酸碱强度(pK 值)是6～7，所以它是一个在中性 pH 值下用于质子转移的理想基团。天冬氨酸和谷氨酸的羧基在某些酶中也可以充当酸碱催化剂，因为这些羧基解离的 pK 值近似为 4。

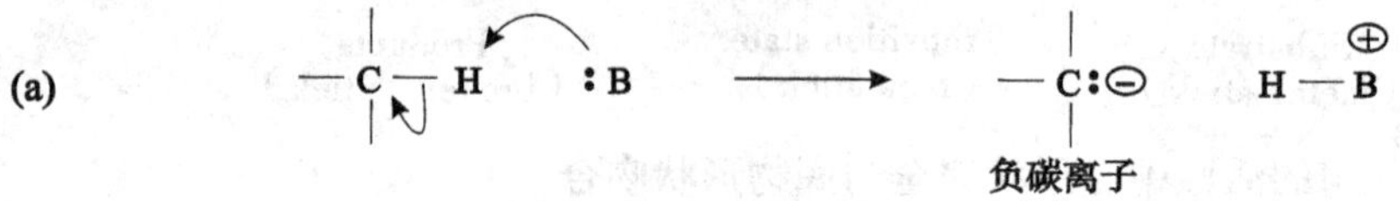

(a) 除去质子，形成钢碳离子方式

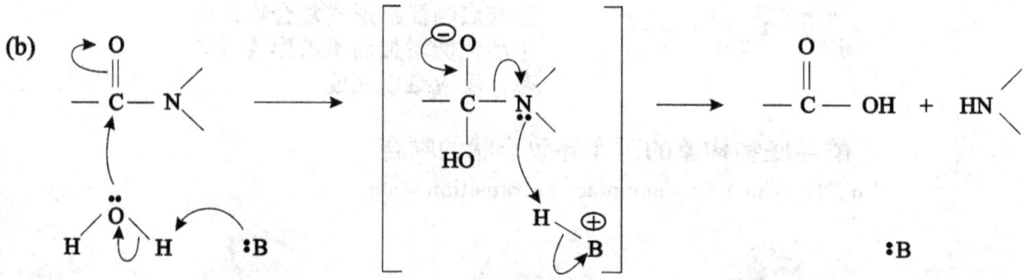

(b) 水分子参与产生等价 OH 的方式

图 9-9 一个质子受体可以通过两种方式促进反应

酶活性中心处可以提供质子或接受质子而起广义酸碱催化作用的功能基团有谷氨酸、天冬氨酸侧链上的羧基，丝氨酸、酪氨酸中的羟基，半胱氨酸中的巯基，赖氨酸侧链上的氨基，精氨酸中的胍基和组氨酸中的咪唑基。见表 9-3。其中组氨酸的咪唑基值得特别注意，因为它既是一个很强的亲核基团，又是一个有效的广义酸碱功能基团。

表 9-3 酶蛋白中可作为广义酸碱的功能基团

氨基酸	广义酸集团（质子供体）	广义碱集团（质子受体）
Glu,Asp	R—COOH	$R—COO^-$
Lys,Arg	$R-\overset{+}{N}H_3$	$R-\ddot{N}H_2$
Cys	R—SH	$R—S^-$
His	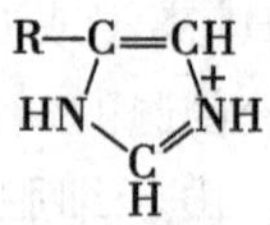	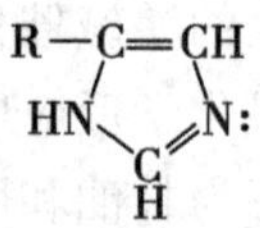
Ser	R—OH	$R—O^-$
Tyr	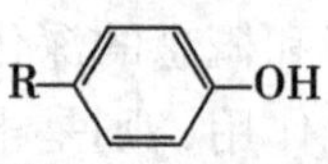	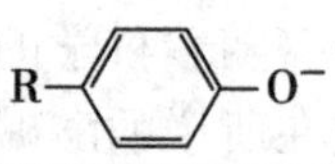

影响酸碱催化反应速度的因素有两个：第一个是酸碱的强度。在这些功能基团中，组氨酸的咪唑基解离的 pK 值为 6.0，在生理 pH 值条件下，既可以作质子的供体又可作质子的受体。因此，咪唑基是最有效最活泼的

一个催化功能基团。第二个是这些功能基团供出质子或接受质子的速度。其中，咪唑基的情况特别突出，它供出或接受质子的速度十分迅速，其半衰期小于 10^{-10}s。而且，供出或接受质子的速度几乎相等。由于咪唑基有如此的优点，所以虽然组氨酸在大多数蛋白质中含量很少，却很重要，在许多酶的活性中心处都含有组氨酸。推测很可能在生物进化过程中，它不是作为一般的结构蛋白成分，而是被选择作为酶分子中的催化结构而存在下来的。

具有酸碱催化特征的酶促反应，酶与底物结合成的中间产物是离子型络合物。

4. 共价催化

还有一些酶以另一种方式来提高催化反应的速度，即共价催化。它是指酶活性中心处的极性基团，在催化底物发生反应的过程中，首先以共价键与底物结合，生成一个活性很高的共价型的中间产物，此中间产物很容易向最终产物的方向变化，故反应所需的活化能大大降低，反应速度明显加快。

例如，基团 X 从分子 A—X 转移到分子 B 上就是经共价 ES 复合物 X—E，按如下两个步骤进行的：

$$A—X + E \rightleftharpoons A + X—E$$

$$X—E + B \rightleftharpoons B—X + E$$

根据活性中心处极性基团对底物进攻的方式不同，共价催化可分为亲电催化与亲核催化两种。较常见的是活性中心处的亲核基团对底物的亲核进攻。亲核基团含有未成键的电子对，在酶促反应中，它向底物中缺少电子的正碳原子进攻。因亲核基团对底物亲核进攻而进行的催化作用，称为亲核催化。图 9-10 显示的是 α-胰凝乳蛋白酶的催化机制。当底物（蛋白质）进入活性部位时，丝氨酸 195 的活化羟基氧阴离子攻击底物肽键上的羰基，引起肽键断裂。活性中心处的亲核基团有丝氨酸的羟基、半胱氨酸的巯基、组氨酸的咪唑基等。此外，辅酶中还含有另一些亲核中心。以硫胺素为辅酶的一些酶如丙酮酸脱羧酶、含辅酶 A 的一些脂肪降解酶、含巯基的木瓜蛋白酶、以丝氨酸为催化基团的蛋白水解酶等，都有亲核催化的机制。同理，亲电催化则是亲电基团对底物亲电进攻而引起的催化作用。常见的亲电基团有 NH^{3+}、Mg^{2+}、Mn^{2+}、Fe^{2+}等。

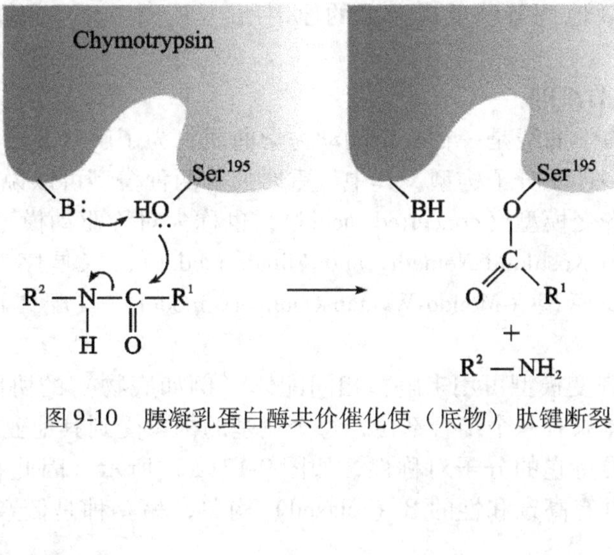

图 9-10　胰凝乳蛋白酶共价催化使（底物）肽键断裂

五、变构酶、同工酶及诱导酶

（一）变构酶

1. 变构酶的概念、结构特点及变构效应

变构酶（allosteric enzymes）是代谢过程中的关键酶，它的催化活性受其三维结构构象变化的调节，也称为别构酶。

迄今所有已知的变构酶都是寡聚酶，它含有两个或两个以上的亚基。变构酶分子上除了有和底物结合并起催化作用的活性中心外，还有和底物以外的某种或某些物质特异结合的调节中心，即变构中心或别构中心，这两个中心部位或者在不同亚基上，或者在同一亚基的不同部位上。

当调节物与酶分子中的变构中心结合后，诱导出或稳定住酶分子的某种构象，使酶活性中心对底物的结合与催化作用受到影响，从而调节酶的反应速度及代谢过程，这种效应称为酶的变构效应（allosteric effect）。这个概念还可以扩展到酶以外的蛋白质上，如血红蛋白结合氧的过程中也有变构效应。引起变构效应的物质叫变构效应剂。凡是和酶分子结合后，使酶反应速度加快的变构效应剂就称为变构激活剂（正效应剂）；反之，称为变构抑制剂（负效应剂）。正效应剂通常是变构酶的底物，负效应剂一般是代谢反应序列的终产物。

2. 变构酶的动力学

以变构酶的反应速度对底物浓度作图，即 v 对 $[S]$ 的作图不服从 Michaelis－Menten 关系式，不是双曲线。许多变构酶的 v 对 $[S]$ 作用呈 S 形曲线，见图 9-11。这种 S 形曲线表明了结合一分子底物（或效应物）后，酶的构象发生了变化，这种新的构象非常有利于后续分子与酶的结合，大大促进了酶对后续底物分子（或效应物）的亲和性。因此当底物浓度发生较小的变化时，变构酶就可大幅度地控制反应速度，这也是变构酶可以灵敏地调节酶反应速度的原因所在。

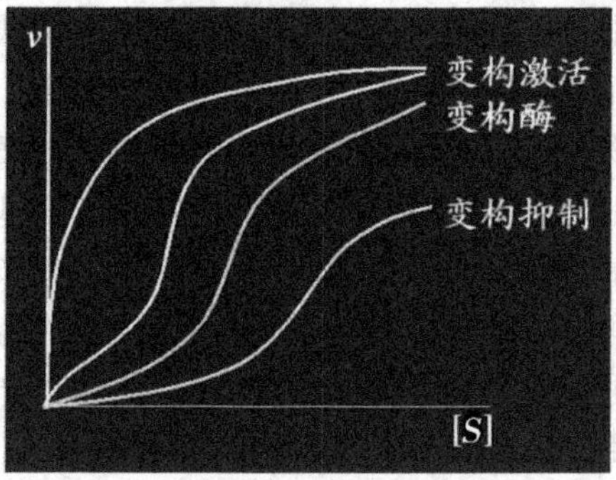

图 9-11　变构酶的 S 形曲线

3. 变构酶活性调节机理

变构酶的 S 形动力学曲线是一种复杂的动力学曲线，为了解释 S 形曲线，至今已提出多种假说，并设计了多种酶分子构型，其中最重要的有两种模型可以说明配体与寡聚蛋白结合的协同性：一是齐变模型（concerted model），也称为对称驱动模型（symmetry-driven model）或 KNF 模型（Koshland-Nemethy and Filmer model）；二是序变模型（sequential model），也称为 MWC 模型（Mondo-Wyman-Changerx model）或配体诱导模型（ligand-induced model）。

（1）齐变模型　齐变模型可用来解释相同配体（例如底物）的协同结合。该模型假设每个亚基对每个配体只有一个结合部位，每个亚基的构象受到其他亚基的限制，当蛋白质改变构象时，它仍维持它的分子对称性，如图 9-12(a) 所示。因此存在着两种构象的平衡，一种是对底物具有高亲和性的 R（relaxed）构象，另一种是低亲和性的 T（tense）

构象。底物的结合可以改变平衡，当蛋白质的构象改变时，它的配体结合部位的亲和性也改变。齐变模型可以解释别构调节剂的结合，可以通过假定底物（S）只与R构象结合，而别构抑制剂只与T构象结合使模型简化。齐变模型的提出是依据观察到的调节酶结构的对称性，就是说一个给定的蛋白质的所有亚基都具有同样的构象，即都是R，或都是T，利用这一简单的模型可以解释许多酶的实验结果。

（2）序变模型　序变模型是近年来更为普遍运用的模型。其主要是依据这样一种设想，即一个配体可以诱导它要结合的亚基的三级结构的变化。这个亚基-配体复合体又能够改变相邻亚基的构象。这一模型特别强调对于配体只有一种形状是亲和力最高的，但与齐变模型不同的是在具有部分饱和的一个寡聚分子中允许存在高亲和力和低亲和力的亚基，如图9-12(b）所示。

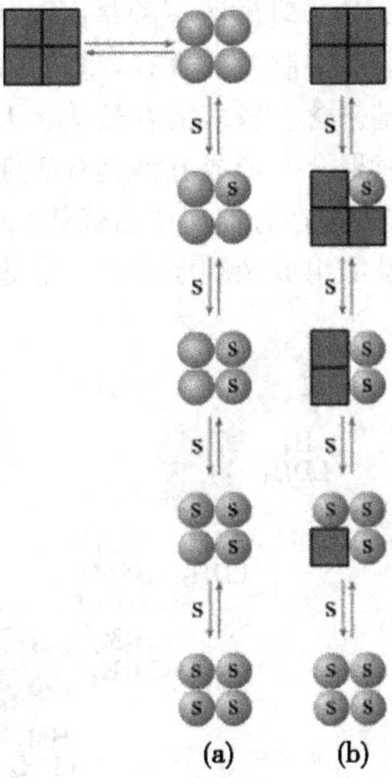

图9-12　配体与寡聚蛋白结合的齐变模型和序变模型

任何亚基都只有两种构象状态，即R和T；结合底物后，改变结合了底物的亚基的构象，成为R态，而未被底物结合的亚基构象并没有发生显著的变化，仍处于T态；一个亚基中底物结合引起的构象变化会使同一酶分子中另一亚基对底物的亲和力增加或减少。图9-12(b）说明顺序模式中所发生的变构酶的结合过程。RT中的空白活性部位比TT中的部位对底物的亲和力更高。

序变模型与齐变模型相比较有几点不同。如果酶分子是由几个亚基组成，这几个亚基的构象由T状态变化为R状态不是同时进行的，而是逐个依次变化，因此，亚基有各种可能的构象状态，存在RT形式；而齐变模型中不存在RT形式。在顺序模式中，底物可以为正协同效应，也可以为负协同效应，取决于与底物结合后，此亚基对其他亚基的影响，这种影响如果增大其他亚基对底物的解离常数，则产生负协同效应；若减少其他亚基对底物的解离常数时，则产生正协同效应。而齐变模型目前认为不适用于负协同效应。顺序模式中，在底物不存在时，并未假设R与T间存在平衡，而是从T向R的构象转变是由底物结合诱导的，且寡聚蛋白中亚基有各种中间构象状态，不具对称性；而齐变模型中假设在寡聚蛋白中亚基必须处于相同的构象状态，具有对称性。总之，序变模型可以表示酶分子的许多中间构象状态，因此用来解释变构酶活性的调节作用比协同模式更好一些，适用于大多数变构酶。

（二）同工酶

1. 同工酶的概念

同工酶（isoenzyme）是指有机体内能够催化同一种化学反应，但其酶蛋白本身的分子结构组成却有所不同的一组酶。同工酶广泛存在于动植物界及微生物中，这类酶由两个或两个以上的肽链聚合而成，它们的生理性质及理化性质，如血清学性质、K_m值、溶解度、相对分子质量、电泳行为和对激活剂、抑制剂的反应都是不同的。

目前已发现的同工酶有几十种，研究得较多的是人和动物体内的乳酸脱氢酶（LDH）。乳酸脱氢酶是由 M 和 H 两种亚基组成的四聚体。M 亚基表示骨骼肌型，可以从骨骼肌中制备，含有较多的碱性氨基酸；H 亚基为心肌型的，可以从猪心中制备，比起 M 亚基来含有较多的谷氨酸、天冬氨酸、苏氨酸、丝氨酸和缬氨酸。两种类型的多肽亚基可任意聚合而形成五种具有活性的四聚体，即五种同工酶，如图 9-13 所示，它们分别为 M_4（这一种在骨骼肌中占优势），M_3H，M_2H_2，MH_3，H_4（这一种在心肌中占优势）。它们的氨基酸组成及顺序不同，电泳行为亦不同，电泳图谱如图 9-14 所示。

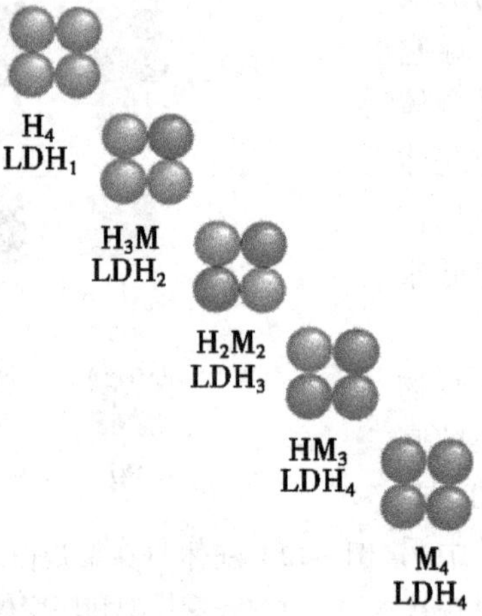

图 9-13　五种乳酸脱氢酶同工酶

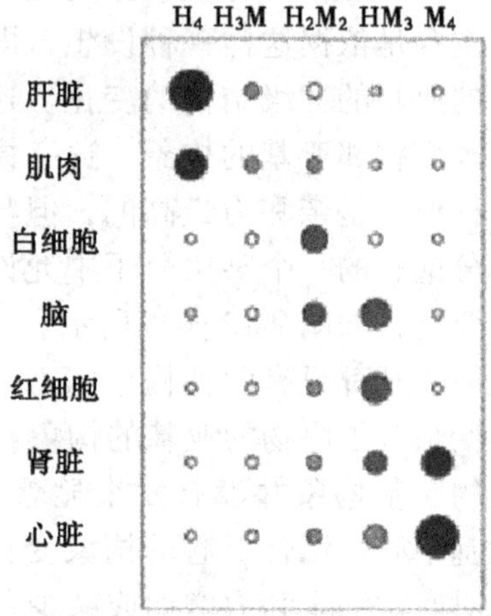

图 9-14　乳酸脱氢酶同工酶电泳图谱

五种同工酶的相对分子质量都相近，为 130 000 ～ 150 000，四聚体中每个亚基即每条肽链的相对分子质量都是 35 000 左右。五种同工酶都催化同样的反应，即乳酸脱氢产生丙酮酸（见图 9-15）。

2. 同工酶的应用

利用同工酶研究基因，已成为生化遗传学的重要内容。同工酶是生物体的天然标记，在生物的生长发育过程中，同工酶可以反映出基因是如何表达的。植物感染病害，受到损伤或在不良条件下都会发生同工酶的变化。同工酶还是有机体对环境变化或代谢变化的另一种调节方式。

最近的研究指出，LDH 同工酶中的两种不同的肽链是受不同的基因控制而产生的。电泳图谱可以表示出 LDH 同工酶在不同组织中的比例不同。在动物的胚胎发育及细胞分化过程中，LDH 同工酶的相对比例是会改变的。同工酶的研究还是细胞分化及形态遗传分子学基础研究的重要内容。

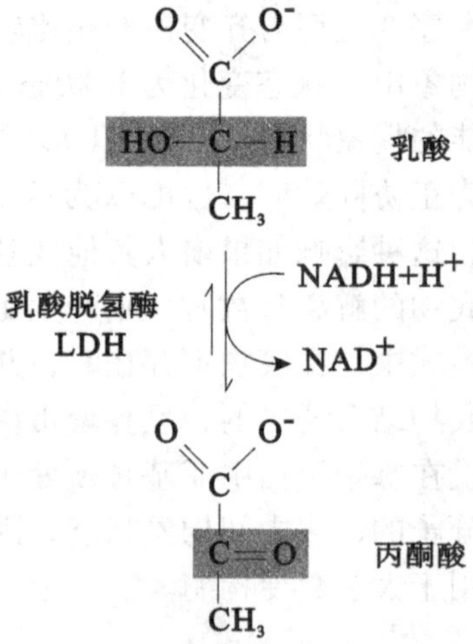

图 9-15　乳酸脱氢酶同工酶催化乳酸脱氢产生丙酮酸

同工酶分析法在农业上已开始用于优势杂交组合的预测，如番茄优势杂交组合种子与弱优势杂交组合的种子中的脂酶同工酶是有差异的，从这种差异中可以看出杂种优势。在临床上也已应用同工酶作诊断指标，如冠心病及冠状动脉血栓引起的心肌受损患者血清中的 LDH_1（H_4）及 LDH_2（MH_3）含量增高，而肝细胞受损患者血清中 LDH_5（M_4）增高。当某种组织发生病变时，就有某些特殊的同工酶释放出来，对病人及正常人同工酶电泳图谱进行比较，有助于疾病的诊断，如图 9-16 所示。

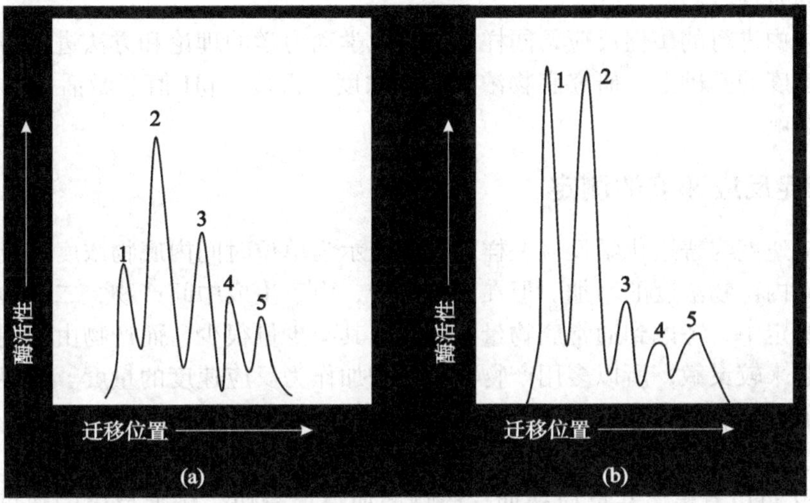

（a）正常人 LDH 同工酶电泳图谱　　（b）心肌梗塞病人血清 LDH 同工酶电泳图谱

图 9-16　LDH 同工酶电泳图谱

关于同工酶对代谢调节的作用，研究得较为清楚的是微生物中的某些同工酶在分支代谢调节中所起的重要作用。当一种同工酶受到抑制或破坏时，其他的同工酶仍然起作用，使得一个分支产物过剩，不会影响其他分支产物的生成，从而保证代谢正常进行。

综上所述，同工酶与遗传、发育及代谢调节的关系，充分说明同工酶具有重要的生物学意义。

（三）诱导酶

根据酶的合成与代谢物的关系，人们把酶区分为结构酶（structural enzyme）和诱导酶（induced enzyme）。结构酶是指细胞中天然存在的酶，它的含量较为稳定，受外界的影响很小。诱导酶是指当细胞中加入特定诱导物后诱导产生的酶，它的含量在诱导物存在下显著增高，这种诱导物往往是该酶的底物的类似物或底物本身。

细胞内酶的合成受遗传基因和有关代谢物的双重控制。相应遗传基因的存在是形成酶的内因及根据，但只有基因还不足以保证某诱导酶的产生，而当特定的诱导物存在时才产生。如 NO_3^- 还原酶是诱导酶，即细胞中存在合成该酶的基因，但只有在诱导物 NO_3^- 存在时，相应的基因才表达合成诱导酶。酶的诱导产生对于代谢调节有重要作用。

第二节　酶促反应动力学

生物体进行的新陈代谢都是在酶的催化下发生的物质代谢和能量代谢，而酶催化的反应速度是非常重要的。在活细胞中一个合成反应必须以足够快的速度满足细胞对反应产物的需要；同时，有毒的代谢产物也必须以足够快的速度进行排除，以免积累到损伤细胞的水平。若需要的物质不能以足够快的速度提供，而有害的代谢产物不能以足够快的速度排走，势必造成代谢紊乱。因此研究酶反应速度不仅可以阐明酶反应本身的性质，了解生物体内正常的和异常的新陈代谢，而且还可以在体外寻找最有利的反应条件来最大限度地发挥酶反应的高效性。

在生物体内进行的酶促反应，同样也可用化学动力学的理论和方法进行研究，即在测定酶促反应速度的基础上，研究底物浓度、酶浓度、温度、pH 值、激活剂和抑制剂等对反应速度的影响。

一、酶促反应速度的测定

酶促反应速度与普通化学反应一样，既可表示为单位时间内底物浓度的减少，又可表示为单位时间内产物浓度的增加。但在反应开始，由于生成中间产物，二者的大小略有差异。在实际测定中，考虑到通常底物量足够大，其减少量很少，而产物由无到有，变化较明显，测定起来较灵敏，所以多用产物浓度的增加作为反应速度的量度。酶促反应的速度与反应进行的时间有关。以产物生成量（P）为纵坐标，以时间（t）为横坐标作图，可得到酶反应过程曲线图，如图 9-17 所示。

从图 9-17 可以看出，在反应初期，产物增加得比较快，酶促反应的速度（$d[P]/dt$）近似为一个常数。随着时间延长，酶促反应的速度便逐渐减弱（即曲线斜率下降）。原因是随着反应的进行，底物浓度减少，产物浓度增加，加速反应逆向进行；产物浓度的增加会对酶产生反馈抑制；另外，酶促反应系统中 pH 值及温度等微环境变化会使部分酶变性失活。因此，为了准确表示酶活力，应以初速度表示，酶反应的初速度越大，意味着酶的催化活力越大。

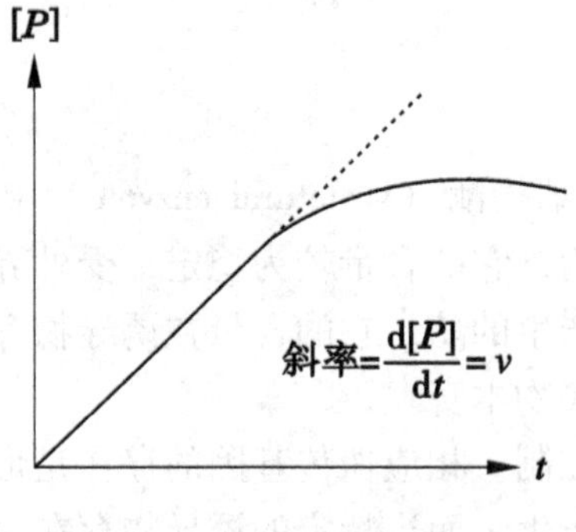

图 9-17　酶反应过程曲线

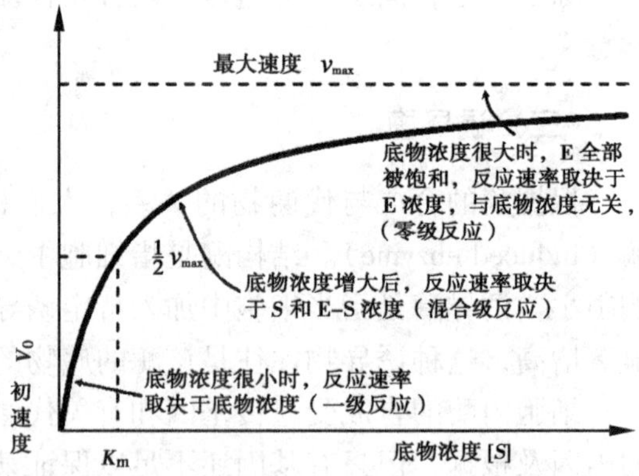

图 9-18　底物浓度对酶促反应速度的影响

二、底物浓度对酶促反应速度的影响

1. 底物浓度与酶促反应速度的关系

确定底物浓度（[S]）与酶促反应速度（v）间的关系，是酶促反应动力学的核心内容。在酶浓度、温度、pH 值不变的情况下，实验测得酶反应速度与底物浓度的关系，如

图 9-18 中的曲线所示。

从图 9-18 可以看出：当底物的浓度很低时，v 与［S］呈直线关系。这时，随着底物浓度的增加，反应速度按一定比率加快，为一级反应。当底物的浓度增加到一定的程度后，虽然酶促反应速度仍随底物浓度的增加而不断地加大，但加大的比率已不是定值，呈逐渐减弱的趋势，表现为混合级反应。当底物的浓度增加到足够大的时候，v 值便达到一个极限值，此后，v 不再受底物浓度的影响，表现为零级反应。v 的极限值，称为酶的最大反应速度，以 v_{max} 表示。

v-［S］的变化关系，可用中间产物学说进行解释。在底物浓度较低时，只有少数的酶与底物作用生成中间产物，在这种情况下，增加底物的浓度，就会增加中间产物，从而增加酶促反应的速度；但是当底物浓度足够大时，所有的酶都与底物结合生成中间产物，体系中已经没有游离态的酶了，在底物充分过量的条件下，继续增加底物的浓度，对于酶促反应的速度，显然已毫无作用。我们把酶的活性中心都被底物分子结合时的底物浓度称饱和浓度。各种酶都表现出这种饱和效应，但不同的酶产生饱和效应时所需要的底物浓度是不同的。

2. 米氏方程

Michaelis – Menten 于 1913 年利用中间产物学说推导出了一个表示底物浓度［S］与酶促反应速度 v 之间定量关系的数学方程式，即米氏方程。

Michaelis – Menten 学说的要点是假设有酶 – 底物中间产物的形成，并假设反应中底物转变为产物的速度取决于酶 – 底物中间复合物转变成反应产物和酶的速度。

按中间产物学说，单底物的酶促反应，可表示为：

$$E + S \underset{K_{-1}}{\overset{K_1}{\rightleftharpoons}} ES \xrightarrow{K_2} E + P$$

在上式中，K_1，K_{-1}，K_2 分别为反应速度常数。由于酶促反应的速度取的都是初速度，反应之初没有或极少产物（P），不足以引起可逆反应，故第二步反应是单向的。

由假设的条件及质量作用定律得知：酶反应速度 $v = K_2[ES]$，那么［ES］为多少呢？

若形成 ES 的速度为 v_f，则

$$v_f = K_1([E_t] - [ES])[S]$$

式中，［E_t］表示体系中酶的总浓度，［E_t］-［ES］为未结合的酶的浓度。ES 生成的速度 v_f 与未结合的酶浓度及底物浓度成正比。ES 消失的速度为 v_d，则

$$v_d = K_{-1}[ES] + K_2[ES]$$

这是由于 ES 因生成初反应物（K_{-1}）或生成产物（K_2）而消失。当反应达到稳态或恒态时，［ES］保持不变，即 ES 的生成速度与消失速度相等，则

$$v_f = v_d$$

即

$$K_1([E_t] - [ES])[S] = K_{-1}[ES] + K_2[ES]$$

将上式移项，可得

$$K_1[E_t][S] = (K_1[S] + K_{-1} + K_2)[ES]$$

即

$$[ES] = [E_t][S] / K_m + [S]$$

将［ES］代入 $v = K_2[ES]$ 中，则

$$v = K_3[ES]$$

设 $K_m = (K_2 + K_3)/K_1$，并设 $v_{max} = K_2[E_t]$，则

$$v_0 = \frac{v_{max}[S]}{K_m + [S]}$$

这就是著名的米氏方程，K_m 为米氏常数，它是酶的重要参数，是酶的特征性常数。

应用米氏方程可以圆满地说明图 9-18 中的 v-[S] 变化曲线。

底物浓度很低时，即 [S] <0.01K_m 时，则 $K_m + [S] \approx K_m$，代入米氏公式后

$$v \approx v_{max}[S] / K_m = K[S],$$

故 v 与[S] 成直线关系。

底物浓度足够大时，即 [S] > 100K_m 时，则 $K_m + [S] \approx [S]$，代入米氏方程式后

$$v \approx v_{max}$$

v 达到极限值 v_{max}。如果底物浓度为中等数值，随着底物浓度的增加，v 逐渐增加，表现为曲线的弯曲部分，如图 9-18 所示。

3. 米氏常数

将米氏方程式进行整理后，可得

$$K_m = [S] (v_{max}/v - 1)$$

当酶促反应处于 $v = \frac{1}{2}v_{max}$ 时，则

$$K_m = [S]$$

由此得知，K_m 值是反应速度（v）达到最大反应速度（v_{max}）一半时的底物浓度（单位为 mol/L 或 mmol/L），这便是米氏常数的物理意义。米氏常数是酶的特征常数，只与酶的性质有关，不受底物浓度和酶浓度的影响。不同酶 K_m 值不同。可从手册中查得作用于不同底物时各种酶的 K_m 值，也可以根据测得的 K_m 来鉴别酶。如脲酶的 K_m = 25mmol/L，苹果酸酶的 K_m = 0.05mmol/L。各种酶的 K_m 值在（1×10^{-8} ～ 1）mol/L 或更高一些的区间，大多数在 10^{-3} ～ 10^{-5}mol/L 之间。K_m 值作为常数只是对一定的底物、一定 pH 值和一定温度条件而言。K_m 的大小近似地反映了酶与底物结合成中间产物的难易程度。K_m 值大，表明达到 v_{max} 的一半时所需底物浓度也大，这意味着酶与底物之间的亲和力弱；反之，K_m 值小，则表明酶与底物的亲和力强。显然，最适底物与酶的亲和力最大。如果一种酶可以催化几种底物发生反应，就必然对每一种底物各有一个特定的 K_m 值，其中 K_m 值最小的底物是该酶的最适底物。如葡萄糖和果糖都是己糖激酶的底物，其 K_m 值分别为 1.5×10^{-4}mol/L 和 1.5×10^{-3}mol/L，由此可知，葡萄糖是己糖激酶的最适底物。

4. 米氏常数与 v_{max} 的求法

从酶的 v-[S] 图上可以得到 v_{max}，再从 v_{max} 可求得相应的 [S]，即 K_m 值。但实际上即使底物浓度很大，也只能得到趋近于 v_{max} 的反应速度，而达不到真正的 v_{max}，因此测不到准确的 K_m 值。为了得到准确的 K_m 值，可以把米氏方程的形式加以改变，使它成为相当于 $y = ax + b$ 的直线方程，然后用图解法求出 K_m 值。这就是最常用的 Lineweaver-Burk 的双倒数作图法（double-reciprocal plot 法）。

可将米氏方程转化成倒数形式：

$$\frac{1}{v_0}=\frac{K_m}{v_{max}[S]}+\frac{1}{v_{max}}$$

实验时，选择不同的［S］测定相应的 v，求出两者的倒数，以倒数作图，绘出直线，其斜率为 K_m/v_m。将直线延长与横轴相交，在横轴上的截距为 $-1/K_m$，这样，K_m 就可以从直线的截距上计算出来。直线在纵轴上的截距为 $1/v_m$。此法方便而应用广泛，但也有缺点，实验点过分集中于直线的左端，作图不易十分准确，如图 9-19 所示。

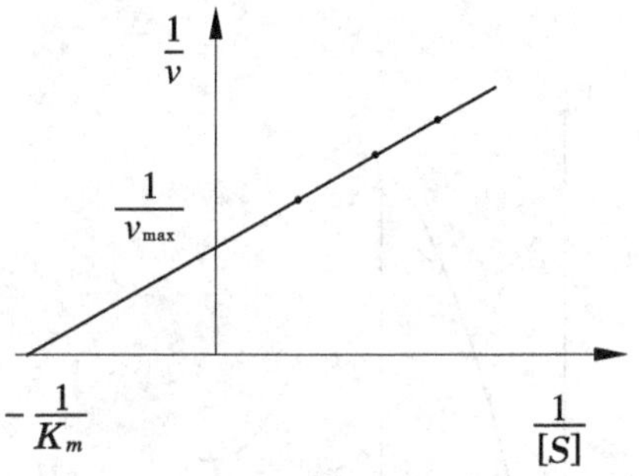

图 9-19　双倒数作图法求 K_m 与 v_{max}

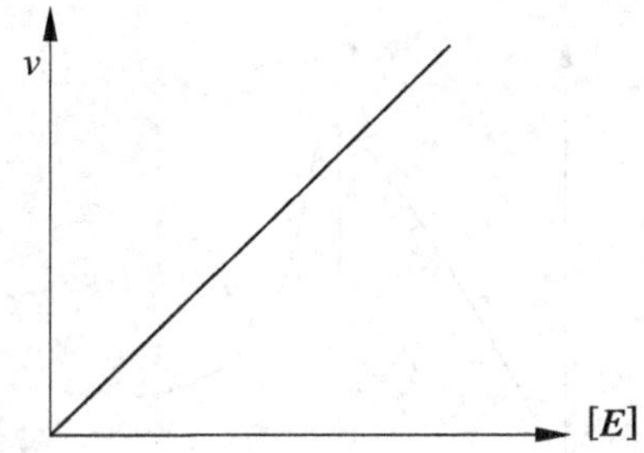

图 9-20　酶浓度对酶促反应速度的影响

三、酶浓度对酶促反应速度的影响

当酶促反应体系的温度、pH 不变，底物浓度足够大，足以使酶饱和，则反应速度与酶浓度成正比关系（见图 9-20）。因为在酶促反应中，酶分子首先与底物分子作用，生成活化的中间产物（或活化络合物），而后再转变为最终产物。在底物充分过量的情况下，可以设想，酶的数量越多，则生成的中间产物越多，反应速度也就越快。相反，如果反应体系中底物不足，酶分子过量，现有的酶分子尚未发挥作用，中间产物的数目比游离酶分子数还少，在此情况下，再增加酶浓度，也不会增大酶促反应的速度。

由米氏方程可推导出酶反应速度与酶浓度成正比的关系：

$$v=K_3[E][S]/(K_m+[S])=K_3[E]\quad (v_m=K_3[E])$$

所以在底物浓度足够大时，［S］在反应过程中改变很小，可视为常数。因此 $v=[E]$。

四、温度对酶促反应速度的影响

温度对酶促反应速度的影响很大，表现为双重作用：①与非酶的化学反应相同，当温度升高，活化分子数增多，酶促反应速度加快，对许多酶来说，温度系数（temperature coefficient）多为 1 ～ 2，也就是说每增高反应温度 10℃，酶反应速度增加 1 ～ 2 倍；②由于酶是蛋白质，随着温度升高而使酶逐步变性，即通过酶活力的减少而降低酶的反应速度。以温度（t）为横坐标，酶促反应速度（v）为纵坐标作图，如图 9-21 所示，所得曲线为稍有倾斜的钟罩形。曲线顶峰处对应的温度，称为最适温度（optimum temperature）。最适温度是上述温度对酶反应的双重影响的结果，在低于最适温度时，前一种效应为主，在高于最适温度时，后一种效应为主，因而酶活性迅速丧失，反应速度很快下降。

动物体内酶的最适作用温度一般在 35 ～ 45℃，植物体内的酶最适温度为 40 ～ 55℃。大部分酶在 60℃以上即变性失活，少数酶能耐受较高的温度，如细菌淀粉酶在 93℃下活力最高，又如牛胰核糖核酸酶加热到100℃时仍不失活。

最适温度不是酶的特征性常数，它不是一个固定值，与酶作用时间的长短有关，酶可以在短时间内耐受较高的温度，然而当酶反应时间较长时，最适温度向温度降低的方向移动。因此，严格地讲，仅仅在酶反应时间已经规定了的情况下，才有最适温度。在实际应用中，将根据酶促反应作用时间的长短，选定不同的最适温度。如果反应时间比较短暂，反应温度可选定得略高一些，这样，反应可迅速完成；若反应进行的时间很长，反应温度就要略低一点，低温下，酶可长时间发挥作用。

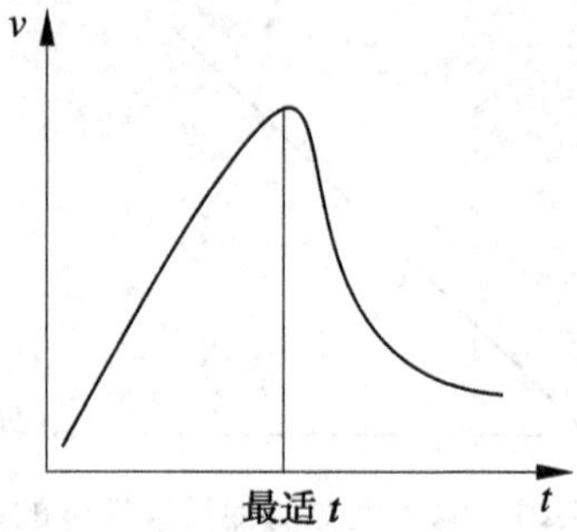

图 9-21　温度对酶促反应速度的影响

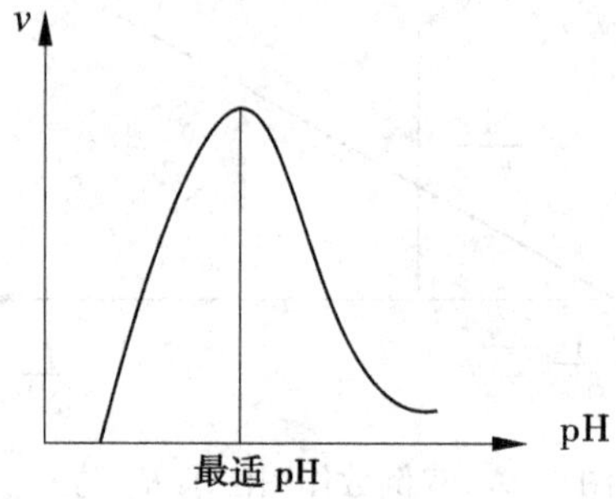

图 9-22　pH 值对酶促反应速度的影响

五、pH 值对酶促反应速度的影响

酶促反应速度与体系的 pH 值有密切关系。绝大部分酶的活力受其环境的 pH 值影响，在一定 pH 值下，酶反应具有最大速度，高于或低于此值，反应速度下降，通常将酶表现最大活力时的 pH 值称为酶反应的最适 pH 值（optimum pH 值）（见图 9-22）。一般制作 *v*-pH 值变化曲线时，采用使酶全部饱和的底物浓度，在此条件下再测定不同 pH 值时的酶促反应速度。曲线为较典型的钟罩形。

最适 pH 值有时因底物种类、浓度及缓冲液成分不同而不同，而且常与酶的等电点不一致。因此，酶的最适 pH 值并不是一个常数，只是在一定条件下才有意义。动物体内的酶，最适 pH 值大多在 6. 8 ～ 8. 0 之间；植物及微生物体内的酶，最适 pH 值多在 4. 5 ～ 6. 5 之间。但也有例外，如胃蛋白酶为 1. 9，精氨酸酶（肝脏中）为 9. 7。

pH 值影响酶促反应速度的原因有：①环境过酸、过碱会影响酶蛋白构象，使酶本身变性失活。②pH 值影响酶分子侧链上极性基团的解离，改变它们的带电状态，从而使酶活性中心的结构发生变化。在最适 pH 值时，酶分子活性中心上的有关基团的解离状态最适于与底物结合，pH 值高于或低于最适 pH 值时，活性中心上的有关基团的解离状态发生改变，酶和底物的结合力降低，因而酶反应速度降低。③pH 值能影响底物分子的解离。可以设想底物分子上某些基团只有在一定的解离状态下，才适于与酶结合发生反应。若 pH 值的改变影响了这些基团的解离，使之不适于与酶结合，当然反应速度亦会减慢。基于上述原因，pH 值的改变会影响酶与底物的结合，影响中间产物的生成，进而影响酶反应速度。

应该指出，在酶促反应进行过程中，溶液的 pH 值会随着反应的进行与体系中成分的改变而发生变化，因此在酶的提纯或应用中测定酶活力时，必须保持恒定的 pH 值，在实际操作中多在缓冲液体系中进行。

六、激活剂对酶促反应速度的影响

凡是能提高酶活性的物质都称激活剂（activator），其中大部分是离子或简单的有机化合物。激活剂按分子大小可分为以下三类。

1. 无机离子

有阳离子，如 K^+、Na^+、Mg^{2+}、Zn^{2+}、Fe^{2+}、Ca^{2+} 等，其中 Mg^{2+} 是多种激酶及合成酶的激活剂。也有阴离子，如经透析获得的唾液淀粉酶活性不高，加入 Cl^- 后则活性提高，故 Cl^- 是唾液淀粉酶的激活剂。金属离子作为激活剂的作用机理：一是作为酶的辅因子，是酶的组成成分，在分离提纯中常被丢失；二是在酶与底物的结合中起桥梁作用。

2. 中等大小的有机分子

某些还原剂，如半胱氨酸、还原型谷胱甘肽、抗坏血酸等能激活某些酶，使含巯基酶中被氧化的二硫键还原成巯基，从而提高酶活性，如木瓜蛋白酶及 *D*-3-磷酸甘油醛脱氢酶。

3. 具有蛋白质性质的大分子

这类激活剂专指对某些无活性的酶原起作用的酶。

$$\text{无活性的酶原} \longrightarrow \text{有活性的酶}$$

在酶的提取或纯化过程中，酶会因为金属离子激活剂丢失或活性基团巯基被氧化而活性降低，因此要注意补充金属离子激活剂或加入巯基乙醇等还原剂，使酶恢复活性。

七、抑制剂对酶促反应速度的影响

抑制剂（inhibitor）是指能使酶的必需基团或酶活性部位中的基团的化学性质改变而降低酶的催化活性，甚至使酶催化活性完全丧失的物质。

抑制剂只能使酶的催化活性降低或丧失，而不引起酶蛋白变性的作用称为抑制作用（inhibition）。酶蛋白变性而引起酶活力丧失的作用称为变性作用，又称失活作用。所以抑制作用与变性作用是不同的。

根据抑制剂与酶的作用方式可将抑制作用分为可逆与不可逆两大类。

（一）不可逆的抑制作用

抑制剂与酶的结合是一个不可逆的反应。抑制剂与酶分子活性中心的某些必需基团以比较牢固的共价键相结合，这种结合不能用简单的透析、超滤等物理方法解除抑制而恢复酶活性。这种抑制作用称为不可逆抑制作用（irreversible inhibition）。

（二）可逆的抑制作用

抑制剂与酶非共价的可逆结合，可用透析、过滤等物理方法除去抑制剂而恢复酶的活力。这种抑制作用叫做可逆的抑制作用（reversible inhibition）。可逆抑制剂与游离状态的酶之间存在着一个平衡。根据抑制剂与底物的关系，可逆抑制作用分为三种类型。

1. 竞争性抑制作用

竞争性抑制剂分子的结构与底物分子的结构非常相似。竞争性抑制剂能以非共价键在酶分子的活性中心处与酶分子结合。抑制剂与底物分子竞争酶的活性中心。

2. 非竞争性抑制作用

非竞争性抑制剂分子的结构与底物分子的结构通常相差很大。酶可以同时与底物及抑制剂结合，两者没有竞争作用。酶与非竞争性抑制剂结合后，酶分子活性中心处的结合基团依然存在，故酶分子还可与底物继续结合。但是结合生成的抑制剂 - 酶 - 底物三元复合物（IES）不能进一步分解为产物，从而降低了酶活性。

3. 反竞争性抑制作用

有些抑制剂只能和ES复合物结合，形成EIS，不能和酶直接结合，但EIS不能转变成产物。如叠氮化合物离子对氧化态细胞色素氧化酶的抑制作用就属这类抑制。

第三节　酶工程的研究内容及应用

一、酶工程的定义及分类

“酶工程”是指酶制剂在工业上的大规模生产及应用。

虽然现在世界上已发现和鉴定的酶有8000种以上，但是由于分离和提纯酶的技术比较复杂、繁琐，因而酶制剂的成本高，价格贵，不利于广泛应用。所以，到目前为止，投入大规模生产和应用的商品酶只有16种，小批量生产的商品酶也只有几百种。为了解决这个问题，人们把对自然酶的注意力转向对自然酶进行适当的加工与改造。根据研究和解决问题的手段不同，为求得大规模生产及应用，可将酶工程分为两大类：化学酶工程和生物酶工程。

1. 化学酶工程

化学酶工程亦称为初级酶工程（primary enzyme engineering），它主要由酶学与化学工程技术相互结合而形成。

通过化学修饰、固定化处理，甚至通过化学合成法等手段，改善酶的性质以提高催化效率及降低成本。它包括自然酶、化学修饰酶、固定化酶及化学人工酶的研究和应用。

食品工业、制药工业、制革工业、酿造工业及纺织工业使用酶制剂后可以大大改进工艺流程并降低成本。这些行业主要使用自然酶，多数使用微生物来源的酶的粗制剂。

医学上进行治疗以及基础酶学研究要求酶的纯度高、性能稳定，治疗上还需要低或无免疫原性，所以常常对纯酶进行化学修饰以改善酶的性能。如抗白血病药物天冬酰胺酶的游离氨基经过脱氨基作用，酰化反应进行修饰后，该酶在血浆中的稳定性得到很大的提高；人的α-半乳糖苷酶A经交联反应修饰后，酶活性比自然酶稳定；酶与聚乙二醇、多糖、某些蛋白质结合后，其性质亦可得到改善，如α-淀粉酶与葡聚糖结合后，热稳定性显著增加，该自然酶的半衰期只有2.5min，结合酶则为63min。

固定化酶是指被结合到特定的支持物上并能发挥作用的一类酶，是化学酶工程中具有强大生命力的主干酶类。它在应用上和理论上的巨大潜力吸引了生物化学、微生物学、医学、化学工程、高分子等领域科研机构及企业科技部门研究人员的注意力。酶的固定化技术包括吸附、交联、共价结合及包埋等四种方法。固定化酶的优点是：①可以用离心法或过滤法很容易地将酶与反应液分离开来，在生产应用中十分方便有利。②可以反复使用，在某些情况下甚至可以使用达千次以上，极大地节约成本。③稳定性能好。国外工业上已制备固定化氨基酰化酶用以分析 *D*、*L* 型氨基酸；已把烯烃转变成石油化学产品的重要原料——环氧烃类；已用固定化的葡萄糖异构酶生产高果糖玉米糖浆。近年来国内已用固定化酶技术半合成新青霉素、生产高果糖糖浆以及增产啤酒等。20 世纪 60 年代以来，人们还制造出带有固定化酶的各种电极用来检测和调节体液中代谢物的浓度。包括各种离子电极、氧电极及二氧化碳电极等，这样的电极称为酶电极。酶电极兼有酶的专一性、灵敏性及电位测定的简单性等多重优点，目前已有 20 多种固定化酶用于酶电极中。模拟生物体内的多酶体系，将完成某一组反应的多种酶和辅助因子固定化，可以制成特定的反应器。高效、专一、实用的生物反应器可通过将含酶的微生物、细胞和细胞器固定化而制得。近年来，以固定化微生物组成的生物反应器已获工业应用。生物反应器的研究不仅具有使生物工业革新的实际意义，而且对推进生物化学、细胞生物学、生理学、仿生学等基础生物科学的研究具有重要的理论意义。

以上化学修饰酶和固定化酶都是在自然酶的基本结构上加以改变，从而改善酶在工业及医学上的应用。近年来，有许多科学家模拟酶的生物催化功能，用化学半合成法或化学全合成法合成了称为人工酶（artificial enzyme）的催化剂。例如，用电子传递催化剂 $[Ru(NH_3)5]^{3+}$ 与巨头鲸肌红蛋白结合，产生一种“半合成的无机生物酶”，这样就把能与 O_2 结合、无催化功能的肌红蛋白转变成能氧化各种有机物（如抗坏血酸）的半合成酶了，它接近于天然的抗坏血酸氧化酶的催化效率。全合成酶不是蛋白质，而是小分子有机物，它们掺入到酶的催化基团并控制酶的空间构象，从而像自然酶那样专一性地催化化学反应。例如，由环糊精制成的人工转氨酶能催化 α-酮酸与磷酸吡哆胺专一性地合成氨基酸。目前，这类全合成的人工酶因为催化效率很低，还不具有实用价值。

2. 生物酶工程

生物酶工程是在化学酶工程基础上发展起来的，是酶学和 DNA 重组技术相结合的产物。因此它亦可称为高级酶工程（advanced enzyme engineering）。

20 世纪 70 年代初 DNA 重组技术的问世，把酶学推进到一个十分重要的发展时期，使它的基础研究和应用研究领域发生了革命性变化，产生了生物酶工程。

生物酶工程主要包括三个方面：①用 DNA 重组技术（即基因工程技术）大量地生产酶（克隆酶）；②对酶基因进行修饰，产生遗传修饰酶（突变酶）；③设计新的酶基因，合成自然界不曾有过的、性能稳定、催化效率更高的新酶。

酶基因的克隆和表达技术的应用使我们有可能克隆各种天然的蛋白基因或酶基因。先在特定的酶的结构基因前加上高效的启动基因序列和必要的调控序列，再将此片段克隆到一定的载体中，然后将带有特定酶基因的上述杂交表达载体转化到适当的受体细菌中，经培养繁殖，再从收集的菌体中分离得到大量的表达产物——我们所需要的酶。一些来自于人体的酶制剂，如治疗血栓栓塞病的尿激酶原，就可以用此法取代从大量的人尿中得到的提取法。此外，有组织纤溶酶原激活剂（TPA）与凝乳酶等一百多种酶的基因已经克隆成功，其中一些还已进行了高效的表达。此法产生出大量的酶，并易于提取分离纯化。近几年兴起了另一个新研究领域：酶的选择性遗传修饰，即酶基因的定点突变。研究者们在首先分析氨基酸序列，弄清酶的一级结构；进而经 X 射线衍射分析，弄清酶的空间结构；再在由功能推知结构或由结构推知功能的反复推敲下，设计出酶基因的改造方案，指出选择性遗传修饰的修饰位点，经定点突变后酶性质发生改变。

现在人们已掌握了一定技术，所以只要有遗传设计蓝图，就能人工合成出所设计的酶基因。酶遗传设计的主要目的是创制优质酶，用于生产昂贵特殊的药品和超自然的生物制品，以满足人类的特殊需要。

需要改善的酶学性质包括对热、氧化剂、非水溶剂的稳定性；对蛋白水解作用的敏感性；免疫原性；最适 pH 值、离子强度及温度；催化效率；对底物和辅助因子的专一性与亲和力；反应的主体化学选择性；催化效率；别构效应；反馈抑制；多功能性；在纯化或固定化过程中酶的功能和理化性质等等。

目前的关键问题在于如何设计超自然的优质酶基因，即如何作出优质酶基因的遗传设计蓝图。现在还不可能根据酶的氨基酸序列预言其空间结构，但随着计算机技术和化学理论的进展，酶或其他大分子的模拟在精确度、速度及规模上都会得到改善，这将导致产生有关酶行为的新观点或新理论，酶的化学修饰及遗传修饰也将提供更多的实验依据及数据，有助于解决关于酶的结构与功能的关系，因而将促进酶的遗传设计的发展。

二、酶工程的应用

1. 酶工程在食品加工业中的应用

食品工业与日常生活息息相关，也是最早、最广泛使用生物催化剂的领域，可以说是工业酶市场的依托。国内外大规模生产的 α-淀粉酶、葡萄糖淀粉酶、葡萄糖异构酶、葡萄糖氧化酶、果胶酶、脂肪酶、纤维素酶等酶制剂的主要用户也是食品行业。由于酶具有高效性、强的专一性和反应条件的温和性等优点，尤其适用于食品加工。酶加工工艺具有增产、降低原材料和能源消耗、改善产品质量、减轻劳动强度、改善劳动条件等优点，广泛地为食品行业所接受和采纳。数十种食品用酶的上市，促进了食品工业的发展。在一些传统和新颖食品的加工上，酶法工艺具有不可动摇的优势，而且有的产品是其他工艺无法做到的。

用系列淀粉酶生产多种淀粉糖始于 20 世纪 60 年代，至今已为国内外生产厂商所采用，取代了高温下用盐酸的化学水解法。以 30% ~ 40% 的淀粉浆为出发原料，温度达到 85 ~ 90℃时，加 α-淀粉酶（每克淀粉加酶 6 ~ 8 单位），或用耐高温的 α-淀粉酶在105 ~ 115℃下保温 30 ~ 45min，液化到碘反应蓝色消失，冷却至 55 ~ 60℃后，pH 值在 4.5 ~ 5.0 时，加入葡萄糖淀粉酶（按每克淀粉加酶 100 单位），糖化约 48h，使糊精最终转化成葡萄糖。从淀粉出发，通过细菌 α-淀粉酶、真菌淀粉酶等淀粉糖加工酶的组合和应用，可制备出粉状和液态的糊精、饴糖、高麦芽糖浆、低聚糖等一系列具有不同甜度和保健作用的糖。

葡萄糖是制药、发酵的基本原料。通过葡萄糖异构酶的催化，把葡萄糖转化成甜度高 1 倍以上的果糖是 20 世纪 70 年代酶工程最成功的应用之一，所得到的含果糖 42% 的果糖和葡萄糖混合糖浆与蔗糖等甜。这项采用固定化酶（柱温 55 ~ 60℃，pH 值 6.5 ~ 7.0）连续催化的工艺需要 40% ~ 45% 浓度的葡萄糖液，而且把异构化率控制在 42% ~ 45% 合理的范围内，混合糖液经加工制成果糖占 42% 左右的浓缩浆，即为商品化的果葡糖浆。如把果糖和葡萄糖分离开，把分出的葡萄糖再进行异构化，可得果糖含量为 55%、70%，甚至达 90% 的糖浆。由于与蔗糖等甜度的、以玉米淀粉作原料的果葡糖浆的售价要比蔗糖低20%，至今已发展成一大产业，全世界每年从玉米产出的高果糖浆已超过800万吨。

啤酒是用传统工艺生产的大众化饮料，有很大的消费市场。麦芽、酒花和酵母是三大原料。通常在调制麦芽浆阶段还要添加淀粉酶、蛋白酶、β-葡聚糖酶、纤维素酶等为主的酶类。大麦芽中含有糖化淀粉所需要的大部分酶，但常加些大麦、小麦和大米等辅料以增加可发酵糖。制浆中加酶后帮助液化、糖化和控制热值及乙醇含量（淀粉酶、葡萄糖淀粉酶），裂解大麦胶（β-葡聚糖酶），帮助麦芽和麦粒中的蛋白质等营养成分和风味成分的抽出，提高过滤速度（β-葡聚糖酶、纤维素酶、蛋白酶）。此外，还可防止成品贮存和冷藏后出现的浑浊（蛋白酶、单宁酶、β-葡聚糖酶）。

乳品加工中主要使用凝乳蛋白酶和乳糖酶。干酪制造中凝乳酶（从小牛胃和微生物获得）促使乳酪蛋白凝聚析出，而乳糖酶水解乳中的乳糖，生产低乳糖制品，消除一些成年人由于缺少乳糖酶，食用乳制品后由于乳糖过敏造成的肠胃不适甚至腹泻。

果蔬加工果汁和果酒生产中，果胶酶、纤维素酶的加入增加果肉细胞的崩解，使果汁、色素、香味容易抽出，得率提高，黏度降低，残渣减少。类似的技术也适用于油脂、香精、色素、调味品的提取和果蔬汁、果酒的澄清及防浊变。

除以上四方面的应用外，在肉、禽、蛋、奶、果、蔬加工和贮藏中，作为添加剂和加工辅助剂的多种酶也发挥着不同作用，给我们提供了种类繁多、风味独特的食品。酶法加工将在食品工业这一庞大又稳定的市场中长盛不衰。

2. 酶工程在医药工业中的应用

酶在医药工业中的应用可归纳为下列三方面：疾病治疗、药物制造和疾病诊断。前两者的应用，因与体表接触或直接进入人体，对剂型和纯度的要求远高于工业酶制剂。直接作为治疗剂的酶中，从动植物体提取的占了相当大的比例，如从猪胰脏提取的具有淀粉酶、蛋白酶、脂肪酶活性的口服助消化剂多酶片，清除创伤、烧伤、溃疡等坏死组织的菠萝酶和木瓜蛋白酶消炎剂，从鸡蛋清中提取的抗菌消炎的溶菌酶，以及从人尿和蚯蚓中提取的溶血栓药物尿激酶和溶纤酶等。治疗用酶通常是从肉蛋、果蔬罐头加工副产物中提取，但产量受地区和原料数量的限制。从发酵法培养的微生物菌体中获得作治疗用的酶，种类多，具有可用基因工程技术大幅度提高产量和使微生物产生动植物中的酶的优势。

L-天冬酰胺酶是治疗白血病的药物，目前从大肠杆菌菌体中提取，制成针剂，注射入人体后，使缺失天冬酰胺合成酶的癌变细胞赖以生存的外来天冬酰胺被注入的酶分解掉，癌细胞内的蛋白质合成受阻，从而导致癌细胞的死亡。正常细胞内由于有天冬酰胺合成酶，蛋白质合成不受影响。我国在20世纪70年代已生产出这种抗癌制剂。

在药物合成中，固定化酶使用最成功的例子是青霉素酰化酶降解青霉素的侧链。青霉素这种β-内酰胺抗生素是使用最广泛、产量最大的抗生素药物。在用酶水解掉侧链所得到的母核6-氨基青霉烷酸上，用化学法接上不同*D*-氨基酸的侧链可制成抗耐药菌株、抗菌谱广、过敏性低、疗效好的口服抗生素（如阿莫西林）。以固定化大肠杆菌细胞或固定化巨大芽孢杆菌青霉素酰化酶做催化剂，在搅拌式或固定床柱式反应器中裂解青霉素生产上具有相当高的效率。我国从20世纪70年代开始就先后研制出这种技术，投产后运行良好。共价交联到合成高分子载体 eupergic C 上的1000g湿固定化酶（内含干载体300g，酶蛋白20g）可反复使用近千次，累计可裂解1.6～1.8t青霉素。目前全世界每年使用的固定化青霉素酰化酶生产产物近8000吨。这项技术也适用于另一种重要的β-内酰胺抗生素头孢霉素的去侧链。

临床诊断用酶是在体外通过检测酶与血或尿液中的糖、脂肪、胆固醇、尿酸等物质反应产生的产物量作诊断指标的，常配备测定用试剂和器具，组装成试剂盒上市。与传统方法相比，具有简便、快速、样品用量少的优点。临床诊断用酶是酶应用增长最快的领域之一，至今常用的试剂盒不下数十种。我国也有20余种酶试剂盒上市。

酶在天然药物的提取加工和化学合成药物，尤其是手性药物的合成中的应用，将会成为研究开发的重点。近30年来，酶法不对称合成已成为制备手性药物的重要途径。迄今，用于不对称合成的最好反应剂当属自然界中的酶，其中最常用的酶是水解酶和氧化还原酶。在手性药物及其中间体的制备中应用最为广泛的水解反应及其逆反应主要有酯水解、腈水解、环氧化合物水解、酰胺水解、酯化、酰胺化等。如皱落假丝酵母脂肪酶（CRL）能立体选择性催化I型酯外消旋2,3-二羟基羧酸酯的丙酮缩合物水解，该酶也能催化II型酯环已烯醇酯的不对称水解，实现其外消旋体的手性拆分，产物的光学纯度可达99%以上；用马肝酯酶选择性水解拆分外消旋布洛芬乙酯可制备（S）-布洛芬，酶法拆分目前已达到克级规模。在手性药物合成中，催化氧化作用的酶主要有单加氧酶、双加氧酶和脱氢酶。如马肝醇脱氢酶（HLADH）既可催化外消旋醇对映选择性的氧化而使之拆分，也可催化内消旋的双环二醇立体选择性的氧化为半缩醛并最终氧化为内酯。常用于催化还原反应制备手性药物的酶主要有酵母脱氢酶（YADH）、马肝醇脱氢酶（HLADH）、布氏热厌氧菌醇脱氢酶和羟基甾体脱氢酶（HSDH）等。它们可立体选择性地催化酮还原为手性仲酮，如通过马肝醇脱氢酶催化有机硅酮的不对称还原，可制备高光学纯度的手性有机硅醇。酶法合成手性药物的商业化也初见端倪，如意大利的Battistel等将圆柱状假丝酵母脂肪酶（candida cylindracea lipase）固定化在离子交换树脂Amberlite XAD-7上，并装填于500mL柱式反应器中，连续水解外消旋体萘普生的乙氧基乙酯，在35℃下反应1200h，得到18kg的光学（S）-萘普生，且酶活几乎无损失，该工艺极具工业生产价值。英国Chirtech公司通过筛选和分子进化对一种酯酶进行改造，提高了酶的立体选择性。该酶只水解（S）-萘普生酯，底物浓度可达到150g/L，反应残留的（R）-萘普生酯可通过碱催化消旋化再拆分。产物可通过结晶分离，操作简单。该工艺目前在印度的Shasun Chemicals公司进行中试。

自20世纪70年代后期我国开始进行手性化合物的生物合成研究以来，实现了*L*-天冬氨酸和*L*-苹果酸的工业化。对*D*-苯甘氨酸、*D*-对羟基甘氨酸、*L*-苯丙氨酸、*L*-色氨酸的不对称合成和（S）-布洛芬的酶法拆分也取得了很好的结果。当前我国应探寻实用的手性合成方法，进一步在酶法制备技术，以及在发酵、固定化酶、固定化细胞等酶促反应方面进行研究，使之能以较低的成本大量商品化生产手性药物。

3. 酶工程在洗涤业的应用

洗衣粉占领市场的三大要素是：洗涤效果好、洗涤温度低、洗涤废水对环境的危害小。

洗衣粉的配方中通常会含有40%左右的聚磷酸钠，还含有表面活性剂和氧化剂等主要成分。由于洗衣后排放的废水中的磷酸盐会造成水体富营养化，导致相当严重的环境问题，所以低磷和最终使用无磷洗衣粉是发展的必然趋势。添加洗涤用酶可增强洗涤效果，并可弥补低磷和无磷配方洗衣粉去污力下降的缺陷。加酶后的洗衣粉在较低的温度下

（20～40℃）洗涤效果非常优越，而不必在60℃的条件下洗涤，这大大节约了洗涤所耗费的电能。添加的洗涤用酶约占洗衣粉重量的1%。生产酶所耗的能量不大，所耗能源不到洗涤过程能耗的1%。经比较，用全自动洗衣机洗涤3千克衣服，洗涤温度从60℃降到40℃可使耗电量从1.2kW·h降到0.8kW·h，而生产所添加的酶只耗电0.0068kW·h，节能效果非常明显。

在洗涤剂中添加的主要是蛋白酶。20世纪60年代，加酶洗涤剂在欧美国家已广泛使用。最初的酶制剂是粉状的，但含酶蛋白的粉尘会引起生产者和使用者过敏。不久，制造商将酶制成无粉尘的颗粒状剂型，避免了酶粉尘的危害。1991年，丹麦的诺和诺德公司用基因工程技术对洗涤用蛋白酶进行修饰和改造，推出蛋白质工程洗涤剂用酶durazyme，现在已以吨级规模生产洗涤用蛋白酶晶体。高纯度的工业酶基本摆脱了致敏隐患。20世纪80年代，洗涤用蛋白酶已占据了国际酶制剂市场的1/3。到1997年，在其他酶制剂品种蓬勃发展的情况下，蛋白酶在世界酶制剂市场仍稳定地占有38%，主要用途仍是作洗涤剂的添加剂。

含酶洗涤剂不仅可以是固体的，也可以是液态的。经过分子修饰的蛋白酶，作用温度、耐碱和耐洗涤剂或其他成分的能力提高，可在高浓缩的去顽垢的液体洗涤剂中保持稳定。专门用于去衣领、袖口重垢和油渍的“衣领净”中就加有液体蛋白酶制剂。

含酶洗涤剂使用时的水温是提高洗涤效果的关键。一般来说，先将洗衣粉在30～50℃的温水中稀释，然后浸泡待洗物30min左右，使酶充分发挥作用。但如果浸泡温度过高，甚至用开水先化开洗衣粉后使用，会使酶失活，失去或明显削弱酶的作用。

当然，洗涤温度过低（4～10℃），酶催化的水解过程进行得很慢，酶明显降低或失去增效作用。

现在洗涤剂中常用的酶还包含可抗蛋白酶水解的脂肪酶、淀粉酶、果胶酶和纤维素酶等耐碱性酶，以增加对沾在衣物上难以清除的动物性脂肪、果汁、巧克力和冰淇淋的去除效果。

20世纪80年代末，加酶洗涤剂的最大突破是碱性脂肪酶的应用。它解决了由于洗涤温度下降对油脂的去污力不够理想的难题。这种脂肪酶是在米曲霉基因组中引入碱性脂肪酶结构基因生产的，在碱性表面活性剂含量高的条件下仍可保持高的催化效率。由于脂肪酶在液体洗涤剂中仍可保持高的催化活力，因而常常加入到高浓度的液体洗涤剂中，用于去除重垢。这些新型洗涤剂对去除化妆品、体脂、肉类脂肪、矿物油污效果突出。

棉织物在新的时候表面光滑，穿用和洗涤多次后表面形成微纤维，从而使棉织物由于微纤维相互缠绕而发硬，手感不良，外观变旧，如果是有色织物，微纤维会使色泽变灰暗。纤维素酶可去除棉织物的微纤维和它们裹带的污垢，使棉织物像新的那样光滑、亮丽。洗衣粉中所添加的碱性纤维素酶可在低浓度下去除微纤维而不影响织物的牢度。这种具有增效和织物调理双重功能的纤维素酶的应用是20世纪90年代洗涤剂的又一突破。

此外，添加碱性淀粉酶的洗衣粉，除了可增加去除淀粉类食物残渣的效果外，还能方便上过浆的衣物的洗涤。

与洗衣机普及所带来的洗衣粉市场的繁荣一样，洗碗机的出现也需配备专用的洗涤剂。和洗衣粉不同的是，洗碗碟制剂的漂白剂用量较大，卫生质量要求高，碱度较低。碗碟洗涤剂中因清洗对象表面的光滑度和由食物组成的污垢不同，能耐受较高浓度漂白剂的淀粉酶和脂肪酶起了主要作用。

总之，在开发多功能、低污染、高效节能的洗涤用品的过程中，洗涤剂用酶的添加起了举足轻重的作用，不愧为洗涤的好帮手！

4. 酶工程在化学工业中的应用

生物催化剂通常用于制备高附加值的精细化工产品，如氨基酸、核苷酸、糖脂及它们的衍生物。现在，用酶转化法大规模生产大宗有机化工产品已成为一个新兴的领域。

聚丙烯酰胺是水溶性凝胶，广泛用于木材、纸张处理、土壤改良及配制絮凝剂、黏合剂和涂料。用丙烯腈作原料生产聚丙烯酰胺，需使用昂贵的无机催化剂并在 80 ～ 140℃下反应，反应中产生有毒的副产物。用含腈水合酶的固定化红球菌细胞作催化剂，在 2 ～ 4℃下反应，以阻止产物被细胞中共存的酰化酶水解成丙烯酸。在这种温度下，腈水合酶作用良好，又不易失活，反应的转化率令人惊讶地达到 100%，每升反应液积累产物高达 656 克。现在酶法年生产的规模已达到 3 万吨。当产物积累达每升 400g 时，就可不经浓缩和纯化，直接作为聚合用的出发材料。每克细胞可累计转化出 7000g 以上的产物。这种高效、经济又简单的新工艺，除了更换催化剂外，需增添的新设备不多。这是生物技术应用于石油化工产品加工，以工业化规模制造大宗化工产品最成功的实例之一。我国也开发出这项新技术，以年产千吨聚丙烯酰胺的规模投入运转。

酶在有机化学工业中很有特色的另一项应用是制备聚酚树脂。聚酚树脂中酚甲醛树脂是最早工业化的聚酚树脂品种，它具有良好的机械强度、耐热、耐腐蚀和绝缘性能，尤其适用于电机及电器设备，但在合成过程中使用的甲醛可对人的健康和环境造成危害。采用从辣根（一种萝卜）中提取的过氧化物酶作催化剂，在过氧化氢存在下，使酚分子上的自由基发生聚合，而且只要酚发生氧化，非酶催化的链延长就接着迅速发生，通过加有机溶剂二[redacted]烷和控制反应过程中的水量，可得到相对分子质量 40 万以上的聚酚树脂。这种照相显影用树脂的生产技术已取得美国专利并在美国投产。

此外，在有机溶剂中，固定化脂肪酶催化有机酸、有机醇及它们的衍生物聚合成酯和聚酯，以及蛋白酶催化蔗糖与己二酸聚合成生物可降解的高吸水树脂等都是正在开发中的很有前景的产品。这些新型材料可用于加工成吸水剂、水凝胶、生物可降解材料等多种产品。酶法合成的简便和高度选择性必将在高分子化学工业这一庞大且品种多样的工业领域中发挥越来越明显的作用。

5. 酶工程在饲料工业中的应用

饲料是家养动物的粮食。现代化农业中，工业化生产的高品质饲料是保证禽畜健康成长和产生高质量肉、蛋、奶所必不可少的。随着人民对食品种类、数量和质量要求的提高，集约化规模经营的高效饲养业需要价格合理、营养全面、适用于不同种类禽畜和不同生长阶段的系列配合饲料。

配合饲料中，除提供动物生长发育和活动所必需的碳水化合物（如玉米、大麦、燕麦和黑麦等谷物）和蛋白质（鱼粉、大豆、花生、菜子、棉籽等饼粕）等重要成分外，通常还需要以添加剂（加量只有饲料重的 0.1% 左右）形式补加氨基酸（如赖氨酸、蛋氨酸等）、维生素（如维生素 B_6、B_{12}）、矿物盐（如钙、锌、铁等）和防治肠道感染细菌和寄生虫的制剂等，以提高动物的育成率，缩短育成期。在饲料的配方和剂型上，可以说是已充分挖掘了潜力。

作为添加剂的酶制剂，使饲料的质量又上新台阶。现在用于饲料的酶都是水解酶，而且直接加入饲料中，在消化道中主要起三方面的作用：①补充动物体内蛋白酶、淀粉酶等消化酶的不足，对断奶一个月内的仔猪和雏鸡鸭的成长和提高成活率尤其重要。②消除抗营养因子。植物源饲料成分中常带有干扰消化的复合物，使蛋白与糖、铁、钙、锌等形成不能消化利用的复合物，甚至生成导致肠胃病和贫血等的植酸、棉籽酚、单宁等成分。选择合适的酶组合，可消除这些因素的负面作用，如植酸酶降解植酸释放磷和钙，这样就减少禽类骨骼所需磷酸钙的1/3 添加量，从而减少了粪便中的磷对环境的污染。③添加纤维素酶等酶使植物纤维、细胞壁等降解成动物能吸收利用的小分子物质，使饲料的利用率进一步提高。

饲料多制成颗粒状出售，用含酶发酵液喷在造好的颗粒饲料上，避免在造粒过程中所导致的酶失活。常用的饲料酶由细菌和真菌产生，而且多数都是早已定型的、质量稳定的、安全可靠的工业粗酶制剂。这些酶在动物体温条件下作用良好，耐得住胃中的酸性条件，并在 pH 值近中性的小肠中发挥最大功效。作为饲料添加剂，它们的性能优良。此外，针对某些饲料原料中的抗营养因子，又专门开发了相关的酶，如植酸酶和β-葡聚糖酶。大麦、燕麦、黑麦作为鸡饲料会影响鸡的消化和睡眠，使粪便黏稠，影响排便，并造成鸡蛋和鸡舍难以清洗的污斑。饲料中添加β-葡聚糖酶就可消除这种抗营养因子带来的麻烦。

总之，酶不同于其他饲料添加剂，其作用是消除饲料中的有害物并使不能利用的成分转变为可吸收利用的饲料成分。饲料中有选择地添加一些酶，不但有利于动物的生长、增重及充分利用饲料，而且能减少粪便量，减轻臭味和磷对环境的污染。

6. 酶工程在纺织工业中的应用

从 20 世纪 50 年代酶制剂工业起步开始，细菌α-淀粉酶就用于液化织物上的浆（小麦淀粉）。织物上淀粉浆是为了增加纺织过程中纤维的强度，但浆的存在会妨碍染色和漂白。酶法褪浆使操作温度由原工艺的 90 ～ 100℃ 降到 50 ～ 70℃，时间由 12h 缩短到 0.5 ～ 1h，褪浆率从 60% 提高到 85%。如采用耐温α-淀粉酶，褪浆温度可提高到 105 ～ 110℃，1 ～ 2min 即可完成褪浆。酶法工艺不但效率高，能耗低，而且加工过的织物损伤少，毛细管效应增加，染色均匀鲜亮。

丝和丝绸织物需要脱除丝纤维外包裹的可溶性的丝胶蛋白，以显示特有的光泽和柔滑，并提高染色性能。用中性蛋白酶脱除桑蚕和柞蚕丝条织物上的丝胶，只需要在中性条件下，45℃浸泡 0.5 ～ 1h 即可完成，比皂碱蒸煮的原工艺操作简便得多，不但节省蒸汽及化学品，还可使出丝率提高近 20%，丝纤维强度、手感、光泽等质量指标都有所提高。以上这两种纺织工业用酶是 20 世纪 60 年代中期，我国酶制剂工业起步时最先推出的酶制剂品种，至今仍占有相当的市场份额。

牛仔裤和牛仔系列服装是深受国内外各阶层人民青睐的服饰。传统的制作工艺是把靛蓝染过色的粗斜纹棉布成衣放在专用洗涤设备中，加沸石打磨（石洗、砂洗），使质地很硬的蓝色服装变软，而且出现表面有些磨损的特殊效果。但打磨会损伤棉纤维，磨洗过度还会出现小洞，尤其是缝边、裤腰、裤脚、缝线等凸出部位损伤更重。20 世纪 80 年代发现纤维素酶可替代磨洗法处理牛仔服成衣和面料。纤维素酶浸洗就可使织物纤维松软，使黏着在织物表面的染料逐渐脱落。酶法加工的牛仔布色泽适合，色调易控制，织物更柔软，吸湿透气性也提高，使牛仔服装成为高档品。酶洗技术还适用于含棉纤维和人造棉纤维的织物，颜色种类和色调深浅也已多样化。目前用我国技术生产的酶处理高档牛仔服也已上市。

苎麻是我国湖南、湖北的特产，已有千百年的种植历史，主要用来织粗布（夏布）和纺成用于纳鞋底的麻线。经过科技人员几十年的努力，已加工出高档麻纱，织出的织物（包括混纺织物）在手感、色泽、强度、透水、透气等性能指标上都可与亚麻相比，甚至更好。但有些消费者穿着这些织物制作的夏装后会出现皮肤瘙痒现象。近年，试用纤维素酶浸洗整理，过敏问题就迎刃而解了。原来是纤维素酶降解了苎麻纤维表面的微小麻刺，使表面变得爽滑。这一技术难题的解决，扫清了苎麻织物步入市场的最大障碍，为苎麻生产和苎麻织物的发展提供了机遇。

酶处理这一新兴技术在提高纺织品质量和增加品种上，目前还只是开端，今后必将发挥更重要的作用。

7. 酶工程在造纸工业中的应用

造纸技术虽已成熟，但其能耗高，并会产生大量的、严重的环境污染物。降低和治理污染一直是造纸工业首先要考虑的问题之一。造纸的原料来自富含纤维的木材、麦秸、稻草、芦苇、棉麻等植物材料，还有1/3的纸浆原料来自回收的废纸。

造纸过程中的废水主要产生在制浆阶段，即加烧碱、硫化钠后蒸煮，经氯气漂白后去除制浆原料中的呈黑褐色的木质素，留下纸浆中的纤维，同时排放出呈碱性的而且含有致畸变和致癌的有机氯化物的深色废液。

制浆阶段使用的主要酶种是帮助漂白的木聚糖酶以及分解松木纸浆中松脂的脂肪酶和脱除废纸油墨的纤维素酶。进入20世纪90年代后，美国和加拿大的一些公司试验把已商品化的工业酶用于制浆，获得显著效果。在原有设备和工艺条件下，仅在纸浆漂白前增加稀木聚糖酶液处理（30min），就增加了纸浆的孔隙，有利于漂白阶段的木质素去除并减少化学品的用量。不但增加纸浆的白度，而且降低废液中有机氯的含量。节省用氯量15%～20%甚至50%，节约化学品量8%～15%，并使纸浆的强度提高，浆产量增加10%。酶的用量不高，每克酶蛋白就可代替3000g氯气，处理每吨纸浆的酶费用不到2美元，而节省的化学品值4美元。一家日产900吨纸浆的工厂，每天可增收2000～3000美元。松木纸浆中的松脂还会粘在造纸机的滚筒等处，需定期停机清除，否则会造成纸质下降、碎纸。经脂肪酶处理，在30min内就可去除纸浆中90%的松脂，使工艺流程效率和纸质都得到提高。纤维素酶在处理报纸和办公用纸中效果独特。现代化办公使用的纸纸质优良，且有不同于常规油墨的高分子化学物质组成的静电复印和激光打印“墨”——调色剂，用传统化学脱墨法来去除这种“粘贴”上去的“墨”斑块的效果差，还需用有机溶剂脱除，影响再生纸的白度和价值。而采用稀纤维素酶液处理，经浮选和漂洗后，每克纸浆的含“墨”量由600×10^{-6}g降低到5×10^{-6}g，而经过化学脱墨，每克纸浆尚残留65×10^{-6}g的“墨”。酶法脱“墨”处理，每吨纸浆所需的酶费用仅3美元，而用化学法所支出的费用为30美元。低浓度纤维素酶只使“墨”与纸纤维结合处松动，便于浮选出不溶于水的“墨”，不影响纸强度，也未见可测出的纸纤维的降解。此外，在尝试用酶处理报纸加工成牛饲料的研究中，意外地发现低浓度的纤维素酶液处理也能有效地除去常规的油墨，酶处理后的纸浆滤水性好，脱水快，而且不影响成品纸的强度。采用酶处理而不用氯气漂白的纸浆可制出白亮的大筒纸卷。

由于酶制剂生产公司和造纸公司紧密合作和酶工艺明显的优点，仅3～4年时间，酶法工艺就从实验室进入造纸厂。以改进产品质量，降低化学品消耗和能耗，减少有机氯排放的经济、环保、安全的新工艺，正冲击着传统造纸工业。

国外用于造纸的酶制剂需求量以2位数字的年增长率递增，成为酶市场中增幅最大的用户。我国酶法造纸的研究开发也取得明显进展。我国是以木质素含量远高于木材的秸秆做造纸原料的制浆大国，更应使用酶工艺，这对降低造纸成本，减少木浆用量，保护森林资源和生态环境具有深远意义。

8. 酶工程在环境工业中的应用

生物催化剂不仅用于工业生产，节能降耗，减少污染物的排放，以对环境友好的工艺出现，而且在环境监测和处理污染物方面也有用武之地。

由于固定化催化剂可用于高效、专一的化学分析，人们利用它来监测环境中有毒、有害物质的含量，如测定酚、有机磷、氰化物、有机氯和硝酸根的含量。利用多酚氧化酶制成的固定化酶柱与氧电极传感检测装置联合使用，可测出每克水中含酚量，灵敏度达2×10^{-5}g；利用固定化胆碱酯酶可检测出空气或水中的微量有机磷，灵敏度达到1×10^{-7}；在测定水中硝酸根时，采用硝酸还原酶法要比经典化学方法快速、简便，还可排除类似物的干扰。

活性污泥带有多种可降解水中污染物的微生物。把这些微生物和它们的酶制成固定化生物催化剂，能用于处理工业污水。例如，从处理含氰化物的活性污泥中获得的细菌，包埋入聚丙烯酰胺凝胶中，用以去除废水中的氰化物。固定化多酚氧化酶可用于去除废水中的酚，如果做成多酶酶柱，可同时去除氰和酚。用脂肪酶、蛋白酶、纤维素酶处理屠宰场、果汁压榨厂和植物油厂的废料和废水，可防止水体的富营养化，并可疏通废水的污垢积聚造成的下水道阻塞。

处理化学毒物是生物催化剂应用的新领域。生物催化剂将不少化学毒物转化成无毒的、生物可降解物质。这既可用于有毒废料的销毁，又可用于对已染毒环境的恢复。

对有机磷的降解是使用生物催化剂脱毒所取得的最令人瞩目的成就之一。有机磷化合物是人类制造出来的一类毒性极大的物质。全世界每年至少花费几十亿美元用于处理有机磷杀虫剂（如对硫磷）和神经毒剂（如沙林）。常规的处理方法是燃烧或化学法漂洗，但存在成本高和脱毒不够彻底等缺陷。焚烧法处理每吨土壤的费用为100～4000美元，而代表性的污染场地需净化数十万吨土壤，耗资巨大。从假单胞杆菌取得的磷酸酯酶，固定到聚胺酯泡沫上后，已用于野外原地降解有机磷神经毒剂和杀虫剂。磷酸酯酶能降解空气和乳浊液中的毒剂，还可作清洗剂。40℃时，酶水解杀虫剂要比0.1mol/L的氢氧化钠脱毒的速度快40～2450倍。生物法原地处理污染毒物是目前最经济有效的脱毒方法。

酶在治理来自石油的污染物中也起到良好作用。美国已推出用20多种细菌和真菌酶配制成的混合酶制剂HCZyme来增强土壤微生物的活动，改善降解烃污染的效果。在一次处理22.7万升柴油污染的事故中，96%的水体污染物在21天内即被清除，94%的土壤污染物在50天内被降解掉。

随着人们对环境质量要求的提高和对环保投入的增加，高效、简便、低价的生物催化污染治理技术和配套装置必定以新型产业的面貌出现，并将得到迅速的发展。

9. 酶工程在基因重组技术领域中的应用

DNA（脱氧核糖核酸）重组技术是将基因重新组合，使其在受体细胞中复制和表达，是改良生物性状的有力手段。基因的主体是脱氧核糖核酸。遗传信息一般是由DNA所含的腺嘌呤（A）、鸟嘌呤（G）、胞嘧啶（C）和胸腺嘧啶（T）四种核苷酸的排列顺序来描述的。

基因是携带遗传信息的DNA片段。基因重组的大致步骤为：①从供体细胞分离出DNA并切下所需的信息部分；②从受体细胞分离出称为质粒的环状DNA；③切下质粒的部分DNA；④把供体的DNA片段连接到质粒DNA缺失的部分；⑤把重组好的质粒送回受体细胞中增殖，生产所需物质。在切断DNA并连接多种片段时，需要“剪刀”，而把切下来的片段连接起来，就需要依靠“浆糊”。“剪刀”和“浆糊”都是酶。起“剪刀”作用的限制性核酸内切酶是剪切顺序专一的核糖核酸酶，能在它识别的顺序内精确地切开DNA。从1970年发现这种酶后，至1985年就已记载400多种，上市的达70多种，新的酶种仍在不断涌现。国内生产或试制的也超过20种。此外，还可用DNA外切酶修剪基因片段，从链末端切去核苷酸，使DNA变小，以满足使用需要。

在DNA体外重组过程中，拼接分子的主要有DNA连接酶和DNA聚合酶。DNA连接酶使双链DNA缺口封闭，可用于两个DNA片段的连接，因此可将由同一种限制性核酸内切酶切出的载体DNA与目的基因连接起来，成为重组DNA。该酶也是基因工程常用的工具酶。另一种为DNA聚合酶，主要用来修复DNA分子损伤，将缺损的DNA分子修复成完整的双链DNA分子。总之，在DNA重组过程中，在目的基因和受体之间的剪切、修整和连接、复制都与一些特定的酶分不开。

重组DNA操作中使用的酶是从微生物菌体中提取的，这些供研究用的工具酶品种多，价格昂贵，但需求量却不大，生产设备也不大，甚至在实验室中就可生产。整个工艺的重点在于提取和纯化。产品多为冷冻条件下真空干燥的粉剂。由于这些胞内酶稳定性差，包装和贮运要求必备的冷冻设备，以求延长货架寿命。从嗜热菌中得到稳定性极好，甚至可在室温下贮存的酶，制成固定化形式以提高酶的使用效率和寿命，适用于仪器操作。以上两种发展动向连同不断推出的新基因工程用工具酶品种，正在为科技人员提供更先进的装备和越来越顺手的工具。

10. 酶工程在检测和传感技术领域的应用

酶的种类和反应类型多、专一性强、催化效率高，可在一个复杂的体系中使用，不受其他物质干扰，能准确地测出某一物质含量。在疾病诊断、治疗、愈后判断以及疾病早期发现和判断健康状况方面首先为人们所利用，逐步形成了临床酶学，从而使灵敏、快速、简便、微量的酶法诊断成为诊断学的重要内容。从诊断用酶发展起来的整套技术和原理在有机分析、食品、发酵、环境等领域中也得到应用。

酶法分析可代替传统的物理化学分析方法，最知名的应用是纯的可溶酶的酶试剂盒。除酶外，盒中配备有其他试剂，按说明配制成溶液后即可使用。酶与血、尿等中的特定底物反应后，使底物量减少或产物增加，通过色泽等的变化作出判断或通过仪器分析作更精确的定量。在时间就是生命的急诊和救治现场使用尤其合适，也可在家庭中用作某些疾病的自检，在医院的化验室中使用也可提高效率。现在用于测定血糖和尿糖、甘油三酯、胆固醇、尿酸、胆红素等的相应的试剂盒都已经商品化，且可检测的项目数还在不断增加。

从单一酶与底物反应的葡萄糖氧化酶、尿激酶、胆固醇氧化酶等的单酶盒，发展到现在已有两种或两种以上酶联合作用的两步或多步反应的酶偶联试剂盒。另一种简便的使用形式是把酶固定在纸片或塑料片上，只需点入待测液中，即可从颜色和颜色的深浅作出判断。如用糖试纸显蓝色的深浅检测血和尿中的糖含量诊断糖尿病。除测单一项目外，国外已推出可同时检测 9 个项目的九联酶试纸。

为了提高酶的使用效率，降低检测费用，采用可反复使用的固定化酶代替自然酶是临床分析用酶的发展趋势。如用固定化尿酸酶和过氧化酶液组成的系统测定尿酸，至少可使用5000 次。把固定化酶膜组装入电极并与测定电流或电位的转换装置相连，在与底物接触时通过氧化还原反应造成的电位变化，从仪表上的读数可测定出被测物的含量（图 9-23）。这种无试剂的传感技术的出现，使生物传感器分析系统的发展速度大大加快，而且在青霉素、谷氨酸（味精）发酵过程中对产物积累的自动监控，以及在环保产业中对环境质量的监测中发挥作用。传感系统中换能元件（如电极、离子敏场效应晶体管、光敏管、压电晶体、热敏电阻等）及信号传导、放大和信号处理系统的进步，使传感系统的敏感度、精确度更高，更趋于微型化，具有反应快、样品和试剂消耗量少，甚至可植入人体内监测的优点。探头的大小已从微米级向纳米级发展。复合酶体系的使用也使生物传感器向多功能方向发展。可见酶技术与其他领域的高技术结合，使酶法检测有了质的飞跃。

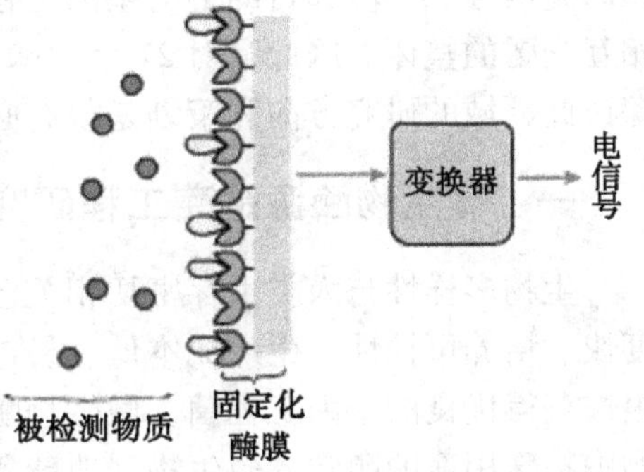

图 9-23　酶传感器工作原理

酶源和酶质量是不得不考虑的重要问题，早期酶试剂盒中使用的酶多数来源于动物脏器。近年来，微生物酶显示出很大的潜力和优势，成为新崛起的一股力量。主要原因是微生物酶可由发酵法生产，不受季节和原料的限制，而且提取容易，成本低，可选用的酶种又多。通过诱变和基因工程方法可大幅度提高酶产量并改进酶性能，更能适合多酶和微型传感器装置使用。

综上所述，酶法代替传统的物理化学方法用于有机物的分析是重要的趋势之一，其中心是寻找特异性强、灵敏度高、生产成本低的酶源。与物理、化学、材料、电子、仪表、自动化等领域高新技术的有机结合会使酶法分析放出更加夺目的异彩。

第四节　酶工程的最新研究进展

人们对酶生物合成、结构与催化机理的深入了解和物理化学技术的长足进展，促进了分子酶学与酶工程学的迅猛崛起。科学技术的发展已不存在纯粹的酶工程学概念，此学科在研究内容、手段和目的上与基因工程、蛋白质工程、细胞工程、发酵工程等孪生学科是相互交融的整体。因此，对21世纪酶工程发展的正确导向进行哲理性的科学分析和判断，探讨此领域的研究方向和策划是很有必要的。

一、微生物酶源是酶工程研究的主源流

生物多样性与人类生存密切相关已为人们所共识，由于微生物的多样性、传代生长速度快、培养可控性、生产成本低、易进行基因突变、克隆重组及高效表达等优点，人类能很快获得优良的基因工程菌，微生物酶源无疑将会发挥更大的作用和潜力。因此，动、植物中特殊用途的酶转入微生物、地球各大物种间基因的有效相互转化、改良物种性能、整合小基因及基因异源性等问题是有待开发、探讨的课题。

二、以基因工程与蛋白质工程改造和设计酶

酶结构与功能关系的研究仍然是酶工程研究的基础和依托核心，改造或设计新酶的成败基础在于对天然酶静态、动态结构与催化机理关系的精确认识，也有赖于基因模板分子结构与蛋白质合成机制的大量情报，但这两个问题并未深化，酶的设计仍存在很大的盲目性、片面性和偶然性。只有对天然酶的功能基因组，酶催化的超分子和构象变化的关系，结构与立体专一性、稳定性、变态性的关系以及多酶体系的定位及高效催化机制有彻底的认识，才能自觉改造和设计出新酶。

基因工程与蛋白质工程构建酶是十分诱人的领域，在30亿年的生物进化中，只发现了1055种功能蛋白和酶，经计算300个氨基酸可组成不同序列的蛋白质约有10 390种，因而在自然界，绝大多数新蛋白或酶仍未产生，有待人类去进行人工定向进化，创造开发新酶类。随着科学发展，对大量天然蛋白质的DNA测序，建立大量蛋白质功能基因库，为杂交提供重要信息，通过计算机模拟，从头设计及合成全新的非天然有用酶已成为可能。此外，利用天然酶的多样性，通过靶基因定点突变噬菌体展示技术，结合化学修饰技术，赋予酶新的结构、新的特性，改进酶的催化功能，使酶制剂工业进入一个崭新的时代。

三、酶工程热点——酶法转化及拆分合成手性药物

酶法合成使有机合成领域有了新的机遇和革命，酶法合成的专一性及选择性较化工合成有明显的优势。利用酶的区域、位点、立体的选择性，如羟化、环氧化、异构化、水解、对映体拆分，来进行药物中间体合成，而其中一些反应是化学法难以实现的。进行酶催化的定向调控，可使生物转化合成效率成倍增加，可改变反应平衡方向。酶法合成生物功能分子、非天然有用物质和功能性高分子材料，应用于化工材料生产、电子工业已成为可能。酶在有机合成中扮演的重要角色是不对称合成或拆分醇、醛、酮、酸、胺、酰胺、

氨基酸、抗生素、糖苷酶抑制剂及抗病毒药物等手性药物。如农药、药物、香料、杀虫剂、除虫剂、昆虫激素、信息素等只有特定的手性才具有生物活性，手性组分直接关系到药理作用、毒副作用、药效时间及疗效等。在有机材料中，如液晶、“靶”性化合物、半导体及导电性功能高分子材料中，手性组分决定其物理性能。

水解酶类、氧化还原酶类、裂解酶类、连接合成酶类、异构酶类及转移酶类均可用于有机合成及手性化合物合成。如脂肪酶可广泛用于合成各种氨基酸、羧酸、手性醇等。利用酶在非水相中酯化或转酯化可拆分得到光学纯的外消旋羧酸及手性醇药物中间体。蛋白酶用于不可逆的大肽链合成。糖基化转移酶可合成有医用价值的糖基化蛋白质。大多数醇脱氢酶及羟类固醇脱氢酶催化羟-酮的氧化还原制备药物、信息素、甾类及合成纤维等。酵母醇脱氢酶主要催化脂肪醇或醛酮的氧化还原，马肝醇脱氢酶对脂肪环烷醇或醛酮专一氧化还原，而甾醇脱氢酶主要催化稠环脂肪醇或醛酮的氧化还原，氧酶合成链烯化合物，环化酶合成甾体和萜烯类化合物。

采用酶合成功能性高分子材料，如过氧化物酶催化酚及芳香胺类的聚合反应，这类高分子材料刚性增强且有明显的导电性、与金属离子络合性、场致发光性，可制备为纳米材料。酪氨酸酶聚合多巴胺合成有导电性能的聚吡咯薄膜材料用于生物传感器。脂肪酶和碱性蛋白酶在非水介质中催化羟基羧酸酯自身缩合得到高分子聚酯或聚糖醇。大环内酯常用于合成抗生素中间体、香料添加剂、昆虫性外激素、植物生长调节因子及液晶类化合物中间体。聚酯可被生物降解，用于控制药物释放、包装材料，并可消除白色污染。

酶法聚合物在结构、性质和功能上与化学法相比较存在明显差异，具有化学法无法比拟的优势。手性生物合成仍处于探索阶段，改进酶催化的选择性及优化合成工艺路线，在近期将会取得重大进展。

四、构建新酶——抗体酶、核酶及人工合成酶

构建有别于天然功能酶的新酶类，是酶工程研究的又一前沿领地。

催化抗体（catalyticantibody）又称抗体酶（abzyme)，是人们赋予其催化功能的免疫球蛋白。抗体是目前最大的多样性家族，与抗原结合部位与酶相似，但无催化活性。酶促催化在于与底物结合产生过渡态，降低能障。人们设想以过渡态类似物作为半抗原，用诱导法、拷贝法、插入法、化学修饰法和基因工程法制备有催化功能的抗体酶。在哺乳动物中已制备了五十多种抗体酶，抗体酶的研究可为酶作用机理及过渡态理论提供依据，可以用来设计出专一性强的多肽水解酶去破坏病毒蛋白，还可用于清除血管凝血块、减轻癌症化疗副作用，以及制药工业的对映体拆分。但大多数抗体酶催化效率与天然酶仍相差很远，急需建立抗体基因文库，采用基因克隆突变技术、催化辅因子引入技术，并正确选择过渡态类似物，深入探讨酶结构与功能的分子关系，才能真正获得有特殊用途的抗体酶。

近年来发现 RNA 也是一种多功能催化剂，称为核酶，可催化四种类型的 RNA 自我切割及断裂反应，RNA 还具有催化自身复制功能，这个发现打破了只有蛋白质才有催化功能的概念，也提供了先有核酸，后有蛋白质的自然进化证据。

我们可设计各种用途的核酶，治疗植物及人畜病毒病、遗传病或癌症。最终目标是构建出一套能在细胞质中高效表达的核酶系统。

人工合成酶是合成具有催化功能的高聚物分子，目前使用分子印迹和生物印迹技术制

备人工酶，原理与抗体酶过渡态理论大致相同，已经初步制备了具有蛋白酶功能、氧化还原酶催化功能的人工酶。人工酶亦可用于手性药物及化合物的分离纯化及生物传感器的分子识别。目前人工酶的催化转换数仍很低，需要多学科配合。只有对酶催化分子机理深入了解，人工酶才有可能在特殊反应中优于天然酶。

酶学与酶工程的研究领域还包括固定化生物催化剂及酶反应器的工业应用，以及作为生物功能信息分子参与生命过程调控的糖药物酶促合成的糖工程等，相信在电子信息技术、物理、化学技术、生物高技术密切合作的时代，酶工程必然会走向深化，无论在理论上还是在应用上将有更大的创新性成就。

第十章 细 胞 工 程

随着细胞生物学和分子生物学的迅猛发展，20 世纪 70 年代末至 80 年代初出现了一门新型学科——细胞工程。它是应用细胞生物学和分子生物学的方法，通过类似于工程学的步骤，在细胞整体水平或细胞器水平上，按照人们的意愿来改变细胞内的遗传物质以获得新型生物或特种细胞产品的一门综合性科学技术。细胞工程在细胞或亚细胞的水平上进行遗传操作，不涉及重组 DNA 和有害基因的导入，是一种安全的生物技术，即“绿色的”生物技术，基本上不存在生物安全问题。

第一节 细胞工程的发展概况

虽然细胞工程的历史较短，但其发展历程却相当悠久。1665 年英国物理学家罗伯特·胡克首次用自己制造的简陋显微镜观察到木栓薄片中呈现小室状结构，并将其命名为“cell”；之后，1677 年荷兰科学家 Leeuwenhoek 用高倍显微镜证实了细菌、精子等活体的细胞结构；进入 19 世纪后，随着显微镜技术的改进和提高，更多科学家发现了动物和植物组织中的细胞结构。1902 年，德国学者 Haberlandt 发表了著名论文《植物细胞离体培养实验》，提出了细胞全能性的观点；19 世纪 80 年代，德国科学家施莱登和施旺提出了细胞学说，指出“从单细胞生物到高等动、植物都是由细胞组成的，细胞是生物形态结构和功能活动的基本单位”。这样，细胞学说和细胞全能性学说的提出便为细胞工程的产生奠定了基础。

在植物学界，自从 1902 年德国学者 Haberlandt 提出了细胞全能性的观点后，1934 年荷兰的植物学家温特发现了生长素，并证实了对植物细胞培养的作用。1937 年，法国科学家 Gautheret 和 Nobercourt 分别建立了植物组织的连续培养物，使离体的植物组织可以在人工培养基上持续生长，首次成功培养了植物细胞与组织。1960 年，英国诺丁汉大学教授 Cooking 创造性地应用酶解的方法，首次成功地从番茄幼苗的根部制备出大量的原生质体。在此基础上，1972 年美国的 Carlson 等人用 $NaNO_3$ 作为融合诱导剂，将来自不同种的两个烟草原生质体进行融合，获得了世界上第一个体细胞杂种植株。

在动物学界，1838 年马勒报道了他在脊椎动物肿瘤细胞中观察到了多核现象。1849 年罗宾在骨髓中也发现了多核现象的存在。1855 ～ 1858 年，科学家们在肺组织和各种正常组织及茎尖和坏死部位都发现了多核细胞。1907 年，美国生物学家 Harlson 采用盖玻片悬滴培养蛙胚神经组织，存活数周，而且观察到细胞生长现象，从而开创了动物细胞培养的先河。1965 年哈里斯和沃特金斯证明了灭活的病毒在控制的条件下可以用来诱导动物细胞的融合。童第周于 20 世纪 60 年代初进行鱼类细胞核移植研究，在不同物种之间进行异种核移植，即“异种克隆”，深入研究发育过程中的核质关系，开创了鱼类细胞核移植成功的先例；接着他们对不同种鱼进行胚胎细胞核甚至体细胞核的移植研究，获得了具有发育全能性的核质杂种鱼；80 年代我国科学家利用体细胞核移植获得“克隆鱼”的成功。

1975 年，Kohler 和 Milstein 将用绵羊红细胞免疫的小鼠脾细胞和体外培养能长期繁殖的小鼠骨髓瘤细胞融合，获得了具有两种亲本细胞特性的杂交细胞。1982 年，Palmiter 将大鼠生长激素基因插入到含小鼠启动子的基因中构建成一个重组质粒，注射到小鼠受精卵的前核内，每个核注射约 200 个拷贝的重组质粒 DNA，然后植入假孕母鼠，在 21 只新生小鼠中，7 只小鼠整合有大鼠生长激素基因，6 只在生长发育期迅速生长，体型超过同窝其他小鼠，成为“超级小鼠”。后来，将人的生长激素基因注射给小鼠受精卵，同样获得整合了人的生长激素基因，生长迅速，体型巨大的小鼠。1997 年，苏格兰 Roslin 研究所 Wilmut 等人获得重大突破，他们利用成年绵羊乳腺细胞核克隆出了小绵羊多莉。多莉羊的诞生，不仅在理论上回答了高度分化的体细胞核是否仍具发育全能性这一长期争论的问题，而且用实验证明了终末分化的体细胞核依然具备一套完整的遗传信息，在适当的条件下被移植到去核卵细胞中能够再程序化，指导早期胚胎发育成完整的新个体。

细胞工程发展到今天，人们已经可以借助于细胞工程技术进行细胞水平上的生命组合。一个最具代表性的例子是美国耶鲁大学教授马格特和彼德斯利用黑毛鼠、白毛鼠、黄毛鼠的受精卵（8 细胞）“组装”成一只全身披着黄、白、黑三种不同颜色皮毛的“组装鼠”。迄今为止，除“组装鼠”外，英国和美国还“组装”成功了绵羊和山羊的嵌合体——绵山羊。

第二节　细胞工程的研究内容

随着细胞生物学、分子生物学、遗传学等学科发展和研究的日益深入，细胞工程近年来取得了快速的发展，已经成为现代生物工程的一个重要代表性领域。细胞工程领域涉及面相当广泛，根据研究对象不同，可以将其分为植物细胞工程、动物细胞工程和微生物细胞工程。

一、植物细胞工程

植物细胞工程（plant cell engineering or plant cell biotechnology）是一种利用离体培养细胞进行遗传操作，实现植物品种改良的生物技术。我们知道，高等植物是多细胞的有机体，无法在整体水平上进行遗传操作，只有通过离体培养使植物细胞或小块的组织在离体培养条件下生长、发育和分化，再生完整植株，才可能使细胞水平上的遗传操作传递到植物体，实现植物的品种改良。

（一）植物细胞培养

植物细胞培养的理论基础是植物细胞具有全能性。在离体条件下，将愈伤组织（由植物各种器官的外植体增殖而形成的一种无特定结构和功能的细胞团）或其他易分散的组织置于液体培养基中，进行振荡培养，得到分散成游离的悬浮细胞，通过继代培养使细胞增殖，从而获得大量的细胞群体，主要以生产次生代谢物为目的，此时细胞不再形成组织。这样一种技术称为植物细胞培养。

植物细胞能在简单的合成培养基上生长，需要无机盐类、碳源、维生素、植物生长激素、有机氮源、有机酸和一些复合物质提供养分。通常培养基中，硝酸盐浓度为 25 ～ 40mmol/L，钾元素的浓度为 20mmol/L 左右，磷、镁、钙和硫元素浓度为 1 ～ 3mmol/L。

蔗糖或葡萄糖是常规的碳源，果糖效果较差，其他的碳水化合物或有机碳化物不能作为单一的碳源，只能混合添加。植物生长激素分为两类：生长素和分裂素，其中生长素能促进细胞分裂，促使根的形成，常用吲哚乙酸（IAA）、2,4-二氯苯氧乙酸（2,4-D）、萘乙酸（NAA）和吲哚丁酸（IBA）；分裂素通常是嘌呤衍生物，常用的是6-苄基嘌呤（BA）和玉米素，与生长素一起促使细胞分裂、生长，使用浓度为0.1 ～ 10mg/L。有机氮源有蛋白质水解产物（包括酪蛋白水解物）、谷氨酰胺或氨基酸混合物。有机酸通常有丙酮酸、柠檬酸、琥珀酸、苹果酸等三羧酸循环中间产物，能促进接种细胞和原生质体的生长。有时还要添加酵母抽提液、麦芽抽提液、椰子汁等营养成分。常用植物培养基见表10-1。

表10-1 常用植物培养基

培养基成分	培养基（mg/L）							
	MS (1962)	ER (1965)	B_5 (1968)	N_6 (1975)	Nitsch (1963)	NT (1971)	White (1963)	Heller (1953)
NH_4NO_3	1650	1200			720	825		
KNO_3	1900	1900	2527.50	2830	950	950	80	
$CaCl_2 \cdot 2H_2O$	440	440	150	166		220		75
$CaCl_2$					166			
$MgSO_4 \cdot 7H_2O$	370	370	250	185	185	1233	750	250
KH_2PO_4	170	340		400	68	680		
$(NH_4)_2SO_4$			134	463				
$Ca(NO_3)_2 \cdot 4H_2O$							300	
$NaNO_3$								600
Na_2SO_4							200	
$NaH_2PO_4 \cdot H_2O$			150				19.00	125
KCl							65.00	750
KI	0.83			0.80		0.83	0.75	0.01
H_3BO_3	6.20	0.63	0.75	1.60	10.00	6.20	1.50	1.00
$MnSO_4 \cdot 4H_2O$	22.3	2.23	3.00	4.40	25.00	22.30	5.00	0.10
$MnSO_4 \cdot H_2O$			10.00					
$ZnSO_4 \cdot 7H_2O$	8.60		2.00	3.80	10.00		3.00	1.00
$ZnSO_4 \cdot 4H_2O$						8.60		
$Zn \cdot Na_2 \cdot EDTA$		15.00						
$Na_2MoO_4 \cdot 2H_2O$	0.25	0.025	0.25		0.25	0.25		
MoO_3							0.001	
$CuSO_4 \cdot 5H_2O$	0.025	0.0025	0.025		0.025	0.025	0.01	0.03
$CoCl_2 \cdot 6H_2O$	0.025	0.0025	0.025					
$CoSO_4 \cdot 7H_2O$						0.03		
$AlCl_3$								0.03

续表

培养基成分	培养基（mg/L）							
	MS（1962）	ER（1965）	B_5（1968）	N_6（1975）	Nitsch（1963）	NT（1971）	White（1963）	Heller（1953）
$NiCl_2 \cdot 6H_2O$								0.03
$FeCl_3 \cdot 6H_2O$								1.00
$Fe_2(SO_4)_3$							2.50	
$FeSO_4 \cdot 7H_2O$	27.80	27.80	27.80	27.80	27.80	27.80		
$Na_2 \cdot EDTA \cdot 2H_2O$	37.30	37.30	37.30	37.30	37.30	37.30		
肌醇	100		100		100	100		
烟酸	0.50	0.50	1.00	0.50	5.00		0.05	
盐酸吡哆醇	0.50	0.50	1.00	0.50	0.50		0.01	
盐酸硫胺素	0.10	0.50	10.00	1.00	0.50	1.00	0.01	
甘氨酸	2.00	2.00		2.00	2.00		3.00	
叶酸					0.50			
生物素					0.05			
蔗糖	30000	40000	20000	50000	20000	10000	20000	
D-甘露醇						127000		

根据培养对象，植物细胞培养主要有单细胞培养、单倍体培养、原生质体培养等。按照培养系统可分为悬浮培养、液体培养、固体培养、固定化培养等。

1. 单细胞培养

植物单细胞培养的主要目的是观察培养细胞的分裂、分化和生长发育过程，为大规模培养提供理论依据。通常采用机械法、酶解法、愈伤组织诱导法来制备单细胞。机械法是指通过机械磨碎、切割植物体来获得游离的单细胞，该方法较原始，效率很低，获得的细胞数量非常有限；酶解法是指选用某种专一性水解酶，在温和条件下将壁物质分解掉，从而释放出细胞，此是目前最为有效的一种获得单细胞的方法；愈伤组织诱导法是通过植物组织培养获得愈伤组织，通过培养使愈伤组织大量增殖后，高频率振动从悬浮状态的愈伤组织中振荡下来单个细胞或添加酶使细胞分离下来。

单细胞培养方法有看护培养法、饲养层培养法、平板培养法、液体浅层静置培养法、细胞悬浮培养法。

（1）看护培养法　看护培养法由缪尔于1953年创立，是指用一块活跃生长的愈伤组织来看护单个细胞，使其持续分裂和增殖的一种培养方法。具体方法是将单个细胞接种于滤纸上，再置于愈伤组织之上培养，这块愈伤组织被称为看护组织。这种培养方法的优点是简便、成功率高；缺点是不能在显微镜下直接观察。

（2）饲养层培养法　饲养层培养是用处理（如X射线处理）过的无活性的或分裂很慢、不具备分裂代谢能力的细胞来饲养所需培养的细胞，使其分裂和生长。

（3）微室培养法　微室培养是将细胞培养在少量的培养基中。其优点是在培养过程中可连续进行显微观察；缺点是培养量少，水分难以保持，培养基的养分及pH值等易于变动，细胞短期培养后往往不能再生长。

（4）平板培养法　将一定量细胞接种或混合到装有一薄层固体培养基的培养皿内进行培养称为平板培养法。具体步骤为：单细胞悬浮液的制备，并记数；调节细胞密度；培养基选择与凝固剂选择，浇平板；接种培养。

（5）液体浅层静置培养法　将一定密度的悬浮细胞放在培养皿中形成一浅薄层，封口静止培养。其优点是易于补加新鲜培养基，可以镜检。

（6）细胞悬浮培养法　是指将细胞接种于液体培养基中，在保持良好的分散状态情况下培养。细胞悬浮培养法的优点是能大量提供比较均匀的细胞；细胞营养吸收环境条件好，增殖快；适合大规模培养，生产有价值的活性代谢产物。

2. 单倍体培养

花药是花的雄性器官。单倍体培养主要是指花药培养，即将花药在人工培养基上进行培养，从小孢子（雄性生殖细胞）直接发育成胚状体，然后长成单倍体植株；或通过愈伤组织诱导分化出芽和根，最终长成植株。

通常花药在接种前要进行镜检以确定适宜的花粉发育时期，接种时尽量不伤及花药，使花药平卧在培养基上，同时注意培养基成分是否适合，这往往影响花粉启动和再分化。

单倍体培养获得的单倍体植株在育种上具有独特的优越性，即能比常规的杂交育种缩短育种周期。因为通过花药培养所产生的单倍体植株只有一套染色体，每一同源染色体只有一个，等位基因也只有一个，所以经染色体加倍后就可得到纯合的二倍体，这种由纯合二倍体所产生的配子也是完全相同的，配合后可产生遗传型稳定的纯系，从而不会出现两个遗传性状不同的亲本交配后所出现的那种多种多样的分离现象。所以选用杂种的第一代或第二代花药进行培养，就容易经单倍体植株加倍得到在遗传上稳定的纯合二倍体，从而大大缩短了育种年限。

3. 原生质体培养

原生质体培养是将植物的体细胞（二倍体细胞）经过纤维素酶等处理后去掉细胞壁，获得的原生质体在无菌培养基上生长、分裂，最终长成植株。通常用于培养和其他细胞工程研究的原生质体主要来自于各种植物的叶片、根尖、花药等。早期原生质体的分离是采用机械法，即先使细胞质壁分离，再用刀把细胞壁切破，使原生质体流出或释放出来。这种方法操作难度大，原生质体得率低，而且费时费力，难以进行原生质体的大量制备。1960 年，英国诺丁汉大学的科金（E. C. Cocking）首次采用酶解的方法从番茄幼苗根尖中成功地大量制备出原生质体，开创了利用酶法大量制备原生质体的先河。该方法具有条件温和、原生质体完整性好、活力高、得率高等优点。通常采用的制备原生质体的酶包括琼脂酶、果胶酶、蜗牛酶、纤维素酶等。原生质体酶解得到的原生质体纯度并不高，要想进行原生质体培养还须进一步纯化，常采用过滤-离心法、漂浮法、沉降法和漂浮法结合三种方法。

原生质体培养方法主要有三种：

（1）液体培养法　将纯化后的原生质体悬浮于液体培养基中培养，起始密度为 10^4 ～ 10^6 个/mL。液体培养又可以分为液体浅层培养和液体悬滴培养两种，前者类似于单细胞的液体培养，后者是在培养皿的盖子上制成原生质体小滴，在皿底内加少量培养液，保持湿度，然后将皿盖盖上皿底后，胶布密封，放进大的培养皿中培养。

（2）固体平板法　类似于前面提到的植物单细胞平板培养方法。

（3）双层培养法　在琼脂培养基上部加入一薄层液体原生质体培养液培养原生质体。这样，液体培养基与固体培养基相结合，能保持良好的湿度，有利于原生质体的生长。

（二）植物组织培养

植物组织培养是指在无菌条件下，将离体的植物器官（如根尖、茎尖、叶、花、未成熟的果实、种子等）、组织（如花药组织、胚乳、皮层等）、细胞（体细胞、生殖细胞等）、胚胎（如成熟和未成熟的胚）、原生质体等培养在人工配置的培养基上，给予适当的培养条件，诱发产生愈伤组织、潜伏芽，或者长成新的完整植株的一种实验技术。

组织培养根据外植体的不同，可分为植株培养、器官培养（如植物的根、茎、叶、花药、子房、胚珠、胚等）、组织培养（含愈伤组织）等。根据培养的操作方式不同，又可分为固体培养和液体培养，其中液体培养又可分为振荡培养、旋转培养和静止培养等。这些培养物需在适宜的培养基中和在一定的温度和光照条件下生长发育，培养基成分类似植物细胞培养。

植物组织培养的过程为：培养材料的采集；培养材料的消毒；制备外植体；接种和培养；根的诱导；组培苗的炼苗移栽。下面以胡萝卜为材料简述植物组织培养的全过程。

1. 培养材料的采集

从理论上讲，植物具有全能性的细胞有三类：

（1）受精卵。

（2）发育中的分生组织细胞　可取自分生组织、根尖、嫩茎、幼叶、花等，用它们进行无性繁殖能将一些植物无法通过有性繁殖保存的遗传性状保留下来。

（3）雌雄配子及单倍体细胞　应用这些外植体进行组织培养可以使基因表达充分，隐性基因不受抑制；利用它们可以直接选择所需性状，经染色体加倍，就能直接用于生产领域。

在快速繁殖中，最常用的培养材料是茎尖，通常切块在0.5cm左右。如果要培养无菌苗，通常仅取茎尖的分生组织部分，其长度在0.1mm以下。对于木本花卉来说，阔叶树可在一两年生的枝条上采集，针叶树种多采集种子内的子叶或胚轴，草本植物多采集茎尖。

2. 培养材料的消毒

①先将材料用自来水冲洗干净，最后一遍用蒸馏水冲洗，再用无菌纱布或吸水纸将材料上的水分吸干，并用消毒刀片切成小块。

②在无菌环境中将材料放入70%酒精中浸泡30～60s。

③再将材料移入漂白粉饱和液或0.01%升汞（$HgCl_2$）中消毒10min。

④取出后用无菌水冲洗三四次。

3. 制备外植体

在无菌的环境下，将已消毒的材料用无菌刀、剪、镊等剥去芽的鳞片、嫩枝的外皮或种皮胚乳（叶片则不需剥皮），然后切成0.2～0.5cm厚的小片。在操作中严禁用手触摸材料。

4. 接种和培养

(1) 接种　在无菌环境下，将切好的外植体立即接种在培养基上，每瓶接种 4 ～ 10 个。

(2) 封口　接种后，瓶、管用无菌药棉或盖封口，培养皿用无菌胶带封口。

(3) 温度　培养基大多应保持在 25℃左右，但要因花卉种类及材料部位的不同而区别对待。

(4) 增殖　在新梢等形成后需要继代培养。把材料分株或切段转入增殖培养基中(增殖培养基一般在分化培养基上加以改良)，增殖1 个月左右后，可视情况进行再增殖。

5. 根的诱导

继代培养形成的不定芽和侧芽一般没有根，必须转到生根培养基上进行生根培养。1 个月后即可获得健壮根系。

6. 组培苗的炼苗移栽

试管苗进入自然环境前必须进行炼苗。一般先将培养容器打开，于室内自然光照下放 3 天，然后取出小苗，用自来水把根系上的营养基冲洗干净，再栽入已准备好的基质中(基质使用前最好消毒)。移栽前要适当遮荫，加强水分管理，保持较高的空气湿度（相对湿度 98% 左右)，但基质不宜过湿，以防烂苗。

（三）植物器官培养

植物器官培养是指将植株上的各种器官从母体上分离出来，放在无菌的人工环境中让其进一步发育，最终长成幼苗的过程。相对于细胞或组织培养而言，植物器官的培养更为复杂。植物器官主要包括毛状根、叶、茎尖、花、芽、体细胞胚等。器官培养不仅是研究器官生长、营养代谢、生理生化、组织分化和形态形成等的很好方法，而且在生产实际中也具有重要的应用价值。例如，利用茎尖培养可以得到脱毒植株，解决引起作物退化的问题等。具体过程以及培养基成分类似于植物组织培养。

1. 离体根的培养

根是植物吸收和固定的重要器官，然而有些根具有繁殖的功能。例如，番茄、烟草等植物的根可连续继代培养而无限生长；萝卜、向日葵等植物的根可以培养较长时间但不是无限的；而禾本科植物的根进行组织培养时却几乎不能生长。这说明每种植物遗传性不同，根的繁殖能力也不同。因此，进行离体根的培养时，首先要考虑植物的遗传性，然后才考虑选取合适的培养条件。一般来说，离体根的营养要求大体上与植物组织培养要求相符，但也有特别之处。例如，碘和硼对于番茄离体根的生长很重要，缺乏这两种微量元素时，就会阻碍离体根的生长。

2. 叶培养

叶子是植物进行光合作用的主要器官，然而很多植物的叶子具有很强的再生能力。例如，蕨类植物的叶子会萌发不定芽；某些兰科植物成熟植株和实生苗的叶尖会形成愈伤组织，然后由愈伤组织再分化成苗；烟草、番茄等植物常从叶柄或叶脉的切口处形成愈伤组织，再分化成苗。

3. 茎尖培养

茎尖培养指的是从十到几十微米的茎尖分生组织生长到几十毫米的茎尖或更大的芽的

培养。一般来说，茎尖培养方法简便、繁殖迅速且能保持植株的优良性状。最为重要的是，通过茎尖培养可以去除某些已感染的病毒，这对于长期用营养繁殖已感染病毒的植物重新获得无病毒无性系来说，是一个十分有效的方法。其机理是因为茎尖中的生长点是植物体中最年青、细胞分裂最活跃的部分，它几乎不含病毒或很少含病毒。

4. 花药培养

花药培养即单倍体培养，前面已述及。

二、动物细胞工程

动物细胞工程（animal cell engineering or animal cell biotechnology）是建立在动物细胞培养、细胞融合和细胞拆合技术基础上的一门新型学科，指在动物细胞水平上进行遗传操作，通过改变细胞的遗传特性和生物学特性，获得具有特定生物学特性的细胞和生物个体。

在动物细胞培养技术发展的过程中，包含大量细胞、具有特定组织结构与功能的组织培养和具备特征的器官胚芽或部分器官的器官培养技术相继建立并得到发展，以满足不同的研究目的。离体细胞培养的成功为细胞结构与功能的研究创造了条件，特别是包括从低等动物、高等动物到最高级的哺乳动物乃至人的各种细胞系和细胞株的建立。同时对生命科学的研究和发展起着十分重要的作用，也成为细胞工程快速发展和应用的最重要的基础。随着基因工程技术、基因转移技术和干细胞工程技术的发展，动物细胞工程在理论和应用两方面都获得了快速发展。

细胞融合可以在同种细胞之间或不同种、不同类型细胞之间发生，结果产生一个细胞内含有两个或几个不同细胞核的异核体。异核体细胞在分裂增殖过程中，可能将来源于不同细胞核的染色体结合到同一个核内，结果形成一个合核体的杂种细胞。随着对细胞融合技术研究的发展，细胞融合已能产生出动植物种内、种间、属间、科间甚至动物和植物之间的杂种细胞，为生物的遗传变异、进化、发育等基础研究和医学、农业应用开辟了一条细胞工程技术的新途径。

细胞融合技术最重大的发展和应用是杂交瘤技术。1975 年，科莱尔和米尔斯坦将用绵羊红细胞免疫的小鼠脾细胞和体外培养能长期繁殖的小鼠骨髓瘤细胞融合，获得了具有两种亲本细胞特性的杂交细胞，这种 B 淋巴细胞杂交瘤细胞既能在培养条件下长期生长增殖，又能分泌特异的抗绵羊红细胞抗体。对具有稳定生长和抗体分泌功能的杂交瘤细胞进行克隆，就能获得能分泌与其他抗原交叉反应、对特定抗原有不同亲和力的单克隆抗体的杂交瘤细胞克隆。

从一个建株的单克隆抗体杂交瘤细胞产生的单克隆抗体是同一类或同一亚类的免疫球蛋白，其独特型和恒定区完全相同，因此，单克隆抗体是高度特异性针对单一抗原决定簇的均质抗体。

由于鼠源性单克隆抗体在人体使用中会产生人抗鼠抗体（human anti-mouse antibody，HAMA），限制了鼠源性单克隆抗体在临床治疗中的应用。因此，利用基因工程技术制备基因工程抗体的研究得到了极大的重视和发展。基因工程重组单链抗体、小鼠抗体可变区（V 区）和人抗体恒定区（C 区）形成的基因工程“人 - 鼠”嵌合抗体、人源化抗体等相继获得成功。基因工程抗体可能达到减小或克服鼠源性抗体的免疫原性，为单克隆抗体的临床应用展示了广阔的前景。

（一）动物细胞培养

动物细胞培养是指从动物体内取出细胞，模拟体内的生理环境，在无菌、适温和丰富的营养条件下，使离体细胞生存、生长并维持结构和功能的一项技术。在体外培养的动物细胞可以保持许多起源细胞的功能和形态分化的特征，但由于环境的选择和对环境的适应，这些细胞与体内的起源细胞依然存在许多不同之处，这种差异不仅出现在体外培养的早期阶段，而且在长期稳定传代的过程中还会由于变异而不断变化，甚至产生起源细胞所没有的特征。因此，体外动物细胞在形态结构上均不同程度地与原来的细胞有所差异。

1. 影响动物细胞培养的因素

在所有细胞离体培养中，最困难的是动物细胞培养。动物细胞无细胞壁，大多数哺乳动物细胞只能附着在固体或半固体的表面才能生长，而且细胞生长缓慢，培养时间较长。因此，动物细胞对于营养要求更加苛刻，对于培养环境适应性更差，对环境极其敏感。影响动物细胞培养的因素主要有营养成分、pH 值、温度、气体和支持物等。

（1）营养成分　体外培养动物细胞时，多种氨基酸、维生素、辅酶、核酸、嘌呤、嘧啶、激素、生长因子、盐类和糖类是必需的营养成分，此外，还需加入 10% 的胎牛或小牛血清。血清是一种很好的营养物质，绝大多数细胞在含有胎牛或小牛血清的培养基中生长得很好，但它的来源较困难，而且成分不确定，使得生长过程不易检测控制。

（2）pH 值　动物细胞培养的最适 pH 值为 7.2 ～ 7.4，若高于或低于该酸碱值，细胞的生长就会受到影响，甚至导致死亡。一般来说，细胞对偏酸性的耐受性强，而在偏碱性的条件下则会很快死亡。

（3）温度　动物细胞体外培养的温度与动物身体温度相似，最适为 37℃。若高于或低于该温度，细胞的正常生长和代谢活动就会受到影响，甚至导致死亡。一般来说，细胞对低温的耐受能力要比高温的强。在低温条件下，细胞的生长代谢速率降低，但若立即恢复正常温度，细胞还会继续生长，而在高温的条件下，细胞几小时内就会死亡。

（4）气体　动物细胞生长需要 O_2、CO_2 以保证体内代谢活动的正常进行，而且 CO_2 还可调节培养环境中的 pH 值。当细胞生长旺盛、CO_2 过多时，培养液中的 pH 值会下降；相反，若容器内的 CO_2 外溢时，会使 pH 值升高。

（5）支持物　大多数动物细胞有贴壁生长的习性，离体培养时常用玻璃、塑料等作为支持物。

2. 培养基

目前体外培养动物细胞的培养基一般分为天然、合成和无血清培养基等等，其中天然培养基是直接采用动物体液或从组织中提取的成分作培养液，主要有血清、组织提取液、鸡胚汁等，营养价值高，但成分复杂，来源有限。合成培养基成分已知，便于控制实验条件，常用的有 MEM、DME、DMEM、M199 等，具体成分见表 10-2。无血清培养基不加动物血清，在已知细胞所需营养物质和贴壁因子的基础上，加入适宜的促细胞生长因子，保证细胞的良好生长，目前研制的多种无血清培养基按其成分可分为三类：第一，含有大分子物质，如蛋白质、激素等，适用于较多的动物细胞培养；第二，不含蛋白质，只含成分已知的小分子物质和带微量元素的聚合物，适用于某些确立的细胞系；第三，所含成分简单、但不完全清楚，成本低，适于大规模生产使用。

表 10-2　常用动物细胞培养基

成分	MEM	DMEM	DME	F_{12}	RPMI	M199
硫胺	1.00	4.00	2.17	0.34	1.00	0.01
维生素 A	—	—	—	—	—	0.14
维生素 B	—	—	0.68	1.36	0.005	—
$CaCl_2$	200.00	200.00	116.00	33.22		200.00
$Ca(NO_3)_2 \cdot 4H_2O$	—	—	—	—	100.00	—
$CuSO_4 \cdot 5H_2O$	—	—	0.0013	0.0025	—	—
$Fe(NO_3)_2 \cdot 9H_2O$	—	0.10	0.05	—	—	0.72
$FeSO_4 \cdot 7H_2O$	—	—	0.417	0.834	—	—
KCl	400.00	400.00	311.80	223.60	400.00	400.00
$MgCl_2$	—	—	28.64	57.22	—	—
$MgSO_4$	97.67	97.67	48.84	—	48.84	97.67
$NaH_2PO_4 \cdot H_2O$	140.00	125.00	52.50	—	—	140.00
NaCl	6 800.00	4 750.00	6 999.00	7 599.00	5 850.00	6 800.00
Na_2HPO_3	—	—	71.02	142.04	800.00	—
$ZnSO_4 \cdot 7H_2O$	—	—	0.432	0.863	—	—
硫酸酰嘌呤	—	—	—	—	—	10.00
ATP	—	—	—	—	—	1.00
腺苷-磷酸	—	—	—	—	—	0.20
胆固醇	—	—	—	—	—	0.20
脱氧核糖	—	—	—	—	—	0.50
葡萄糖	1000.00	4500.00	3151.00	1802.00	2000.00	1000.00
谷胱甘肽	—	—	—	—	1.00	0.05
鸟嘌呤	—	—	—	—	—	0.30
羟乙基哌嗪乙黄酸	5959.00	3574.50	5957.50	—	—	—
次黄嘌呤	—	—	2.39	4.77	—	0.354
亚油酸	—	—	0.042	0.084	—	—
亚辛酸	—	—	0.105	0.21	—	—

续表

成分	MEM	DMEM	DME	F_{12}	RPMI	M199
酚红	10.00	15.00	8.10	1.20	5.00	20.00
腐胺	—	—	0.081	0.161	—	—
核糖	—	—	—	—	—	0.50
醋酸钠	—	—	—	—	—	50.00
胸腺嘧啶	—	—	—	—	—	0.30
胸苷	—	—	0.365	0.73	—	—
吐温-80	—	—	—	—	—	20.00
鸟嘧啶	—	—	—	—	—	0.30
黄嘌呤	—	—	—	—	—	0.344
丙酮酸钠	—	—	55.00	110.00	—	—
丙氨酸	—	—	4.45	8.90	—	250.00
精氨酸	—	—	—	—	200	70
精氨酸·HCl	126.00	84.00	147.50	211.00	50.00	—
天冬酰胺 H_2O	—	—	7.50	15.01	—	—
天冬氨酸	—	—	6.65	13.30	20.00	30.00
胱氨酸·HCl·H_2O	—	17.56	35.12	0.11	—	—
胱氨酸	—	—	—	—	50.00	—
胱氨酸·2HCl	31.29	62.57	31.29	—	—	26.00
谷氨酸	—	—	7.35	14.70	20.00	66.00
谷氨酰胺	292.00	584.00	365.00	146.00	300.00	100.00
甘氨酸	—	30.00	18.75	7.75	10.00	50.00
组氨酸	—	—	—	—	15.00	—
组氨酸·HCl·H_2O	42.00	42.00	31.48	20.96	—	21.88
羟脯氨酸	—	—	—	—	20.00	10.00
异亮氨酸	52.00	105.00	54.47	3.94	50.00	20.00
亮氨酸	—	105.00	59.05	13.10	50.00	60.00
赖氨酸	—	146.00	91.25	36.50	40.00	70.00
蛋氨酸	—	30.00	17.24	4.48	15.00	15.00

续表

成分	MEM	DMEM	DME	F_{12}	RPMI	M199
苯丙氨酸	32.00	66.00	35.48	—	—	0.05
维生素 E	—	—	—	—	—	0.01
生物素	—	—	0.0035	0.0073	0.20	0.01
维生素 D_2	—	—	—	—	—	0.01
泛酸钙	1.00	4.00	2.24	0.48	0.25	0.01
氯化胆碱	1.00	4.00	8.98	13.96	3.00	0.50
叶酸	1.00	4.00	2.65	1.30	1.00	0.01
肌醇	2.00	7.20	12.60	18.00	35.00	0.05
2-甲基萘醌	—	—	—	—	—	0.01
烟酸	—	—	—	—	—	0.025
烟酰胺	1.00	4.00	2.02	0.037	1.00	0.025
对氨基甲苯酸	—	—	—	—	—	0.05
吡哆醇	—	—	0.031	0.062	1.00	0.025
吡哆醛	1.00	4.00	2.00	—	—	—
黄素	0.10	0.04	0.219	0.038	0.20	0.01

（二）细胞融合

1. 细胞融合的概念及类型

细胞融合（cell fusion）即体细胞杂交，指不同来源的原生质体（除去细胞壁的剩余部分）相融合并使之分化、再生、形成新物种或新品种的技术。自发细胞融合是在未施加任何诱导条件的情况下所发生的细胞融合现象，自然界中并不多见。它在体内和体外培养中都存在，但都是偶尔发生，例如精卵受精过程、个体内的肌管形成、胚胎着床等。人工诱导细胞融合是在人为诱导条件下发生的细胞融合现象。常见的诱导方法有三种：病毒诱导法、PEG 诱导法和电诱导法。人工诱导形成的融合细胞有两类：一类是同核体，即由同一亲本细胞融合而来；另一类是异核体，即由不同亲本细胞融合而来。

细胞杂交（cell hybridization）指用人工方法把不同类型的两个或两个以上的细胞合并成一个细胞的技术。细胞杂交所得到的融合细胞叫杂交细胞。杂交细胞分为两种：一种是种间杂交细胞，即亲本细胞来源于不同的种，如小鼠细胞和人细胞的杂交；另一种是种内杂交细胞，即亲本细胞来源于同一个种，如小鼠成纤维细胞和小鼠淋巴细胞的杂交。

2. 细胞融合机理

细胞融合的基本过程是：①细胞在促融剂或正弦电场作用下凝集，彼此靠近；②两个相邻细胞之间的质膜相互融合，随后两个亲本细胞质膜上的受体、糖蛋白、糖脂等质膜成分在融合后的质膜上重新分布；③细胞质发生融合；④细胞核融合，形成单核融合细胞。

细胞融合的第一步是细胞凝集，即相邻细胞的质膜彼此紧密接触，这是细胞能否融合的前提条件。凡是能够诱导细胞融合的物质，都能促进细胞凝集。如仙台病毒囊膜上的许多刺突就起着多价凝集素的作用，能同时与多个细胞的表面受体结合，使细胞凝集到一起。PEG 也能引起细胞凝集。

动物细胞的质膜表面并不是光滑的，而是向外伸出许多寡糖链，这些寡糖链一方面参与细胞凝集，另一方面又对细胞融合具有抑制作用，因为它们的存在妨碍了细胞质膜疏水层的直接接触。在细胞融合时，仙台病毒和 PEG 等促融剂可以诱导这些寡糖链与质膜相连处移开或将其消化掉，使质膜紧密接触，由于脂双层之间的疏水相互作用而发生质膜融合。质膜融合后，由于质膜的流动性，两个亲本细胞的质膜成分迅速侧向扩散，在融合后的质膜上重新分布。细胞质膜融合后，不同细胞的细胞质便彼此合并起来。由两个或两个以上细胞融合形成的多核体并非是一团无形的细胞质，而是呈现亲本之一的特有形态或者呈中间形态。细胞的形态是由细胞骨架系统，即微管和微丝决定的。在融合细胞中，细胞核向中心聚集依赖于微管的功能，而细胞质的融合以及细胞完整性的维持则依赖于微丝功能。细胞融合过程中所需能量的大部分都消耗在微丝的活动上。

在细胞质膜和细胞质融合之后是细胞核的融合。细胞核的融合是一个非常重要的过程，因为只有在细胞核发生融合之后，多核细胞才能存活下去。融合后的细胞混合物要进行筛选，因为其中存在着五种类型的细胞：异核体（双核或多核）、两种同核体（双核或多核）以及未发生融合的两种亲本细胞，如图 10-1 所示。筛选的基本原理就是把异核体从同核体以及未发生融合的亲本细胞中分离出来。分离方法包括非选择性筛选和选择性筛选。

3. 影响动物细胞融合的因素

动物细胞无细胞壁，但细胞间的连接方式多样且复杂，在进行细胞融合之前，必须先获得单个分散的细胞，然后采用合适的诱导方法进行细胞融合。常用的方法有仙台病毒 HVJ 诱导、PEG 法、电融合法。动物细胞在融合过程中，除上述提到的促融剂外，细胞性质、温度、pH 值、离子强度及离子种类等都会影响细胞融合的效率。

①亲本细胞表面性质影响较大，表面覆盖绒毛而不规则者易融合，而表面光滑者难融合。

②细胞融合时需要适宜的温度和运动状态。

③细胞融合的最适 pH 值为 7.4 ～ 7.8，在此范围之外，融合率均较低。

④细胞种类不同，融合效果也不同。

⑤细胞融合过程中，通常耗氧量较大，缺氧时经常不融合。

⑥有些细胞融合时需要 Ca^{2+}，否则不融合，而且细胞蛋白质也会发生变化。一般来说，最适合的离子强度为 0.1mol/L。

4. 单克隆抗体

提到单克隆抗体，首先要简单介绍一下免疫原理。我们知道，人体和动物均有一套对付传染病的机制，而免疫是其中最主要的对付传染病的方法。当人或动物受到病原微生物或其他异物（抗原）的刺激后，人体或动物的免疫组织会释放出和外来刺激相对应的抵

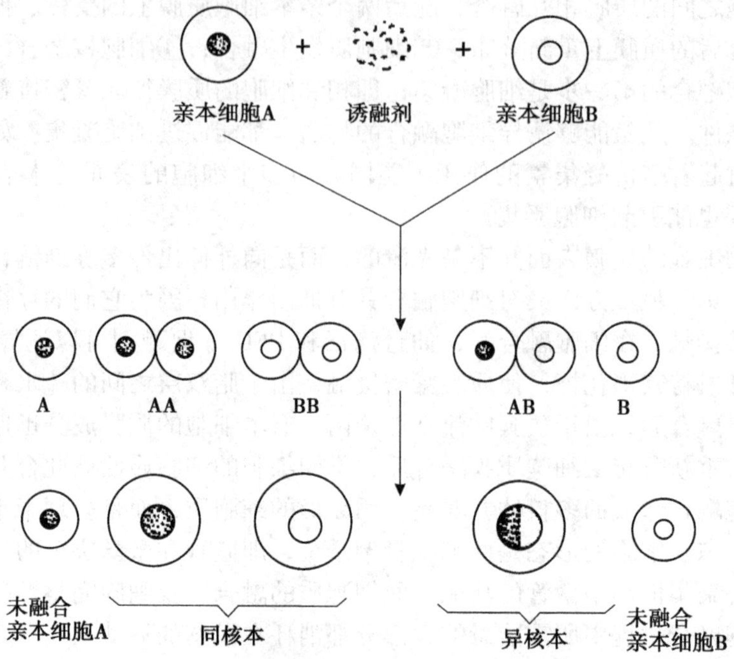

图 10-1　两种亲本细胞融合后得到两种同核体（AA 和 BB）、
一种异核体（AB）和两种未融合的亲本细胞（A 和 B）

抗物质（抗体）。这一抵抗物质不但能及时杀灭或消除有害的外来刺激，而且有一定的生物学半衰期，较长时间存在于体内，如果同样的外来刺激重新入侵，这种抵抗物质会在外来刺激产生危害之前将其危害作用消除。这样的抵抗物质对外来刺激有专一性（即一种抗原刺激产生一种抗体），也可以预先由异体获得（即母体血液或乳汁传递及注射抗体）。但是，这样的物质在体内含量甚微，而且至今不能人工化学合成。为了让人或动物预先获得这样的物质，人们想到用杀死或除去治病能力的病原微生物（疫苗）或有害的异物（抗毒素）预先刺激人体（接种），可是，有些病原微生物经常改变自身的结构，这样的预防措施有时也会无能为力。考虑到传统的疫苗和诊断试剂制作比较麻烦而且专一性不高，科学家们试图依靠生物技术来解决。最初，用常规免疫方法制备的免疫血清抗体只能是数目众多的单克隆抗体的混合物，即多克隆抗体。这种多克隆抗体存在特异性差、效价低、数量有限、动物间个体差异大、难以重复制备等缺陷。采用淋巴细胞杂交瘤技术获得了结构与各种特性完全相同的高纯度抗体，即单克隆抗体。

制备单克隆抗体的步骤大致如下：①首先将获得的抗原注射到小鼠体内，大约注射 4 次，使小鼠免疫并产生相应的抗体。②然后取小鼠的血清与抗原作用，确认产生抗原-抗体凝集反应。③取出免疫鼠的脾脏制成脾细胞悬浮液，与鼠骨髓瘤细胞混合，加入促融剂如聚乙二醇形成融合细胞。④将细胞转移到 M 培养液中，接种到 96 孔培养板中培养 1 ～ 2 周后，未融合的 B 淋巴细胞及其同核体、未融合的骨髓瘤细胞及其同核体相继死亡，杂交瘤细胞存活并形成细胞集落。⑤获得的数以百计的杂交瘤细胞不一定都能分泌抗体，必须对每个含有杂交瘤细胞集落的生长孔中的上清液进行抗体检测，筛选出能够稳定分泌特异性单抗的杂交瘤细胞。常用的检测抗体的方法有放射免疫测定、酶联免疫吸附实验和免疫荧光测定等。⑥筛选出的许多杂交瘤细胞集落并不一定都能够稳定分泌特异性单抗，需进行杂交瘤细胞的克隆化培养，常用的培养方法是有限稀释法和软琼脂培养法。⑦单克隆抗体的生产和纯化有两种途径：一种是体外培养杂交瘤细胞，然后收集上清液，通过离子交换、凝胶过滤或亲和层析等方法纯化得到单克隆抗体；另一种是将杂交瘤细胞接种到同系小鼠的腹腔生长，然后抽取腹水，经离子交换、凝胶过滤或亲和层析等方法纯化得到单克隆抗体。具体的生产流程如图 10-2 所示。

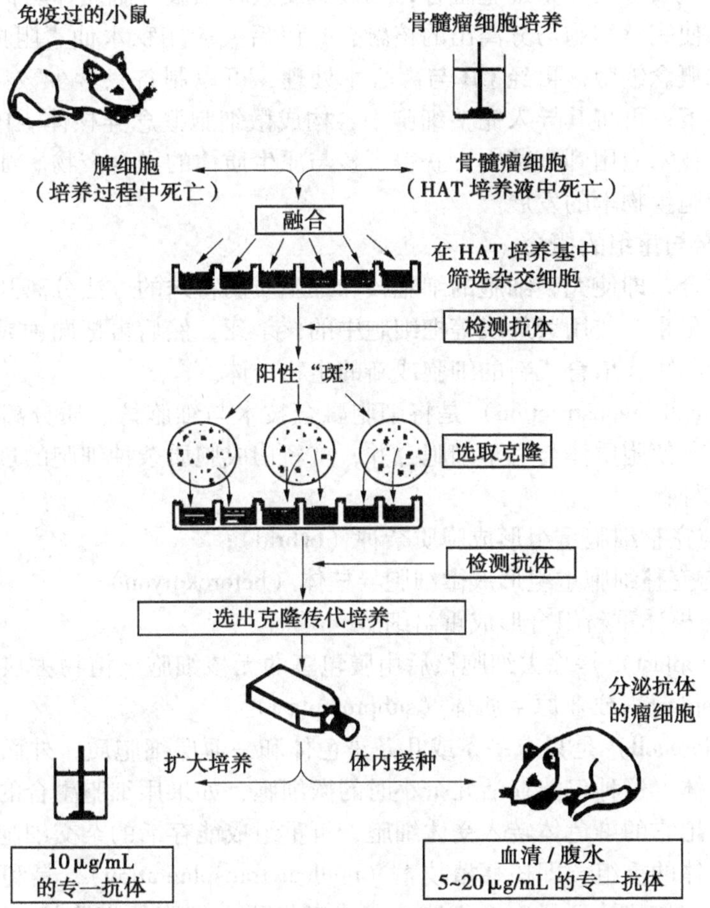

图 10-2　利用小鼠体系生产单克隆抗体的杂交瘤技术过程

（三）细胞拆合

20 世纪 70 年代初，细胞工程进入了一个崭新的阶段，诞生了细胞拆合技术。

真核细胞的核、质相互关系是长期以来受到重视的课题之一。人们曾作了相当大的努力从事真核细胞内这两个主要部分的各自独立又相互协调的研究。去核细胞与核移植实验在提供细胞内的基因表达与调控方面的资料，无疑占有特殊的地位。Briggs 和 King（1952 年）首创了核移植的方法，为进行研究开辟了途径；Carter 于 1967 年发现细胞松弛素 B（CylochalasinB，简称 CB）能诱发体外培养的小鼠 L 细胞的排核作用。Prcscott 等于 1972 年首先应用离心术结合 CB 分离哺乳类细胞的胞质体获得成功，为研究哺乳类细胞的核、质相互关系，以及细胞质基因的转移等开创了新的实验途径。目前制备哺乳类细胞的胞质体的方法日臻完善。据报道，CB与离心术并用，获得胞质体的纯度为90%以上，在某些啮齿类细胞中可高达99%。在制备胞质体过程中所收获的核体（也称小细胞）部分，其纯化技术也已发展。

随着细胞的核、质分离技术与细胞融合技术的发展，生物学工作者将这两项技术汇合起来，建立了细胞重组技术。这项技术由Veomett，Ege和Ringertz等所创建。在融合因子的介导下，可使胞质体和完整细胞融合，构成胞质杂种细胞；胞质体与核体融合，形成重组细胞，还可以使完整细胞与分离出的核融合。以后又应用秋水仙素阻抑分裂中期细胞，诱发形成微核化概念细胞，再经CB与离心术处理，可以制备只含少数染色体的微核体。在融合因子介导下，可将其导入完整细胞中，构成微细胞概念异核体。1982年，Ferenczy首先把细胞拆合技术应用到真菌中，获得了核与原生质体的融合产物。细胞拆合技术的这些成就推动了细胞生物学的发展。

1. 细胞拆合与重组的概念

所谓细胞拆合，即使完整细胞的细胞核和细胞质用特殊的方法分离开来，或把细胞核从细胞质中吸取出来，或用紫外线等把细胞中的核杀死，然后再把同种或异种的细胞核和细胞质重新组合起来，培育成新的细胞或新的生物个体。

细胞重组（cell reconstruction）是将细胞融合技术与细胞核、质分离技术结合，即在融合因子介导下，使胞质体与完整细胞合并，重新构成胞质杂种细胞的过程。细胞重组的方式基本分为三种：

① 胞质体与完整细胞重组形成胞质杂种（cybrid）；

② 微细胞与完整细胞重组形成微细胞异核体（heterokaryon）；

③ 胞质体与核体重新组合形成重组细胞。

胞质体（cytoplast）是除去细胞核后由膜包裹的无核细胞。植物去核原生质体又称微质体（mini-protoplast）或亚原生质体（subprotoplast）。

微细胞（microcell）是只有一条或几条染色体和一薄层细胞质，外面包裹一层完整的细胞质膜的核质体。这种仅能存活几个小时的微细胞，如果用细胞融合的方法将其与完整的体细胞融合，把它的染色体转入受体细胞，可重组成能存活的杂交细胞。

胞质体与核体的重组，即核移植技术（nuclear transplantation），是利用显微操作技术将一个细胞的细胞核移植到另一个细胞中，或者将两个细胞的细胞核（或细胞质）进行交换，从而创造无性杂交生物新品种的一项技术。

2. 细胞拆合的方法

细胞拆合的方法分为物理拆合法和化学拆合法。

最早的物理拆合法是用紫外线或激光将核破坏，再用微玻璃针或微吸管将其他细胞核注入。后来改进了方法，将细胞融合技术和显微外科手术结合起来，用微吸管将细胞核同周围少量细胞质吸出，再吸入等量的灭活的病毒悬液，一并注入已去核的细胞中，让其发生融合。这种显微外科术的细胞核移植法就是将一个细胞的核放进另一个细胞里，其中前者称为供体，后者称为受体。受体通常选择动物的卵子，因为卵子体积大、操作容易，而且通过发育，可以把特性表现出来。例如，在研究动物体细胞的核基因表达控制中，早期应用核移植技术把核基因移入细胞内。从变种蛙（皮肤白色）的体细胞（如肠上皮、皮肤、肝细胞等）分离细胞核，再将核注入预先受紫外线照射处理过（核被灭活）的野生型蛙（皮肤黑色）的受精卵中，观察发育成蛙的变化。结果被移入体细胞核的受精卵均发育成皮肤白色的蛙。实验结果证明了个体表现型（如皮肤颜色）受移入的核支配，无论是哪一种体细胞（肠上皮、皮肤、肝等）的核，都具备蛙在个体发育中所需要的一切基因。

化学拆合法的开创源于细胞松弛素（cytochalasin）的发现。1967 年，Carter 在应用体外培养细胞系统进行抗癌抗菌素的筛选时，发现由一种霉菌培养物的滤液中分离到的代谢产物，能诱发小鼠 L 细胞的排核作用并具有一些其他生物学效应，他把这种化合物定名为细胞松弛素。细胞松弛素对于活细胞具有不寻常的特殊效应，它们能干扰细胞质的分裂，引起细胞表面形状的改变和排出细胞核；抑制细胞的运动；阻碍细胞的吞噬或饮液；减低细胞的粘着程度；阻止神经细胞轴突的生长；影响葡萄糖和核苷酸的摄取；影响甲状腺素的分泌和生长激素的释放以及影响细胞质的流动等等。Carter 声称，细胞松弛素是第一类被发现的能够阻断细胞质分裂而不干扰核分裂的化合物。将 L 细胞（小鼠成纤维细胞）培养于含有 0.5μg/mL 细胞松弛素 B（CB）的培养液中，核正常分裂，开始时细胞也能凹陷并形成深沟，但此沟最终不能完全把细胞分成两个，在将要分离的两个子细胞之间仍有细胞质桥相连，随后细胞质桥增宽，凹沟终于消失，并成为双核细胞。此时细胞停止在原位不作移动，从外表上看好像发生了松弛作用，“细胞松弛素”便由此而得名。L 细胞在含有细胞松弛素 B 的培养液中能存活好几天，在此期间核仍能不断地分裂，于是形成多核细胞。L 细胞是贴壁生长的细胞，对于悬浮生长的细胞作同样处理，亦得到类似的结果：细胞体积和核的数目都在增加，但细胞质不分裂。

虽然 CB 对广泛的细胞活动具有抑制作用，但它却不显著影响细胞内的 DNA、RNA 和蛋白质的合成。它对细胞内 ATP 水平也无显著效应。而且 CB 对细胞所产生的大多数影响是可逆的，在除去 CB 后，细胞在几分钟内就可恢复正常状态。

三、微生物细胞工程

传统的发酵技术与现代生物工程中的基因工程、细胞工程、蛋白质工程和酶工程等相结合，构成了微生物细胞工程（microorganism cell engineering or microorganism cell biotechnology）。微生物细胞工程是一门实践性、技术性、工艺性很强的应用科学，在 21 世纪生物技术的诸多领域中扮演着重要的角色。微生物细胞工程的研究成果与动物细胞工程、植物细胞工程彼此渗透、相互促进、并驾齐驱，共同构成了细胞工程的完整体系。微生物细胞工程包括菌种选育、菌体生产、代谢产物的发酵以及微生物机能的利用等。

（一）微生物细胞工程的发展史

1. 利用微生物的自然发酵生产传统食品时期

微生物细胞与人类的关系极为密切。在 1676 年用自制的显微镜观察到微生物细胞之前，人类通过长期的生产和生活实践，知道对有益微生物进行利用，对有害微生物驱避。我国人民制曲、酿酒、制酱、制醋等工艺历史久远，几千年前我们的祖先就知道用黄豆发酵制酱，3000 年前的中医师们用豆腐上生长的霉菌治疗皮肤病。

2. 微生物发酵技术的鼎盛时期

人们在驱避和预防有害微生物的同时，更热衷于有益微生物的探索。1861 年，法国学者、微生物学的奠基人巴斯德设计了著名的曲颈瓶实验，开始了对微生物细胞功能和作用的研究。工业上利用有益微生物发酵生产乙醇、醋酸、丙酮、丁酮等代谢物，同时开始研究微生物发酵的机理，进入了微生物学发展史上的鼎盛时其。

3. 现代微生物细胞工程的诞生时期

20 世纪 40 年代出现的生物工程技术（基因工程、细胞工程、蛋白质工程和酶工程）与发酵技术等相结合，标志着微生物细胞工程的诞生。1956 年 DNA 结构双螺旋模型的发现，生命科学从此跨入了分子生物学时代，微生物细胞工程进入了生机勃勃的成熟时期，在这一时期人们可以比以往任何时期都更加主动、更加有效地按着实验目的控制和利用微生物细胞，使之工程化。

（二）微生物细胞工程中常用的微生物

微生物细胞工程中常用的微生物类群主要有细菌、放线菌、酵母菌、霉菌等，下面就主要菌种一一叙述。

1. 细菌

细菌属真细菌纲，种类繁多，是单细胞多形性原核微生物，以二分裂作为繁殖方式。按其个体形态，基本上可分为球菌、杆菌和螺旋菌三种基本类型；按它们与氧气的关系分为好氧菌和厌氧菌两大类；按细菌细胞壁的化学组成和结构的不同，对其进行革兰氏染色，可分为革兰氏阳性菌和革兰氏阴性菌两大类。

（1）大肠杆菌（*Escherichia coli*）　大肠杆菌来自动物肠道肠杆菌科的埃希氏菌属，菌体呈短杆或长杆状，革兰氏染色阴性，运动或不运动，无芽孢，无荚膜，为兼性厌氧菌。在生产上，用大肠杆菌制取天冬氨酸、苏氨酸和缬氨酸等；在食品及公共卫生上，大肠杆菌是重要的指示菌；在微生物分子结构的研究中，大肠杆菌已经作为分子生物学研究的材料。

（2）芽孢杆菌（*Bacillus*）　芽孢杆菌是好氧菌。在有氧情况下，能够产生直径小于菌体横径的芽孢，革兰氏染色阳性，呈杆状。其中枯草芽孢杆菌在糖化工业中可用来制备 α-淀粉酶，生产蛋白酶；若经过人工诱变，枯草芽孢杆菌可获得各种营养缺陷型的变异株生产肌苷、鸟苷等核苷；还有相当一部分枯草芽孢杆菌菌株可以产生果胶酶用于食品工业或亚麻的脱胶。苏云金芽孢杆菌被用来生产微生物杀虫剂，目前在世界上产量最大。

（3）芽孢梭菌（*Clostridium*）　该细菌杆状，产生芽孢，芽孢直径大于菌体横径，使得整个菌体膨大呈梭状、汤匙状或鼓槌状。革兰氏染色阳性，大多数厌氧生长，其中破伤风梭菌等在生物制药工业中用于生产疫苗。

（4）根瘤菌（*Rhizobium*）　该细菌无芽孢，革兰氏染色阴性，具有运动性，端生一根鞭毛或周生 2 ～ 4 根鞭毛。在培养基上呈杆状，在豆科植物根瘤内呈多形性，它们与豆科植物一起每年可为每公顷土地固定氮素 250kg 之多。

（5）乳酸杆菌（*Lactobacillus*）　革兰氏染色阳性，长丝状，单个或成链，兼性厌氧，无芽孢，多数不运动。为微好氧菌，较难培养，最好用厌氧培养法；液体深层培养比固体培养生长好，固体培养的菌落生长小而慢。利用葡萄糖可进行同型发酵（产物为乳酸）

或异型发酵（产物除乳酸外，还有乙醇和 CO_2）。

（6）醋酸杆菌（*Acetobacter*） 菌体从椭圆至杆状，单个、成对或成链，革兰氏染色阴性，运动或不运动，不生芽孢，好气性，在液体培养基上形成皮膜。可氧化乙醇为醋酸，氧化乙酸盐和乳酸盐成为 H_2O 和 CO_2，在含糖、乙醇和酵母膏的培养基上生长良好，而在肉汁胨培养基上生长不良。

（7）棒状杆菌（*Corynebacterium*） 革兰氏染色阳性，菌体呈一端膨大的棒状，八字形或栅栏状排列，不产生芽孢；一般不运动，需氧或兼性厌氧。一些种因具有氧化碳水化合物形成氨基酸的性能而为发酵工业所用，如北京棒状杆菌 Asl. 299 是谷氨酸的高产菌株。

（8）丙酸杆菌（*Propionibactrium*） 革兰氏染色阳性，不形成芽孢，不能运动，但常表现为多型性，属于化能异养型，产能代谢可以从厌氧到耐氧。主要发酵产物包括丙酸和醋酸的混合物，其中含有少量的异戊醇、甲酸、琥珀酸、乳酸和二氧化碳，故可以用来生产丙酸和干酪等。

2. 放线菌

放线菌均为革兰氏阳性，不能运动，大部分腐生，少数寄生。绝大多数为好氧菌，化能异氧型，有的能与植物共生固氮。放线菌的重要性在于它们是抗生素的主要生产菌，在临床上和农业生产上重要的抗生素有链霉素、土霉素、金霉素、庆大霉素、卡那霉素、井冈霉素等。此外，放线菌还可用于生产多种酶和维生素，在甾体转化、石油脱蜡、烃类发酵、环境治理等方面也有作用。在微生物细胞工程中，放线菌主要用于生产抗生素。常用的有链霉菌属、链轮丝菌属、诺卡氏菌属和小单胞菌属。

（1）链霉菌属（*Streptomyces*） 此属菌多数好氧，腐生。营养菌丝纤细，多数分枝，无分隔，很少断裂。气生菌丝较基内菌丝粗，能形成各种形状的孢子丝，如直、波曲、轮生、螺旋形等。孢子成熟后有横隔分裂和凝聚分裂两种方式。孢子萌发先长出 1 ~ 3 个芽管，芽管延长发展成密织交错的菌丝体。菌落由紧密交织的菌丝体构成，呈平滑、多皱、皮革状，气生菌丝分化为孢子丝并形成孢子后，菌落表面呈粉状、绒毛状或颗粒状，并具各种颜色。此属是放线菌最大的一个属，约有千余种，90% 以上能产生抗生素。

（2）链轮丝菌属（*Streptoverticillum*） 气生菌丝对称轮生，孢子链很短，二级轮生，孢子光滑，能生产各种抗肿瘤、抗霉菌和抗结核等的抗生素。

（3）诺卡氏菌属（*Nocardia*） 又称原放线菌属（*Proactinmyces*），菌丝体弯曲呈树根状或不弯曲。多数种无气生菌丝，只有营养菌丝，以横隔分裂方式形成孢子。少数种在营养菌丝表面覆盖很薄的一层气生菌丝或孢子丝，孢子丝直形，以横隔分裂形成杆状、柱形或椭圆形孢子。菌落较小、表面多皱、干燥、易碎或平滑发亮。可用于生产氨基糖苷类抗生素及其他抗生素或用于石油脱蜡、烃类发酵和污水处理等。

（4）单孢菌属（*Micromonospora*） 营养菌丝较细，直或弯曲，无横膈膜，不断裂。不形成气生菌丝，在营养菌丝上长出短的孢子梗，顶端着生一个近圆的单生孢子。菌落较小，具有深褐、橙黄、红、蓝或黑等色。此属菌也是产生抗生素较多的一个属，如绛红小单胞菌和棘孢小单孢菌都能产生庆大霉素。

3. 酵母菌

酵母菌与人类关系密切，被誉为第一种“家养微生物”，是真核微生物的重要成员。

它们具有共同的特点：一般以单细胞状态存在，繁殖方式以芽殖为主，个别裂殖。发酵糖类产生能量，细胞壁内常含甘露聚糖，适宜生存在含糖较高、酸度较大的水生环境。酵母菌的个体大小约相当于细菌的10倍，形态多为圆形、卵圆形、柱形或腊肠状。有些酵母菌在连续芽殖后，子细胞与母细胞不分离，彼此间以狭小的面积相连，呈藕节状的细胞串，称为假菌丝。酵母菌的菌落外观很像细菌，一般均较湿润、光滑，有一定的透明度，容易挑起，质地均匀。各种酵母菌的菌落色泽也较单调，多数为乳白色或矽烛色，少数为红色，极个别的为黑色，隆起度较大，周边齐整。而产生假菌丝的酵母菌的菌落则较平坦，表面及边缘粗糙。另外，许多酵母菌的菌落还具有诱人的醇香味。在传统发酵业，酵母菌以酿酒著称，而在现代微生物细胞工程中酵母菌的应用也十分广泛。

（1）啤酒酵母（*Saccharomyces cerevisiae*） 又称酿酒酵母，是发酵工业上最常用、最重要的菌种之一。该酵母依细胞的长宽比可分三组：第一组，长与宽之比小于2，可用于酿造饮料酒，制造面包。第二组，长与宽之比等于2，主要用于酿造葡萄酒和果酒，俗称葡萄酒酵母。但也有用于酿造啤酒和蒸馏酒。第三组，长与宽之比大于2，耐高渗透压，常用甘蔗糖蜜为原料生产酒精。该菌体纤维素和蛋白质含量高，可以作食用酵母、药用酵母或作饲料酵母。还可以从中提取核酸、麦角醇、谷胱苷肽、细胞色素、凝血质、辅酶A和ATP等。

（2）卡尔斯伯酵母（*Saccharomyces carlsbergensis*） 俗称卡氏酵母，是啤酒酿造业中的典型“下面酵母”，也可作食用、药用和饲料酵母，麦角醇含量较高，可用于测定泛酸、硫胺素、吡哆醇和肌醇等维生素。

（3）假丝酵母（*Candida Berkhout*） 在液体培养基中，细胞为球形、椭圆形或圆柱形，菌落无光泽，为乳白色或奶油色，不生子囊孢子，可生成厚垣孢子，不产生色素。其中产朊假丝酵母的蛋白质和维生素B含量比啤酒酵母高，可以以尿素、硝酸盐作为氮源，无需任何生长因子即可生长。特别是能利用五碳糖和六碳糖、造纸业的亚硫酸废液、糖蜜、马铃薯淀粉废料及木材水解液等生产酵母菌体蛋白。解脂假丝酵母和热带假丝酵母氧化烃类能力很强，是石油发酵制取饲料蛋白的优良菌种。

（4）汉逊氏酵母（*Hansenula*） 此酵母能产生乙酸乙酯，故在食品调味中起很大的作用，如在无盐发酵酱油中可增加香味。因为此酵母能以乙醇和甘油为碳源，所以是酒精生产中的有害菌，但此菌参与的以薯干为原料的白酒酿造，其酒味醇厚。

（5）球拟酵母（*Torulopsis Berlese*） 细胞球形、卵形或稍带长形，无假菌丝，不生子囊孢子和其他孢子，无色素。通常有发酵能力，多数种能进行酒精发酵，不能以肌醇作碳源。有些种能产生不同比例的甘油、赤藓醇、*D*-阿拉伯糖醇等。在适宜的条件能将40%的葡萄糖转为多元醇。有的菌种能氧化烷烃，还有的菌种能产生有机酸、油脂等。

（6）红酵母（*Rhodotorula*） 细胞圆形、卵形或长形，多边芽殖，多数不形成假菌丝，不生子囊孢子，菌落红色或黄色。它们均不发酵葡萄糖，有些种能产生脂肪酸，用菌体可以提取大量的脂肪，是较好的脂肪产生菌种。在一定的条件，还能产生丙氨酸和谷氨酸，也能产生蛋氨酸。

4. 霉菌

在微生物细胞工程中，霉菌除可用来酿酒、制酱和生产其他发酵食品外，还可生产酒精、有机酸、抗生素、酶制剂、维生素、发酵饲料、植物生长刺激素和杀虫农药等。也有些霉菌可引起食物、仪器设备等发霉变质或引起动物和植物病害。微生物细胞工程中常用霉菌属藻菌纲、子囊菌纲和半知菌纲中的一些种。

（1）根霉（*Rhizopus*） 菌丝无横膈膜，单细胞。菌丝体白色，气生性强，在固体培养基上迅速生长交织成疏松的棉絮状菌落，可蔓延充满整个培养皿。在微生物细胞工程中常用于制曲酿酒，生产葡萄糖、酶制剂、有机酸等，米根霉等种还可用于发酵豆类和谷类食品。

（2）毛霉（*Mucor*） 菌丝一般呈白色，不具横膈膜，为单细胞低等丝状真菌。菌丝体生长迅速，但不产生假根。由菌丝体直接生出孢囊梗，孢囊梗顶端膨大为孢子囊，内生孢囊孢子。成熟后孢囊壁破裂释放出孢子，孢子无色、无条纹、光滑。在微生物细胞工程中可以发酵生产大豆制品、多种酶类、有机酸等，还可以转化甾体化合物。

（3）曲霉（*Aspergillus*） 多细胞，菌丝有分隔。营养菌丝大多匍匐生长，无假根。分生孢子梗从厚壁而膨大的菌丝细胞（足细胞）生出，分生孢子梗常顶端膨大而形成棍棒形、椭圆形、半球形、球形的顶囊，顶囊表面产生小梗，单层或双层。在微生物细胞工程中，曲霉是制酱、酿酒、制醋的主要菌种，是生产酶制剂（蛋白酶、淀粉酶、果胶酶）的菌种；有些种还可以生产有机酸（如柠檬酸、葡萄糖酸等），用以生产农业上的糖化饲料。

（4）青霉（*Penicillium*） 多细胞，菌丝有分隔，有分枝，与曲霉相似，但大多无足细胞。分生孢子梗顶端不膨大，无顶囊。多次分枝产生几轮小梗，小梗顶端产生成串分生孢子，状如扫帚，小梗有单轮生，对称多轮生，非对称多轮生。在微生物细胞工程中，青霉是生产抗生素的重要菌种，如产黄青霉和点青霉都能生产青霉素。有些菌种还可以生产多种酶类及有机酸，如葡萄糖酸、柠檬酸。

（三）微生物发酵

1. 微生物发酵的条件

要保证微生物发酵过程的顺利进行，并获得相应的发酵产物，应满足以下几项条件：①菌种生物学性状典型，生产性状优良，遗传性状稳定，同时具有完整可查的历史资料；②有效保证或控制微生物代谢的各种条件，包括培养基的组成、温度、pH 值及氧含量等可控因素；③与发酵产品相匹配的发酵设备，具体是指灭菌设备、培养设备、供氧设备、调控设备等；④针对各种菌体和各类发酵产物进行后处理的设施，包括与分离、提取、精制、纯化的适当方法相配套设施。

2. 微生物发酵的方式

在大规模微生物发酵时，除按微生物与氧气的关系分为好氧发酵与厌氧发酵外，实践中常常按发酵过程中培养基和发酵产物进、出发酵罐的方式将发酵分成以下五种：①分批式发酵。发酵时一次向发酵罐内加足量培养基，发酵结束又一次将发酵产物全部放出。整个发酵过程既无培养基的流入，又无发酵产物的流出。②半分批式发酵，又叫添加式发酵。发酵时先于发酵罐内装入定量培养基，并接种培养。在发酵过程中定量添加特定的限制性营养因子，并使其在罐内保持一定浓度，发酵结束时一次将发酵产物全部放出。③反复分批式发酵。在分批发酵结束时，仅在发酵罐内放出部分发酵产物，并向有剩余发酵产物的发酵罐内一次性补加培养基，再按分批式发酵进行，如此反复。④反复半分批式发酵。在半分批式发酵结束时，在发酵罐内放出部分发酵产物，并向有剩余发酵产物的发酵罐内补加一定量培养基，再按半分批式发酵进行。⑤连续式发酵。在发酵进入一定阶段后，以一定的速度向发酵罐内加入培养基，同时以相等的速度由发酵罐内排出培养物。整个发酵过程既有培养基的流入，又有发酵产物的流出。在这种发酵方式中，微生物生长环境始终保持恒定。连续发酵所用的主要设备就是发酵罐，发酵罐的种类很多，按培养基进入发酵罐后与培养液的混溶状态可分为均匀混合连续发酵罐（如图 10-6）和非均匀混合连续发酵罐（如图 10-7）两大类。

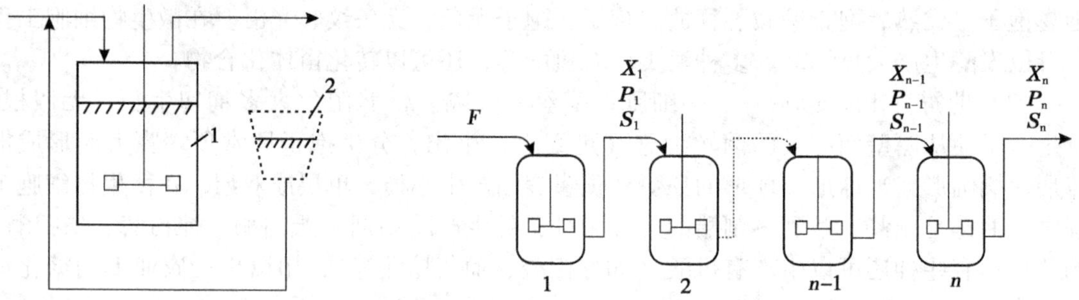

图 10-6　均匀混合连续发酵罐

1—发酵罐；　2—分离器；　F—流加量；　X—细胞浓度；　S—基质浓度；　n—产物浓度

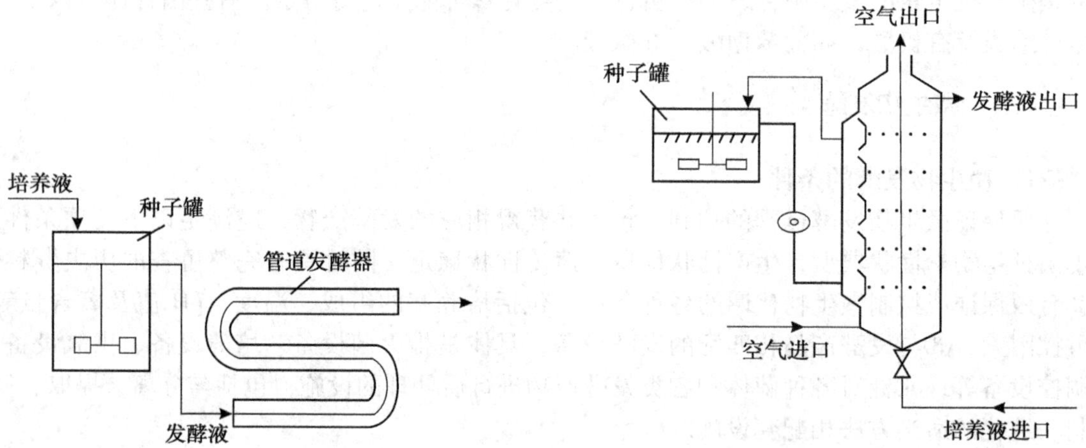

图 10-7　非均匀混合连续发酵罐

3. 菌体生产

菌体生产指的是微生物菌体蛋白（单细胞蛋白）的生产，包括用各种基质培养细菌、酵母菌、霉菌、藻类和担子菌所获得的菌体蛋白的生产。单细胞蛋白按所用微生物种类的不同，可分为酵母蛋白、细菌蛋白和霉菌蛋白等；按所利用的碳源不同，可分为石油蛋白、乙醇蛋白和甲醇蛋白等；按产品用途，可分为食用蛋白和饲料蛋白等。单细胞蛋白的营养价值非常高，它的用途已从原来用作动物饲料发展到人类蛋白食品的开发。

（1）菌体生产所需的菌种　细菌、酵母、真菌和藻类均可用来生产单细胞蛋白，其中细菌蛋白质含量高，生长速度快，氨基酸组成优于豆类蛋白，且能适应环境变化；酵母的优点是菌体较大（较易回收），核酸含量低，赖氨酸含量高，能在酸性条件下生长，用做食品的历史长；丝状真菌的优点是便于回收，质地良好；而藻类的菌体细胞壁含有纤维质，具有浓缩重金属的倾向，对人体有潜在危害。

（2）菌体生产的发酵基质　目前有四种基质即正烷烃、甲烷、甲醇和乙醇常用作菌体生产的发酵基质，其中正烷烃纯度较高，细菌和酵母均可在范围较广的正烷烃上生长繁殖；甲烷的成本低，容易得到，纯度高，能为微生物限制性利用；甲醇的成本低，易得，纯度高，需氧量低，放热量低，易与水混溶，便于储存和管理；乙醇易得，纯度高，可溶于水，生产所得蛋白质量好。

（3）菌体生产举例　用于制作面包及动物饲料的单细胞（菌体）蛋白（如酵母菌、藻类）、食用或药用的担子菌（如蘑菇、猴头和灵芝）、人畜免疫用的细菌性疫苗及诊断用菌体抗原、农业和林业生物防治用的微生物杀虫剂、施用于农作物的微生物菌肥、用于医疗保健的乳酸菌制剂等。

4. 酶制剂的生产

酶是一种蛋白质，普遍存在于生物细胞中。自从 1894 年日本高峰以米曲霉制造淀粉酶以来，利用各类微生物发酵法制取相应的酶得到了发展，工业酶制剂的生产经历了三个迅速发展阶段：一是 20 世纪 60 年代利用碱性蛋白酶生产加酶洗涤剂；二是 70 年代利用葡萄糖异构酶生产高果糖浆；三是 80 年代利用淀粉酶糖化淀粉发酵生产酒精、味精等。微生物产生的酶种类繁多，微生物发酵法制取酶类具有易于大规模生产、便于工艺改良和产量高等优越性。目前用微生物发酵产生的酶类有糖化酶、蛋白酶和其他酶，其中糖化酶有 α-淀粉酶、β-淀粉酶、异淀粉酶、糖化酶、蔗糖酶、异构酶、纤维素酶等；蛋白酶包括碱性蛋白酶、酸性蛋白酶、中性蛋白酶等；其他酶有果胶酶、脂肪酶、凝乳酶、过氧化氢酶以及某些药用酶等。

（1）产酶菌种　主要是霉菌，我国多用红曲霉、黑曲霉以及根霉。根霉以固体发酵为宜，红曲霉和黑曲霉多以深层液体发酵生产。

（2）生产方法　黑曲霉固体发酵法：试管菌种→三角瓶麸曲扩大培养→帘子曲种→通风制曲→成品；

（3）液体深层发酵法　试管斜面种子→种子扩大培养→发酵→过滤→浓缩→干燥→粗酶制剂；

（4）发酵用基质　碳源为玉米粉、甘薯粉等，有机氮源常用玉米浆、豆饼粉和酵母膏等，常用的无机氮源有 $(NH_4)_2SO_4$、NH_4NO_3、NH_3 等，无机盐有 $MgSO_4 \cdot 7H_2O$、KH_2PO_4 等。

菌种不同，产生糖化酶的最适 pH 值也不同，黑曲霉为 4.0 ～ 5.0，用曲霉生产糖化酶一般温度控制在 30 ～ 35℃。

5. 代谢产物的生产

代谢产物发酵是微生物发酵种类最多，也是最重要的部分。目前已知通过微生物发酵生产的代谢产物有上千种，从代谢的角度可将这些产物划分为初级代谢产物和次级代谢产物两大类。

①初级代谢产物是微生物生长繁殖必需的原料和酶类，在其生存的任何时段均可产

生。初级代谢产物种类极其繁多，主要有氨基酸、核苷酸、脂肪酸、蛋白质、核酸、脂类、糖类等。

②次级代谢产物对生产菌并非生存所必需，但对生产菌适应生存环境和生物竞争是有益的。所以认为次级代谢产物是微生物为了避免某些初级代谢产物或中间产物过量积累而产生的一类有利于生存的代谢物。次级代谢产物的产生也受初级代谢产物的影响，并且要在生产菌的某一生理阶段才能形成。能产生次级代谢产物的微生物只有少数几个类群，一般为放线菌、真菌和产生芽孢的细菌。次级代谢产物的产生所需要的营养和产生条件均较特别，产物的结构一般也比较复杂，并且是具有某些特定生理活性的物质。按次级代谢产物的结构特征与生理作用可将它们分为抗生素、生长刺激素、维生素、色素、生物碱和毒素等。

（四）微生物细胞工程的应用范围

微生物细胞工程的应用领域十分广泛，几乎涉及人类生产和生活的各个方面。下面就医药、工农业、畜牧业等方面作简要介绍。

1. 医药卫生业

微生物细胞工程在医药卫生领域的应用是多方面的，诸如生产抗生素、维生素及生物制品等。其中，抗生素生产是最突出的，20 世纪 40 年代，世界上第一个有效的抗生素——青霉素开始研究开发并进行工业化生产。在以后的 20 年内，陆续发现了众多的抗生素品种。到目前为止，由微生物生产的抗生素已有几千种，世界各国经发酵生产的有 400 多种，广泛应用的约有 120 余种。抗生素的种类繁多，通过微生物细胞工程技术，对抗生素生产菌种进行遗传学改良或生产工艺改造，不但使抗生素的种类增多，而且使效价和产量得到极大提高。在抗生素深入研究的基础上，除抗感染、抗肿瘤以外，另一类由微生物产生的生理活性物质，如特异性酶抑制剂、免疫调节剂、受体拮抗剂和抗氧化剂等也层出不穷，这类物质是微生物的次级代谢产物。

2. 农林业

微生物细胞工程与农林业的关系极为密切，主要应用于微生物肥料和微生物农药两个方面。

（1）微生物肥料　微生物肥料是用人工优选的某些对农作物有益的微生物，经大量培养而制成的生物肥料。微生物肥料是由完整的微生物活细胞组成的。当施用后，这些微生物可在土壤中大量生长繁殖而发挥作用、加速土壤中有机质的腐熟，提高氮、磷、钾的含量，并促进作物对它们的利用；有些微生物肥料还具有刺激作物生长、抑制植物病原菌的作用。目前大量生产的微生物肥料有根瘤菌肥、固氮菌肥、解磷解钾菌肥、复合菌肥、植物根际促生菌剂等。

（2）微生物农药　微生物农药是利用微生物或其代谢产物制成的，用于防治农林业作物病虫害的一类生物药剂。所用微生物一般是经过筛选的农林业病害昆虫的病原体，或者是作物病原菌的拮抗微生物。当这些病原体、拮抗微生物或其代谢产物为昆虫吞食、接触或感染病原菌后，通过微生物的活动、毒素的作用而使害虫和病菌的新陈代谢紊乱，或机体遭受破坏而发病死亡，最终被消灭。目前投入使用的微生物农药有微生物杀虫剂、农用抗生素、微生物除草剂、微生物激素等。在微生物杀虫剂中，由细菌制备的有苏云金芽孢杆菌杀虫剂、武汉杆菌杀虫剂、乳状芽孢杆菌杀虫剂等。由真菌制备而成的有白僵菌杀虫剂、黄僵菌杀虫剂、绿僵菌杀虫剂等。另外，还有放线菌及病毒制成的微生物杀虫剂。

3. 畜牧业

利用微生物细胞工程生产或改良动物饲料是发展畜牧业的关键。目前，微生物饲料在国内外的研究及生产均十分活跃。通过动物对有益微生物的利用，可以增加饲料的营养价值，改善适口性，甚至有助于动物的抗病保健。特别对那些原来营养价值较低的植物纤维素类饲料，在提高营养价值和改善适口性方面意义更大，如青贮饲料以及微生物发酵的干秸秆饲料。通过微生物的作用，可以使原本不能食用的物质转变成营养品位极高的菌体蛋白，如由假丝酵母转化烃类、自养微生物氢细菌转化氢气等生产单细胞蛋白。此外，抗生素饲料、维生素饲料也都属于微生物饲料的范畴，对畜牧业的发展起着举足轻重的作用。

4. 食品工业

从微生物细胞工程的发展历史看，传统的食品酿造就是微生物细胞工程的雏形。而在当今生物技术时代，微生物细胞工程在食品工业上的应用越来越多。食品类的微生物细胞工程产品种类最多，生产效率最高，产量也最大。除人们日常生活必不可少的酱、醋等各种酿造食品外，还包括氨基酸类、有机酸类、多糖类及酶类等等。

5. 环保业

世界人口的急剧增加、工业的迅猛发展，使得自然环境随之恶化。利用微生物细胞工程处理三废、治理环境大有可为。仅就水的净化而言，传统的水质自净作用是根本不能满足需要的，特别是在集约化程度高的大都市，污水处理必须启用微生物细胞工程技术，以强化、加速污水的净化速度及净化程度。如活性污泥法好氧处理污水，沼气发酵法厌氧处理粪便及农业废物等。另外，对海洋大面积水域石油污染的问题，人们也试图通过构建超级细菌加以解决。

6. 能源产业

人们期望开发和利用可更新的能源取代煤和石油等化石能源。以微生物厌氧发酵工业和农业废弃物生产沼气，不但消除了环境污染，而且产生了能源。这一技术在国外已付诸实践，如美、英、德等国早已建立许多大型沼气生产厂，我国的某些省份也在试行，取得了良好的效果。

7. 冶金业

利用微生物对某些金属的氧化还原作用，直接或间接地将低品位矿物或矿石中的金属离子溶出并回收的工艺叫细菌浸矿。在当今富矿减少，贫矿、尾矿增多的情况下，这一技术显得尤其重要。人们发现可用于采矿的微生物已有 20 多种，其中主要是化能自养菌，如硫化细菌。浸出的金属有铜、铁、铀、钴、镍、锰、锌、铅、砷、钛、铝、钠、金、锗、镓等。如美国用这种方法获得的铜占总铜产量的 10% 以上，加拿大用细菌浸出的铀年产量约 230 吨。

由此可见，微生物细胞工程是方兴未艾、潜能巨大、作用神奇的应用科学。它运用现代科技手段最大限度地利用有益微生物改善自然环境与人类的生活，杜绝有害微生物的发生。掌握并利用微生物细胞工程和技术，可以保护环境、发展生产、造福人类。

第三节 细胞工程的发展前景

高度发达的现代工业给人类带来了巨大的物质文明，同时也带来了严重的问题，如环境、能源和食品三大危机已构成全球性的社会问题。目前人们已充分认识到，利用化石能源、化学工业和传统农业等科学技术，已不能给人类带来持久的发展和繁荣。人们希望利用细胞工程等生物技术来解决人类所面临的三大危机。在20世纪，细胞工程处于科学研究阶段，产业建设尚处在初创阶段；进入21世纪后，细胞工程将进入广泛的大规模产业化阶段，开创对人类社会做出贡献的新时期。在农业上，细胞工程培育的高产、优质、抗逆的动植物新品种，将与基因工程技术培育的新品种一样，不断加快农业生产的发展。医药卫生方面，细胞工程药物（包括药物、疫苗和基因治疗等）将与化学药物和中医药物三足鼎立，有效地为人类的健康服务。特别是以基因工程和细胞工程培育的动植物来大量生产药物、疫苗或其他生物产品，无疑将会使传统的制药工业的生产方式发生重大变革。细胞工程在解决环境和能源危机方面，也将发挥更大的作用并形成产业化。下面主要谈谈细胞工程的发展前景。

一、医药卫生业

目前，制药业和诊断试剂的生产是细胞工程研究开发中最活跃、进展最快的一个产业，现已投放市场的商品有人胰岛素、幼畜腹泻疫苗、牛和鸡的生长激素、口蹄疫疫苗和150多种单抗试剂诊断盒等。进入临床试验或种间试验的有α，β-干扰素、乙型肝炎疫苗、人绒毛膜促性腺素、白细胞介素、红细胞生成素等。正在研究和开发的还有一大批多肽和蛋白质类药物，如激素、酶、疫苗、单抗和新抗生素等。大量培养的植物细胞可以生产具有医疗价值的生物碱、糖苷和激素等，如用洋地黄细胞培养生产洋地黄苷；用人参细胞大规模培养“试管人参”已获得成功并开始生产人参苷。目前正在探索用固定化细胞技术进一步提高生产效率。

在人类疾病的治疗方面，运用单克隆抗体治疗癌症取得了很大的进展。各种抗癌药物对细胞的选择性都比较差，往往使正常细胞与癌细胞一起被杀死，副作用极大。近年来，人们根据单克隆抗体能与癌细胞选择性结合的特点，设想直接用单克隆抗体杀死癌细胞。但是，单克隆抗体与表面抗原稀少的癌细胞结合后，并不能直接溶解癌细胞，杀伤作用不强。因此，设想将单克隆抗体作为运载治癌药物的导弹，把治癌药（如放射性同位素、毒素或免疫调节剂等）作为弹头，直接导航至癌细胞表面并与之结合在一起，以便达到准确高效杀死癌细胞的目的。据报道，放射性同位素加单克隆抗体已用于至少100多例晚期肝癌患者的治疗，效果明显。

细胞工程在计划生育和优生优育方面也具有广阔应用前景，主要是避孕药物的研制和试管婴儿的培育。例如，以精子、卵子透明带和早期胚胎制备单克隆抗体，作为免疫避孕疫苗进行免疫接种，可达到避孕目的。以人的精子做抗原，制成抗精子的单克隆抗体，已成功地制成免疫避孕药膏。试管婴儿的诞生是人工受精、超数排卵、人工采卵、体外受精和胚胎植入等一系列细胞工程技术综合应用的产物，为某些患有男性或女性生殖器官疾病而不能怀孕的人带来了佳音，这是细胞工程技术在医药行业的一项重大突破。试管婴儿已在澳大利亚、英国和中国等多个国家诞生，并健康地成长。另外，ES 细胞及转基因动物的进一步研究在人类疾病治疗、修复和器官移植等方面有着广阔的应用前景。

二、农牧渔业

在农业、畜牧业和渔业方面，应用细胞工程改良品种、生产新农药、兽药、食品和饲料等具有广阔的前景。

（一）品种改良

动植物品种改良的主要目的是获得高产、优质和具有高抗性的优良品种。植物细胞工程在育种方面通过单倍体育种技术，已培育出近 300 种植物的单倍体植株。通过体细胞培养，筛选出了多个具高抗性和高营养的体细胞突变体。通过体细胞杂交已获得多个种间、属间或科间的体细胞杂种植物。根据根瘤与豆科植物根系有共生关系的原理，使用根瘤菌接种花生、玉米等旱生作物，试验根瘤菌能否与旱生作物有共生关系和共生条件；除豆科植物外，寻找在自然界中能与农作物有共生关系的固氮菌，研究有利于共生的条件；通过适应性变异、原生质体融合等途径创造出能直接利用分子氮的谷类、蔬菜等作物，降低农业成本，提高粮食与蔬菜中的蛋白质含量。

光合作用是绿色植物通过叶绿体把太阳能转换成化学能的生物合成过程。如果能通过改造叶绿体的生物功能，培育出在沙漠、山坡、水涝和高盐等不同自然条件下高效率转换太阳能的速生植物，将对发展畜牧业与生物能源具有重大的意义。

在动物细胞工程育种方面，多倍体育种和雌核发育已在鱼、虾、贝等水产养殖动物上获得成功，有些成果已在生产上得到应用。细胞核移植技术克隆动物胚胎，已在鱼类、两栖类和哺乳类获得成功。对于畜牧业和水产养殖业生产均具有重要意义。如果将基因转移技术、ES 细胞培养技术、核移植技术结合起来，就可能培育出大量的基因型相同的动物克隆群，这对畜牧业和水产养殖业会产生深远的影响。

（二）新农药和兽药的生产

应用细胞工程生产的新型农药和兽药在农作物病害防治以及畜禽传染病防治方面已取得一些可喜成果。棉铃虫是危害棉花等多种作物的重要虫害，以前主要靠化学农药灭虫，不仅造成棉铃虫产生抗药性，同时残留的化学农药污染环境，破坏生态平衡。目前通过先从自然死亡的棉铃虫体内分离到病毒，然后采用工厂化饲养棉铃虫幼虫，感染病毒，经进一步加工后制成棉铃虫核型多角体病毒杀虫剂，在棉铃虫幼虫繁殖高峰期到来之前，喷洒该杀虫剂，棉铃虫幼虫便因感染病毒而死亡。棉铃虫多角体病毒不伤害棉铃虫的天敌，对人畜无害，是一种较理想的昆虫病毒杀虫剂。在植物病害方面，番茄花叶病是一种较普遍的病害。人们将番茄花叶病病毒经亚硝酸诱变，培育成亚硝酸突变体，它是一种防治番茄花叶病病毒的弱毒疫苗。在番茄幼苗移栽前，只要把幼苗根部浸入含有该弱毒液体中处理 1min，移栽后长出的番茄植株就有抗病能力。

可以说，利用由基因工程和细胞工程构建的工程菌，生产高效、无毒和无污染的细菌毒素杀虫剂、新兴农用抗生素、新兴除草剂和畜禽疫苗将会有更大的发展前景。

（三）食品和饲料生产

细胞工程是解决人类食品和畜禽饲料的一条重要途径，与细胞工程有关的食品和饲料工业主要包括蛋白质、氮基酸和糖三大类物质的生产。已知的 20 种蛋白质氨基酸，国外已能用发酵法生产 18 种，并已构建出 9 种氨基酸的工程菌，其中苏氨酸和色氨酸两种已正式投产。由细胞工程生产的蛋白质主要是单细胞蛋白或称作微生物蛋白，单细胞蛋白的生产菌主要包括酵母、细菌、放线菌、霉菌和藻类等。这些微生物的蛋白质含量很高，还有种类较多的氨基酸和丰富的维生素，营养价值较高。目前，细胞工程生产的单细胞蛋白主要还是用做饲料喂养畜禽，提高畜禽育肥率与产蛋白率。今后的主要方向应是研制能利用天然维生素而获得高蛋白或高氨基酸含量的生产菌种，同时通过细胞工程生产新型甜味剂以及食用天然色素、维生素、调味品，香料也是今后研究开发的重点。

三、能源

人类日常生活和工农业生产采用的能源主要有：①化石能源；③水力、风力和潮汐能源；③原子能；④再生能源。再生能源是指植物（包括农作物、树木、牧草和藻类等）利用太阳能进行光合作用所积累的有机物，主要组分为纤维素、半纤维素和木质素。这是传统家庭生活的主要能源，也是今后值得重视并进行合理研究开发利用的能源。再生能源的开发利用是细胞工程的研究热点之一。细胞工程在再生能源开发利用上的作用表现在两个方面：①培育能高效转换太阳能的植物，即具有高效率光合作用的植物；②和基因工程相结合，培育出能高效发酵纤维素产生乙醇等替代能源的高效菌种。

四、环境保护

环境污染是伴随着现代工业发展而出现的一个世界性难题。大量的生活和生产污水未经任何处理就排放到江河湖泊内，成千上万的船只丢弃的生活废物及漏洒的机油不断地流入水中，土壤中积累的残留农药和化肥在雨后随雨水渗入地下或流入江河，这些都造成地下水和江河水的污染。除水污染外，大量使用农药造成的粮食、蔬菜和水果等食品的污染，也直接危害着人类的健康。

通过细胞工程的方法防治工业污染可从两方面入手，一是尽可能用生物化学反应过程代替化学合成过程，从长远意义上讲，酶工程工业会变得越来越重要，这就要求培育出更多的适合应用的工程菌。第二个方面是治理已经污染的环境。对水污染而言，可根据排出物的不同性质，培育出能分解这些废物的工程菌，使废水变成清洁水。具体实施办法是在下水道与污水井中投入能分解脂肪、蛋白质、纤维素的细菌，起到净化污水的作用。防止农药污染要采取多种途径的综合措施。如采取生物防治措施代替或减少用化学农药来防治病虫害，根据不同的病源可采取以虫治虫、以鸟治虫、以菌治虫、以病毒治虫，以及利用疫苗给植物打“防疫针”预防植物病毒与细菌病害等方法。

在核工业中铀对生物体的危害很大，但同时它是核工业中的主要原料，地下贮量少，价格贵。因此，如何充分利用含铀废物既是一个经济问题，也是一个社会问题。现已发现一种细菌能将铀从矿石中分解出来溶于水中，用此法来处理低品位的矿石或提炼用过的废矿渣，可从中提取出宝贵的铀。同时，用工程菌处理含铀废水，工程菌可将铀吸收到体内

（如酵母体内积累的铀含量可达菌重的 20%），起到回收残铀与净化环境的双重作用。

另外，石油化工工业的发展，使塑料产品渗透到人们生活的各个方面。但塑料废品却是难以处理的大问题。所以，也应设法培养出能分解塑料的工程菌，用于处理塑料废品和塑料垃圾。

第十一章 发酵工程

第一节 发酵工程概况

一、发酵工程的概念

发酵工程是生物技术的基础和重要组成部分，是生物技术产业化的重要环节。它将微生物学、生物化学、化学工程的基本原理有机结合起来，通过现代工程技术手段大规模培养微生物菌体，利用微生物的生理代谢活动来生产有用物质。由于它是在酵母发酵生产饮料酒的基础上发展起来的，故称为发酵工程。“发酵”（fermentation）一词最初来自于拉丁语的“发泡”（fervere），它描述酿酒过程中因产生大量 CO_2 气体而引起的沸腾现象。由于“发酵”一词产生于微生物被发现之前，因而它不可能包涵微生物的所有生命活动，也不可能确切反映现代微生物工业。作为现代科学概念上的微生物发酵工业，是 20 世纪 40 年代随着抗生素工业的兴起而得以迅速发展的。

现代发酵工程是将传统的发酵技术与现代的基因工程、细胞工程、代谢工程、生物信息工程和计算机控制等新技术相结合并迅速发展起来的现代发酵技术。它不仅包括天然微生物的传统发酵，而且包括人工组建的“工程菌”、动植物细胞等的培养过程，并广泛应用于化学工业、医药、食品、能源、环境保护和农牧业等许多领域。

二、发酵工程的组成部分

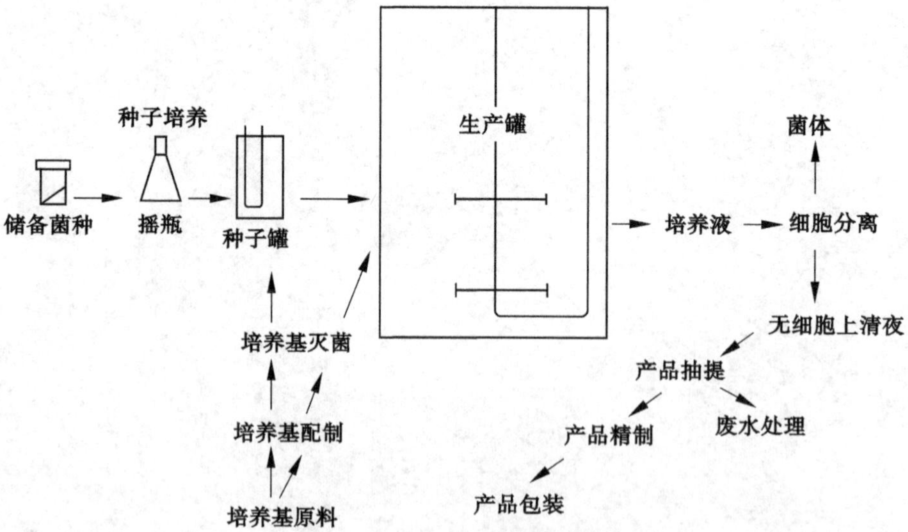

图 11-1 典型微生物发酵过程示意图

发酵工程可分为如下六个基本组成部分：

（1）培养基制备　包括原料的选择，必要的物理、化学方法加工（除杂、粉碎、蒸煮、水解、固液分离等），培养基的配制和灭菌等。

（2）无菌空气的制备　氧在发酵培养基中的溶解度是很低的，其饱和溶氧浓度一般不超过 6 ～ 8g/m^3，而整个好氧发酵过程中的需氧量达 10 ～ 100kg/m^3，是饱和溶氧浓度的几千倍至上万倍。因此，好氧发酵过程中必须源源不断地通入无菌空气。

（3）菌种与种子扩大培养　在微生物发酵过程中，首先应采用诱变育种、细胞融合和基因重组等技术对生产菌种进行改造，选择高产、稳产、对培养要求较低的生产菌种。发酵前必须经多级扩大培养获得足够数量和一定质量要求的种子，以满足发酵生产的需要。

（4）发酵培养　发酵培养操作的基本原则是按照特定微生物发酵的要求，保证和控制各种环境条件，如营养物浓度、温度、pH 值、压力、溶氧浓度等，以促进微生物的新陈代谢，使之能在低消耗下获得较高的产量。

（5）发酵产品下游加工过程　从微生物发酵液中分离、精制生物产品的过程称为下游加工过程（down stream processing）。一般说来，下游加工过程可分为发酵液预处理、初步纯化（即提取）、高度纯化（精制）和成品加工四部分。所用单元操作包括絮凝、固液分离、细胞破碎、沉淀、吸附、膜分离、萃取、离子交换、电泳、结晶、色层分离、浓缩、干燥、包装等。

（6）微生物过程废弃物的处理　微生物发酵工业的废弃物包括三部分：原料处理过程中剩下的废渣，产品分离与提取过程中剩下的细胞、废糟和废母液，以及生产过程中的各种洗涤水、冷却水。发酵废弃物一般不含有毒物质，但 BOD 和 COD 含量很高，其中不乏许多有用物质。如果直接排放，不仅会造成严重的环境污染，而且是资源的浪费。综合利用发酵液废弃物，发展高效、低能耗的废水处理技术，以实现发酵过程的清洁生产，是近年来微生物工程研究的重点之一。

三、发酵工程的发展简史

从人们自觉利用有益微生物至今，发酵工程的发展据其特点分为以下几个时期：

1. 传统（古老）发酵技术

人类利用微生物的实践可追溯到原始人类的生活期间。远在人类的穴居时代，人们就发现吃剩并经过贮存后的兽肉比鲜肉的味道更好，过熟的或开始有些腐烂的果子可制得醉人的饮料。肉类的贮存和酒类的酿造是人类利用微生物制造生物产品的开端，只是当时人们并不知道这些都是微生物发酵作用的结果。古埃及人在公元前 40 世纪时开始用经发酵的面团制作面包，公元前 20 世纪已掌握了用裸麦制作啤酒的技术；公元前 25 世纪古巴尔干人开始制作酸奶；公元前 20 世纪古亚述人已会用葡萄酿酒。我国传统发酵技术的历史同样悠久，用黏高粱（秫）造酒始于第一个奴隶制朝代——夏代的初期（迄今约 4000 年）；在 3500 多年前的商代，开始了用人畜的粪便和秸秆、杂草等沤制堆肥；在 3000 多年前的商代后期，人们发现用发了霉的豆腐可以治外伤；在 2000 多年前的汉武帝时代，开始有了葡萄酒；白酒的起源，当在元朝以前；北魏时期《齐民要术》记录了我国人民用散曲中的黄曲霉产生的蛋白酶和淀粉酶制造酱和酿醋等。由于当时人们并不认识微生物，自然就不可能控制发酵过程，只能凭经验。尽管如此，这些生产实践还是十分可贵的，它为其后微生物发酵工程的建立奠定了基础。

2. 近代发酵技术的建立（纯培技术的建立）

微生物的发现和发酵技术的建立与显微镜的诞生是密不可分的。1665 年，英国人胡克用制作的显微镜观察到了霉菌，还观察到了植物切片中存在胞粒状物质，因而把它称为细胞（cell），此名称一直沿用至今。1680 年荷兰人列文霍克（A. VanLeeuwenhoek）制成了能放大 200 ～ 300 倍的显微镜，观察到了微小生物，并对杆菌、球菌、螺旋菌等作了相当正确的描述。1857 年，法国人巴斯德明确指出酒精是酵母细胞生命活动的产物，揭示了发酵的秘密，认识到发酵是由微生物的活动引起的。巴斯德的发现使人类认识了微生物与发酵的关系，但他没有建立纯培养技术，即只含一种微生物的培养方法。19 世纪末，德国人科赫（R. Koch）首先应用固体培养基分离微生物。1881 年，他与他的助手们发明了加入琼脂的固体培养基，并发明一种“皮式培养皿”，供平板培养之用；在平皿中用接种针蘸上混合菌液在固体培养基表面划线，经培养后即可获得由单个细胞长成的菌落，此种方法一直沿用至今。通过上述技术的应用，改进了发酵管理工程技术，发明了简便的密闭式发酵罐，初步建立了人工控制环境条件的发酵系统，使啤酒、葡萄酒、酱油等生产的腐败现象大大减少，生产规模和发酵效率不断提高，并逐渐由手工作坊向大型工业化生产转变。在此基础上，逐渐建立了丙酮、丁醇、甘油、酒精、有机酸、固体酶制剂等工业，主要是一些厌氧发酵和表面固体发酵产生的初级代谢产物。微生物纯培技术的建立，开创了人类控制微生物的时代，促进了近代微生物发酵工业的形成。

3. 现代发酵技术的建立（好气培养技术）

青霉素的发现，不仅开创了微生物产品在医药方面的应用，同时开创了好气发酵工程，促进了微生物工业的迅速发展，是微生物发酵工业的第一次技术革命。1928 年，英国细菌学家弗莱明发现了能够抑制葡萄球菌生长的点青霉，其产物被称为青霉素，并于 1945 年开始大规模投入生产。同时建立了深层液体通风培养技术（包括无菌空气制备技术和通风机械搅拌发酵罐的发明）即机械搅拌通气技术，从而推动了抗生素工业乃至整个发酵工业的快速发展。青霉素的工业化生产，促进了上百种新的抗生素和其他次级代谢产物的工业微生物产品的开发。同时，在其基础上发展起来的好气培养技术，很快被应用于有机酸、酶制剂、氨基酸等初级代谢产物的生产，从而取代了原来落后的固体或表面发酵方式，并由此诞生了一个新的学科——微生物发酵工程。

4. 人工诱变育种与代谢控制技术

随着生物化学和微生物遗传学的发展，促进了 20 世纪 60 年代氨基酸、核苷酸等微生物工业的建立。1955 年，日本微生物学者木下祝郎成功地用谷氨酸棒杆菌（*Corynebacterium glutamicum*）发酵生产获得了谷氨酸，以后鸟氨酸（1957）、赖氨酸（1958）、异亮氨酸（1959）、缬氨酸（1960）、高丝氨酸（1960）等相继投产，目前几乎所有的氨基酸均可用微生物发酵法生产。在菌株选育基础上发展起来的代谢控制技术，是以动态生物化学和微生物遗传学的理论为基础，采用物理或化学方法对微生物遗传物质进行诱变，得到适合于生产某种产品的突变株，再在人工控制条件下培养，即可选择性地大量生产人们所需的物质。人工诱变育种与代谢控制技术的建立，使人们可以有目的地改良和筛选微生物菌种，以获得较高产量，是微生物发酵工业的第二次技术革命。新的微生物发酵产品，包括氨基酸、核苷酸、维生素、新的抗生素、新的有机酸、新型酶制剂等不断涌现，使近代微生物工业发展进入了全盛时期。

5. 基因工程与克隆技术

1953年，美国的Watson和Crick发现了DNA双螺旋结构。1973年，美国加利福尼亚旧金山分校的Herber Boyer和斯坦福大学的Stanley Cohen将两个质粒用核酸内切酶酶切后，在连接酶存在的条件下连接起来，获得了具有两个复制起点的杂合质粒，并转化大肠杆菌。这些崭新的生物技术如基因重组、细胞融合等赋予了发酵工程崭新的内容，人们可以按照设想的蓝图，对微生物菌种进行细胞水平、分子水平不同层次的创造设计，构建出自然界原来没有的、具有特殊功能和多功能的“超级菌”和“工程菌”，通过工程微生物发酵以生产新的物质。基因工程技术的应用是微生物发酵工业的第三次技术革命。

四、发酵工程产品类型

发酵工程就是利用有益微生物的生命活动来生产人们所需的产品，微生物过程的总反应式可表示如下：培养基（营养物质）→微生物生命活动目标代谢产物 + 代谢副产物 + 微生物细胞（产品）（副产品）（产品或副产品）

微生物代谢产物的种类很多，根据产品与微生物生长代谢的关系，可将微生物发酵工业分成如下四大类：

1. 微生物代谢产物产品

微生物利用营养物质进行生长代谢的过程如图11-2所示。首先，微生物通过分解代谢获得能量（ATP）和组成细胞的基础物质（代谢产物），随后通过合成代谢合成各种细胞组分（蛋白质、核酸、多糖等），进而生长繁殖（合成细胞）。此生命活动过程中的许多产物都可成为微生物发酵工业的产品，因此微生物代谢产物产品有很多，大体可分为初

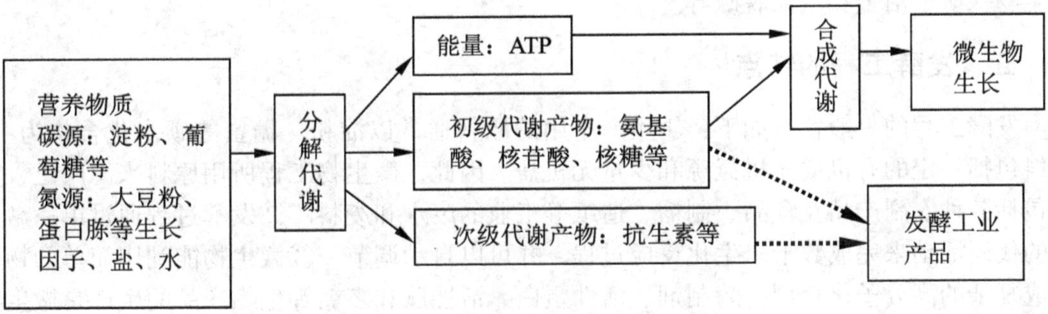

图11-2 微生物生长代谢的过程

级代谢产物和次级代谢产物两大类。在菌体旺盛生长时所产生的产物，如氨基酸、核苷酸、蛋白质、核酸、糖类等，是菌体生长繁殖所必需的，这些产物叫做初级代谢产物。许多初级代谢产物在经济上具有相当的重要性，分别形成了各种不同的发酵工业。在菌体生长至一定时期，某些菌体能合成一些具有特定功能的产物，如抗生素、生物碱、细菌毒素、植物生长因子等，这些产物与菌体生长繁殖无明显关系，叫做次级代谢产物。次级代谢产物多为低相对分子质量的化合物，但其化学结构类型多种多样，其中包括不同种类的抗生素。由于抗生素具有广泛的抗菌作用，而且还有抗病毒、抗癌和其他生理活性，因而

得到了大力发展，已成为发酵工业的重要支柱。临床上使用的抗生素主要是用放线菌和丝状真菌作为菌种生产的。

2. 基因工程菌的产品

通过构建基因工程菌，使微生物产生出它们本身不能产生的外源蛋白，包括植物、动物和人类的多种生理活性蛋白，现在很多已成为产品，如胰岛素、生长激素、细胞因子及多种单克隆抗体等基因工程药物。

3. 微生物菌体产品

这是以具有多种用途的微生物菌体细胞为目标产物的发酵工业，可分成两类。一类是活性微生物试剂，如活性干酵母、活性乳酸菌试剂、活性微生物杀菌剂等；另一类是富含一种或多种有用物质的微生物制品，如饲料酵母（含多种有用物质）、食用营养酵母（含多种有用物质）、富集酵母（含某种微量元素或维生素）、药用真菌（含一种或多种有用物质）等。

4. 微生物的转化发酵

微生物的生物转化作用类似于酶反应过程，它利用微生物细胞中的一种或多种酶，把一种化合物转变成结构相关的更有经济价值的产物。微生物的生物转化有脱氢、氧化、羟化、缩合、脱羧、氨化、脱氨、同分异构等催化反应。微生物工业中最常见的生物转化产品有甾体、抗生素和前列腺素等。微生物转化过程的特点是：第一步生产大量的菌体，第二步催化单一的反应。生物转化过程的另一种生产方法是，将第一步生产的全细胞或其中有催化作用的酶固定在惰性载体上，这样具有生物转化作用的固定化细胞或酶就可以反复多次使用。

5. 微生物特殊机能的利用

微生物特殊机能的利用包括：利用微生物净化环境；利用微生物保持生态平衡；利用微生物探矿、冶金和石油脱硫等。

五、发酵工程的特点

发酵工程的一般特点如下：①生产所用的原料通常以淀粉、糖蜜等碳水化合物为主，辅料包括一定的有机或无机氮源和少量无机盐。因此，微生物工程所用原料来源广泛，其中包括各种农副产品及食品、制糖、造纸等工业的废水和废料。②发酵过程通过单一微生物的代谢活动来完成数十个生化反应过程，并可以自动调节。③微生物能利用简单的物质合成复杂的高分子化合物。酶制剂、活性蛋白、活性肽和多糖等生物产品的生产是微生物工业最有发展前景的领域。④由于生命体特有的反应机制，微生物能高度选择性地把一种化合物转变成结构相关的更有经济价值的产物。⑤微生物在自然界中分布很广，种类繁多。人们可有目的地从自然界中筛选有用的微生物菌种，并可通过物理和化学诱变、细胞融合和基因重组等育种技术获得高产菌株。

传统的化学工业几乎全部是在高温、高压条件下进行反应，要求耐酸碱、耐腐蚀的设备，既消耗能源，又污染环境。发酵工程是以活细胞（主要是微生物，也包括动植物细胞）或其组成部分（细胞器和酶）控制在最优化条件下进行工业化生产的，条件自然相当温和。由于微生物种类繁多、繁殖速度快、代谢能力强，容易通过人工诱变获得有益的突变株，而且微生物酶的种类很多，能催化各种生物化学反应，所以发酵工程具有传统化学工业无法比拟的优点。

六、发酵工程的应用

微生物的应用已有数千年的历史。最初，微生物的应用仅限于食品与酿酒工业。随着近代发酵工业的建立与发展，微生物工业的应用领域逐渐扩展到医药、轻工、农业、化工、能源、环境保护和冶金等各个行业。特别是基因工程和细胞工程等现代生物技术的注入，从细胞水平和分子水平改良或创建微生物新种，使微生物发酵的水平大幅度提高，发酵产品的种类和范围不断扩大，其中包括许多动、植物细胞产品。目前，微生物工业的产品已达数千种，涉及国民经济各部门。

“21 世纪是生物技术的世纪”已成为不争的事实。20 世纪后期，生物高新技术的发展，特别是人类基因组计划的实施，开创了生命科学的新纪元，为医药、农业、工业、环境和能源领域带来了新的机遇，产生了医药生物技术和农业生物技术两次革命，不但使人们对生命现象的本质及其与环境相互作用的规律有了更深刻的了解，而且推动了整个新兴产业的发展，创造出巨大的社会财富。

我国生物技术的发展，特别是医药生物技术和农业生物技术的发展，取得了令世人瞩目的成就。在基因组学、蛋白质组学、生物信息学等生物关键技术上都有所突破，建立了一批高水平的技术平台，发表了一批高水平的论文。并且，以生物高新技术为核心的高新技术产业也得以迅速发展，已逐步成为我国国民经济的支柱产业。

然而我国在高速发展的经济建设中也遇到了一些严重的问题：资源短缺、能源短缺和环境污染制约了我国经济和社会的发展；相对落后的工业过程技术使我国生物技术药物的产业规模难以扩大，竞争力难以提高；传统化工工业仍不能摆脱高耗能、高耗材、高污染的困境，并且带来一系列食品安全问题。解决这些问题的根本出路是发展近年来国际上兴起的热点技术——工业生物技术。

工业生物技术是生物学、化学和过程工程学的交叉技术。其核心目标是大规模采用生物体系（细胞和酶）催化物质转化，其核心技术就是发酵工程和酶工程技术。

与传统的工业过程不同的是，工业生物技术过程具有高效率、高选择性、低能耗性及环境友好和可再生的特性。工业生物技术不但可以从根本上解决资源和能源的可持续发展问题，而且也是医药生物技术、农业生物技术产业化的支撑技术。发展工业生物技术有利于化工、材料、食品加工、纺织、造纸、冶金和环境改造等多个产业领域国际竞争力的提升。因而，工业生物技术已被称为继 20 世纪 80、90 年代中兴起的医药生物技术革命和农业生物技术革命后的第三次生物技术革命浪潮，也是 21 世纪化学工业的基本工具。“碳水化合物”时代将替代“碳氢化合物”时代。

第二节 优良菌种的选育

一、微生物的自然分布

自然界中蕴藏着大量的微生物，这些微生物在生物生态上起着重要的作用，土壤、空气、水、动植物体以及各种极端环境都有微生物的踪迹，有机物的分解、氮的固定过程都离不开它们。一般微生物的种类和数量要受到所处环境中有机物、氧、温度、水分、pH值、光线等各种因素的影响。据报道，1g土壤约栖息1亿个细菌、1000万个放线菌、100万个真菌、55万个藻类，目前全世界能分离培养的微生物还不到其总数的1%。土壤中的大量微生物已成为分离各种抗生素、生理活性物质、酶和氨基酸产生菌的主要来源。土壤中微生物分布的数量为细菌（10^8个/g），放线菌（10^7个/g），霉菌（10^6个/g），酵母菌（10^5个/g），藻类（10^4个/g），原生动物（10^3个/g）。

二、生产菌种的要求和来源

1. 生产菌种的要求

开发微生物资源的关键是获得所需要的菌种，优良的微生物菌种是工业微生物技术的关键和基础。理想的工业发酵菌种必须具有下述特性：①纯种培养物；②遗传性状稳定；③生长速度快；④能利用廉价、来源广、成分简单的培养基；⑤能忍耐不良环境因素如温度、pH值、离子强度、剪切力等；⑥快速生产目的产物，不产或少产毒性物质或副产物。

2. 生产菌种的来源

自然环境下的微生物是混杂生长的，要获得理想的菌株，必须要有快速、准确、高通量的菌种分离和筛选方法。

典型的微生物菌种分离筛选过程可分为采样、增殖培养、分离纯化、性能测定等。见图11-3。

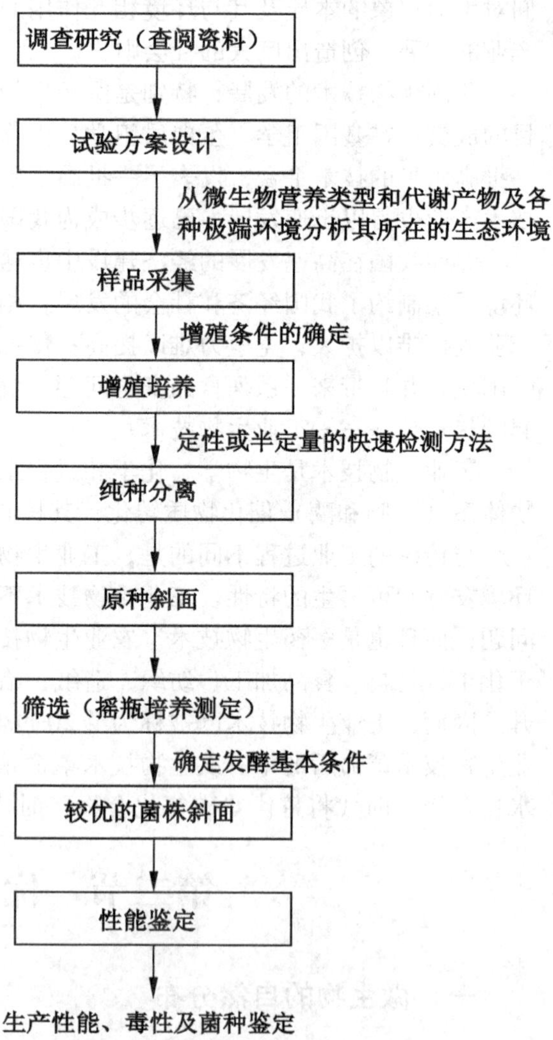

图11-3　典型的微生物菌种分离筛选过程

（1）微生物样品采集　采样应根据筛选的目的、微生物分布情况、菌种的主要特征及其生态关系等因素，确定具体的时间、环境和目标物。

自然界中的土壤、水、空气、动植物及其腐败残骸含微生物样品极其丰富，但总体来讲，土壤样品的含菌量最多，土壤具备了微生物所需要的营养、空气、水，是我们采集样品的首选目标。每克土壤的含菌量大体有如下递减规律：细菌 > 放线菌 > 霉菌 > 酵母 > 藻类 > 原生动物。微生物由于生理特性不同，季节、表面的植被、温湿、通风情况、养分、水分、pH值和光照等都会影响土壤中的微生物分布。

（2）富集培养　一般在采集的样品中待分离的菌种在数量上并不占优势，为提高分离的效率，我们要根据微生物的生理特点，设计一种选择性培养基，创造有利的生长条件，使目的菌在最适环境中生长繁殖，使天然样品中的劣势菌转变为人工环境中的优势菌，便于将它们从样品中分离，这种方法称为增殖培养或富集培养。与直接分离相比较，直接分离避免了不同微生物之间的竞争作用，而富集培养是基于不同微生物之间在液体培养基中的自由竞争，在人为选定的培养条件下，适合生长的微生物会在数量上超过其他微生物而最终占优势。富集培养主要根据微生物的碳源、氮源、pH 值、温度、需氧等生理因素来控制。

（3）分离纯化　虽然增殖培养过程中设置了许多限制因素，目的微生物得到增殖，占了优势，其他种类的微生物在数量上相对减少，但富集后的培养液中仍是一个各类微生物的混合体。为了获得某一特定的微生物菌种，必须进行微生物的分离纯化，把最需要的菌株直接从样品中分离出来。

常用的菌种纯化方法很多，大体可将它们分为两个层次，一个层次较粗放，一般只能达到"菌落纯"的水平，其方法有划线分离法、稀释涂布法。划线分离法简单、较快；而稀释涂布法获得单菌落均匀，获得纯种的几率大，特别适合分离具有蔓延性的微生物如根霉、毛霉等霉菌，这类微生物在分离时极易生长成片，很难挑单菌落，实验中可在培养基中加入去氧胆酸盐或山梨糖。

另一层次是较为精细的单细胞或单孢子分离法，可达到"菌株纯"的水平。最简便的方法是利用培养皿或凹玻片等分离小室进行细胞分离，或利用复杂的显微操作装置进行单细胞挑取。

（4）菌种筛选、性能评价及菌种的初步鉴定　在目的菌株分离的基础上，初筛就是进一步筛选目的产物生产能力高的菌株。菌株的分离和初筛往往是结合在一起进行的，分离时所采用的选择性培养基和特异性平板检测方法等本身就包含了筛选的内容。虽然平板法是常用的初筛方法，但由于是固体培养，与液体培养条件差距较大，需进一步采用摇瓶培养法来筛选。摇瓶培养法更接近于发酵罐培养的条件。初筛由于菌株量相对还较大，故一般一个菌株接一个瓶，在摇床上及合适的温度条件下振荡培养，并对产物进行活性测定。

这种直接从自然界样品中分离出来、具有一定生产性能的菌株称为野生型菌株。野生型菌株往往低产甚至不产所需的产物，只有经过进一步的人工改造才能真正用于工业发酵生产。所以，我们常将这种野生型菌株称为进一步育种工作的原始菌株或出发菌株。

确定菌种的类别，尽可能地将其分类到种或属是很有价值的。因为这样我们就可以将新分离得到的菌种与那些文献上已记载的能产生发酵产品的菌种作一比较。对菌种的分类也可使我们对该菌种对植物、动物或人是否有致病性做一预测，这一点在微生物的操作中是必须考虑的。另外，还可以在某种程度上推测这些微生物的生长特性和其他要求。微生物的分类通常是一个耗时、费力的过程，所以，除非其具有确切的工业前景，否则我们并不希望进行详细分类，只分至大类就可以了。但是如果要注册专利时就应将其鉴定至种。

在实际研究工作中，我们可通过以下途径进行收集和筛选工作：

（1）工业微生物的直接来源　包括土壤，水，新鲜的、发酵的和腐烂的水果和食物，有生命的动植物，废水等。

（2）向菌种保藏机构索取有关菌株　国内外有名的菌种保藏机构有中国微生物保藏管理委员会（CCCCM），美国典型菌种保藏中心（ATCC），英国国家典型菌种保藏所

（NCTC），日本大阪发酵研究所（IFO）等。

三、优良菌种的选育

在生物进化过程中，微生物形成了愈来愈完善的代谢调节机制，平衡生长，高度有序，对外界环境条件的改变能迅速作出反应，进行正常代谢的微生物不会有代谢产物的积累。而微生物育种的目的就是利用微生物遗传学的原理和方法，人为地在 DNA 水平解除或突破微生物的代谢调节控制，使某种代谢产物过量积累，把生物合成的代谢途径朝人们所希望的方向加以引导，或者促使细胞内发生基因的重新组合，优化遗传性状，实现人为控制微生物，获得我们所需要的高产、优质和低耗的菌种。微生物育种的方法目前主要是利用诱变、杂交、原生质体融合技术以及基因工程等方法改造或构建我们所需要的菌株。

1. 自然选育

不经人工处理，利用微生物的自然突变进行菌种选育的过程称为自然选育。一般认为自然突变由两种原因引起，即多因素低剂量的诱变效应和互变异构效应。自然突变可能会产生两种截然不同的结果，一种是菌种退化而导致目标产物产量或质量下降；另一种是对生产有益的突变。为了保证生产水平的稳定和提高，应经常进行生产菌种的自然选育，以淘汰退化的，选出优良的菌种。但自然选育的效率低，因此常与诱变选育交替使用，以提高育种效率。

2. 诱变选育

从自然界直接分离出的野生型菌株积累产物的能力往往很低，无法满足工业生产的需要，这就要求我们对它们进行菌种改造，即育种。诱变育种是指利用物理或化学诱变剂处理均匀分散的微生物细胞群，促进其突变频率大幅度提高，然后设法采用简便、快速和高效的筛选方法，从中挑选少数符合育种目的的突变株，以供生产实践或科学实验之用。诱变育种具有极其重要的实践意义。当前发酵工业和其他微生物生产部门所使用的高产菌株，几乎都是通过诱变育种而大大提高了生产性能的。故诱变育种仍是目前使用最广泛的育种手段之一。

诱变育种的基本过程如下：

选择合适的出发菌株
↓
制备待处理的菌悬液
↓
诱变处理
↓
筛选
↓
保藏和扩大试验

3. 杂交育种

杂交育种的目的是将不同菌种的遗传物质进行交换、重组，使不同菌株的优良性状集中在重组体中，克服长期诱变引起的生活力下降等缺陷。通过杂交还可以扩大变异范围，改变产品的产量和质量，甚至创造出新品种。由于许多重要的具有生产价值的微生物的杂交、有性世代等尚未揭示，在很大程度上妨碍了杂交育种手段的实际应用。因此在原生质体融合技术发现以前，杂交育种在实际应用中虽然不及诱变育种广泛，但它具有一些独特的优点：不同遗传性状菌株的杂交，使两亲株的优良性状集中于重组体内，获得新品种；杂交获得的新遗传特性重组体，可克服因长期诱变造成的活力下降、代谢缓慢等缺陷，提高对诱变剂的敏感性。

4. 原生质体融合育种

原生质体融合（protoplast fusion）是20世纪70年代发展起来的基因重组技术。通过人工方法将遗传性状不同的两个细胞的细胞壁去除，采用物理、化学或生物学方法诱导它们的原生质体发生融合而产生重组子的过程，亦可称为“细胞融合”（cell fusion）。最早是在动物细胞实验中发展起来的，Fodor 和 Schaeffer（1976）分别报道了巨大芽孢杆菌和枯草芽孢杆菌种内原生质体融合，证实了微生物原生质体融合现象。现已成功地实现了酵母菌、霉菌、放线菌和细菌等多种微生物在株内、株间、种间以及属间的融合，从而使原生质体融合技术在微生物方面形成了一个系统的实验体系。目前，原生质体融合已成为微生物遗传育种的一种新工具。原生质体融合技术是继转化、转导和接合等微生物基因重组方式之后，又一个极其重要的基因重组技术。

与常规杂交相比，原生质体融合具有多方面优势：

（1）重组频率较高　由于原生质体没有细胞壁的障碍，而且在原生质体融合时又加入了融合促进剂 PEG 或采用电融合技术，所以微生物原生质体间的杂交频率明显高于常规杂交方法。已知霉菌与放线菌的融合频率为 $10^{-3} \sim 10^{-1}$，细菌与酵母的融合频率亦达到 $10^{-3} \sim 10^{-6}$。

（2）受接合型或致育性的限制较小　由于两亲株中任何一株都可能起受体或供体的作用，因此有利于不同种属间微生物的杂交。另外，由于原生质体融合是和“性”没有关系的细胞杂交，所以其受接合型或致育性的限制比较小。

（3）遗传物质的传递更为完整　由于原生质体融合是两个亲株的细胞质和细胞核进行类似合二为一的过程，因此遗传物质的交换更为完整。在原核微生物中可以得到将两个或更多个完整的基因组携带到一起的融合产物，在放线菌中甚至能形成短暂或拟双倍体的

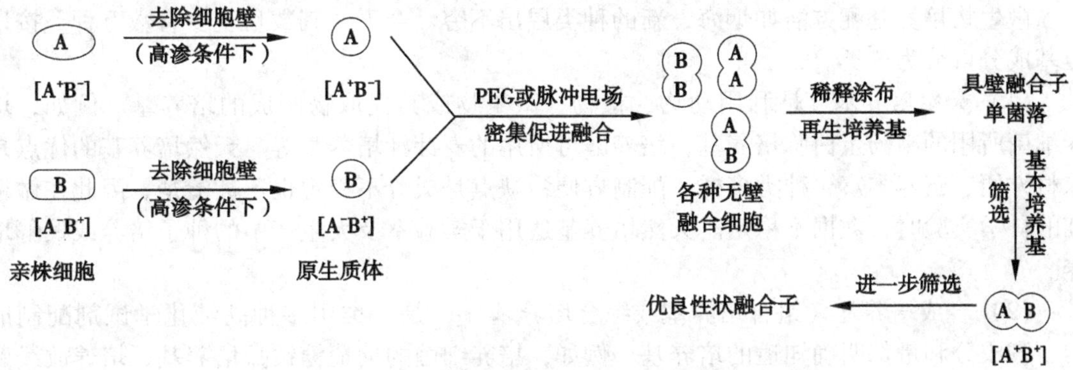

图 11-4　原生质体融合技术示意图

融合产物，而在真菌中能形成短暂的或稳定的杂合二倍体甚至三倍体或四倍体等多倍体。

不足之处是原生质体融合后 DNA 交换和重组随机发生，增加重组体分离筛选的难度。此外，细胞对异体染色体的降解和排斥作用以及遗传物的非同源性等影响原生质体融合的重组频率，使远缘杂交存在较大难度。

微生物原生质体融合的一般原理和过程见图 11-4。主要步骤为选择亲株、制备原生质体、原生质体融合、原生质体再生及筛选优良性状的融合子。

第三节　发酵的操作方式及工艺控制

一、微生物发酵的一般过程

生物发酵工艺多种多样，但基本上包括菌种制备、种子培养、发酵和提取、精制等过程。

1. 菌种

在进行发酵生产之前，首先必须从自然界中分离到合适的菌种，经分离、纯化选育或经基因工程改造后获得的“工程菌”，才能供发酵使用。为了能保持和获得稳定而高产的菌株，需要进行菌种纯化和育种，筛选出高产量和高质量的优良菌株。

2. 培养基

培养基是人工配制的供微生物生长、繁殖、代谢，产生人们所需产物的营养物质和原料。同时，培养基还应提供微生物生长所必需的环境条件，如一定的 pH 值。培养基的组成和配比是否恰当对微生物的生长、产物的形成、提取工艺的选择、产品的质量和产量都有很大的影响。各种发酵过程所使用的最适培养基都是预先经过详尽的研究确定下来的。所有的微生物都需要水、能源、碳、氮、无机盐和维生素等，需氧菌还需供氧。对某一种微生物和产品来讲，究竟用哪些原料做培养基需要经过实验摸索，确定一种既有利于微生物生长，又能保证产品优质高产的培养基配方。在小型实验中，培养基的有些组分可以使用纯净的化合物，但工业生产所用培养基应考虑经济效益，原材料必须来源丰富、价格低廉、质量稳定。培养基的配方应随着菌种的改良、发酵控制条件（pH 值、溶解氧、中间补料）和发酵设备的变化而作相应的调整。

微生物培养基配方浩如烟海，新的种类层出不穷。今天，其数目至少有数万种。按培养基成分可分为三类。

（1）天然培养基　是利用动物、植物、微生物或其提取物制成的培养基。例如，培养细菌所用的肉汤蛋白胨培养基，培养酵母所用的麦芽汁培养基等。天然培养基的优点是取材方便、营养丰富、种类多样、配制方便；缺点是成分不稳定也不甚清楚，因此在做精细的科学实验时，数据不稳定。天然培养基适用于实验室及大生产中的种子培养或发酵培养。

（2）合成培养基（组合培养基或综合培养基）　是一类用多种高纯化学试剂配制成的、各成分和量都明确知道的培养基。例如，培养细菌的葡萄糖铵盐培养基，培养放线菌的淀粉硝酸盐培养基（高氏一号培养基），培养真菌的蔗糖硝酸盐培养基（察氏培养基）等。合成培养基的优点是成分精确，重现性高；缺点是价格昂贵，配制麻烦。合成培养基适用于营养、代谢、生理、生化、遗传、育种、菌种鉴定和生物测定等定量要求较高的研究工作。

(3) 半合成培养基 既含有天然成分又含有纯化学试剂的培养基称之为半合成培养基。例如，培养真菌的马铃薯蔗糖培养基等。严格地讲，含未经特殊处理的琼脂的任何合成培养基，实际上都是半合成培养基。

3. 种子扩大培养

现代发酵工业生产规模越来越大，每个发酵罐的容积从几十立方米到几百立方米，要使小小的微生物在几十个小时的较短时间内，完成如此巨大的发酵转化任务，就必须具备数量巨大的微生物细胞才行。种子扩大培养就是将保存在沙土管、冷冻干燥管中处于休眠状态的生产菌种接入试管斜面，活化后再经过扁瓶或摇瓶及种子罐逐级扩大培养而获得一定数量和质量的纯种的过程。这些纯种培养物称为种子。种子扩大培养不仅是发酵生产的第一道工序，而且是重要的工序。从保藏在试管中的微生物菌种，逐级扩大为生产用的种子，是一个由实验室制备到车间生产的过程，其生产方法与条件随生产品种和菌种种类而异。因此，应根据菌种的生理特性，选择合适的种子扩大培养条件，来获得代谢旺盛、数量足够的种子。优良的种子可以缩短生产周期、稳定产量、提高设备利用率。

4. 发酵

发酵是微生物合成大量产物的过程，是整个发酵工程的中心环节。它是在无菌状态下进行纯培养的过程。因此，所用的培养基和培养设备必须经过灭菌，通入的空气或中途的补料必须都是无菌的，转移种子也要采用无菌接种技术。通常利用饱和蒸汽对培养基进行灭菌，灭菌条件是 120℃维持 20 ～ 30min。空气除菌则采用介质过滤的方法，可用定期灭菌的干燥介质来阻截流过的空气中所含的微生物，从而得到无菌空气。发酵罐内部的代谢变化（菌丝形态、菌液浓度、糖、氮含量、pH 值、溶解氧浓度和产物浓度等）是比较复杂的，特别是次级代谢产物发酵就更为复杂，它受许多因素控制。

5. 发酵产品的分离和精制

从微生物发酵液中分离、精制发酵产品的过程称为下游加工过程（down stream process）。微生物发酵产品的分离与精制始于发酵制酒精和有机酸的分离提取，其加工过程中包括一些化学工程的单元操作。但由于生物制品的特殊要求，因而大多数单元操作的设备与化工单元操作有所不同，其中某些单元操作在一般化学工业中应用较少。在微生物发酵产品的生产中，分离精制是最终获得商业产品的重要环节，其所需投资和生产成本在发酵工厂中占很大比例。

由于发酵产品品种多，性质各异，故用到的单元操作很多，而其中有些新近发展起来的单元操作，如细胞破碎、膜分离、色层分离等还缺乏完整的理论。按生产过程的顺序，发酵产品下游加工过程的一般操作流程可分为四部分，即发酵液的预处理与固-液分离、初步纯化（提取）、高度纯化（精制）和成品加工。

发酵液的预处理与固-液分离流程，对于不同的产品，其差异较大。有些产品可直接进行固-液分离或提取；对于黏度较大的发酵液，常采用凝聚和絮凝等技术来改善发酵液的过滤特性；对于固相颗粒很小和胶体物质含量较多的发酵液，常采用错流膜过滤技术；对于胞内产物，则需先进行细胞破碎，再分离细胞碎片。初步纯化（提取）的目的是除去与目标产物有很大差异的杂质，这一步可以使产物浓缩，并明显提高产品的纯度。常用的分离方法有沉淀、吸附、萃取、超滤等。高度纯化（精制）常采用对目标产物有高度选择性的分离技术，以除去与产物物理化学性质相近的杂质。典型的分离方法有色层分离、离子交换、电泳等。对于某些粗制产品，如工业用酶制剂等则没有高度纯化步骤。成品加工是为了最终获得质量合格的产品，常用的方法有浓缩、结晶、干燥、包装等。

二、发酵的操作方式

按微生物培养工艺不同，发酵生产可以分为固态发酵和液态发酵两种类型。两者在工艺过程上大体相同。固态发酵是将微生物接种到经过处理的固体发酵基质上，或将发酵原料及菌体吸附在疏松的固体支撑物上，通过微生物的代谢活动，使发酵原料转化成发酵产品。采用固态发酵工艺，所需设备简单，不需要结构复杂的发酵罐；操作方法简单，能耗较低，不需要大量的通风和搅拌。但是固态发酵不宜采用自动化控制，劳动强度较大，生产率较低。液态发酵是将物料首先制备成液态，再将微生物接入进行发酵。液态发酵容易实现自动化生产，生产效率高。深层培养按发酵方式分为分批发酵（间歇发酵）、补料分批发酵和连续发酵等。

1. 分批发酵

分批发酵又称为分批培养，是指在一个密闭系统内投入有限数量的营养物质后，接入少量的微生物菌种进行培养，使微生物生长繁殖，在特定的条件下只完成一个生长周期的微生物培养方法。该方法在发酵开始时，将微生物菌种接入已经灭菌的培养基中，在微生物最适宜的培养条件下进行培养，在整个培养过程中，除氧气的供给、发酵尾气的排出、消泡剂的添加和控制 pH 值需加入的酸或碱外，整个培养系统与外界没有其他物质的交换。分批培养过程中随着培养基中的营养物质的不断减少，微生物生长的环境条件也随之不断变化，因此，微生物分批培养是一种非稳态的培养方法。分批培养将细胞和培养液一次性装入反应器内进行培养，细胞不断生长，产物也不断形成，经过一段时间反应后，将整个反应系取出。

分批培养系统属于封闭系统，只能在一段有限的时间内维持微生物的增殖，微生物处在限制性条件下生长，表现出典型的生长周期：①延滞期。培养基在接种后，一段时间内细胞浓度不变或增加不明显，是细胞在新的培养环境中表现出来的一个适应阶段。②指数生长期。由于培养基中的营养物质比较充足，有害代谢物很少，所以细胞的生长不受限制，细胞浓度随着培养时间呈指数增长，也称对数生长期。③静止期或稳定期。因营养物质耗尽或有害物质的大量积累，使细胞的浓度不再增大，在静止期，细胞的浓度达到最大值。④衰亡期。最后由于环境恶化，细胞开始死亡，活细胞浓度不断下降。大多数分批发酵在到达衰亡期前就结束了。迄今为止，分批培养是常用的培养方法，广泛用于多种发酵过程。

2. 连续发酵

连续发酵又称连续培养，是指以一定的速度向培养系统内添加新鲜的培养基，同时以相同的速度流出培养液，从而使培养系统内培养液的量维持恒定，使微生物细胞能在近似恒定状态下生长的微生物发酵培养方式。连续培养与封闭系统中的分批培养方式相反，是在开放的系统中进行的培养方式。在稳定状态下，微生物所处的环境条件，如营养浓度、产物浓度、pH 值等都能保持恒定，微生物细胞的浓度及其比生长速率也可维持不变，甚至还可以根据需要来调节生长速度，因此连续培养的最大特点是微生物细胞的生长速率、产物的代谢均处于恒定状态，可以达到稳定、高速培养微生物细胞或产生大量代谢产物的目的。

连续发酵使用的反应器可以是搅拌罐式反应器，也可以是管式反应器。在罐式反应器中，即使加入的物料不含有菌体，只要反应器内含有一定量的菌体，在一定进料流量范围内，就可实现稳定操作。罐式连续发酵的设备与分批发酵设备无根本差别，一般可采用原有发酵罐改装。根据所用罐数，罐式连续发酵系统又可分为单罐连续发酵和多罐连续发酵。如果在反应器中进行充分的搅拌，则培养液中各处的组成相同，且与流出液的组成一样，成为一个连续流动搅拌罐式反应器（CSTR）。

连续发酵的控制方式有两种：一种为恒浊器法，即利用浊度来检测细胞的浓度，通过自控仪表调节输入料液的流量，以控制培养液中的菌体浓度达到恒定值；另一种为恒化器法，它与前者相似之处是维持一定的体积，不同之处是菌体浓度不是直接控制的，而是通过恒定输入的养料中某一种生长限制基质的浓度来控制的。

用连续培养进行发酵生产，与分批培养相比较，具有反应速度容易控制、设备生产率高和劳动强度低等优点。它也存在一些缺点：①由于是开放系统，加上发酵周期长，容易造成杂菌污染；②在长期连续发酵中，微生物容易发生变异。

有关酵母、真菌、细菌、放线菌、原核生物、藻类等各种微生物连续培养的报道很多，连续发酵目前主要用于研究工作中，如发酵动力学参数的测定，过程条件的优化试验等，而在工业生产中的应用还不多。连续培养方法可用于面包酵母和饲料酵母的生产，以及有机废水的活性污泥处理。另外，酒精连续发酵生产技术在前苏联也已获得成功的应用。最近发展的一种培养方法是把固定化细胞技术和连续培养方法结合起来，用于生产丙酮、丁醇、正丁醇、异丙醇等重要工业溶剂。

3. 补料分批发酵

补料分批发酵又称流加培养，是指在微生物分批发酵中，以某种方式向培养系统补加一定物料的培养技术，是介于分批发酵和连续发酵之间的一种发酵技术。通过向培养系统中补充物料，可以使培养液中的营养物浓度较长时间地保持在一定范围内，既保证微生物的生长需要，又不造成不利影响，从而达到提高产率的目的。

补料分批发酵一般使用在下列两种情况中：一种情况是培养过程中的主要底物是气体；另一种情况是存在底物抑制。目前补料分批发酵的类型很多，就补料的方式而言，有连续补料、不连续补料和多周期补料；每次补料又可分为快速补料、恒速补料、指数速度补料和变速补料；按反应器中发酵液体积区分，又有变体积和恒体积之分；从反应器数目分类又有单级和多级之分；从补加的培养基成分来分，又可分为单一组分补料和多组分补料。

目前补料分批培养已在发酵工业中普遍应用于氨基酸、抗生素、维生素、酶制剂、单细胞蛋白、有机酸以及有机溶剂等的生产过程。

三、发酵工艺的控制

发酵工艺过程不仅涉及生物细胞的生长、代谢和繁殖等生命过程，而且还涉及微生物细胞分泌的各种酶所催化的生化反应，这些反应及过程都受到环境条件的影响。在发酵中微生物的数量不断增加，发酵液中的营养物质不断减少，发酵产物增加，这些环境因素的变化，影响正常发酵的进行。通过对发酵条件的检测与调控，维持特定的发酵环境条件，可以保证生产的正常运行。微生物发酵的生产水平不仅取决于生产菌种本身的生产性能，而且要在合适的环境条件中才能使它的生产能力充分表达出来。为此，必须通过各种方法了解有关生产菌种对环境条件的要求，如培养基、pH 值、氧的需求等等，并深入地了解生产菌在合成产物过程中的代谢调控机制以及可能的代谢途径，为设计合理的生产工艺提供理论基础。为了掌握菌种在发酵过程中的代谢变化规律，可以通过各种检测手段以及采用传感器测定随时间变化的菌体浓度、糖和氮的消耗、产物浓度、培养温度、pH 值、溶解氧等参数的情况，并予以有效的控制，使生产菌种处于产物合成的优化环境之中。

1. 温度

在发酵过程中需要维持生产菌的生长和代谢的适宜发酵条件，其中之一就是温度。因微生物的生长和产物合成均需在各自适宜的温度下进行。温度是保证酶活性的重要条件，故在发酵过程中必须保证最适宜的温度环境。

温度对发酵的影响是多方面的，在过程优化中应了解温度对生长和生产的影响是不同的。一般发酵温度升高，酶反应速度增大，生长代谢加快，产物生成提前。但酶本身很容易因过热而失去活性，表现为菌体容易衰老，发酵周期缩短，影响最终产量。

适宜的发酵温度是既适合菌体的生长，又适合代谢产物合成的温度，它随菌种、培养基成分、培养条件和菌体生长阶段不同而改变。理论上，整个发酵过程中不应只选一个培养温度，而应根据发酵过程的不同阶段，选择不同的培养温度。在生长阶段，应选择最适生长温度；在产物分泌阶段，则应选择最适生产温度。但实际生产中，由于发酵液的体积很大，升降温度都比较困难，所以在整个发酵过程中，往往采用一个比较适合的培养温度，使得到的产物产量最高，或者在可能的条件下进行适当的调整。发酵温度可通过温度计或自动记录仪进行检测，通过向发酵罐的夹层或蛇形管中通入冷水、热水或蒸汽进行调节。在工业生产上，所用的大型发酵罐在发酵过程中一般不需要加热，因发酵中释放了大量的发酵热，在这种情况下通常还需要加以冷却，利用自动控制或手动调整的阀门，将冷却水通入夹套或蛇形管中，通过热交换来降温，保持恒温发酵。

2. pH 值

微生物生长和产物合成都有其最适和能够耐受的 pH 值范围，大多数细菌生长的最适 pH 值范围在 6.3 ～ 7.5，霉菌和酵母菌生长的最适 pH 值范围在 3 ～ 6，放线菌生长的最适 pH 值范围在 7 ～ 8。

在发酵过程中，培养基 pH 值的变化取决于所用的菌种、培养基的成分和培养条件。培养基中营养物质的代谢是引起 pH 值变化的重要原因，发酵液的 pH 值变化是菌体代谢反应的综合结果。微生物生长和产物合成阶段的最适 pH 值通常是不一样的，这与菌种特性及产物的化学性质有关，要根据实验结果来确定。

为了确保发酵的顺利进行，应该按发酵过程的不同阶段分别控制不同的 pH 值范围，使产物的产量达到最大，这就需要在发酵过程中不断调节和控制 pH 值的变化。将发酵培养基调节成不同的出发 pH 值，并在发酵过程中定时测定、调节 pH 值，观察菌体的生长情况，以菌体生长达到最高值的 pH 值为菌体生长的合适 pH 值。以同样的方法，可测得产物合成的合适 pH 值。

首先需要考虑和试验发酵培养基的基础配方，使它们有适当的配比，使发酵过程中的pH值变化在合适的范围内。因为培养基中含有代谢产酸（如葡萄糖产生酮酸、$(NH_4)_2SO_4$）和产碱（如$NaNO_3$、尿素）的物质及缓冲剂（如$CaCO_3$）等成分，它们在发酵过程中要影响pH值的变化，特别是能与酮酸等反应，而起到缓冲作用，所以它们的用量比较重要。在分批发酵中，常采用这种方法来控制pH值的变化。

利用上述方法调节pH值的能力是有限的，如果达不到要求，还可在发酵过程中补加酸或碱。过去是直接加入酸（H_2SO_4）或碱（如NaOH）来控制，现在常用的是以生理酸性物质$(NH_4)_2SO_4$和生理碱性物质氨水来控制，它们不仅可以调节pH值，还可以补充氮源。当发酵液的pH值和氨氮含量都偏低时，补充氨水，就可达到调节pH值和补充氨氮的目的；反之，pH值较高，氨氮含量又低时，就补加$(NH_4)_2SO_4$。此外，用补料的方式来调节pH值也比较有效。这种方法既可以达到稳定pH值的目的，又可以不断补充营养物质，目前已经比较成功地采用连续补料的方法来调节pH值，如氨基酸发酵时采用流加尿素的方法。

3. 溶解氧浓度

氧是需氧微生物生长所必需的。在发酵过程中有多方面的限制因素，而溶氧往往最易成为控制因素，这是因为氧在水中的溶解度很低，在28℃时发酵液中的饱和氧浓度只有7mg/L左右。在对数生长期，即使发酵液中的氧浓度达到饱和，若此时终止供氧，发酵液中的溶氧可在几分钟之内全部耗尽。因此，在液体深层发酵过程中要不断通入空气，供给所需的氧气。微生物对氧的需要随菌体量的增加而增加。

在工业发酵中，发酵液中的溶氧水平主要取决于发酵罐的通风量和搅拌转速。为了加速氧的溶解，必须尽可能加大气液两相间的接触面和保证良好的流体力学条件。搅拌能提高通气的效果，使氧气更好地和培养液接触，分散和溶解在培养液中，供微生物利用；搅拌还可以除去细胞呼出的二氧化碳和菌的某些代谢产物，并保持菌丝处于均匀的悬浮状态；搅拌把空气打成小气泡，增加了气-液的接触面，小泡上升速度比大泡慢，同时由于搅拌形成涡流运动，使气泡不是直线上升，增加了气-液的接触时间。生产中可采取增大通气量、通气中加入纯氧、加大搅拌速度等手段来增加氧的溶解，促进发酵。

不同微生物的发酵和同一菌种发酵过程的不同时期，对氧的需求量不同。发酵液的需氧量受菌体浓度、基质的种类和浓度以及培养条件等因素的影响，其中以菌体浓度的影响最明显。发酵液的摄氧率是随菌体浓度的增加而按比例增加的，但氧的传递速率是随菌体浓度的对数关系而减少，因此，可以控制菌的比生长速率比临界值略高一点的水平，达到最适浓度，这是控制最适溶氧浓度的重要方法。最适菌体浓度既能保证产物的比生产速率维持在最大值，又不会使需氧量大于供氧量。

在通气发酵时，通入的空气必须先进行过滤，以除去空气中夹杂的微生物。最常用的方法是将压缩空气经过滤器，除去杂菌，使之成为无菌空气。

4. 发酵泡沫的控制

发酵过程中因通气、搅拌、发酵产生的CO_2以及发酵液中糖、蛋白质和代谢物等稳定泡沫物质的存在，发酵液中形成一定数量的泡沫属正常现象。一般在含有复合氮源的通气发酵中会产生大量泡沫，引起“逃液”。持久性泡沫会给发酵带来许多不利影响，妨碍菌的呼吸，造成代谢异常，使菌体早期自溶，导致代谢产物产量下降。发酵过程中的泡沫还会减少发酵罐的装量系数，因为发酵罐内气体部分占据了体积，使培养液实际工作量减少，影响设备的利用率。一旦泡沫上升达到罐顶，醒液有可能从轴封渗出形成逃液，使培养基流失到罐外，或逆流到过滤器中，造成杂菌污染。

控制泡沫的方法可分为机械法和化学消泡法两大类。机械消泡是借机械引力或剧烈振动或压力变化起消泡作用。消泡装置可安装在罐内或罐外。罐内可在搅拌轴上方安装消泡桨，桨的直径一般为发酵罐直径的0.8～0.9倍，桨面稍高于液面，可随时把产生的少量泡沫打碎，一旦泡沫超过，耙桨即失去作用。罐外法是将泡沫引到罐外，通过喷嘴的加速作用或离心力粉碎泡沫。机械消泡的优点在于不需要引进外界物质，如消泡剂，从而减少染菌的机会，节省原材料，并不会增加下游工段的负担。缺点是不能从根本上消除泡沫成因。

化学消泡法是通过添加消泡剂进行消泡。不论是合成还是天然的消泡剂，都要达到以下条件:无毒，对微生物和人无害，不影响抗生素或生物活性物质的合成，稳定性强，非易燃易爆，能耐高温、高压而不会变性，不影响氧的传递，易在发酵液中分散。发酵工业中常用的消泡剂分天然油脂类、聚醚类、高级醇类和硅树脂类。常用的天然油脂类有玉米油、豆油、米糠油、棉籽油、鱼油和猪油等，它们除作消泡剂外，还可作为碳源；应用较多的聚醚类消泡剂有聚氧丙烯甘油和聚氧乙烯氧丙烯甘油（俗称泡敌），用量为0.03%左右，消泡能力比植物油大10倍以上。泡敌的亲水性好，在发泡介质中易铺展，消泡能力强，但其溶解度也大，消泡活性维持时间较短。

发酵过程中各参数的控制很重要，目前发酵工艺控制的方向转向自动化控制，因而希望能开发出更多更有效的传感器用于过程参数的检测。此外，对于发酵终点的判断也同样重要。生产不能单纯追求高生产力，而不顾及产品的成本，必须把二者结合起来。合理的放罐时间是由实验来确定的，要根据不同的发酵时间所得的产物产量计算出发酵罐的生产力和产品成本，采用生产力高而成本又低的时间作为放罐时间。确定放罐的指标有：产物的产量、过滤速度、氨基氮的含量、菌丝形态、pH 值、发酵液的外观和赫度等。发酵终点的确定需要综合考虑这些因素。

第四节　生物反应器

生物反应器是利用生物催化剂为细胞培养（或发酵）或酶反应提供良好的反应环境的设备，通常称为发酵罐或酶反应器。用于污水处理的曝气池或厌气消化罐也可作为生物反应器的一类。生物反应器是生物反应过程中的关键设备，它的结构、操作方式和操作条件对生物技术产品的质量、转化率和能耗有很大影响。

一个优良的发酵装置应具有严密的结构，良好的液体混合性能，较高的传质、传热速率，同时还应具有配套而可靠的检测及控制仪表。微生物发酵设备有固体发酵设备和液体发酵设备两种；由于微生物有好氧微生物与厌氧微生物，除了某些溶剂（如乙醇、丙酮、丁醇）以及乳酸等少数产品是厌氧发酵外，多数都是通过微生物好氧培养的，所以液体发酵培养装置又相应地分为好氧发酵设备与厌氧发酵设备。对于好氧微生物，发酵罐通常采用通气和搅拌来增加氧的溶解，以满足其代谢需要。此外，搅拌还具有使培养液保持均匀的悬浮状态，促使发酵热散失等作用。

一、机械搅拌式发酵罐

机械搅拌式发酵罐是发酵工厂常用类型之一。它是利用机械搅拌器的作用，使空气和发酵液充分混合，促进氧的溶解，以保证供给微生物生长繁殖和代谢所需的溶解氧。比较典型的是通用式发酵罐和自吸式发酵罐。

通用式发酵罐是指既具有机械搅拌装置又有压缩空气分布装置的发酵罐，如图 11-5 所示。由于这种型式的罐是目前大多数发酵工厂最常用的，所以称为“通用式”。其容积可自 20L ～200m^3，有的甚至可达 500m^3。罐体各部分有一定的比例，罐身的高度一般为罐直径的 1.5 ～ 4 倍。发酵罐为封闭式，一般都在一定罐压下操作，罐顶和罐底采用椭圆形或碟形封头。为便于清洗和检修，发酵罐设有手孔或人孔，甚至爬梯，罐顶还装有窥镜和灯孔，以便观察罐内情况。此外，还有各式各样的接管 。装于罐顶的接管有进料口、补料口、排气口、接种口和压力表等，装于罐身的接管有冷却水进出口、空气进口、温度和其他测控仪表的接口。取样口则视操作情况装于罐身或罐顶。

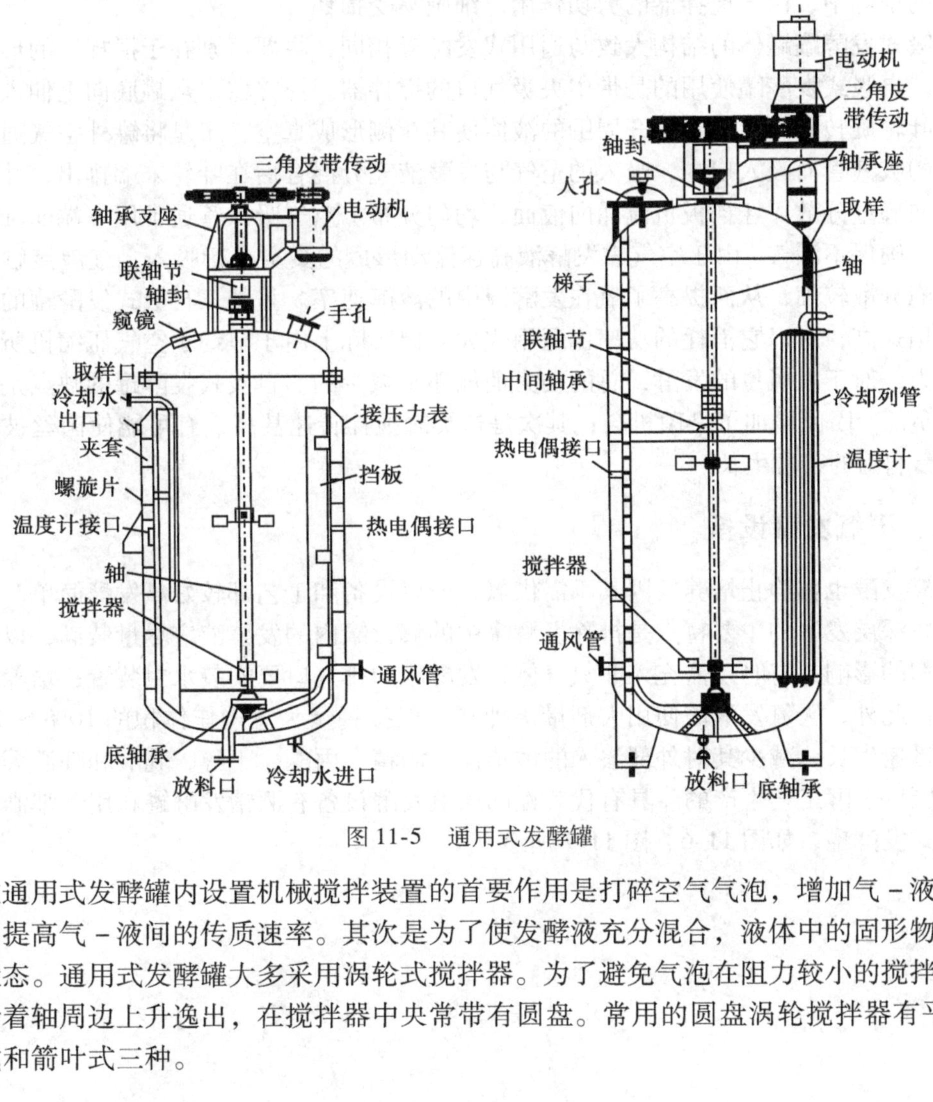

图 11-5 通用式发酵罐

在通用式发酵罐内设置机械搅拌装置的首要作用是打碎空气气泡，增加气 - 液接触面积，以提高气 - 液间的传质速率。其次是为了使发酵液充分混合，液体中的固形物料保持悬浮状态。通用式发酵罐大多采用涡轮式搅拌器。为了避免气泡在阻力较小的搅拌器中心部位沿着轴周边上升逸出，在搅拌器中央常带有圆盘。常用的圆盘涡轮搅拌器有平叶式、弯叶式和箭叶式三种。

为防止搅拌器运动时液体产生漩涡，在发酵罐内壁需安装挡板。挡板的长度自液面起至罐底部为止，其作用是加强搅拌，促使液体上下翻动和控制流型，消除涡流。挡板与器壁之间留有空隙，防止积存渣垢。

通用式发酵罐内的空气分布管是将无菌空气引入到发酵液中的装置。空气分布装置有单孔管和环形管等形式，装于最低一挡搅拌器的下面，喷孔向下，以利于罐底部分液体的搅动，使固形物不易沉于罐底。空气由分布管喷出，上升时为转动的搅拌器打碎成小气泡并与液体混合，加强了气－液的接触效果。

发酵罐的传热装置有夹套和蛇管两种。一般容积为 $5m^3$ 以下的发酵罐采用外夹套作为传热装置，而大于 $5m^3$ 的发酵罐采用立式蛇管作为传热装置。

发酵罐采用机械消泡装置来破碎泡沫，最简单的消泡装置为耙式消泡桨，装于搅拌轴上，齿面略高于液面，当少量泡沫上升时，转动的耙齿就可把泡沫打碎。

机械搅拌反应器的优点是 pH 值和温度易于控制，工业放大方法已规范化，适合连续培养。但也有以下缺点：驱动功率大；因内部结构复杂，难于彻底洗净，易造成污染。在丝状菌的培养中，由于搅拌器的剪切作用，细胞易受损伤。

自吸式发酵罐罐体的结构大致与通用式发酵罐相同，主要区别在于搅拌器的形状和结构不同。自吸式发酵罐使用的是带中央吸气口的搅拌器。搅拌器由从罐底向上伸入的主轴带动，叶轮旋转时叶片不断排开周围的液体使其背侧形成真空，于是将罐外空气通过搅拌器中心的吸气管而吸入罐内，吸入的空气与发酵液充分混合后在叶轮末端排出，并立刻通过导轮向罐壁分散，经挡板折流涌向液面，均匀分布。空气吸入管通常用一端面轴封与叶轮连接，确保不漏气。由于空气靠发酵液高速流动形成的真空自行吸入，气液接触十分良好，气泡分散较细，从而提高了氧在发酵液中的溶解速率。另外，自吸式发酵罐的搅拌转速较通用式高，所以它消耗的功率比通用式大，但实际上由于节约了空气压缩机所消耗的大量动力，对于大风量的发酵，总的动力消耗还是减少的。自吸式发酵罐的缺点是进罐空气处于负压，因而增加了染菌机会；其次是这类罐搅拌转速甚高，有可能使菌丝被搅拌器切断，影响菌的正常生长。

二、厌氧发酵设备

厌氧发酵也称静止培养，因其不需供氧，所以设备和工艺都较好氧发酵简单。严格的厌氧液体深层发酵的主要特点是排除发酵罐中的氧；罐内的发酵液应尽量装满，以便减少上层气相的影响，有时还需充入非氧气体；发酵罐的排气口要安装水封装置；培养基应预先还原；此外，厌氧发酵需使用大剂量接种（一般接种量为总操作体积的 10% ～ 20%），使菌体迅速生长，减少其对外部渗入的敏感性。酒精、丙酮、丁醇、乳酸和啤酒等都是采用液体厌氧发酵工艺生产的。具有代表性的厌氧发酵设备有酒精发酵罐和用于啤酒生产的锥底立式发酵罐，如图 11-6，图 11-7 所示。

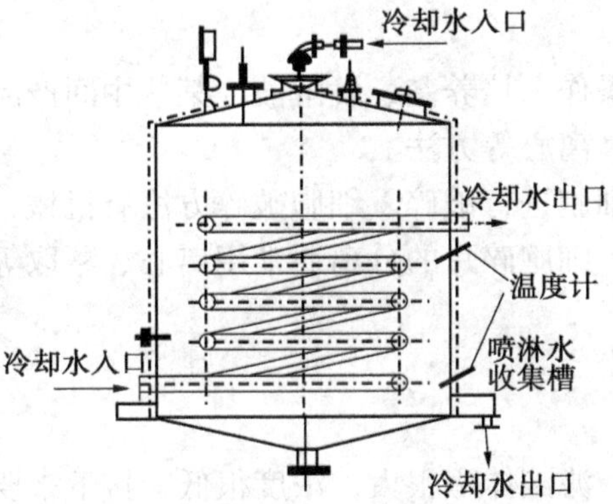

图 11-6　酒精发酵罐

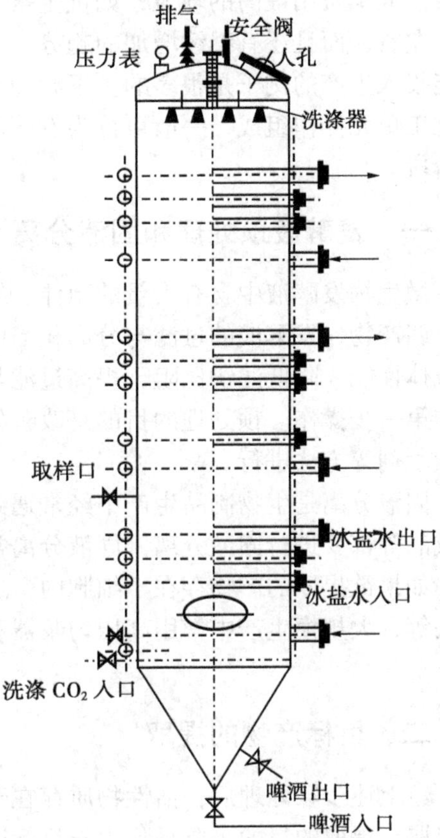

图 11-7　锥底立式发酵罐

第五节　发酵产品的下游加工过程

从发酵液中分离、精制有关产品的过程称为发酵生产的下游加工过程。微生物发酵产品的品种很多，其下游加工过程的一般特点如下：①成分复杂。发酵液是复杂的多相系统，含有细胞、代谢产物和残余培养基等，粘度常很大，代谢产物的分离很困难。②产品浓度低。发酵液中所要提取的有用物质浓度很低，传统发酵一般为1%～10%，活性物质产品则为0.01%～1%，而杂质含量却很高，特别是利用基因工程方法生产的蛋白质，常常伴有大量性质相近的杂蛋白。从低浓度的混合物中分离纯组分，需要较多的能量。③收率低。由于起始浓度低，杂质多，而成品要求纯度高，因此常需好几步分离操作，其结果使产品的收率下降。④失活问题。生物活性物质通常很不稳定。在提取和精制过程中，遇热、极端pH值、有机溶剂、某些金属离子等都会引起失活或分解，对于大分子的蛋白质产品，其活性还受剪切力的影响，正是由于这些原因使某些传统的提取与精制方法不能采用。⑤不稳定性。在发酵培养过程中，由于生物的变异性大，各批发酵液中有效物质浓度、残余培养基等杂质含量，以及杂菌感染程度等不尽相同，这就要求下游加工过程具有一定的弹性。

发酵的最后产品纯度要求较高，上述种种原因使下游加工过程成为许多发酵生产中最重要、成本费用最高的环节，如抗生素、乙醇、柠檬酸等的分离和精制占整个工厂投资的60%左右，而且还有继续增加的趋势。发酵生产中因缺乏合适的、经济的下游处理方法而不能投入生产的例子是很多的。下游加工技术愈来愈引起人们的重视。下游加工过程由许多化工单元操作组成，一般可分为发酵液预处理和固液分离、提取、精制以及成品加工四个阶段。

一、发酵液预处理和固液分离

微生物发酵液中含有大量的菌体、细胞或细胞碎片、残余的固体培养基以及各种微生物代谢产物，发酵液的过滤与分离相当困难。通过对发酵液进行适当的预处理，即可改善其流体性能，降低滤饼比阻，提高过滤与分离的速率。发酵液预处理和固液分离是下游加工的第一步操作。预处理的目的是改善发酵液性质，以利于固液分离，常用酸化、加热、加絮凝剂等方法进行。

固液分离是生物制品生产中经常遇到的单元操作。培养基、发酵液、某些中间产品和半成品等都要进行固液分离。固液分离常用过滤、离心等方法。

如果欲提取的产物存在于细胞内，还需先对细胞进行破碎。细胞破碎方法有机械、化学法等，大规模生产中常用高压匀浆器和球磨机。细胞碎片的分离通常用离心、萃取等方法。

二、目标产物的提取

经上述步骤处理后，活性物质存在于滤液中，滤液体积很大，浓度很低。接下来要进行提取，提取的目的主要是除去与目标产物理化性能有很大差异的物质，使产物浓缩，并明显提高产品的纯度。

提取常用的方法有：

1. 沉淀法

沉淀法是分离和纯化生物物质和发酵产品过程中最常用、最简单的方法之一，广泛用于蛋白质、多糖等大分子物质及柠檬酸、谷氨酸、抗生素和酶制剂等发酵产品的提取。主要起浓缩作用，常用盐析、等电点沉淀、有机溶剂沉淀和非离子型聚合物沉淀等方法。具有设备简单、成本低、原材料易得等优点，并且随产物在溶液中浓度的提高，收率也增高。其缺点是过滤困难，产品质量较低，往往需要精制。

2. 蒸馏

蒸馏是将液-固、液-液混合物分离成较纯或近于纯态组分的单元操作。白酒、酒精、甘油、丙酮、丁醇等发酵产品以及某些萃取过程中的溶剂回收常采用蒸馏方法提取和精制。蒸馏分离主要是依据混合液中各组分的液体具有不同的挥发度，即在相同温度下各自的蒸汽压不同。利用此原理，将混合液加热至沸，部分汽化，把所汽化的蒸汽冷凝，其结果是易发挥组分在冷凝液中的含量较原液中增多。若再使冷凝液部分汽化，并将其蒸汽冷凝，如此重复操作，最后可将液体混合物中的组分以几乎纯态的形式分离出来。

3. 萃取法

萃取是用一种溶剂将产物自另一种溶剂（如水）中提取出来，达到浓缩和提纯目的的单元操作。包括溶剂萃取、两水相萃取、超临界萃取、逆胶束萃取等方法，其中溶剂萃取法仅用于抗生素等小分子生物物质而不能用于蛋白质的提取；两水相萃取法则仅适用于蛋白质的提取，小分子物质不能适用。溶剂萃取法比化学沉淀法分离程度高，比离子交换法选择性好、传质快，比蒸馏法能耗低且生产能力大、周期短，便于连续操作，容易实现自动化。溶剂萃取法广泛用于抗生素、有机酸、维生素、激素等发酵产物的提取。

4. 离子交换

离子交换树脂是一种不溶于酸、碱和有机溶剂，具有一定网状结构的固态高分子材料。它的化学稳定性良好，并且因为具有特定的酸性或碱性官能团，能与发酵液中带电荷的物质进行阴阳离子交换。因此，在发酵工业中离子交换技术广泛用于抗生素、氨基酸、有机酸等提取与精制以及水处理和蛋白质制备过程中。用离子交换法分离提纯各种发酵工业产品具有设备结构简单、工艺操作方便、提取效率较高、成本低以及节约大量的有机溶剂等优点。但离子交换法也存在着生产周期长，生产过程中产生废碱液和废酸液较多，以及必须寻找适宜树脂等缺点。

5. 超滤法

超滤法是利用超滤膜进行溶质的分离或浓缩，可用于小分子提取中去除大分子杂质和大分子提取中的脱盐浓缩等。

6. 吸附法

对于抗生素等小分子物质可用吸附法，现在常用的吸附剂为大网格聚合物，另外还可用活性炭、活性土、氧化铝、树脂等作为吸附剂。

三、精制及成品加工

经提取过程初步纯化后，滤液体积大大缩小，但纯度提高不多，需要进一步精制。初步纯化中的某些操作，如沉淀、超滤等也可用于精制中。大分子（蛋白质）精制依赖于层析分离，层析分离是利用物质在固定相和移动相间分配情况的不同，进而在层析柱中的运动速度不同，而达到分离的目的。根据分配机制的不同，可分为凝胶层析、离子交换层析、聚焦层析、疏水层析、亲和层析等几种类型。层析分离中的主要困难之一是层析介质的机械强度差，因此研究生产优质层析介质是下游加工的重要任务之一。小分子物质的精制常利用结晶操作。

经提取和精制后，一般根据产品要求，最后还需要浓缩、无菌过滤、干燥、加稳定剂等加工步骤。

第六节　典型产品的发酵生产

一、酒精的发酵生产

酒精发酵是最重要的发酵工业之一。酒精是由多糖降解成可发酵性的糖后，酿酒酵母或假单胞菌属细菌再将六碳糖，或是脆壁克鲁维酵母、假丝酵母等将乳糖或戊糖酵解而得到的。如果是由淀粉质原料制造酒精，先将原料蒸煮后，冷却至60℃左右，加麸曲或液曲进行糖化制成糖化醪，送入发酵槽加酒母醪进行发酵，再行蒸馏出酒精。而由糖蜜发酵生产酒精时，用制备酵母醪的稀糖蜜在纯粹培养器中进行灭菌、冷却，再接种酵母菌进行发酵，最后经蒸馏产出酒精。

1. 淀粉质原料发酵生产酒精

由淀粉质原料发酵生产酒精，第一步将淀粉通过糖化剂的作用，转变为可发酵糖。糖化剂所用霉菌有曲霉与根霉两大类。第二步将发酵糖通过酵母菌或细菌的作用转变为酒精。

国外酒精工厂常用的酵母菌，以德国 Lindner 氏发现的 Rasse Ⅱ 及 Rasse Ⅻ 最为著名。我国使用淀粉质原料制造酒精的工厂所用的酵母菌多为酿酒酵母 K。以糖蜜为原料的酒精厂多数使用台湾酵母来酿造。

2. 糖蜜发酵生产酒精

糖蜜有甘蔗糖蜜和甜菜糖蜜两种，由于原料不同，酒精发酵方法亦略有差异，但生产工艺类似，都是先将糖蜜稀释后，加入硫酸铵、氯化钠、硫酸或盐酸等营养盐，再加热灭菌，供制备发酵醪之用。使用糖蜜发酵生产酒精时，必须采用纯菌培养的酵母菌，一般应用连续发酵法来生产酒精。

二、丙酮丁醇的发酵生产

丙酮丁醇是一种重要的有机溶剂和化工原料，广泛用于喷漆、炸药、塑料、制药、植物油提取及有机玻璃、合成橡胶等工业。目前生产方法主要有化学合成法和发酵法两种，发酵法多采用玉米作原料经丙酮丁醇梭状芽孢杆菌（*Clostridium acetobutylicum*）在厌氧条件下发酵生成丙酮、丁醇、乙醇等产物，然后经后处理提纯出丙酮丁醇溶剂。

常用的菌种有丙酮丁醇梭状芽孢杆菌、糖丁酸梭菌（*C. saccharobutylicum*）、梅氏丁酸梭菌（*C. madisonii*）和糖乙基丁酸梭菌（*C. saccharoacetobutylium*）等。

制备丙酮丁醇的原料很多，含糖的原料几乎都可作为发酵基质，由于梭状芽孢杆菌含有淀粉酶和转化酶，工业上可用淀粉或糖蜜等为原料。梭菌一般要求有机氮源，常用的有棉籽饼、豆饼等的浸出物、麦麸及酵母蛋白等。

1. 由玉米淀粉发酵生产丙酮丁醇的工艺

接种
↓
玉米淀粉⟶糊化⟶发酵⟶连续蒸馏⟶粗品⟶分馏⟶产品

发酵时间 30 ～ 48h，最大产率已达被利用碳的 30%，溶剂产量为 19g/L，其中丁醇为 7 ～ 9g/L，丙酮为 3 ～ 4g/L。

2. 用糖蜜发酵生产丙酮丁醇的工艺

接种
↓
糖蜜⟶稀释⟶灭菌⟶发酵⟶蒸馏⟶分馏⟶产品

在糖蜜质量分数为 10% ～ 15%，控制 pH 值 6.8 ～ 7.2，温度选择在 35 ～ 38℃ 等条件下，总溶剂生成率和糖的利用率分别达到 30% 和 85% 以上。

三、谷氨酸的发酵生产

氨基酸是构成蛋白质的基本单位，是人体及动物的重要营养物质，氨基酸产品广泛用于食品、饲料、医药、农业等领域。氨基酸生产方法有发酵法、提取法、合成法、酶法等，其中最主要的是发酵生产，用发酵法生产的氨基酸已有 20 多种。谷氨酸是目前氨基酸生产中产量最大的一种，同时，谷氨酸发酵生产工艺也是氨基酸生产中最典型、最成熟的。现以谷氨酸为例简单介绍氨基酸的发酵生产。

1. 谷氨酸发酵生产的菌种

谷氨酸发酵生产菌种主要有棒状杆菌属、短杆菌属、小杆菌属及节杆菌属的细菌。除节杆菌外，其他三属中有许多菌种适用于糖质原料的谷氨酸发酵。这些细菌都是需氧微生物，都需要以生物素为生长因子。我国谷氨酸发酵生产所用菌种有北京棒状杆菌 AS1299，钝齿棒状杆菌 AS1542，HU7251 等。这些菌株的斜面培养一般采用由蛋白胨、牛肉膏、氯化钠等组成，pH 值为 7.0 ~ 7.2 的琼脂培养基，32℃培养 24h，冰箱保存备用。

2. 谷氨酸发酵生产的原料制备

谷氨酸发酵生产以淀粉水解糖为原料。淀粉水解糖的制备一般有酸水解法和酶水解法两种。国内常用的是淀粉酸水解法。其具体工艺如下：

将原料淀粉、水、工业盐酸调成均匀的淀粉乳，调好后淀粉乳的质量分数为 18% ~ 19%，用盐酸调 pH 值至 1.50 左右；然后直接用蒸汽加热，水解压力 30×10^4Pa，时间 25 min 左右；冷却糖化液至 80℃，用 NaOH 调节 pH 值至 4.0 ~ 5.0 使糖化液中的蛋白质和其他胶体物质沉淀析出；然后用粉末状活性炭脱色，活性炭用量为淀粉量的 0.6 % ~ 0.8%，70℃、酸性环境下搅拌；最后在 45 ~ 60℃下过滤得到淀粉水解液。

3. 菌种扩大培养

（1）一级种子培养　采用液体培养基，由葡萄糖、玉米浆、尿素、磷酸氢二钾、硫酸镁、硫酸铁及硫酸锰组成，pH 值为 6.5 ~ 6.8；三角瓶 32℃振荡培养 12h，贮于 4℃冰箱备用。

（2）二级种子培养　培养基中除用水解糖代替葡萄糖外，其他成分与一级种子培养基相仿。种子罐 32℃通气搅拌培养 7 ~ 10h，即可移种或冷却至 10℃备用。

4. 谷氨酸的发酵生产

发酵初期，菌体生产迟滞，2 ~ 4h 后进入对数生长期，代谢旺盛，糖耗快，这时必须流加尿素以供给氮源并调节培养液的 pH 值至 7.5 ~ 8.0，同时保持温度为 30 ~ 32℃。本阶段主要是菌体生长，几乎不产酸，菌体内生物素含量由丰富转为贫乏，时间约 12h。这是由于在谷氨酸生产中，生物素的浓度对谷氨酸的累积有明显影响，只有把生物素控制在亚适量情况下，才能分泌出大量谷氨酸。随后转入谷氨酸合成阶段，此时菌体浓度基本不变，糖与尿素分解后生产的 α-酮戊二酸主要用来合成谷氨酸。这一阶段应及时流加尿素以提供氨及维持谷氨酸合成最适的 pH 值 7.2 ~ 7.4，需大量通气，并将温度提高到谷氨酸合成最适温度 34 ~ 37℃。发酵后期，菌体衰老，糖耗慢，残糖低，需减少流加尿素量。当营养物质耗尽、谷氨酸浓度不再增加时，及时放罐，发酵周期约为 30h。

5. 谷氨酸的提取

谷氨酸的提取有等电点法、离子交换法、金属盐沉淀法、盐酸盐法和电渗析法，以及将上述方法结合使用的方法。国内多采用的是等电点法，谷氨酸的等电点为 3.22，具体分两步完成：

第一步，将发酵结束后的醒液打入等电点桶或等电点池，待温度降至 30℃，加盐酸调 pH 值，约 2h 将发酵液 pH 值调至 4.0 ~ 4.5，观察晶核是否形成，如已形成晶核，要停酸育晶 1 ~ 2h，令晶核增大，然后缓慢将 pH 值调至 3.0 ~ 3.2，此时继续搅拌 20h。

第二步，停止搅拌，静置沉淀 4h，放出上清液，除去谷氨酸表面的菌体，得湿谷氨酸供精制用。

四、抗生素的发酵生产

1928 年，英国人弗莱明发现青霉素，20 世纪 40 年代投入工业生产，开创了现代发酵工业。青霉素能有效控制伤口的细菌感染，在第二次世界大战期间挽救了数百万在战争中受伤者的性命。

抗生素是生物体在生命活动中产生的一种次级代谢产物，这类有机物能在低浓度下抑制或杀灭活细胞。这种作用又有很强的选择性，例如，医用抗生素仅对造成人类疾病的细菌或肿瘤细胞有很强的抑制或杀灭作用，而对人体正常细胞的损害很小，这就是抗生素为什么能用于医药的道理。目前人们在生物体内发现的 2000 多种抗生素中，约 20% 来自放线菌。抗生素不仅广泛用于临床医疗，而且已经用于农业、畜牧及环保等领域中。我们以青霉素为例简单介绍抗生素的发酵生产过程。

1. 青霉素发酵生产菌株

最初由弗莱明分离的点青霉，只能生产 2U/mL 的青霉素。目前全世界用于生产青霉素的高产菌株，大都由菌株 WisQ172（一种产黄青霉）经不同改良途径得到。20 世纪 70 年代前育种采用诱变和随机筛选方法，后来由于原生质体融合技术，甚至克隆技术等现代育种技术的应用，青霉素工业发酵生产水平已达 85 000U/mL 以上。青霉素生产菌株一般在真空冷冻干燥状态下保存其分生孢子，也可以用甘油或乳糖溶剂作悬浮剂，在 -70℃ 冰箱或液氮中保存孢子悬液和营养菌丝体。

2. 青霉素发酵生产培养基

（1）碳源　目前普遍采用淀粉经酶水解的葡萄糖糖化液进行流加。

（2）氮源　可选用玉米浆、花生饼粉、精制棉籽饼粉或麸皮质粉，并补加无机氮源。

（3）前体　苯乙酸或苯乙酰胺，由于它们对青霉菌有一定毒性，故一次加入量不能大于 0.1%，并采用多次加入方式。

（4）无机盐　包括硫、磷、钙、钾等盐类，铁离子对青霉菌有毒害作用，应严格控制发酵液中铁含量在 30pg/mL 以下。

3. 青霉素发酵工艺

（1）种子制备　种子制备阶段以生产丰富的孢子（斜面孢子培养）或大量健壮的菌丝体（种子罐）为目的。为达到这一目的，在培养基中加入比较丰富的容易代谢的碳源（如葡萄糖或蔗糖）、氮源（如玉米浆）、缓冲 pH 值的碳酸钙以及生长所必需的无机盐，并保持最适生长温度（25 ~ 26℃）和充分通气、搅拌。在最适生长条件下，到达对数生长期时菌体量的倍增时间为 6 ~ 7 小时。在工业生产中，种子制备的培养条件及原材料质量均应严格控制以保持种子质量的稳定性。

（2）发酵培养　影响青霉素发酵产率的因素有环境因素，如 pH 值、温度、溶解氧饱和度、碳氮组分含量等；有生理变量因素，包括菌丝浓度、菌丝生长速度、菌丝形态等，对它们都要进行严格控制。发酵中 pH 值一般控制在 6.4 ~ 6.6，发酵温度前期 25 ~

26℃，后期23℃，以减少后期发酵液中青霉素的降解破坏。此外，还要求发酵液中溶氧量不低于饱和溶解氧的30%，通气比一般为0.8～1.2vvm（单位时间内培养液单位体积通入的空气量）。

（3）发酵后处理　青霉素发酵液可以通过各种过滤器，如板框过滤器、转鼓式真空过滤器过滤；滤液用醋酸丁酯进行溶媒萃取2～3次。醋酸丁酯萃取液按照150～200g/10亿单位的量加入活性炭脱色，过滤除去活性炭；滤液采用蒸馏或直接结晶法结晶，晶体经过洗涤、烘干后，得到青霉素结晶产品。

第十二章　新型生物技术及其未来

第一节　人类基因组计划与后基因组时代

一、人类基因组计划

人类基因组是指包含在44条常染色体和X、Y两条性染色体上的全部信息。1986年，诺贝尔奖获得者Renato和Dulbecco在“Science”上发表文章，提出全面解读人类基因组DNA序列，确定人类基因及其在染色体上的位置，从而破译人类全部遗传信息，这对遗传学和肿瘤等疾病研究极其重要。

1990年，美国国家卫生研究机构率先启动了人类基因组计划（human genome project，HGP），并发展成一个国际大型协作项目——号称生物学上的“阿波罗登月计划”，耗资达30亿美元，于2001年2月15日由中国、美国、英国、德国、法国和日本等国科学家共同完成了人类基因组序列工作草图（95%的DNA序列）。2003年4月14日国际人类基因组测序共同体负责人Francis Collins博士隆重宣布，人类基因组序列图绘制成功，完成99%的基因组测序，实现HGP的所有目标。这是人类揭示生命奥秘、认识自我迈出的重要一步。

HGP计划耗资巨大，且时间长达11年。原因在于：

（1）人类基因组中存在23对染色体，共有30.69亿个碱基对，即30.69×10^8bp。美国国立生物技术信息中心（NCBI，www.Ncbi.nlm.nih.gov）于2003年7月发布的最新版本（V.34）表明：人类基因数为3～3.5万个，其中约2.5万个基因已明确标记到染色体的具体位置上。在人类24条染色体上，最短的是21号染色体46 976 097bp，最长的是1号染色体246 047 986bp，其中有22条常染色体，两条性染色体，即X染色体和Y染色体，如图12-1所示，人类基因组在染色体上的具体情况，如表12-1所示。

（2）HGP计划测定的DNA序列需要分成三个步骤，即绘制遗传图、物理图和序列图才能够完成。因此，HGP计划的策略主要分以下步骤进行：

① 基因组作图；

② 基因组测序；

③ 建立基因数据库以建立整个基因组的完整结构图。

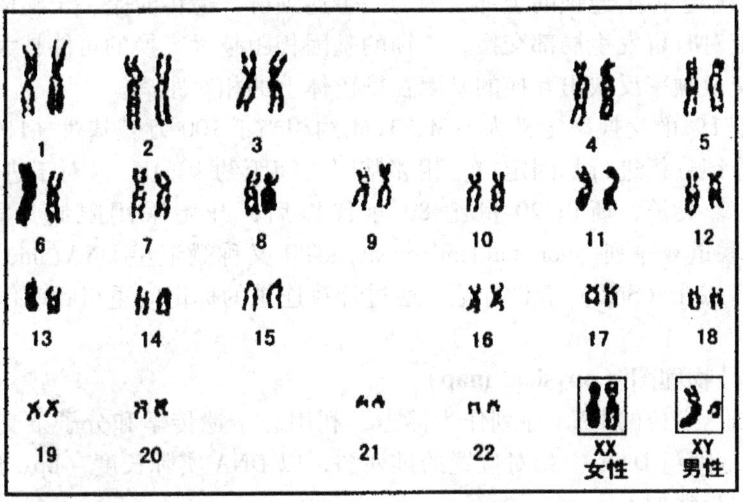

图 12-1　人体细胞中的 23 对染色体示意图

表 12-1　人类染色体及其已知的基因数

染色体	大小/Mb	基因数	染色体	大小/Mb	基因数
1	246	2436	13	113	468
2	243	1671	14	105	1103
3	199	1310	15	100	681
4	191	955	16	90	1000
5	181	1103	17	81	1374
6	170	1325	18	76	368
7	158	1272	19	63	1575
8	146	873	20	63	691
9	136	1047	21	46	285
10	135	945	22	49	673
11	134	1501	X	153	1111
12	132	1213	Y	50	148

（一）基因组作图（genome mapping）

基因组作图就是把庞大的染色体分解成易于操作的小 DNA 片段，即对 DNA 片段或基因在染色体或基因组中进行定位。由于 DNA 和组蛋白螺旋折叠而形成的染色体不能直接进行测序，所以根据遗传标记和分析方法而分为：①计算连锁的遗传标记间的相对距离，做出遗传图，用厘摩（centimorgen，cM）表示；②确定遗传标记间的物理距离，做出物理图，用碱基对、千碱基对或兆碱基对（bp，kb，Mb）表示。

1. 第一步是遗传图（genetic map）

遗传图也称为连锁图（1inkage map），依据摩尔根等在果蝇的遗传研究中发现的连锁互换律，即一条染色体上连锁的全部基因为一个连锁群，遗传时是一个整体。在减数分裂的同源染色体配对时可发生局部交换，连锁的基因相距越远交换的可能越大，即交换频率越高。因此，交换频率反映出互换的基因在染色体上的相对距离。

遗传学上把1%的交换率定义为1cM，1cM约相当于100万碱基对（1Mb）。早期的遗传图主要根据连锁分析进行基因定位，相邻基因的间距约10cM。这对于进一步标记DNA克隆和测序仍嫌太长，所以20世纪80年代以后，开始采用限制片段长度多态性(RFLP)、短串联重复序列[short tandem repeat，STR又称微卫星DNA(microsatellite)]标志、单核苷酸多态性（SNP）等做标记，通过计算连锁的标记间重组频率作图，最小间距达到1.6cM。

2. 第二步是物理图（physical map）

物理图是以已定位的DNA序列作为标志，利用分子遗传学和分子杂交的方法确定各种DNA标记在基因组DNA上相对位置的排列图，以DNA实际长度（bp，kb，Mb）为图距。作物理图的步骤如下：

①获得分布在整个基因组的序列标签位点（sequence tagged sites，STS)。STS序列在染色体上已明确定位，即每隔一段基因组DNA就有一个，如已定位的微卫星序列和少量非编码单拷贝序列。最常用的是已定位的cDNA库的表达顺序（300～500bp）片段，称为表达序列标签（expressed sequence tags，EST），用EST构建的物理图又叫转录图(transcription map)。HGP的物理图超过5万个STS。

②构建覆盖整个基因组的DNA克隆文库。由于基因组太大，为了减少文库的克隆数量，通常先构建大片段DNA克隆和连续克隆系，如酵母人工染色体（yeastartificial chromosome，YAC)、细菌人工染色体（bacterial artificial chromosome，BAC）和噬菌体人工染色体（bacteriophage artificial chromosome，PAC）等，在此基础上构建亚克隆。

③用STS或EST作探针，通过杂交对克隆或亚克隆进行定位标记，作出基因组物理图谱。这奠定了大规模基因组DNA测序的基础，初步构建了人类基因组转录图（或基因图)。

基因组水平的遗传连锁分析和物理图谱分析与分子生物学的其他手段结合，如人/鼠杂交细胞法、染色体畸变细胞法、荧光原位杂交法等，使基因定位速度加快并相互验证。

（二）基因组DNA的大规模测序

基因组DNA测序是在物理图定位的基础上分析测定克隆DNA片段的碱基序列，然后再拼接成基因组全序列。由于毛细管自动测序仪和计算机信息技术的应用，大大提高了测序速度和精确性，使大规模测序得以顺利进行，加上“全基因组鸟枪测序战略(shortgun sequencinl strategy of human genome)”的实施，所以提前完成HGP计划。但是人类基因组还有约1%的DNA位于染色体的着丝粒和端粒，为高度重复的DNA，直接测序困难，尚需要更先进的技术。

除了人类基因组外，其他物种的基因组计划也纷纷启动。1996年第一次完成了真核生物——啤酒酵母的全序列测定，约有5885个编码蛋白用的基因、140个rRNA基因和275个tRNA基因。1998年又完成了第一种多细胞生物——线虫的全基因组测序，约有19 000个基因，40%以上预测的蛋白质产物可以在其他生物体中找到相匹配的蛋白质，还存在多种重复序列和大量高度保守的基因。2000 年底完成了植物拟南芥 5 条染色体的测序，约 120Mb，有 25000 多个基因。2000 年，美国还完成了水稻（粳稻日本晴）基因组工作框架图。2001 年 10 月，中国完成了水稻（籼稻 93-11）的基因组工作框架图，可编码 5 万多个基因，约为拟南芥的 2 倍。

目前，国际上已经测定了人类、水稻、酵母等 50 多种生物的全基因组序列，并已从人、小鼠、大鼠、拟南芥等物种中获得了几百万条 EST 序列，覆盖了很多物种一半以上的基因。

基因组测序大大推动了疾病基因的定位与克隆。如 21 号染色体有 46Mb 的 DNA，能分辨出的基因不到 300 个，但多个基因与特定疾病相关，如 Alzheimer 病、脑动脉淀粉样变、同种胱氨酸尿症、磷酸果糖酶缺乏引起的溶血性贫血、进行性肌阵挛性癫痫、侧索硬化症和白血病等。该序列的基因定位将有助于研究上述疾病的发病机制，并为治疗奠定基础。

（三）基因数据库

人基因组学已成为一门高度综合的跨学科的科学，它面对的是宇宙间最复杂的系统，它推动科学发展走向整合（综合）的大趋势。人类基因组计划催生了“生物信息学”，目前已建立了各种数据库，如美国国立生物技术信息中心（NCBI）、基因组序列数据库（GSDB）、欧洲分子生物实验室（EMBI）等生物信息中心。数据库中包括 DNA 基因序列、EST 序列、STS 序列、专利序列，并与其编码的蛋白质氨基酸序列库相联系，又与该序列数据的 NCBI 的生物学分类相联系，这 3 个数据库又与医学文献数据库相联系，可从美国国家图书馆 4000 多种生物医学杂志、120 万篇文献中找出相应的文献。这一数据库的内容与日俱增，任何人或机构均可自由地通过网络进行利用，大大促进了 HGP 的发展。

二、后基因组和功能基因组

以测序为基础的基因组学属于结构基因组学（structural genomics），它只提供人基因组功能的一个结构基础，而要解码出基因的生理功能才能真正体现 HGP 计划的价值。因此，后基因组研究和重要功能基因的分离和克隆成为 21 世纪研究的热点，这对于人类疾病诊断、治疗及预防具有深远的意义。后基因组研究内容主要有基因多态性和功能基因组学。

（一）基因多态性

人类表现出的多样性是由基因序列的差异与内外环境相互作用的结果。对应于基因组中的差异叫多态性，而单核苷酸多态性（single nucleotide polymorphisms，SNP）是最普遍的。

SNP 是指特定碱基位置上出现不同碱基的现象，其频率大约为 0.1%，所以人类基因组中大约有 300 万个多态性位点。而分布在编码序列中的 SNP 就能导致基因表达产物的改变并与表型直接相关。人类 3 万个左右的基因可产生巨大的遗传多态性，而导致人的个体差异，如疾病的易感性、个体的特征等。通过对 SNP 图谱中遗传标记的连锁分析，可以鉴定疾病相关基因，以及进行肿瘤的杂合性分析等研究。

开展人类基因组多样性的系统研究，对于了解人类的起源和进化，以及医学研究都会产生重大的影响。其中对于各种常见多因素疾病（如高血压、糖尿病和精神分裂症等）

相关基因的研究将成为后基因组时代的研究热点。

基因多态性的研究方法包括多态性遗传标记和DNA测序或再测序等方法，这容易获得基因型，但是从基因型到表型的研究就困难得多。虽然基因型在很大程度上决定了表型，但基因型和表型又不完全对应，如同卵双胞胎的基因型完全相同，表型非常相近，但也有很多不同。另外，不同的基因型，由于不同的致病机制而导致相同的表型，如哮喘、糖尿病、高血压等。因此，即使找不到特定基因对应的疾病，也可以找到一群疾病的相关基因或易感基因。

为更好地了解疾病的分子机制及基因型与表型之间的联系，需要突破按一个或几个基因或蛋白质进行研究的传统方法，采用一次快速扫描上万个基因的新技术，如基因芯片技术，以发现一组与某种表型或条件相关的候选基因，再结合传统方法对其进行深入研究。

（二）功能基因组学

功能基因组学（functional genomics）是以全面研究所有基因功能为中心，并结合基因功能解决生物医学中的基础和应用问题，这些功能直接或间接与基因转录有关。功能基因组学，狭义的讲是研究细胞、组织和器官在特定条件下的基因表达，即转录组研究；广义的讲是指结合基因组来定量分析不同时空表达的mRNA谱、蛋白质谱及代谢产物谱，所有高通量基因组功能的研究都归于功能基因组学的研究范畴。因此，功能基因组学从分子水平上分为转录组学、蛋白质组学及代谢组学，从表型上分为疾病基因组学、药物基因组学等新学科。

1. 转录组学（transcriptomics）

生物体具有基因全能性，即每个细胞一般都含有全套基因组，但并不是细胞中的所有基因都同时表达。发育阶段、细胞类型、环境因素等决定了不同基因的转录和蛋白表达，并决定了不同细胞的功能及其分工协作。因此，基因表达调控对于生物体的正常生理机能至关重要。

基因表达（gene expression）是指某一特定基因通过转录和翻译转变成特定蛋白质的整个过程，它受到生物体的精密调控，以保证功能的有效性。单细胞原核生物基因表达的调控只是如何适应环境来进行适宜的生长和繁殖，而多细胞生物的每个细胞在形态和功能上的差异，几乎都是由基因表达的不同决定的，除淋巴细胞中抗体的表达发生了基因重排外。

基因表达的调控发生在4个层次：

①转录水平的调控，即何时何地基因转录为mRNA；

②转录后调控，即RNA的剪切和加工、稳定性、转运、细胞质定位等；

③翻译水平的调节，mRNA被选择翻译成蛋白的效率；

④翻译后水平的调控，主要指通过蛋白修饰或水解，选择性地激活、灭活、降解或区域化蛋白质。

其中转录水平的调控是最主要的调控方式，据不完全统计，90%以上的蛋白质表达水平与mRNA呈正相关。

细胞、组织和器官中完整的一套mRNA称为转录组（transcriptome），转录组学即转录组研究，分析细胞、组织和器官在特定条件下的基因表达，是目前功能基因组学的研究重点，研究手段有基因芯片技术、基因表达系列分析（serial analysis of gene expression，SAGE）等。

2. 蛋白质组学

蛋白质组（proteome）是指在细胞、组织和器官中完整的一套蛋白质。一般情况下，转录组和蛋白质组具有高度相关性。但是，蛋白质组研究不可替代，原因是：

①蛋白质的表达水平与mRNA的表达水平存在一定差异，即转录不一定都翻译成蛋白；

②几乎所有的蛋白质都发生翻译后修饰，这是一种非常重要的调节蛋白活性的方式；

③同一段DNA序列可以有10～20种不同的剪切体及不同的空间构象；

④任何蛋白质都不是孤立地起作用，有些蛋白质同DNA结合，调控基因的表达和关闭；

⑤绝大部分蛋白质与其他蛋白质直接或间接相互作用，形成复杂的多方向的网络系统。

蛋白质组学（proteomics）就是从整体上研究细胞、组织和器官在特定条件下蛋白质的组成、种类、修饰、定位和相互作用等。研究方法有蛋白质芯片、酵母双杂交、双向电泳多肽质谱印迹及正在发展的二维蛋白质凝胶电泳等技术。

蛋白质组学的另一个重要研究内容是建立蛋白质相互作用的系统目录，可以设计和制作各种蛋白质芯片来研究蛋白质的表达或相互作用，也可以用通用的或特殊的“陷阱”（如酵母双杂交系统）加以识别。从纵向看，功能基因组学主要集中在三个层次的高通量分析：转录组、蛋白质组和代谢组，即DNA转录成mRNA，mRNA翻译成蛋白质，蛋白质催化各种代谢反应，引起代谢物之间的相互转化。当然，直接研究代谢产物有时会比测定一系列催化酶活性更直接、更简化，因此，以代谢产物研究为核心的代谢组学成为蛋白质组学研究的一个分支，在一定程度上弥补了蛋白质组学研究的不足。

总之，综合分析转录组、蛋白质组和代谢组所产生的数据，它们与基因组研究的数据相互支撑和相互完善，最终通过生物信息分析解码生命的本质。目前，在NCBI上收集了大量DNA序列、物理图谱、基因图谱、基因多态性、蛋白结构、基因表达、蛋白相互作用等信息和数据。

3. 药物基因组学

药物基因组学（pharmacogenomics）是分析基因组及其产物（转录组和蛋白质组）与药物反应的相关性学科，包括药物遗传学与表达药物基因学。药物遗传学（pharmacogenetics）是研究不同人群中的遗传因素引起的不同药物反应；表达药物基因学是从基因表达的角度研究人体对药物的反应。由于基因组多样性在一定程度上决定了人体对药物的反应，通过对影响药物代谢或效应通路有关基因的编码序列的再测序，有可能提示个体对药物反应差异的遗传学基础，从而实现针对个体用药的新型医疗创新。以此作为延伸，在提示个体对环境反应差异的遗传学基础上，正在初步形成新的组学——环境基因组学。

4. 疾病基因组学

疾病的产生是遗传因素与环境因素综合作用的结果。现代医学证明，“疾病是环境因素（外因）与机体（内因）相互作用而形成的一种特殊生命过程”。环境因素必须通过机体内因而起作用，而遗传因素是机体反应的主要基础。机体反应是指防御免疫机能、遗传因素、神经和内分泌系统的机能状态、营养状态、精神因素、年龄、性别等，其中基因在生命活动中起了决定性作用，人类所有疾病（外伤除外）或健康状态都与基因直接或间接相关，即每种疾病都有其相应的致病基因或易感基因存在。有些疾病完全是基因变异直接决定的。有些基因并不直接致病，而是导致易于产生某种疾病的倾向性，称为易感性（susceptibility）。肿瘤、心血管病、代谢性疾病、神经疾病、精神疾病、免疫性疾病等多基因疾病都存在遗传易感性。如吸烟与肺癌的关系，个体易感性决定为什么有人吸烟后得肺癌，有人不得肺癌。某些由细菌和病毒引起的传染病，如流行病，也存在有些人能抵御病原体，有些人却被感染。

研究疾病组织的功能基因组称为疾病基因组学，它重点研究疾病相关基因和易感基因，有助于探讨疾病的发病机理和阐明患病个体差异的根本原因，因而能从根本上提供疾病的预防，特别是预防的个体化原则。以人类基因组为大背景研究疾病状态和发病过程中基因型变化规律来揭示基因组功能奥秘将是最佳突破途径，可由此率先建立疾病基因组学理论和技术体系。另一方面，疾病发生过程则是相关基因与内外环境相互作用导致基因异常表达的结果，因此也包括基因表达调控及功能基因的内容。概括地讲，疾病基因组学研究包括与人类疾病相关基因的识别、鉴定和克隆及其结构与功能、人类基因突变体的系统鉴定、与疾病防治相关的基因表达的调控、基因相互作用网络图的编制等。

目前，人类疾病的基因组学研究已深入到多基因疾病这一难点，需要在人群和遗传标志的选择、数学模型的建立、统计方法的改进等方面进行不断的探索。

5. 系统生物学

系统生物学是随着功能基因组的兴起而提出的，即综合研究细胞中的所有基因和蛋白质。

1997 年，Arkin 等人通过测定糖酵解过程中不同时间各个底物浓度的变化，在不用已有知识的情况下，通过计算重新创立了糖酵解途径，而生化学家用假说驱动花了几十年才建立了糖酵解途径，这便是系统生物学的雏形。2001 年，“Science” 杂志正式提出系统生物学的概念，2003 年 9 月 30 日美国国立卫生研究院（NIH）正式启动系统生物学的研究，提出路线图计划（road map），拟通过功能基因组研究成果建立理论模型，研究复杂的生物网络，包括转录调控网络、代谢网络和信号传导网络等，最终揭示生命现象的重大问题和重大疾病。这些网络研究是否能解决生命的本质问题还有待探索，但可以大大加快生物学研究的步伐。

第二节　基因诊断和基因治疗

人类基因组计划的完成和后基因组时代的到来，快速推动了基因诊断和基因治疗的发展。根据临床统计，大约 25% 的生理缺陷、30% 的儿童死亡和 60% 的成年人疾病都是由遗传引起的。人类遗传性疾病种类有 6000 多种，可分染色体缺陷病、单基因遗传病和多基因遗传病三大类。其中一些遗传病是按孟德尔方式遗传的，而令人畏惧的癌症、艾滋病等绝症，高血压、心脏病、糖尿病、帕金森氏综合症等难治之症，也与遗传基因或基因缺陷有关。

分子生物学的发展对现代医学做出了巨大贡献，特别是在人类遗传性疾病的诊断和治疗方面发挥了不可替代的作用。本节将介绍基因诊断和基因治疗相关的基本知识、基本原理及应用。

一、基因诊断

在临床上，分子生物学技术首先为传染性疾病的诊断开辟了崭新的途径，即利用PCR或分子杂交标记等技术，能快速而准确地检测病原性物质，如病毒、细菌、真菌、寄生虫等。对艾滋病病毒（HIV）的DNA序列现已完全测定清楚，医生可以利用PCR技术扩增受检病人血液或组织细胞样品中的微量DNA，如果获得与HIV的DNA序列相同长度的DNA片段（即实验呈阳性），便可确定受检人携带了艾滋病病毒，检验过程如图12-2所示。这说明分子生物学技术应用于传染性疾病的诊断具有专一性强、灵敏度高、抗干扰性强、操作快速简便等优点。

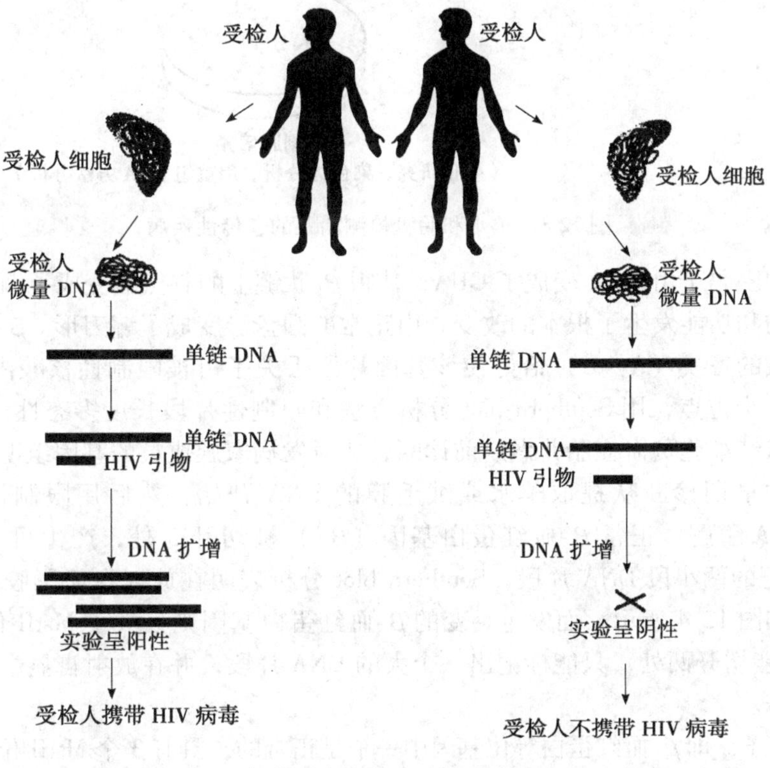

图12-2　PCR与分子杂交标记法快速测定人HIV病毒

目前，已有200多种人类遗传性疾病可用分子生物学技术做出早期诊断，特别是在遗传病发生前，甚至在胎儿出生前便可对将来发生的疾病做出准确的判断。胎儿出生前诊断应用最多的方法是检测羊水和胎盘绒毛膜的染色体和单基因，或进行细胞学、生物化学和分子生物学的检查，达到预先得知胎儿出生后将出现的遗传病症状，如图12-3所示。早期诊断成功的实例是对镰状红细胞（sicklemia）贫血症胎儿出生前的基因组型分析。

镰状红细胞贫血症是一种常染色体退化遗传病，死亡率很高。该病起源于西部非洲、中东地区和印度等地一些家族中，病因是基因的点突变，即编码血红蛋白β-肽链上一个

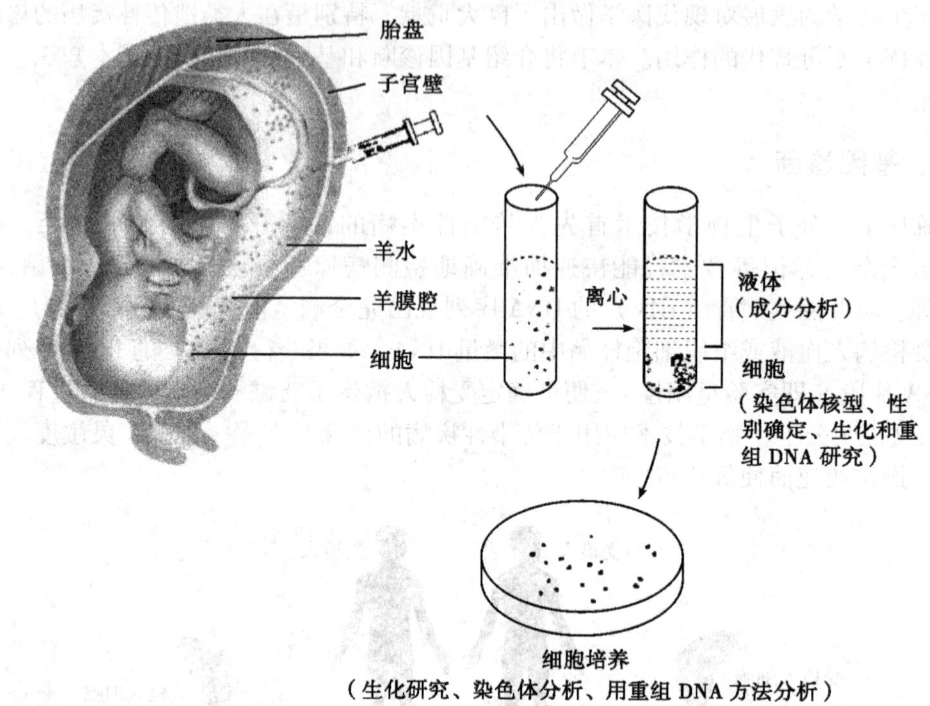

图 12-3　羊水和胎盘检测胎儿的遗传性疾病

决定谷氨酸的密码子由 GAA 变成了 GUA，使得β-肽链上的谷氨酸变成了缬氨酸，引起血红蛋白的结构和功能发生了根本的改变，由正常的圆盘形变成了镰刀形。β-血红蛋白基因上单个核苷酸的替换（A→U）恰好使该基因片段丢失了可被限制性核酸内切酶 MstII 或 Cvnl 切开的一个位点，用 Southern blot 分析方法和限制性片段长度多态性（RFLP）分析方法可对镰状红细胞贫血症胎儿做产前诊断，或对发病家族成员的基因组型进行分析。

对胎儿的早期诊断从提取羊水或绒毛膜的 DNA 开始，然后用限制性内切酶（如 MstII）对 DNA 酶解。正常β-血红蛋白基因（β^{A}）被切开 3 处，产生可被相应放射性 DNA 探针标记的两小段 DNA 片段，Southern blot 分析表明在放射自显影胶片上出现两个小的条带，如图 12-4 所示。而发生突变的β-血红蛋白基因则丢失了 MstII 位点，MstII 酶解 DNA 时只能切开两处，只能标记出一个大的 DNA 片段，并在放射自显影胶片上只出现一个大的条带。

相对杂合子，即β-血红蛋白等位基因中一个是正常的，具有 3 个 MstII 位点，另一个携带着突变片段，即只有 2 个 MstII 位点，RFLP 分析结果便会同时出现两个小的条带和一个大的条带。图 12-4 中的父母都是镰状红细胞贫血症基因的杂合子（β^{A}/β^{S}），经分子诊断技术确认，他们的第一个孩子是带有正常血红蛋白基因的纯合子（β^{A}/β^{A}），不会得镰状红细胞贫血症；第二个孩子是带有突变基因的纯合子（β^{S}/β^{S}），必然患镰状红细胞贫血症；第三个是尚未出生的胎儿，经产前诊断检测显示该胎儿是镰状红细胞贫血症基因的杂合子（β^{A}/β^{S}），出生后将是遗传病基因的携带者，其子女有可能会得镰状红细胞贫血症。

另一种更加快速、高效地诊断单个基因突变遗传病的新方法，即特异性互补寡核苷酸法，是根据被检基因特定的 DNA 序列来合成两种特异性寡核苷酸分子探针（简称 ASO），

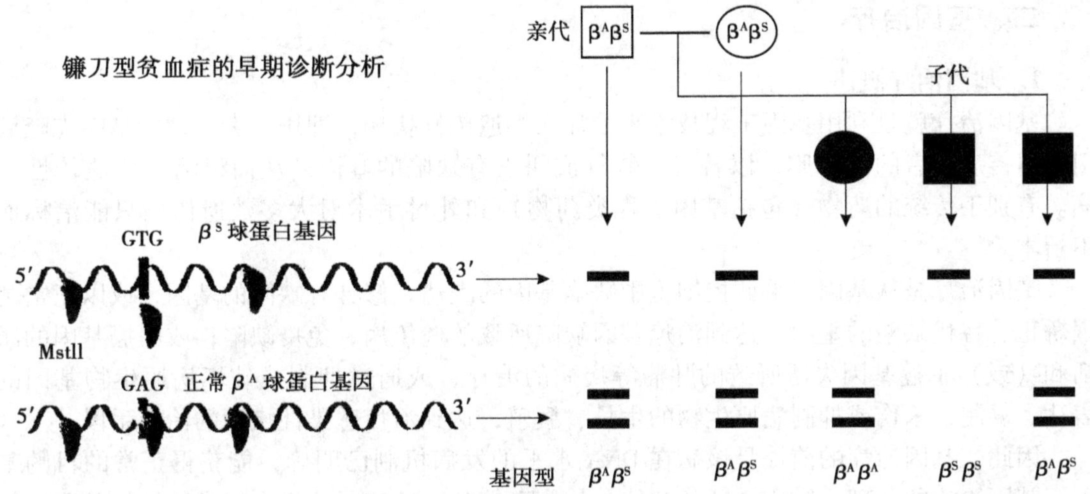

图 12-4　镰状红细胞贫血症的早期诊断分析

一种与正常基因序列完全互补，另一种与突变基因序列完全互补。其原理和操作步骤如下：

① 首先从受检者的血液中提取 DNA，热处理成为单链 DNA；

② 以单链 DNA 为模板，仅对可能发生突变的核苷酸区域设计引物进行 PCR 扩增，将扩增获得的 DNA 片段转移到滤膜上，热变性成单链；

③ 分别用两种 ASO 对滤膜杂交。

用正常序列探针做杂交时，在滤膜上正常人的样品处会出现很深的杂交斑，镰状红细胞贫血症病人的样品处不出现杂交斑，杂合子为浅色的杂交斑；用突变基因序列探针做杂交时，在滤膜上正常人的样品处不出现杂交斑，病人样品为很深的杂交斑，杂合子为浅色的杂交斑，如图 12-5 所示。此法具有灵敏性高、诊断费用较低、可诊断多种遗传病等优点。

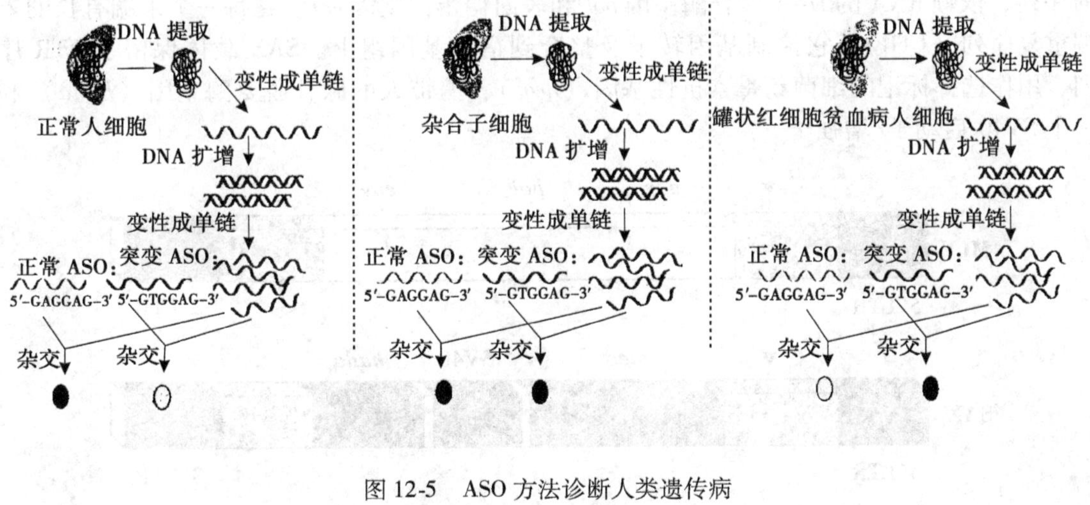

图 12-5　ASO 方法诊断人类遗传病

二、基因治疗

1. 基因治疗概述

基因治疗就是利用基因工程技术来治疗人类遗传性疾病，即用人类正常的基因克隆后引入遗传病患者的体细胞，以替代、修复或纠正有缺陷的基因，从而根治一些遗传性疾病。有别于传统的药物（包括基因工程类药物）和外科手术对大多数遗传病只能治标而不治本。

基因治疗是从基因水平调控细胞中缺陷基因的表达，修补有缺陷的基因，或以正常基因矫正、替代缺陷的基因，达到治疗基因缺陷所致的遗传病、免疫缺陷；或因癌基因的激活和（或）抑癌基因失活所致的肿瘤等疾病的治疗；或通过抑制或破坏病原生物基因的表达、复制，杀伤或抑制病原生物的生长、繁殖，达到治疗感染性疾病的治疗手段。

因此，基因治疗的前提是该病在DNA水平的发病机制已明确，能获得正常的目的基因。基因治疗的原理：应用合适的载体，如病毒等基因转移系统将人正常的结构基因以及相关的调节序列送入到人体组织和细胞中去，然后转入细胞核，并靶向性地整合到染色体基因组中，从而取代变异基因，根治相关遗传病。目前，全世界已有近万名遗传病患者接受过基因治疗，治愈的疾病有血友病、严重贫血病、关节炎和心血管病等遗传疾病。正在进行的基因治疗和临床研究的遗传疾病包括ADA缺乏症、艾滋病、黑色素瘤、囊性纤维化病等，特别是1995发现了控制眼睛形成基因、老年痴呆基因和影响人体肥瘦的RII-β基因。基因治疗手段将会对人类自身的健康做出难以估量的贡献。

目前，通常使用一种反转录病毒（典型代表是SAX载体）作为基因治疗的转移系统，该病毒3个基因构成的基因簇被删除，可插入克隆的人类基因，如图12-6所示。将重建的DNA与病毒的蛋白外壳重新组合成新的病毒转移系统，重组载体可以感染人的组织和细胞，但不能自我复制，因为其病毒基因已被删除。当重组病毒载体携带克隆的目的基因进入人体细胞后，便会移向细胞核并整合到染色体基因组中。例如，用Moloney鼠白血病病毒（MLV）构建反转录病毒载体，MLV基因组包括编码膜蛋白的基因*gag*和包装所需的序列、依赖RNA的DNA聚合酶基因*pol*和表面糖蛋白基因*env*。在每一个末端有长的末端重复序列（LTR），它控制基因转录及整合到宿主基因组上。SAX载体保留了LTR序列、用作选择标记的细菌新霉素抗性基因（*neo*^{r}）、携带人的腺苷脱氨酶基因（*hada*）和一个SV40启动子/增强子。

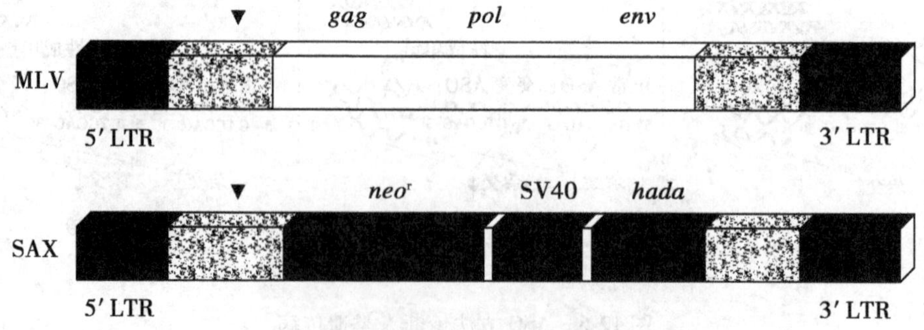

图12-6 反转录病毒作为基因治疗的转移系统

现以一种重症联合免疫缺陷（简称 SCID）为例，介绍基因治疗的原理和步骤。

SCID 患者缺乏正常的人体免疫功能，只要稍被细菌或病毒感染，就会发病死亡。SCID 病因是人细胞的一个常染色体上编码腺苷酸脱氨酶（简称 ADA）的基因（*ada*）发生了突变。故应先将人体正常 *ada* 基因克隆后用来替换反转录病毒的原有基因，构建成重组载体及反转录病毒转移系统，再从 SCID 患者体内分离出免疫系统有缺陷的 T 淋巴细胞；将这些 T 淋巴细胞与携带了正常 *ada* 基因的反转录病毒混合在一起，让病毒感染 T 淋巴细胞，使正常的 *ada* 基因拷贝插入到 T 淋巴细胞的基因组中；在实验室中通过细胞培养并确认转入的基因表达后，用注射器将成千上万个重建的转基因 T 淋巴细胞注射到人体骨髓组织中，如图 12-7 所示。

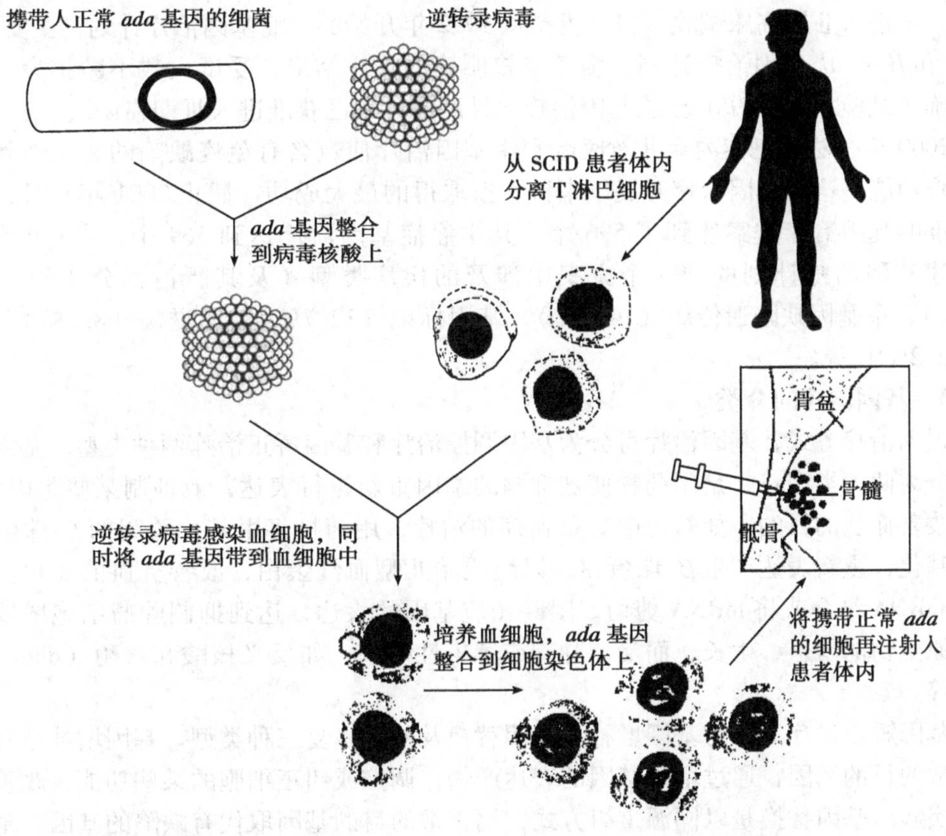

图 12-7　转基因 T 淋巴细胞注射到人骨髓组织中治疗 SCID

1990 年，对一个患 SCID 的女孩实施了基因治疗，3 年以后，该患者体内 50% 的 T 淋巴细胞出现了新的 *ada* 基因并合成了腺苷酸脱氨酶，免疫功能的修复使她开始了正常人的生活。到 1996 年底，全世界已有近千名患者接受过基因治疗，治愈的疾病有血友病、严重贫血病、关节炎和心血管病等 15 种以上。至目前为止，世界各国的科学家们仍不断探索对各种遗传性疾病进行基因治疗和临床试验，设计出多种基因治疗方案，在这些试验和治疗中有些取得了成功，也有些失败了，因为其中仍然有许多理论和技术难点需要进一步的探索和解决。

2. 基因治疗的历史

人类基因治疗最早是在1971年，在没有安全性和有效性保证的条件下，有人对高精氨酸血症患者作了兔乳头瘤病毒体内直接注射，其根据仅仅是有人观察到兔乳头瘤病毒能够对体外培养的缺乏精氨酸酶的细胞能增高该酶的水平。这是盲目和不负责任的“基因治疗”，结果是治疗的失败。1980年，同样在没有足够动物模型为基础的前提下，有人用重组β-珠蛋白基因转染骨髓细胞，进行骨髓基因转移治疗β-地中海贫血，也是医学和技术上的失败。在20世纪80年代，基因治疗不仅受到伦理学的限制，还遭到美国伦理学评议理事会、人类对象保护委员会等的反对，到1989年，仍有对人类基因治疗实施的禁令。

1990年9月，美国NIH批准基因治疗的临床试验成为合法的基因治疗。上千例患者接受基因治疗主要是从1995年12月开始的，由于试验的时间不够或效果不明显，至今还没有一项进入Ⅱ期临床试验。另一批是从1992年开始的肿瘤基因治疗计划，主要是ADA-SCID和*HSV*1-*tk*基因治疗计划，由于有较明确的临床结果，受试人数不断扩大，已进入Ⅱ期临床试验，其中*HSV*自杀基因治疗恶性肿瘤计划已获准进入Ⅲ期临床试验。

2000年，法国巴黎内克儿童医院利用基因治疗使数名有免疫缺陷的婴儿恢复了正常的免疫功能，这是基因治疗开展以来科学家取得的最大成功。截止2001年9月，全世界已批准的基因治疗方案达到了596个，其中癌症基因治疗达到369个，占总数的62%。在上述基因治疗计划的596个方案中涉及的疾病类型（及其所占百分比例）有肿瘤（62%），单基因缺陷遗传病（14.9%），基因标记（12.7%），艾滋病（8.2%），其他疾病（2.2%）等。

3. 基因治疗的分类

根据治疗方式，基因治疗可分为基因调控治疗和基因矫正治疗两种类型。基因调控治疗又分为两大类型：一是用药物使被抑制的基因重新进行表达，或抑制某些基因的表达，达到改善症状的目的。如对地中海贫血症的治疗，用药物将甲基化关闭的β-珠蛋白基因去甲基化，重新表达产生β-珠蛋白，以组成胎儿型血红蛋白，改善贫血的症状。二是通过与mRNA结合或将mRNA剪切，阻断相应基因的表达，达到抑制肿瘤细胞增殖，或抑制病原生物的繁殖、生长，而治疗肿瘤或感染性疾病。如反义核酸和核酶（dbozyme）的应用等。

基因矫正治疗又分为基因增补、基因替换及基因修复三种类型。基因增补是对机体输送正常的目的基因，通过增补基因的表达产物，调控或纠正细胞的某些功能，改善症状或消除疾病。基因替换是以同源重组方式，用正常的目的基因取代有缺陷的基因。基因修复是在突变基因的原位进行特异性修复，达到治疗的目的。由于基因替换和基因修复尚有许多技术问题未能克服，目前仍以基因增补最为常用。在已接受基因治疗的2557例患者中，所接受治疗的基因类型及比例为：抗原基因（33%），细胞因子基因（24.1%），缺陷基因（9.9%），自杀基因（8.9%），基因标记（8.5%），肿瘤抑制基因（6.1%），受体基因（2.6%），以及其他类型的基因（6.9%），如抗体基因、反义基因、抗肿瘤基因、核酶、多种基因联合等。

基因矫正治疗还可分为生殖细胞基因治疗和体细胞基因治疗。生殖细胞基因治疗能使该生殖细胞分化发育成长的个体及其后代都具有正常基因，是遗传病治疗的理想方法和目标，但目前对生殖细胞基因治疗还存在许多技术和伦理问题。因此，已报道的基因治疗都属于体细胞基因治疗，体细胞基因治疗可在下列不同水平进行：

① 细胞水平体外实验观察培养细胞对基因治疗的疗效；

② 细胞介导的基因治疗是先将目的基因在体外转移到适当的靶细胞，经鉴定表明被转移的基因在细胞内能有效表达后，再回输给患者；

③ 直接将目的基因输入体内进行治疗。

目前体细胞基因治疗仍以细胞介导方法为主，它需要选择适当的靶细胞在体外进行基因修饰。靶细胞有不同的来源，2557 例患者所选用的靶细胞来源及比例为：自体细胞（88.1%）、同种异体细胞（9.4%），同卵双生异体细胞（2.2%），异种细胞（0.2%）等。

基因治疗的关键技术是将外源目的基因转移到人体内并能有效、适度表达。目前有多种载体作为运载目的基因进入细胞的工具，对2557 例患者所用基因载体类型及比例为：逆转录病毒（41.5%），脂质体（25.9%），腺病毒（11%），逆转录病毒包装细胞（6.1%），痘苗病毒（4.4%），转染（3.6%），裸 DNA（2.1%），尚有腺病毒、基因枪、电穿孔等。目前，正在寻找和改造其他运载体，如单纯疱疹病毒，甚至艾滋病病毒等。这些载体各有优缺点，可针对性选择使用。

基因治疗的效果与给药方式和途径密切相关，已有多种基因治疗的途径和方法，用于2557 例患者的方法及比例为：瘤体内注射（33%），皮下注射（20%），肌内注射（13.6%），静脉注射（8.6%），骨髓移植（6.6%），鼻内喷雾（6.0%），腹腔注射（2.9%），腺体内注射（2.2%），动脉内给药（1.8%），气管内给药（1.8%），尚有肝内、肋内、鞘膜内、胃室内、关节内等给药方式。

基因治疗经过发展，已由实验室研究进入临床试验，人们对它有了较全面的认识，目前的共识是需要更深入地探索、更科学地进行基础研究和临床试验。

虽然大量遗传病是单基因缺陷所致，实施基因治疗似乎很简单，但实际上并不容易。从已有的实验结果看，对遗传病的基因治疗必须了解该基因在体内的调节机制、表达状况及所选择的基因转移方式。β-地中海贫血症是β-珠蛋白单基因缺陷遗传病，珠蛋白基因在胚胎至成人的发育过程中的调节十分精细而复杂。Q-珠蛋白基因和β-珠蛋白基因分别位于不同的染色体上，在形成珠蛋白时，Q-链和β-链的表达必须维持一定的比例。这类遗传病的基因治疗必须对这一复杂的调节机制有充分的了解，才能控制外源β-珠蛋白基因在体内的适度表达。又如用外源大鼠生长激素基因治疗侏儒症小鼠的例子，从基因转移的角度评价是很成功的。但转移的生长激素基因在宿主体内表达失控，出现过度表达，使接受治疗的小鼠比正常大鼠还大。因此，激素基因缺陷的基因治疗，在对人体内调节激素基因表达的正常调节机制没有阐明之前，很难使基因治疗产生的激素达到适度的生理水平。

目前对遗传病进行基因治疗的尝试对象，大多是选择其基因产物量无须精确调节，同时又是经常开放的基因。如严重联合免疫缺陷（SCID）是腺苷脱氨酶（ADA）缺乏所致，基因治疗使 ADA 活性恢复到正常水平的5%～10%，即可基本改善机体的免疫系统功能。乙型血友病是凝血因子Ⅸ单基因缺陷的遗传病，因子Ⅸ基因在体内的表达调控相对粗放，低表达即可改善症状，而高表达又不会出现不良反应。类似的多种遗传病的基因治疗结果令人鼓舞。

4. 肿瘤的基因治疗

肿瘤是引起人类死亡的主要病因之一，肿瘤的常规治疗效果尚不令人满意，所以肿瘤的基因治疗备受关注。肿瘤的发生、发展受多因素影响，主要是遗传-环境因素相互影响的结果，但是某些基因的改变与肿瘤的发生确实存在密切关系。目前与肿瘤发生有关的基因可分为癌基因、抑癌基因和癌相关基因。癌基因的正常表达产物有维持正常生理功能、控制细胞分化等作用，按其功能可分为生长因子类、信号转导蛋白类、蛋白激酶类等。抑癌基因也是正常细胞中在调节细胞增殖分化等方面起重要作用的基因。除极少数肿瘤外，目前还不可能归纳出哪一种基因的突变是某种癌特异的基因改变的结果，这增加了肿瘤基因治疗的难度。但是肿瘤病人和家属容易接受基因治疗，肿瘤的动物模型易得，所以用于肿瘤基因治疗的基因克隆研究较多，比遗传病的基因治疗发展更迅速。

根据与肿瘤有关基因的功能，对肿瘤的基因治疗大致从以下几方面考虑：

（1）输入细胞因子基因　该基因能增强机体免疫功能，使宿主产生有效的抗肿瘤免疫反应。已有 m-4、肿瘤坏死因子（TNF）、粒细胞巨噬细胞集落刺激因子（GM-CSF）、人干扰素（IFN）等细胞因子的基因，正在临床用于肿瘤的免疫基因治疗。

（2）输入人白细胞表面抗原（HLA）基因（又称组织相容性复合物（MHC）基因）　T 细胞对肿瘤细胞的识别和激活必须同时识别肿瘤抗原和白细胞表面抗原。肿瘤细胞能逃避免疫监视的重要原因与其 HLA 的表达缺失有关。如肝癌细胞、黑色素瘤细胞等缺失 HLA-B7，将 HLA-B7 基因导入这类癌组织，能引发强烈的免疫反应，使肿瘤消退。带干扰素基因的缺陷型单纯疱疹病毒 HSV-I 基因的体内抗瘤作用，亦与其刺激和诱导肿瘤细胞表达 MHC 基因有关，导入 MHC 抗原基因的关键是要解决适于基因转移的阳性基因和受体细胞。

（3）导入自杀基因　自杀基因的特点是其表达产物能够把无毒性的药物前体转变成细胞毒性药物，从而杀伤肿瘤细胞，而且只要有一部分肿瘤细胞携带有自杀基因，其余肿瘤细胞都可被杀死。已知的自杀基因有Ⅰ型和Ⅱ型单纯疱疹病毒胸苷激酶基因（*HSVl-tk*, *HSV2-tk*）、水痘带状疱疹病毒胸苷激酶基因（*PNP*）、大肠杆菌黄嘌呤-鸟嘌呤磷酸核糖转移酶基因（*EC-XGPRT*）。目前研究最深入的是 *HSVl-tk* 基因，它能将丙氧鸟苷（GCV）转变为细胞毒性药物丙氧鸟苷三磷酸（GCVTP），进入 DNA 合成途径，妨碍 DNA 的合成而杀伤肿瘤细胞。

（4）输入肿瘤相关抗原基因重组的病毒基因　肿瘤逃避免疫机制中，有几种因素使肿瘤抗原产生弱免疫原，或形成自然免疫耐受，如癌胚抗原（CFA）。而痘苗病毒具有强大的刺激主动免疫功能。实验表明，CEA-重组痘苗病毒对表达 CEA 的肿瘤具有杀伤作用。重组痘苗病毒肿瘤疫苗的给药方式是简便的肌内注射、皮下注射、皮内注射或皮肤划痕，无需复杂的体内基因转移技术，这将极大地方便临床应用，是前景看好的一种基因治疗技术。

（5）针对原癌基因或抑癌基因　原癌基因是人体细胞固有的基因，其表达产物为生理状态下正常细胞增殖分化所必需的。在特定条件下被激活而异常表达，将导致细胞增殖分化异常而引发细胞恶变。针对原癌基因的过度表达，可用反义寡核苷酸和（或）核酸酶抑制原癌基因的过度表达。导入 Rb 基因于视网膜母细胞瘤，已显示能使癌细胞形态向正常状态转化，并逆转在裸鼠体内形成瘤块的能力，将 Rb 基因导入结肠癌和肝癌细胞亦

获得了类似的结果。

(6) 使用多药耐药基因 (MDR) 的抑制剂 多药耐药基因编码一种相对分子质量为 170 000 的糖蛋白，能以主动运转方式将细胞内抗癌药物泵出胞外，降低胞内抗癌药物的浓度，使其耐受较高剂量的化疗药物。用一些抑制剂或直接使该基因失活而提高化疗药物的治疗效果。

第三节 生物芯片技术

一、生物芯片技术的产生和概念

(一) 人类基因组计划催生了生物芯片技术

人类基因组草图完成后，人类基因组计划由此进入到功能基因组时代，旨在弄清从基因组到蛋白质组，再到复杂生命系统运行的奥秘。这是一个庞大的系统，能同时研究成千上万条基因的功能，基因之间表达与调控关系的大规模、高质量的检测多基因在不同生理状态下表达全貌的手段和工具，就是生物芯片技术。

1991 年，Fodor 等人首先提出 DNA 芯片的概念，后又发展成以 DNA 芯片为代表的生物芯片概念。同年，美国 Affymetrix 公司率先生产了世界上第一块寡核苷酸基因芯片。随着探针的荧光标记、激光共聚焦扫描等技术的应用，1995 年第一块以玻璃为载体的基因微矩阵芯片在美国斯坦福大学诞生，标志着生物芯片技术步入了广泛研究和应用的时期。它是集微电子学、生物学、物理学、化学、计算机科学为一体的高度交叉的新技术，已成为功能基因组研究中最基本的实验手段，可以说没有生物芯片就无法真正启动功能基因组的研究。

(二) 生物芯片的概念

计算机芯片是指将不同功能单元集成在一块微型器件上，而生物芯片借用了计算机芯片的集成化的特点，是把生物活性大分子（目前主要是核酸和蛋白质）或细胞等密集排列固定在固相载体上所形成的微型检测器件。固相载体通常是硅片、玻片、聚丙烯或尼龙膜等，因此狭义的生物芯片也称微阵列芯片，主要包括 cDNA 微阵列、寡核苷酸微阵列、蛋白质微阵列和小分子化合物微阵列。生物芯片能同时检测样本中的多个生物大分子，检测原理是利用特异性的分子间相互作用，如核酸杂交、抗原-抗体特异性结合、蛋白质-蛋白质间特异性结合等，将待测样本标记后与生物芯片反应，样本中的标记分子与芯片上的探针“对号入座”，标记的待测样本与之结合、反应后，通过激光共聚焦荧光扫描仪等检测手段获取信息，经电脑系统处理，分析得到信号值。信号值代表了结合在探针上的待测样本中的特定大分子的信息。由于芯片上可以固定成千上万的探针，所以可同时检测样本中成千上万的生物大分子。因此，一次芯片实验就完成了成千上万个传统实验，故被评为 1998 年度世界十大科技突破之一。

生物芯片是高度集成的、机电一体化的检测系统，借助计算机自动收集、储存、分析和报告检测信息，其主要特征是：①高通量——提高信息量；②平行化——提高信息的可

比性；③微量化——降低待检样品用量；④自动化——提高工作效率；⑤低成本——可迅速普及推广。

生物芯片技术发展迅速，又产生微球体芯片（microspheres）、微流体芯片和芯片实验室（1ab-on-a-chip）等新的生物芯片类型。因此，广义的生物芯片是指能对生物成分或生物分子进行快速并行处理和分析的厘米见方的固体薄型器件。下面介绍主要的四大类生物芯片。

1. 基因芯片（gene chip）

基因芯片又称 DNA 芯片，是指将许多特定的寡核苷酸片段或基因片段有序地、高密度地排列固定于支持物上，待测的样品核酸分子经过标记，与固定在载体上的 DNA 阵列中的点按碱基配对原理同时进行杂交，杂交形式属于固-液杂交，与膜杂交相似，通过激光共聚焦荧光检测系统等对芯片进行扫描，检测杂交信号强度而获取样品分子的数量和序列信息，用计算机软件进行数据的比较和分析，从而对基因序列及功能进行大规模、高通量的研究。

基因芯片技术是在 Southern blot 的基础上发展起来的，可以说是 Southern blot 第一次建立了克隆与杂交信号之间一一对应关系，并随后发展成 Northern blot、点杂交等杂交方法。因此，基因芯片又被称为 DNA 微阵列（DNA microarray）或 DNA 微阵列芯片。

2. 蛋白质芯片（protein chip）

蛋白质芯片技术就是将各种蛋白质有序地固定于滴定板、滤膜和载玻片等各种载体上成为检测用的芯片，然后用标记了特定荧光抗体的蛋白质或其他成分与芯片作用，再利用荧光扫描仪或激光共聚焦扫描技术，测定芯片上各点的荧光强度，通过荧光强度分析蛋白质与蛋白质之间相互作用的关系，由此达到测定各种蛋白质功能的目的。

为了实现这个目的，必须通过一定的方法将蛋白质固定于合适的载体上，能够维持蛋白质天然构象，并防止其变性以维持其原有特定的生物活性。该方法将有助于人类揭示疾病发生的分子机制，寻找更为合理有效的治疗手段和途径，具有快速、平行的优点。

3. 组织芯片

组织芯片技术又称组织微阵列（tissuemicroarray，TMA），是近年来发展起来的以形态学为基础的分子生物学新技术。它可将数十个甚至上千个不同个体的临床组织标本按预先设计的顺序排列在一张玻片上进行分析研究，是一种高通量、多样本的分析工具。它使科研人员第一次有可能同时对几百甚至上千种正常或疾病以及疾病发展不同阶段的自然病理生理状态下的组织样本，进行某一个或多个特定的基因或与其相关的表达产物的研究，是在一张切片上高通量获取组织学、基因和蛋白表达信息的新方法，因而备受组织病理学家的青睐。

4. 微流体芯片和缩微芯片实验室

基因芯片、蛋白质芯片和组织芯片都是微阵列芯片，都是将传统的多个实验集成在一个实验中完成，但整个实验仍然分步完成，如样本抽提、标记、杂交反应、检测及分析等，而微流体芯片（microfluidicchip）却是将一个实验的多个步骤一次性完成，即一个实验的多个步骤的集成。微流体芯片通过微细加工制作的微滤器、微反应器、微泵、微阀门、微电极等以实现对生物样品从制备、生化反应到检测和分析的全过程集约化，形成微型分析系统。

芯片实验室是微流体芯片的高级形式，是未来的发展方向，微流体芯片技术与其他技术如纳米技术结合，不仅可以将同一实验的多个步骤集成到一步完成，还能将多种实验集成，将整个生物实验室集约到一张小小的芯片上，这是生物芯片技术发展的最终目标。

现在已有加热器、微泵、微阀、微流量控制器、微电极、电子化学和电子发光探测器等组成的芯片实验室问世，并出现了将生化反应、样品制备、检测和分析等部分集成的芯片。例如，GeneLogic 公司设计制造的生物芯片可以从待检样品中分离出 DNA 或 RNA，并对其进行荧光标记，然后当样品流过寡核苷酸探针时便可捕获与之互补的靶核酸序列，应用其自己开发的检测设备即可实现对杂交结果的检测与分析。这种芯片由于寡核苷酸探针具有较大的吸附表面积，所以可以灵敏地检测到稀有基因的变化。同时，由于该芯片设计的微通道具有浓缩和富集作用，可加速杂交反应，缩短测试时间，从而降低了测试成本。

二、生物芯片技术的一般原理

生物芯片（biological chips）技术是将大量（通常每平方厘米点阵密度高于 400）探针分子固定于支持物上后与带荧光标记的 DNA 样品分子进行杂交，通过检测每个探针分子的杂交信号强度进而获取样品分子的数量和序列信息。

如图 12-8 所示，DNA 芯片是加工在 $2cm^2$ 左右大小的玻璃片上，芯片被分隔成许许多多的小格，每一小格大约只有一根头发丝那么细，小格上特别的交联分子与一个由 20 个左右核苷酸组成的 DNA 探针相连。一般的芯片保持有 400 000 个小格。更多的可达到 1 600 000格。每一格上的 DNA 探针都各不相同。在对 DNA 样品分子检测时，从细胞中提取的 DNA 样品用一种或若干种限制酶进行酶切，这些酶切片段被荧光染料标记并熔解成为单链，然后它们被滴加到芯片上与 DNA 探针杂交。凡是与芯片上的探针互补的酶切片段便牢固地结合在特定的小格中，而那些与芯片上各探针都不能互补的酶切片段就会被洗脱掉。接下来，用一种特制的激光扫描器对芯片上的小格和荧光进行扫描与解读。解读的信号被输入到计算机，由专门的程序软件进行分析，最终获得被检测样品的序列信息。

DNA 芯片加工步骤如下：

① 微阵列（microarray）芯片制作用的点样仪，高精密度机械手 A 可以快速地在 $2cm^2$ 的芯片上排布成千上万的 DNA 探针，机械手外部的玻璃罩用以控制点样时的温度和湿度；

② 封装在卡盒中的微阵列芯片，图 B 中的正方形部分；

③ 用于微阵列芯片荧光标记检测的激光共聚焦扫描器 C；

④ 微阵列芯片的局部放大 D，芯片上排列着成千上万的 DNA 探针，样品基因片段杂交水平的差异表现出不同颜色的荧光信号并被激光共聚焦扫描器所记录和分析；

⑤ 微阵列芯片上固定 DNA 探针的示意图 E，图上预先固定在芯片表面的 DNA 捕获探针将捕获与探针互补的靶 DNA 分子。

DNA 芯片可同时将大量探针固定于支持物上，所以能一次完成大量样品序列的检测和分析，从而解决了传统检测技术操作繁杂、自动化程度低、检测效率低等不足。而且，通过设计不同的探针阵列，使用特定的分析方法可使该技术具有多种不同的应用价值，如基因表达谱测定、突变检测、多态性分析、基因组文库作图及杂交测序等。

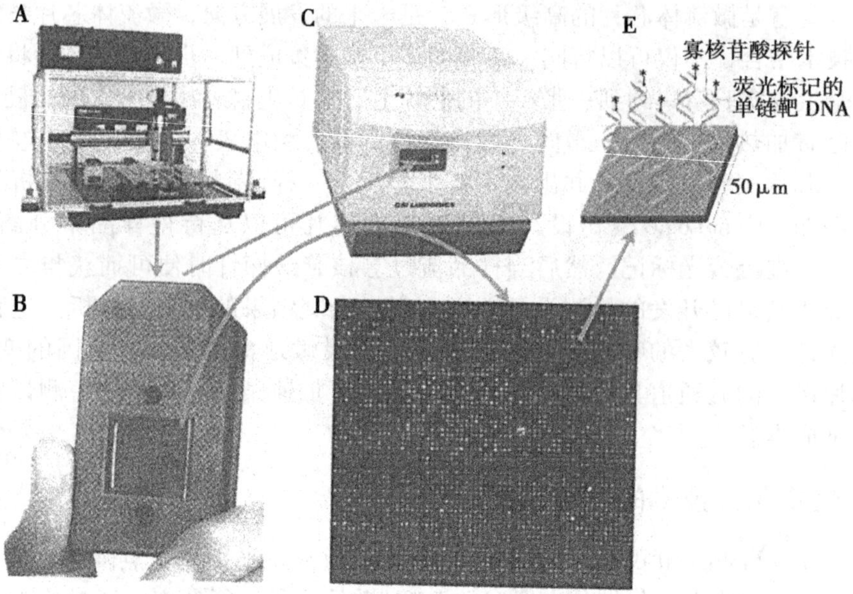

图 12-8　DNA 芯片示意图

三、生物芯片的研究应用概况

生物芯片将生命科学中许多独立的反应过程集中在芯片上，使其可以连续迅速地完成，能够用于对基因、抗原或活体细胞等进行测试分析，因此已成为生命科学领域一项最强大、最有应用前景的生物技术之一。

目前世界上许多国家和地区都已着手进行生物芯片的研制和开发工作。美国政府于1998 年正式启动生物芯片计划，NIH、能源部、商业部、司法部、国防部、中央情报局等部门，斯坦福大学、麻省理工学院及部分国立实验室如 Argonne、Oakridge 等都参与了该项目的研究和开发。英国剑桥大学、欧亚公司也正在从事该领域的研究。大型制药公司尤其对基因芯片技术用于基因多态性、疾病相关性、基因药物开发和合成、天然药物筛选等领域感兴趣，都已建立了或正在建立自己的芯片设备、技术和产品。中国政府通过“973”计划、“863”计划、自然科学基金等投入经费，建立生物芯片研究实验室和公司，紧跟国际发展步伐。

1. 基因芯片的应用状况

目前国际上关于基因芯片在基因功能研究、新药筛选、疾病临床诊断和检测上是一个热点，每月在各类国际刊物上发表的基因芯片相关的科技文章就有几十篇甚至上百篇。我国有着丰富的基因资源，由于人类所有疾病和遗传信息都与基因有着密切的联系，因此，基因芯片技术的成熟和发展大大促进了我国的人类基因组计划和后基因组计划的进程。

2. 蛋白质芯片的应用

由于蛋白质能直接反映基因给予的信息，它的功能一旦出现异常就可引发疾病，因此，研究其组成及性质是揭示基因和疾病关系的重要环节。以往蛋白质的研究多采用色谱分离纯化、二维电泳、光谱、质谱定量定性等分析化学的研究技术，相关仪器昂贵、步骤复杂、操作技术难度高，不适应规模化操作和临床应用。基因芯片的诞生为蛋白质的高通量研究开辟了一条新的途径。美国和西方国家已率先开发研制了蛋白质芯片，并且目前全球至少已有12家公司正涉足这一领域，呈迅猛发展态势。

蛋白质芯片在识别特定蛋白质的表达物、进行蛋白质的药物筛选、揭示蛋白激酶的作用、测定血清中的小分子物质含量等方面均较现有技术准确迅速，因此可能在癌症及遗传性疾病的相关蛋白的识别上得到应用。但是迄今为止，蛋白质芯片的发展受制于能否在短时间内得到大量的不同种类、不同功能的用于芯片制备的具有生物活性的蛋白质，因此这一崭新的技术应用仍有待于一些蛋白质制备技术和蛋白质芯片制备技术本身的突破。

3. 组织芯片的应用

作为生物芯片领域的新秀，组织芯片的发展也很快。由于组织芯片技术可以与其他很多常规技术，如免疫组化、核酸原位杂交、荧光核酸原位杂交（FISH）、原位PCR等结合应用，它的应用领域仍在不断地拓展。目前，我国已有商品化的组织芯片销售和应用。

生物芯片的制作及使用还促进了大量新型仪器的产生，如生物芯片扫描仪、自动化芯片杂交系统、全自动芯片表面化学修饰仪等。它们具有体积小、质量轻、无污染分析、过程自动化、分析速度快、所需样本和试剂少等优点。这必将给生命科学研究、疾病诊断、新药开发、防止生物武器战争、司法鉴定、食品卫生监督、航空航天领域带来一场革命。因此，基因芯片有“可以随身携带的微型实验室”之称。

总之，DNA芯片最主要的两个应用：一是DNA芯片可用于大规模筛查由基因突变引起的疾病。例如，科学家已经成功地利用DNA芯片来检测人体细胞中的一种p53基因的突变状态，p53基因突变在癌症患者中发生的比例高达60%；用于检测遗传性乳腺癌和卵巢癌患者BRCAl基因第11外显子全长3.45kb序列的突变，15例病人样品中有14例有基因突变，为遗传性乳腺癌和卵巢癌的早期诊断提供了有效的手段；在心脏病、糖尿病等多种疾病的诊断研究方面也取得了重要进展。预计DNA芯片诊断技术不久将会在疾病的分子诊断方面得到广泛应用。二是用于分析基因组及发现新基因，特别是寻找新基因、基因表达检测、突变检测、基因组多态性分析和基因文库作图及杂交测序等。例如，在基因表达检测上，此技术（157 112个探针分子）一次性检测了几株酵母间数千个基因表达谱的差异。

尽管生物芯片技术已经取得了长足的发展，但目前仍然存在技术复杂、成本昂贵、检测灵敏度较低、重复性差、分析范围较狭窄等不足，特别是在样品的制备、探针合成与固定、分子的标记、数据的读取与分析等几个方面还需要做大量的工作进行完善。

第四节　克隆羊技术

一、克隆羊“多莉”的问世

1997年2月23日，苏格兰Roslin研究所的Wilmut和Campbell等人在英国的Nature上发表文章，首例来源于哺乳动物细胞的克隆羊“多莉”问世了。全球各大新闻媒介纷纷以头号新闻转载和传播了这个重大科学突破，惊动了全世界，有人为之高兴欢呼，有人为之担忧。

克隆羊“多莉”应用的是一种“核移植（nuclear transplantation）”技术，就是用动物体细胞的细胞核（供体核）来取代受精或未受精卵中的细胞核，形成一个重建的“合子”。供体细胞核具有基因组全套遗传信息，可以直接发育成胚胎和形成与核供体动物完全相同个体的“拷贝”。这在理论上是可行的，但实际操作和实现动物的克隆是一项艰难的工作。研究人员用多年时间尝试核移植操作，收集脆弱的卵细胞，除去里面的遗传物质，然后引入一个哺乳动物（供体）的细胞核，再将重建的“合子”植入一个“代孕母亲”的子宫内。研究人员经过多年的技术攻关，虽然实现了以胚胎细胞为供体的核移植，并发育得到了新一代生物个体，但他们始终没有实现哺乳动物体细胞的克隆，即没有获得原供体动物的“拷贝”。

克隆动物就是不经过生殖细胞的受精过程而直接由体细胞获得新动物个体，它是原核供体动物的拷贝。因此，由动物胚胎核移植培育出的新生物个体不属于克隆动物的范畴。

Wilmut 等人先从一头苏格兰黑面母羊（卵供体）体内获得了一些卵细胞，再用毛细吸管除去卵细胞中的细胞核；接着将一头 6 岁的白色芬兰母羊（核供体）的乳腺上皮细胞取出，进行营养限制性培养；再用电脉冲技术让两种细胞膜发生融合，使芬兰母羊乳腺细胞中的核释放并进入到卵细胞的细胞质中，电脉冲还刺激了重组卵细胞在一周内分裂了 3 次，形成 8 细胞的“胚”；最后被植入到另一头苏格兰黑面母羊（代孕母亲）的子宫内进一步发育，过程如图 12-9 所示。Wilmut 等人共进行了 277 次乳腺细胞核移植实验，获得 29 个发育为 8 细胞的“胚”，并立即植入 13 头代孕母体的子宫中。1996 年 7 月 5 日，原始记录为 6LL3 的羊羔出生了，命名为“多莉”。“多莉”是与核供体动物具有完全相同遗传信息的复制品。它宣告了生命科学和生物技术的又一次大跨越。

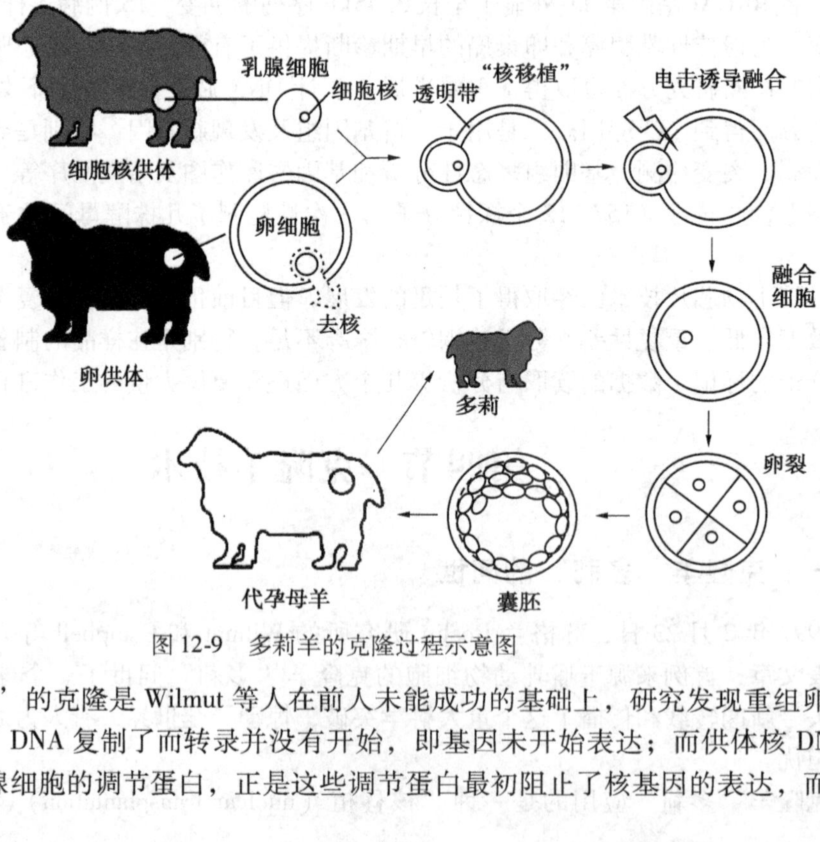

图 12-9　多莉羊的克隆过程示意图

绵羊“多莉”的克隆是 Wilmut 等人在前人未能成功的基础上，研究发现重组卵细胞最初 3 次分裂时，DNA 复制了而转录并没有开始，即基因未开始表达；而供体核 DNA 开始丢失来源于乳腺细胞的调节蛋白，正是这些调节蛋白最初阻止了核基因的表达，而卵细胞质中的蛋白因子便全部替换了原乳腺细胞的调节蛋白，于是重新编排核 DNA，使胚细胞开始表达自己的基因，进而调控在代孕母亲子宫中的进一步发育。因此，他们采用电脉冲细胞融合技术、选择分裂 3 次时的细胞并进行特殊处理才移植，例如，在含有 10% 牛血清的培养基中处理这些乳腺细胞，并在与卵细胞融合前，将牛血清的浓度降低到 0.5%，这种牛血清饥饿处理使乳腺细胞处于细胞周期的 G_0 阶段（为细胞停止分裂但仍保持代谢活性的休眠阶段），细胞核内发生了一系列化学变化，导致其中基因启动程序重新编排，有利于细胞融合后卵细胞质中的蛋白因子能够再次启动乳腺细胞核的分子开关，对胚的发育进行调控。

除了在生物技术方面的重大突破外，绵羊“多莉”克隆成功轰动世界的重要原因是大家都普遍关心的另外两个问题：① 既然绵羊的体细胞可以被成功地克隆成一个新的个体，是否意味着人类也可以克隆自己？② 是否应该允许进行克隆人的实验？

第一个问题的答案是明确的。从理论上看，绵羊能被克隆，同属于哺乳动物的人类最终也能被克隆，加上成熟的试管婴儿和人类生殖控制等技术，这些技术问题都可解决。因此，有人还专门设计了克隆人或器官的技术路线与步骤。

第二个问题就很难回答。这涉及到一系列人类从未遇到过的重要问题，包括伦理道德、人类自身安全、克隆人是否健康、是否易引发基因突变等问题。

二、生物技术的安全性和社会伦理问题

生物技术的发展如同一把双刃剑，在为人类带来巨大利益的同时，也带来了某些潜在的威胁和社会伦理问题。生命科学与人类社会的联系比其他任何自然学科都更加紧密，它关系到每一个人的命运和前途。它虽然给人类带来的负面效应远小于正面效应，但还是引起人们的高度关注和激烈争论。本节将讨论生物技术领域所带来的人类安全和社会伦理问题。

1. 转基因技术的安全性问题

基因工程是现代生物技术发展最快的领域，其核心技术是在基因水平上改变原有基因，改良甚至创造新的物种。基因是生命的蓝图，一旦被改动，不仅可能会引起生物体内一系列未知结构与功能的变化，而且转基因操作对生物体的影响会通过遗传传递，产生无数拷贝并代代相传。万一产生不良后果，其危害会不断扩展和传递。例如，人们普遍关心外源基因引入生物体，特别是引入人体后是否会影响其他重要的调节基因，甚至会激活原癌基因？转基因技术的广泛应用是否会导致新病原物的出现？是否会造成生态学灾难？人类摄入转基因食品是否会影响人类及其后代的健康？所有这些问题目前还难以用确切的实验证据作出明确答复，因为某些影响和作用目前还难以检测，或者需要经过对几代人的分析后才能下结论。另外，宗教界与生物保护组织提出种种理由反对转基因技术应用又是另一方面的社会问题。

人类想依靠现有的科学技术和未来的科学技术去改造人和动植物的遗传特征，让现存的生物世界变得混乱或彻底来个大洗牌，改变现存的生物秩序，这将不符合科学的进化论，也是非常危险的。例如，荷兰生产转基因牛——海儿漫时，人们认为这是人种与动物混合而倒退的开始。因为现存的生物秩序虽然不够完美，但还是和谐的，要推翻它再重新建立世界上的生物秩序会更困难，弄不好将不仅会毁灭人类，而且是世界末日的到来。

2. 克隆人的伦理问题

自从1997年克隆羊"多莉"问世以后，很快在全世界引发了一场克隆人问题的激烈讨论。从理论和技术层面上看，实现人的克隆是完全可能的。很多人忧虑，在克隆阶段，如果有关胚胎发育的基因重新编排或启动不完全，对新生儿可能产生什么严重后果呢？克隆技术一旦用于人类自身，人类新成员就可以被人为地创造成实验室高科技产物，他们不是来自合乎法律与道德标准的家庭，兄弟、姐妹、父母、子女之间的相互关系全都乱了套……，人们很难想像和接受这种对人类社会基本组织——家庭的巨大冲击。克隆动物技术发展引发的威胁人类社会现有法律、伦理、道德和观念的问题是人类必须面对的。因此，在克隆羊诞生不到两个月的时间内，美国、英国和中国等许多国家政府就明确宣布不支持任何将克隆技术应用于人类的研究。尽管如此，在克隆动物已经非常普遍的今天，人类是否应该克隆自己的争论也从最初的报刊媒体上升到科学界。2001年意大利和美国的3位科学家联手推出了克隆人的计划，并宣称如果遭到有关法律的禁止，他们将在公海上实施该项计划。2001年8月7日，支持与反对克隆人的科学家们在美国科学院进行了科学界第一次人类克隆问题的直面交锋。有人提出应支持器官克隆和干细胞培养及其分化器官，用于医学和临床治疗。

3. 个人基因信息的隐私权问题

在人类基因组计划建立之初，科学家们就十分关注基因组信息如何被正确地应用和个人与社会的利益如何有效地被保护等问题。并特别设立了人类基因信息利用的伦理、法律和社会影响计划，称之为ELSI项目（Ethical，Legal and Social Implication Program）。

ELSI项目目前主要关注以下4方面问题：①应用和解释基因信息时的隐私权和公正性；②基因信息由实验室研究向实际医疗应用的转化；③人类基因组计划参与者相互协调和成果发布；④公众与专业教育。设立ELSI项目的另一个重要原因是许多人担心现代生物技术的研究结果会给某些人提供种族或个人歧视的借口或依据。某些种族主义者会根据不同人群基因组的差别将人类分成不同优劣等级，甚至据此实施其侵略与灭绝种族的暴行。

个人基因信息的隐私权更是一个现实的问题。人类基因组计划的加速完成，一方面使人们能够鉴定或预测越来越多的与疾病相关的基因并设法治疗这些遗传疾病；但另一方面，个人的基因信息资料由谁来负责保管、保护和保密，有基因缺陷或差异的人在社会活动中是否能受到平等、公正的对待。这是因为个人基因信息的泄露可能会得到不正确的解释或推测，从而影响到一个人的升学、求职、婚姻、人寿医疗保险费用及其他待遇等一系列问题。

4. 基因治疗的应用范围问题

生物技术的深入发展促进了医疗技术的提高。可以预料，基因治疗技术今后还将有更深入的发展和更广泛的应用。从社会伦理和人类自身安全考虑，基因治疗仍然需要限制或规范在一定的应用范围中。目前基因治疗的应用仍有一些禁区，如对胚细胞或生殖细胞的基因治疗操作就存在社会伦理与安全问题。到目前为止，所实施的所有基因治疗病例都是以病人的体细胞为转基因的受体或靶细胞，只影响到一个个体，并得到了患者的同意或批准。如果把基因治疗引入胚细胞或生殖细胞，这种涉及到后代（未出生婴儿）基因结构的改变，虽然有可能彻底治疗某种遗传疾病，但这一改变将直接影响这个"未来人"，甚至影响到其后代。在这个“未来人”不知情也没有同意的情况下实施基因治疗本身就涉及到伦理问题。从伦理学角度看，一个人有权决定另一个人的基因结构或未来命运吗？更严重的是，万一这种基因操作失败了或者造成了将来才能发现的不可挽回的缺陷和后果，谁来承担责任呢？

涉及基因治疗应用范围的另一个问题是基因治疗技术是否不仅限于疾病治疗，还可用于增强人的体能。例如，某种可以增强人的体能特征的基因被确定和被克隆以后，是否可以通过基因治疗的操作来增加运动员的身高或短跑速度？这与运动员服用兴奋剂有什么本质区别？就目前来看，人们还不能接受将基因治疗技术扩展到增加人的体能方面，但不同的意见和观点仍然在激烈地争论着。这些问题争论的结果有可能影响到人类及其个体成员的命运。

5. 生物技术引发的其他问题

生物技术的发展可能引发的问题还有很多，有些是目前无法想象或预知的。例如，生物技术难度大、费用高，有钱人可以首先使用它来保护或增强自身的健康，而穷人则不敢问津，这就可能引发许多社会问题。对于发达国家，由于其科技先进、研究经费充足，就可能首先获得一些涉及人类生存与发展的重要生物技术，如果实行垄断，其后果将不堪设想。而将生物技术应用于武器制造和战争，对人类来说可能是一场比原子弹爆炸更为可怕和持久的灾难。

第五节　生物能源

石油作为主要能源之一，每年的消费量在300亿桶，但全球石油的储量有限，所以作为不可再生资源的石油终究有被用完的一天，这迫使人们不得不开发新的能源。生物技术正成为解决未来能源的主要手段而备受重视。

众所周知，目前人类所普遍使用的能源是化石能源，主要是石油、煤炭等，这些化石能源有两大致命的缺点：一是化石能源为不可再生能源，地球储量有限，快速的经济增长使得地球上可供使用的不可再生能源日趋枯竭；二是化石能源在其使用过程中要产生大量的污染，所造成的环境危机相当于或超过其本身短缺的危机。化石能源所面临的这两大危机若不能很好解决的话，人类的前景不容乐观。例如，2004年开始石油价格一路飙升，升到70多美元/桶，石油危机的影响已经确确实实来到我们每个人的身边。以我国为例，2004年进口原油1.23亿吨，成品油3 788万吨，两者占全国石油总供给量的40%以上。预计到2010年，我国石油消费总量将达4亿吨，而国内生产能力仅为1.6～1.7亿吨，对外依赖程度达到50%以上，这必然会成为严重制约我国经济发展的瓶颈。

由于能源与人类的生产、生活密切相关，因而深刻影响着人类经济与社会的发展，特别是对人类生产方式、生活方式和思维方式有重大影响。因此，人类应及早寻求和开发新的能源，其中生物能、太阳能、风能、潮汐能等是新能源的代表。

科学家们提供的资料表明，全球每年由光合作用产生的生物质为1 440亿吨到11 800亿吨。理论上，在自然光照条件下，太阳光能转化率为18.7%到28%，而目前最好的光电池的能量转换效率只有10%到18%，因此，对于风能、潮汐能和太阳能都还存在技术不成熟以及成本太高等缺点，普及推广相当困难。而生物能源是容易利用和生产规模容易扩大的再生能源，因而受到了极大的关注。

生物能源关系我国的能源战略、科技战略、“三农”（农村、农业、农民）问题和生态环境问题，因此它直接关系国家的长远发展。需要国家的政策和技术支持，以推动我国生物能源的快速健康发展。生物质能的利用是替代石油能源的第一接班人，其前端是农业，中间是发酵等生物转化，后端依然是现有的大化工产业。因此，我国大规模发展生物质能产业，并不会对传统化工工业产生冲击，同时还可推动生物化工装置、生物能源汽车的发展，对农业产业化、农村工业化的促进作用更为明显。而且以生物质为原料可生产乙烯、环氧乙烷及其衍生产品、燃料酒精、生物柴油、聚酯纤维布料、聚乳酸、可降解塑料、无毒增塑剂、油漆涂料的无毒溶剂等系列产品，其技术已经成熟，特别是小麦、玉米的综合利用技术已到工业化阶段。目前，我国乙醇汽油示范推广也获得成功，已在黑龙江、吉林、河南等4个省封闭运营，乙醇燃料生产规模达200万吨。

生物能源对个人、国家和世界都如此重要，人们应该了解和关注生物能源。

一、生物能源概述

生物能源是通过种植含有大量能源的植物，并对这些植物进行加工转换而生产出的电力、气体或液体燃料等二次能源。它既是可再生能源，又是绿色能源（即无污染或低污染能源）。生物能源主要包括生物电能和生物燃料两大类。生物电能主要是通过种植快速生长的树和草类，并利用这些植物来燃烧发电。近年来美国和欧洲一些发达国家对大量的能源植物进行了研究和试验，包括象草、桉树、黑洋槐、白杨、柳枝、高粱、甘蔗和埃及榕等；还试验从葵花子、大豆、各种微型水藻和油菜籽中提取生物内燃机燃料，即生物柴油。生物燃料主要是甲醇和乙醇（以酒精形式存在的运输燃料）。此外，氢气也可能成为新型汽车燃料。

生物能源主要是利用淀粉质，如粮食、薯类、作物秸秆等加工成乙醇（燃料酒精）、生物柴油、生物制氢等，而淀粉质的可再生性决定了生物能源直接作为动力来源的可再生性，而全球每年产生的生物质能的储量达1800多亿吨，可谓是取之不尽、用之不竭的资源。生物能源的发展不仅可以从根本上解决能源危机，而且还能改善日益恶化的环境，主要表现为：一是能源植物在生长过程中要吸收大量的二氧化碳，减少空气中二氧化碳的浓度；二是生物燃料可以干净地燃烧，便于在环境中分解；三是能源植物的种植，还对野生动物、生态系统、农田、水土保持和水质有着积极的影响。因此，人类的环境问题的解决，根本在于能源问题，能源问题解决好了，环境问题亦可从根本上解决。而生物能源由于能够促进生态环境的改善，必将成为一种可持续发展的新兴产业。

生物能源革命还将引起农业革命。现代农业在粮食生产方面虽然取得了很大成就，但是粮食的高产造成全球性的粮食剧烈竞争，致使农民收入下降，并导致农村地区就业机会的减少。而生物能源的发展，将使整个世界经济发展所需能源的相当大的一部分转向农村去生产。这不仅能够解决人类所面临的能源危机和环境危机，还能使农村经济重新充满活力。农业和生物能源生产的一体化，将为农村地区带来足够的企业，以缓解农村向大城市的移民浪潮，农村地区的生活水平、生活环境将会进一步提高。大力发展生物能源产业，可以解决农村能源短缺问题，并且为经济的发展提供新的能源供给，缓解能源供需矛盾，促进能源结构的现代化，为整个经济的发展注入新的活力。大力发展生物能源产业，用于净能源取代化石能源，还有助于改善城乡居民的生活环境以及生态系统和自然环境，促进经济与环境的协调发展。

生物能源在国内外都有数十年的研究历史，部分产品有相对成熟的技术和工艺。例如，杜邦公司生物能源比重已占到10%。美国51个州中有46个用粮食加工品替代汽油使用，粮食酒精的装置总量达840万吨。美国在1999年还建成一条用作物秸秆等纤维质原料加工转化乙醇的生产线。法国已开始用生物质能替代石油，到2007年，可减少石油进口约1100万吨。欧盟目前生物柴油年产量已达300万吨。巴西是汽车大国，纯乙醇汽车达上百万辆。汽车改用乙醇技术成熟，没有污染，纯乙醇汽车，发动机也不需要作大的改动。因此，世界各国和我国政府、研究机构都在大力研究开发利用生物能源。

二、生物能源的来源

生物能源的来源是含有大量能源的植物，主要是淀粉、油脂和纤维素。在中国已具备大规模发展生物能源的条件：①原料非常丰富。据概略计算，全国每年产生秸秆、林业弃置物10亿吨，可转化为1亿吨生物燃料酒精；淮河以南有3亿亩荒山荒坡可种植油料作物生产生物柴油，生产的生物能源相当于3个大庆的原油产量；北方的15亿亩盐碱地可种植抗盐碱植物，提供丰富的原料。此外，西部还有大片的戈壁滩和沙漠，也是种植生物能源所需植物的理想土地。我国科学用粮潜力很大，每年陈化粮、饲料用粮1亿吨左右，加工转化可获得相当5000万吨原油，同时还有30%可成为饲料。我国科学家研究的甜玉米，每公顷产量可达70吨，能生产6吨以上的燃料酒精。南方的木薯、甘蔗，生长广泛的菊芋、土豆、山芋等等这些不宜食用的植物，是转化为生物能源、材料的最佳原料。我国西南地区的麻风树等木质油料发展迅速，籽含油率达50%，现有10万亩，2010年可发展到1000万亩。②技术积累阶段已经完成，关键技术基本成熟或接近成熟，可边研究边产业化。③投入成本远低于粮食生产加工，种植成本低，加工成本也低，可将各地大量的小酒精厂转产为燃料酒精厂。生物能源的低污染与生物质能转化产品的环保性和可再生性使其受到社会的广泛关注。

1. 生物质燃料油

近10多年来，生物质燃料油产业发展很快，已成为一个全球性的新兴产业。生产生物质燃料油的原料，在美国以大豆为主，在德国和其他欧盟国家以油菜籽为主，而在日本则以每年消耗的200万吨食用油所产生的40万吨废油为主要原料。

但是，在我国要完全以农产品为原料生产生物质燃料油是不可能的，因为我国是一个人口大国，人均耕地不到0.1公顷。但在我国有广大的山区、沙区可供栽种乔灌木油料植物，作为生物质燃料油的原料，其中含油植物资源丰富，分布范围广，共有151个科、1553种含油植物，仅种子含油量在40%以上的植物就有154种。但是可用作建立规模化生物质燃料油原料基地的乔灌木种却很少，且分布集中，建立起规模化良种基地的生物燃料油植物更少。

2. 淀粉质乙醇

地球石油资源替代能源的最可行的办法就是推广使用燃料乙醇，或者燃料乙醇和汽油的混合燃料（俗称汽油醇或乙醇汽油）。但是，现行生产汽油醇所用的燃料乙醇都是用粮食加工转化的，其成本在每吨4000元以上，高于汽油价格，经济上很不合算，况且还存在与人争粮食的问题，影响国家粮食安全。那么，如何解决燃料乙醇的低成本大批量供应问题呢？

最近试验探索发现，用甜高粱秸秆制造燃料乙醇，每吨成本在3000元以下。且每亩甜高粱秆可制造燃料乙醇250公斤以上（种粮食每亩最多制造燃料乙醇150公斤，且种植加工成本远远高于甜高粱）。因此，专家认为，甜高粱是一种高能作物，是21世纪最佳的生物质能源，其副产品还可作优质的高蛋白饲料带动畜牧业的发展，也可作纤维板、造纸原料等，综合效益十分可观。例如，种植甜高粱，亩产茎秆1万斤以上，籽粒200公斤左右，总共可加工燃料乙醇350公斤，价值1400余元；可加工成牛羊高级营养饲料4吨左右，价值1600元。因此，每亩耕地可创造3000元的价值。

如果全国普及使用汽油醇，每年至少需要燃料乙醇1000万吨。于是需要种植甜高粱4000万亩才能满足加工需要。在全国200个县域内推广种植甜高粱，每县若能种植20万亩，可为农民增收至少2亿元，配套建一个年产7万吨的燃料乙醇厂，年产值2.5亿元，年利税3500万元，还可建一座年产80万吨的饲料厂，年产值3.2亿元，年利税8000万元，饲料可供养10万头奶牛，可建若干个养殖厂和相应规模的牛奶加工厂，综合效益非常可观。以上产业的实施还可为每县带来10万多个就业岗位，奶牛粪便是作沼气的最佳原料，可为农村产生二次能源，用于做饭、照明、发电等，沼渣又是理想的有机肥，可促进甜高粱的种植，于是形成了可持续良性循环发展的循环经济。

由此可见，甜高粱产业是一个能源农业产业化系统工程，这项工程的实施，不仅能有效缓解我国能源危机，而且还可以带动农民增收，使农村的土地变为绿色“油田”，使农村劳动力变为“炼油工人”，使中国由一个农业大国变为能源大国。

3. 纤维素乙醇

纤维素是地球上储存能源最多的植物成分，是生物能源最大的来源，但是纤维素由于其晶体结构的原因使其生物利用困难。虽然由纤维素生产燃料酒精的原理可行，但技术利用上的生产成本还太高，未到应用阶段。不过纤维素的开发利用已经成为世界性研究开发的重点，一旦生产成本低于石油成本，将是人类能源史上的革命性突破。

三、生物能源的微生物转化

能源性微生物是以甲烷产生菌、乙醇产生菌和氢气产生菌为代表。在生物体之间和不同生物之间的生物能循环和能量流动过程中，异养型微生物作为生态系统中物质循环的分解者，利用动植物残体等各种有机物，将其矿化分解最终使生物能以其最简单的无机物状态释放，这就是甲烷、乙醇和氢气产生菌等微生物与能源的简单基本关系。这种关系的重要意义在于，使人类能够通过利用能源性微生物从而直接有效地使用生物能。

（一）能源性微生物的主要种类

根据安斯沃思（Ainsworth 1971，1973）的分类系统、伯杰氏（Bergey's 1923～1957）细菌鉴定法和洛德（Lodder 1970）的酵母菌等鉴定法分类鉴定表明，能源性微生物的主要种类有以下几类。

1. 甲烷产生菌

甲烷产生菌主要有甲烷杆菌属（*Methanobacterium*）、甲烷八叠菌属（*Methanosarcina*）、

甲烷球菌属（*Methanoccus*）等。

2. 乙醇产生菌

乙醇产生菌主要有酵母菌属（*Saccharomyces*）、裂殖酵母菌属（*Schizosaccharomyces*）、假丝酵母属（*Candida*）、球拟酵母属（*Torulopsis*）、酒香酵母属（*Brettanomyces*）、汉逊氏酵母属（*Hansenula*）、克鲁弗氏酵母属（*Kluveromyces*）、毕赤氏酵母属（*Pichia*）、隐球酵母属（*Cryptococcus*）、德巴利氏酵母属（*Debaryomyces*）、卵孢酵母属（*Oosporium*）等。

3. 氢气产生菌

氢气产生菌主要有红螺菌属（*Rhodospirillum*）、红假单胞菌属（*Rhodopseudomonas*）、红微菌属（*Rhodomicrobium*）、荚硫菌属（*Thiocapsa*）、硫螺菌属（*Thiospirillum*）、闪囊菌属（*Lamprocystis*）、网硫菌属（*Thiodictyon*）、板硫菌属（*Thiopedia*）、外硫红螺菌属（*Ectothiorhodospira*）、梭杆菌属（*Fusobacterium*）、埃希氏菌属（*Escherichia*）、蓝细菌类等。

（二）能源性微生物的能源产生机理

1. 甲烷产生菌的作用机理是沼气发酵过程

第一阶段是复杂有机物如纤维素、蛋白质、脂肪等在微生物作用下降解至其基本结构单位的液化阶段，具体代谢途径是：

$$\text{复杂有机物} \xrightarrow[\text{胞外酶}]{\text{微生物}} \text{纤维素，脂肪，蛋白质} \xrightarrow{\text{好氧分解}} C_6H_{12}O_6$$

第二阶段是将第一阶段中产生的简单有机物经微生物作用转化生成乙酸

$$C_6H_{12}O_6 \xrightarrow[\text{胞内酶}]{\text{厌氧微生物}} 2CH_3CHOHCOOH \longrightarrow 2CH_3COOH$$

第三阶段是在甲烷产生菌的作用下将乙酸转化为甲烷：

$$CH_3COOH \xrightarrow{\text{甲烷细菌}} CH_4 + CO_2$$

2. 乙醇产生菌的作用机理是酒精发酵作用

即把葡萄糖酵解生成乙醇，微生物酵解葡萄糖的途径是 EMP，HMP 和 ED 途径。

（1）EMP 途径

$$C_6H_{12}O_6 \xrightarrow{\text{酵解}} 2CH_3COCOOH + 2NADH_2 + 4ATP \xrightarrow{\text{脱氢酶}}$$

$$CH_3CHOHCOOH + NAD \xrightarrow{\text{酵解}} CH_3CHO + NADH_2 \xrightarrow{\text{还原酶}} CH_3CH_2OH$$

（2）HMP 途径

$$C_6H_{12}O_6 \xrightarrow{\text{酵解}} CH_2OCHOHCHOHCHO + 2NADPH_2 \xrightarrow{\text{酵解}}$$

$$CH_3CHOHCOOH + NAD \longrightarrow CH_3CHO \xrightarrow{\text{还原酶}} CH_3CH_2OH$$

（3）ED 途径

$$C_6H_{12}O_6 \xrightarrow{NADP \quad NADPH_2} CH_2OCHOHCHOHCHOHCHOHCOOH$$

$$\xrightarrow{H_2O} CH_3COCOOH \xrightarrow[\text{脱氢}]{\text{酵解}} CH_3CHOHCOOH \xrightarrow{\text{酵解}} CH_3CHO \xrightarrow{\text{还原酶}} CH_3CH_2OH$$

3. 氢气产生菌的作用机理主要是丁酸发酵作用

该作用的代谢途径是：

$$C_6H_{12}O_6 \xrightarrow{\text{酵解}} CH_2OCHOHCHOHCHO \xrightarrow{\text{还原酶}} CH_3CH_2CHOHCHO$$
$$\xrightarrow{\text{丁酸菌作用}} CH_3CH_2CH_2COOH + H_2\uparrow + CO_2$$

除丁酸菌发酵丁酸的机理已了解外，氢气产生菌分解有机物产生氢气的代谢机制尚不清楚。

（三）能源性微生物应用概况

甲烷产生菌所产生的能源是当前已获大量实际应用的一种微生物能源。我国现在用人畜粪便、农副产品下脚料、酒糟废液和其他工业生产中的废液等生产甲烷用于照明、燃烧等，其使用价值是相当可观的。例如，日产酒糟500～600m^3的酒厂，可获得日产含甲烷55%～65%的沼气9000～11 000m^3，相当于日发电量12 857～15 714kW·h，日产标准煤17.1～20.9t。

乙醇产生菌生产的能源性物质目前主要用于燃料和替代汽车用油（如汽油和柴油）。例如，巴西用乙醇产生菌生产的乙醇1990年已达到$16\times10^6m^3$，足够供应200万辆汽车的驱动能源之需要。

氢气产生菌生产的能源物质氢气，目前主要应用于燃料电池方面。由于许多自养性和异养性微生物产氢的机制和条件还在研究过程中，所以该类微生物能源的使用尚处于试验阶段。已有的研究结果表明，氢气产生菌在含有葡萄糖培养基的10 L发酵罐中，生产H_2速度最高可达18～23L/h，并进而利用所产生的H_2推动功率为3.1～3.5W燃料电池的工作。

（四）利用微生物生产能源的前景

我国已探明煤储量6 000亿t，石油70亿t，水力发电6.8亿kW，但由于能源分布不均匀，能源产量低和农村能源供应短缺等因素，致使能源供应趋于紧张。开发利用微生物能源，可以起到显著的缓解作用。特别是在农村年产稻壳3225万t、玉米芯1250万t、甘蔗渣400万t、棉籽壳200万t、糠醛渣30万t、人畜粪便1380万t的条件下，微生物作用可年产沼气$14.28\times10^8m^3$，相当于25.94×10^6t标准煤，从而彻底改变农村能源短缺的状况。

我国现在因利用能源而导致严重的环境污染，例如，烟尘和SO_2年排放量为2857万t，燃烧后的垃圾排放为年均57.3亿t，因烧柴而破坏森林植被导致每年土壤流失50亿t。微生物能源及其利用，不仅没有环境污染问题，而且还可使目前污染严重的环境状况得以缓解。

更有发展前景的是，生产和使用微生物能源可以治理污染，变废为宝，获得综合效益。例如，用我国年产木材采伐废物1000万t，油茶壳75万t，胶渣13万t，纤维板生产废液350万t和亚硫酸纸浆废液180万t为原料，通过微生物作用可获得沼气$17.8\times10^{11}m^3$。同时可使上述废液的净化率达30%～60%，并可获得单细胞蛋白饲料约9万t（按1.7%得率计）。

因此，充分利用现有资源，大力开发利用微生物能源具有巨大的社会价值和经济效益。

第六节　生物材料

一、生物材料概述

广义的生物材料是指一切与生物体相关的应用性材料或由生物体合成的材料。按其应用可分为生物工程材料、生物医用材料和其他生物应用材料。按生物材料来源可分为天然生物材料和人工生物材料，有些材料兼具天然和人工合成的特性。狭义的生物材料是指能够用来制造各种人工器官和制造与人工生理环境相接触的医疗用具和制品的材料，即生物医用材料。

近年来，环境友好的材料也逐渐向生物材料领域靠近。最理想的生物可降解材料应该是用可再生资源，即用生物合成的方法得到的生物材料。这种生物材料可被生物所重新利用，能够降解，产物最好是二氧化碳和水，从而使这种材料的生产和使用纳入自然界的循环。

在众多的生物材料中，由生物合成的聚乳酸（PLA）作为半天然生物材料，由生物合成的聚羟基脂肪酸酯（PHA）作为天然生物材料是典型代表，因其良好的性能及同时兼具生物工程材料和生物医用材料的应用特性而成为近年来研究最活跃的两种生物材料。

聚乳酸（PLA）是开发最早的一种生物可降解和生物可相容聚酯，它是由生物发酵生产的乳酸经人工化学合成的聚合物，保持着良好的生物相容性和生物可降解性，具有与聚酯相似的防渗透性，与聚苯乙烯相似的光泽度、透光性和加工性。因此，PLA 可被加工成各种包装用材料，农业、建筑业用的塑料型材、薄膜，及化工、纺织业用的无纺布、聚酯纤维等。PLA 还成为近年药物包裹材料、组织工程材料的研究热点。它可制成无毒并可进行细胞附着生长的组织工程支架材料，其支架内部可形成供细胞生长和运输营养的多孔结构，还可为支持和指导细胞生长提供合适的机械强度和几何形状。PLA 在生物医用材料中已用于医用缝合线（无须拆线）、药物控释载体（减少给药次数和给药量）、骨科内固定材料（避免二次手术）、组织工程支架等。而 PLA 的缺点是缺乏与细胞选择性作用的能力。

近年来迅速发展起来的天然高分子生物材料——聚羟基脂肪酸酯（PHA），是由很多微生物合成的一种细胞内聚酯，具有良好的生物相容性能、生物可降解性和塑料的热加工性能，可作为生物医用材料和生物可降解包装材料而成为生物材料领域最为活跃的研究热点。

1. 生物材料发展回顾

当代生物材料产业发展迅速，特别是以生物工程材料中的包装材料和生物医用材料的发展最为迅猛。由于人类的生产和生活活动，在自然界中遗弃了许多不能自然降解的塑料制品，造成白色污染，为生物可降解塑料的开发使用提供了很好的机遇。同时出现的世界范围的石油紧张也是促使可持续发展的生物包装材料走向市场的强大动力。

与生物包装材料相比，当代生物医用材料更为产业化，已占到全球医疗器械市场份额的一半，但知识产权主要掌握在美欧日等发达国家。庞大的人口使我国成为生物材料和器械的需求大国，80%要依靠进口。

经济的高速发展，资源的消耗以及环境的污染成为阻碍我国发展的瓶颈。大量使用塑料不仅消耗了大量的石油和能源，而且造成了所谓的“白色污染”。所以，开发可持续发展的新材料成为保持我国经济可持续发展的一条必经之路。

“八五”期间，我国进行了第一代 PHA，即聚羟基丁酸酯（PHB）的小试试验，掌握了一定的技术。1999 年，我国科学家在世界上首次成功地进行了新型聚酯，即 3-羟基丁酸和 3-羟基己酸的共聚物 PHBHHx 的工业化生产，产品被开发成可降解的包装薄膜、高档包装材料和复合材料、高级化妆品容器，或作为药物及农药的缓释载体。PHBHHx 已经被成功地纺成纤维丝，用于制备高保温的衣服；作为纸和膜的涂层材料，解决纸张回收中遇到的塑性油墨难以与纸脱离的问题。PHBHHx 的气体阻隔性使其适用于食品包装，可代替 PET 作饮料瓶；还可作为塑料增塑剂。在医用材料领域，我国研究人员首次发现 PHBHHx 具有比传统医用材料聚乳酸（PLA）好的生物相容性，其机械性能和加工性能均优于 PLA，特别是我国拥有 PHBHHx 作为新一代生物医用材料的系列知识产权。

2. 生物材料的进展

PHA 是生物聚酯里的一个大家族，目前已经发现有 150 多种不同的单体结构，新的结构被不断地合成出来。虽然 PHA 结构变化多端，物理性能各异，但都具有生物可降解性。目前真正实现大规模生产的还只有 3 种，其发展前途广阔。我国在 2001 年成功地克隆了 10 个以上与 PHA 合成有关的基因，合成了 15 种非传统的 PHA 材料，开发了 PHA 加工成型的工艺技术。同时，在植物系统也成功地表达了一种聚酯。

我国首次发现的新型聚酯 PHBHHx，在医用生物材料方面的应用，可发展成为我国特有的拥有自主知识产权的医学植入材料，结束没有知识产权而只能进口 PLA 的状况。

3. 我国生物材料的开发工作

“九五”期间，在天津、浙江和广东分别进行了 PHA 材料的中试和工业化生产，取得了宝贵的产业化经验，目前继续在广东和浙江进行产业化生产基地的建设。在 2003 年下半年，我国已能够生产一定量的 PHA 材料，并进行市场推广和应用开发。特别是最近成立的广东汕头市联亿生物工程公司，掌握了生产数种新型 PHA 材料的关键技术，包括以基因工程技术为主的基因分子操作技术，用于开发新型的 PHA 材料。该公司已经能够在中试生产线中生产出各种性能的新型 PHBHHx 材料。2003 年底工业化生产线投入使用，是世界上第一条专门用于生产 PHA 的专业生产线，能够提供各种结构的 PHA，满足不同的需求。

虽然 PHA 研究和产业化取得了一些进展，但目前生产成本还高于以石油原料为基础的塑料。大量的研究工作必须集中在提高原料转化率和发现新的 PHA 材料上。我国科技工作者最近的研究进展使 PHA 向大规模应用的目标不断迈进。

二、生物材料的应用分类

（一）生物材料按应用对象分类

医用生物材料最重要的是与人体的相容性和材料本身的性能。通过组织工程、生长因子、DNA 和自组装技术，有可能生产出人类的各种器官。仿生材料是科学家多年研究的成果，有很多生物特性值得模仿，深入研究现有生物体和生物现象而进行仿造，将推动材料学的快速发展。

1. 医用生物材料

医用生物材料是用来对生物体进行诊断、治疗、修复或替换其病损组织、器官或增进其功能的新型高技术功能材料，它与我们每个人的生活息息相关。现实生活中，有的人口腔中装有假牙，有的人由于各种疾病不得不装上了假肢，还有的人为了美容换上了人造皮肤，这样的例子随处可见，都属于生物医用材料。生物医用材料指用于生理系统疾病的诊断、治疗、修复或替换生物体组织或器官，增进或恢复其功能的材料。

生物医用材料的研究与开发对国民经济和社会的发展具有十分重要的意义。近 30 年来，生物医用材料的研究与开发取得了令人瞩目的成就，使得数以百万计的患者获得康复，大大提高了人类的生命质量。随着科学技术的发展和人口老龄化，疑难病患者的增多，以及工业、交通、体育等导致的创伤增加，人们对生物医用材料及其制品的需求越来越大，特别是人口老龄化进程的加速和人类对健康与长寿的追求，激发了对生物材料的需求。

近年来，世界生物材料市场发展势头迅猛，其地位可与信息、汽车产业在世界经济中的地位相比。目前，美国有上千万人（不包括齿科材料）植入了一件以上的生物医用材料，全球达 3000 万人以上。1995 年世界生物医用材料市场已达 2000 亿美元，1990 年至 1995 年期间每年速度增长大于 20%，在亚洲地区（不包括日本）的生物医用材料及其制品市场已从 2000 年占世界市场份额 17% 的 280 亿美元，增长至 2005 年的 25%，预计 10 ～ 15 年将达到药品市场的规模，成为 21 世纪经济的支柱性产业，而我国的市场份额只占世界市场的 2%。

追溯生物医用材料的历史，不得不提到人工器官。人工器官的研究实际上是个古老的命题。公元前约 3500 年，古埃及人就利用棉花纤维、马鬃作缝合线缝合伤口。而这些棉花纤维、马鬃则可称之为原始的生物医用材料。公元前 2500 年前，中国、埃及的墓葬中就发现有假牙、假鼻、假耳。人类很早就用黄金来修复缺损的牙齿，文献记载 1588 年人们就用黄金板修复鄂骨。1775 年，就有用金属固定体内骨折的记载，1800 年有大量有关应用金属板固定骨折的报道。1851 年有人报道使用硫化天然橡胶制成的人工牙托和鄂骨。

人工器官的深入研究与现代材料科学发展密切相关。20 世纪初开发的高分子新材料促成了人工器官系统研究的开始，人工器官的临床应用则始于 1940 年。由于人工器官的临床应用，拯救了成千上万患者的生命，减轻了病魔给患者及其家属带来的痛苦与折磨，引起了医学界的广泛重视，加快了人工器官研究的步伐。目前可以说，从天灵盖到脚趾骨，从人体的内脏到皮肤，从血液到五官，除了脑以及大多数内分泌器官外，大都有了代用的人工器官。

随着材料科学、生命科学和生物技术的发展，使得人类在分子水平上去认识材料和机体间的相互作用，构建生物结构和功能，使传统的无生命的材料通过参与生命组织的活动，成为有生命组织的一部分。生物医用材料科学将成为人类进入“生物技术世纪”的重要基础。

生物医用材料是生物医学工程的重要研究领域之一，目前较活跃的研究内容有用于人工心脏、人工血管和人工心脏瓣膜的高抗凝血材料；用于人工骨、人工关节、人工种植牙的生物陶瓷和玻璃；用于骨科修补及矫形外科的钛合金；用于局部控制释放的药物载体的高分子材料；用于替代外科手术的缝合线及活组织结合的生物粘合剂，以及血液净化材料等。

纳米技术的兴起更为材料的发展注入了新的活力。通常意义上的纳米材料指的是颗粒尺寸为1～100nm的粒子组成的新型材料。由于它的尺寸小、比表面积大及量子尺寸效应，使之具有常规粗晶材料不具备的特殊性能，因而展现出诱人的应用前景。纳米技术与生物材料的结合便产生了纳米生物材料。据报道，我国一种全新的骨置换材料将取代现在冰冷的金属和脆弱的塑料等材质，用几乎可以以假乱真的效果为病人送去福音，这就是纳米人工骨。已通过我国863项目验收的纳米人工骨是用“纳米复合生物活性材料”制成的，它在生物活性、柔韧性以及强度等方面都和人体组织接近，今后将在颅骨、脊椎骨、颌骨、肋骨、髂骨、关节及喉管支架与修复领域有着十分广阔的应用天地。目前，这种材料应用研究的良好开端是制作人工眼球，与用陶瓷生物材料制作的可动眼球外壳太脆，金属材料又太硬，纳米眼球具有很好的可动功能及美容效果，经动物实验证实，这种用纳米生物活性材料制成的可动眼球外壳，完全能和组织相容，并能与肌肉血管紧密地生长在一起。

对生物材料的需求刺激了生物材料的发展，中国作为世界人口最多的国家和步入老龄化的国家，必将成为生物材料和器械的需求大国。775万肢残患者和每年新增的300万骨损伤患者需要大量骨修复材料，2 000万心血管病患者每年需要24万套人工心瓣膜，2亿至3亿肝炎患者每年需要30万个人工肝，肾衰患者每年需要12万个肾透析器。生活节奏的加快、活动空间的拓展，使创伤问题日益突出，我国创伤住院年增长率达7.2%，高居住院人数第二位，其中80%需用生物医学材料治疗。随着人们生活质量的提高，整形、美容正在兴起，计划生育对生物医学材料市场的需求也在增长。生物医学材料中，心脏和血管系统修复材料将保持高速增长，之后为矫形植入器械和材料；人造皮肤、组织粘合剂、防组织粘连剂等的年增长率可达45%左右。由此可见，生物材料的需求潜力大，急需更深入的研究和更大的投入。生物医学材料是多门学科共同合作、互相渗透、互相借鉴而开创的一门新学科。生物医学材料的研究对于促进人类的文明发展，探索人类生命的奥秘，保障人类的健康与长寿，具有重大意义。

2. 仿生材料

如果有人问你：“牛吃什么?”你一定会轻松地回答：“吃草啊，难道不是吗?”是的，这个问题太简单了，但是进一步问：“牛角是坚硬的，吃进去的草料等食物，是怎么转化成如此坚硬的牛角呢?”这个问题你能回答吗？类似这样的问题还可以提出一大串，例如：“老鼠吃什么？吃的东西怎样变成如此坚利的鼠牙?”“甲壳虫吃什么？吃的东西怎样转化成又轻又坚固的外壳?”“蜜蜂吃什么？吃的东西怎么能变成那么轻盈柔韧的翅翼?”等等。也许自古人类就存在这样的疑问，只是一直没有得到答案。如今，由于电子显微技术、基因工程等新科技的突破和发展，探索自然界这些深层奥秘的大门正在被人类打开，一个全新而美妙的神秘世界即将展现在人们眼前。

20世纪90年代起，美国、英国、日本等许多国家和我国的一些单位相继投入专门力量进行仿生材料的研究，可见仿生材料的重要性。最新科学研究指出，生物体都是由少数很简单的物质构成的，诸如糖、蛋白质和水之类。生物体的不同部分，从柔韧的皮肤、肌肉、须毛，到坚硬的骨骼、鳞角、甲爪，材料性能如此多样，关键在于结构上的千差万别，就是这么几种很简单的“原材料”，由于结构的奇巧精致，形成了各种优越奇特的性能。譬如鲍鱼具有极坚硬的外壳，而它的食物只是海水中的坐土，也就是碳化钙而已。普林斯顿大学的研究人员在电子显微镜下观察鲍鱼壳极为坚硬，这一层层碳化钙像砌墙的灰浆。由于极有规律排列的碳化钙靠化学键结合起来，所以鲍鱼壳极为坚硬；又由于这层层碳化钙能在有机蛋白质上滑动，因此鲍鱼外壳硬而不脆，很有韧性，能在变形变态之时也不破裂，真可谓精妙绝伦哪！

破解生物体构造的这些奥秘，最直接的目的就是研制新型的“仿生材料”。普林斯顿大学模仿鲍鱼壳的微观结构，将铝分子充满在碳化硼分子之间，已初步研制成功新型的陶瓷材料，既坚硬又轻柔，还可以感测并适应周围环境的变化，如果飞机机翼材料具有这种性能，遭到损害时就能够感知并自行修复。若能生产出具有和生物机体相同弹性的材料，伸缩自如，就能成功地用来制作人工动脉，等等。破解生物体构成之谜，研制仿生材料的路还很漫长，目前人类只不过刚刚起步前行而已，但是仿生材料的前途似锦，却是绝无疑义的。

几十亿年的进化历程使得自然界生物体的某些部位巧夺天工，具有一些常人难以想像的特性。例如，甲壳虫可以将糖及蛋白质转化为质轻而强度很高的坚硬外壳；蜘蛛吐出的水溶蛋白质在常温常压下竟变成不可淬的丝，其强度比防弹背心材料还要坚硬。生物系统的准确与精巧使科学家们折服，并使科学家从中得到启迪，他们企盼能从生物体那里获得启示并设法解开这一自然界隐藏很久的奥秘：简单的原材料，经活的有机体合成后，其性能竟远远优于当今利用高科技生产出的高级人工合成物。这就是仿生材料学的研究课题，这门新兴的科学就是要研究生物物质的结构与功能，并以某种生物的特点进行材料的设计与制造。

仿生材料给人们展示了喜人的前景。研究人员认为仿生材料学不仅可以获得性质特殊、功能优越的仿生材料，而且也可对环境保护作出贡献。

仿生材料主要包括四大类：①纳米生物材料和纳米制造技术；②骨与软骨的仿生制造；③原位组织工程技术与假体设计；④生物摩擦学——人体环境下的摩擦学问题。

（二）生物材料按构成分类

生物材料包括天然材料和人工材料，可单独或与药物一起用于人类组织或器官，起替代、增强、修复等治疗作用。对生物材料的要求是：移植在人体内不会引起急性或慢性危害，无毒、无副作用；接触人体各种体液（如唾液、血液、淋巴液）时，应有良好的耐腐蚀性能，不会在生物体内变质；具有必要的强度、耐磨性和耐疲劳性能等。至关重要的是材料与生物体组织、血液具有相容性（不会引起血液凝固和溶血）；与软硬组织有良好的粘结性，不会产生吸收物和沉淀物。

生物材料在20世纪80年代才得以迅速发展。人工器官已广泛地应用于临床，如人工心瓣膜已拯救了成千上万患者的生命，人工心脏使心脏外科手术进入一个新的境界，人工肾挽救了许多尿毒症患者的生命，人工关节替代各种损坏的关节，使许多患者能正常活动等。目前，生物材料研究应用的重点是聚合物材料，而陶瓷材料用于人体器官的替换、修补也慢慢引起人们的重视。

1．生物聚合物材料

（1）血液相容性材料　血液与异物接触会出现凝血现象，凝血就是血浆中的可溶性纤维蛋白原转变为不溶解的纤维蛋白，血浆从溶胶形状变为凝胶态。异物表面对促成凝血栓塞具有决定性作用，故提高异物表面的抗凝血性能，是研究抗凝血材料的主攻方向。

（2）组织相容性材料　组织相容性材料分为软组织材料和硬组织材料两类 。前者如人工皮肤、人工气管、人工食道、隐形眼镜等；后者如人工关节、人工骨和牙等。

（3）人工皮肤　人工皮肤的种类很多，有硅橡胶或塑料薄膜人工皮肤、合成纤维人工皮肤、合成多肽类人工皮肤、水凝胶等。临床效果比较好的是复合层人工皮肤，其内层为网状聚氨酯海绵，外层是微孔聚丙稀薄膜。内层能吸收创面体液并促使渗出液的凝固，外层微孔膜能透过气体和水汽，细菌不能进入。这种人工皮肤来源广、无抗原性，缺点是弹性差。水凝胶类人工皮肤又称冻胶，是亲和性聚合物或水溶胀性聚合物，其贴附性好。如氧化乙烯-氧化丙烯的共聚物凝胶可先制成溶液，涂在创面上后在体温下凝固成人工皮肤，其含水量达 80%，能帮助维持体液平衡。若在其中加入消炎药和维生素等药物后还能促进创面愈合。又如亲水性有机玻璃和聚乙二醇组成的水胶，透明有弹性，能直接观察创面愈合情况，是一种贴敷性较好的烧伤敷料。

（4）硬组织材料　人工髋关节是临床应用比较成功的一种，如图 12-10 所示。髋臼用超高分子聚乙烯制成，股骨多为金属制品，这种塑料与金属的配合比金属与金属配合的耐磨性强 10 倍。

人工膝关节多采用高强度塑料和不锈钢制成。聚酯树脂、硅橡胶、聚丙烯等也可以作关节材料。碳纤维对组织生长有促进作用，因此碳纤维增强塑料用作骨关节材料很有发展前途。

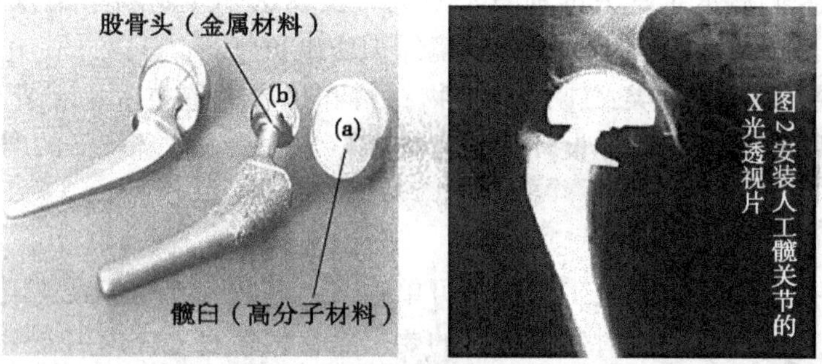

图 12-10　人工髋关节示意图

（5）隐形眼镜　早期制作隐形眼镜的是有机玻璃，称硬角膜接触镜，它对眼球有一定的刺激作用。现已研究出柔水性聚合物——甲基丙烯酸-β-羟乙酯交联共聚物，其吸水率达 40% ～ 80%，无毒、与生物组织相容性好，弯曲 90°也能迅速复原，又称为亲水软镜。另外，有机玻璃的人工晶体已用于治疗白内障。

2．生物陶瓷类材料

（1）氧化铝陶瓷　是传统的生物材料，具有卓越的抗腐蚀性能，强度、硬度都很高，还有较高的耐磨性、优异的压缩强度和良好的生物相容性，但由于质脆限制了应用范围。

（2）磷酸钙陶瓷　最主要的性质是具有生物降解性，并能被人体吸收。磷酸钙陶瓷生物降解速度与结构有关，α-磷酸三钙>β-磷酸三钙>羟基磷灰石［$Ca_{10}(PO_4)_6(OH)_2$］。羟基磷灰石是骨组织和牙组织的无机组成部分，它的单位晶胞与人体骨组织相同。但羟基磷灰石性脆，强度不高，植入生物体后，需经较长时期的代谢方能与自体骨长合在一起，因此不能直接用作承受载荷大的种植体。羟基磷灰石与聚合物复合用于人造骨，效果更好，现已有聚乙烯与它复合的材料。

（3）玻璃碳　玻璃碳是一种透明的碳，是近年发展起来的碳素材料。它是由聚合物（如酚醛树脂）加热裂解碳化而得。这种材料的力学性能与人骨很相近，耐蚀性和化学稳定性，有优良的抗血粘性能，可用以制作人工心瓣膜、人工齿根等。

3. 生物降解材料

有些人体医用材料，希望暂时存在于体内，最终能消失，最常见的就是手术用缝合线，这类材料称之为生物降解材料。此外，像人造骨骼也希望其外表面有一层生物降解材料，并希望人造骨的降解速度与组织生长速度一致。这样，随着组织内部的降解吸收，原来的组织得以再生，与生物体组织结成一体。可作为生物降解材料的聚合物有聚酯脂、聚氨基酸、交联白蛋白、骨胶原、明胶等，以及临床应用的羟乙基淀粉、右旋糖酐（$C_6H_{10}O_5$）。

普通药物多是低分子化合物，在体内的代谢速度快，因而病人需连续服药，药物高分子化后，释放速度缓慢，还可定向释放，疗效增加。用作药物载体的聚合物材料，是通过低分子药物结合到聚合物上或将药物包在用聚合物做的微囊里，使低分子药物高分子化，达到控制药物释放的目的。药物的释放方式有如下4种：

①扩散控制释放，此种方式应用最多，用微胶囊、空心纤维、脂质体或膜承载药物，释放速率受聚合物相对分子质量和组成、药物含量及药粒大小控制。采用的聚合物有羟丙基纤维素、聚乙烯醇和甲基丙烯酸羟基酯等。

②化学反应控制释放，包埋在载体内的药物，随载体的降解而释放，降解速率控制释放速率。多采用聚乳酸、聚乙烯醇及其共聚物、聚酰胺、聚缩醛、多糖类聚合物等。

③溶剂活性控制释放。这是由渗透和溶胀机理来控制药物的释放。渗透控制是溶剂经半透膜或聚合物膜的微孔进入药物，溶解药物后再以等体积输出含有药物的溶液。溶剂的渗透速度影响药物释放的快慢，而溶胀控制是介质使载体溶胀，然后药物向外扩散。这种方式使用的药用聚合物有纤维素衍生物、甲基丙烯酸羟乙酯和甲酯的共聚物等。

④磁性控制释放，这是将药物和铁磁性颗粒包埋在聚合物中，在病灶外磁场的作用下，磁性药物微珠定向运动而集中于病灶，可有目的地局部输送药物、控制释放。这是先进的“导弹疗法”，常用于治疗恶性肿瘤、糖尿病。药物可埋于乙醇酸和乳酸共聚物等高聚物中，其中磁性蛋白微球具有生物相容性，很适合体内应用，包括口服和外部移植等方式。

参考文献

1 吴庆余. 基础生命科学. 北京：高等教育出版社，2002
2 陈阅增. 普通生物学. 北京：高等教育出版社，1997
3 张惟杰. 生命科学导论. 北京：高等教育出版社，1999
4 北京大学生命科学学院编写组. 生命科学导论. 北京：高等教育出版社，2000
5 黄诗笺. 现代生命科学概论. 北京：高等教育出版社，2001
6 吴敏. 生命科学导论. 北京：高等教育出版社，2000
7 胡玉佳. 现代生物学. 北京：高等教育出版社，1999
8 王镜岩. 生物化学（第三版）. 北京：高等教育出版社，2002
9 岑沛霖. 生物工程导论. 北京：化学工业出版社，2003
10 王联结. 生物工程概论. 北京：中国轻工出版社，2002
11 宋思扬，楼士林. 生物技术概论. 北京：科学出版社，1999
12 杨汝德. 基因克隆技术在制药中的应用. 北京：化学工业出版社，2004
13 杨汝德等. 现代工业微生物学教程. 北京：高等教育出版社，2005
14 杨汝德. 基因工程. 广州：华南理工大学出版社，2003
15 罗立新等. 细胞工程. 广州：华南理工大学出版社，2003
16 李志勇. 细胞工程. 北京：科学出版社，2003
17 翟中和. 细胞生物学基础. 北京：高等教育出版社，1995
18 鲁润龙等. 细胞生物学. 合肥：中国科技大学出版社，1992
19 牛富文. 医用分子细胞生物学. 郑州：河南医科大学出版社，1997
20 朱玉贤等. 现代分子生物学. 北京：高等教育出版社，2002
21 王联结. 生物工程概论. 北京：中国轻工业出版社，2001
22 王蒂. 细胞生物学. 北京：中国农业出版社，2003
23 罗超权. 基因诊断与基因治疗进展. 郑州：河南医科大学出版社，2000
24 朱云林. 浅谈克隆羊“多莉”和细胞核移植. 福建畜牧兽医，2003，25（6）：8 ～ 10
25 谭天伟等. 生物能源的研究现状及展望. 现代化工，2003，23（9）：8 ～ 12